Otto Sterns Veröffentlichungen – Band 2

Horst Schmidt-Böcking · Karin Reich ·
Alan Templeton · Wolfgang Trageser ·
Volkmar Vill
Herausgeber

Otto Sterns Veröffentlichungen – Band 2

Sterns Veröffentlichungen von 1916 bis 1926

Springer Spektrum

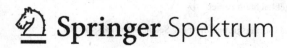

Herausgeber

Horst Schmidt-Böcking
Institut für Kernphysik
Universität Frankfurt
Frankfurt, Deutschland

Karin Reich
FB Mathematik – Statistik
Universität Hamburg
Hamburg, Deutschland

Alan Templeton
Oakland, USA

Wolfgang Trageser
Institut für Kernphysik
Universität Frankfurt
Frankfurt, Deutschland

Volkmar Vill
Inst. Organische Chemie und Biochemie
Universität Hamburg
Hamburg, Deutschland

ISBN 978-3-662-46961-3
ISBN 978-3-662-46962-0 (eBook)
DOI 10.1007/978-3-662-46962-0

Die Deutsche Nationalbibliothek verzeichnet diese Publikation in der Deutschen Nationalbibliografie; detaillierte bibliografische Daten sind im Internet über http://dnb.d-nb.de abrufbar.

Springer Spektrum

Gedruckt auf säurefreiem und chlorfrei gebleichtem Papier.

Springer Berlin Heidelberg ist Teil der Fachverlagsgruppe Springer Science+Business Media (www.springer.com)

Grußwort zu den Gesammelten Werken von Otto Stern (Präsident Kreuzer)

Als Präsident der Akademie der Wissenschaften in Hamburg freue ich mich sehr, dass es gelungen ist, die Werke Otto Sterns einschließlich seiner Dissertation und der von ihm betreuten Werke seiner Mitarbeiter mit dieser Publikation nunmehr einer breiten Öffentlichkeit zugänglich zu machen. Otto Sterns Arbeiten bilden die Grundlagen für bahnbrechende Entwicklungen in der Physik in den letzten Jahrzehnten wie zum Beispiel die Kernspintomographie, die Atomuhr oder den Laser. Sie haben ihm 1943 den Nobelpreis für Physik eingebracht. Viele seiner Werke sind in seiner Hamburger Zeit von 1923 bis 1933 entstanden. Ein Grund mehr für die Akademie der Wissenschaften in Hamburg, dieses Projekt als Schirmherrin zu unterstützen.

Wie lebendig und präsent die Erinnerung an Otto Stern und sein Wirken in Hamburg noch sind, zeigte auch das „Otto Stern Symposium", welches unsere Akademie in Kooperation mit der Universität Hamburg, dem Sonderforschungsbereich „Nanomagnetismus" und der ERC-Forschungsgruppe „FURORE" im Mai 2013 veranstaltete. Veranstaltungsort war die Jungiusstraße 9, Otto Sterns Hamburger Wirkungsstätte, Anlass die Verleihung des Nobelpreises an ihn. Gleich sieben Nobelpreisträger waren es denn auch, die auf diesem Symposium Vorträge über Arbeiten hielten, die auf den Grundlagenforschungen Sterns beruhen. Mehr als 800 interessierte Zuhörer zog es an den Veranstaltungsort. Der Andrang war so groß, dass die Vorträge des Festsymposiums live in zwei weitere Hörsäle übertragen werden mussten. Auch Mitglieder der Familie Otto Sterns, darunter sein Neffe Alan Templeton waren extra aus den USA zum Symposium angereist. Es ist sehr erfreulich, dass nun seine Publikationen aus den Archiven wieder an das Licht der Öffentlichkeit geholt wurden.

Möglich wurde dies alles durch das unermüdliche Engagement und die intensive Arbeit von Horst Schmidt-Böcking, emeritierter Professor für Kernphysik an der Goethe-Universität Frankfurt am Main und ausgewiesener Kenner Otto Sterns, dem ich dafür an dieser Stelle meine Anerkennung und meinen Dank ausspreche. Mein Dank gilt auch unserem Akademiemitglied Karin Reich, Sprecherin unserer Arbeitsgruppe Wissenschaftsgeschichte, die den Kontakt zwischen Herrn Schmidt-Böcking mit der Akademie der Wissenschaften in Hamburg hergestellt hat.

Möglich wurde dies aber auch durch das Engagement des Springer-Verlags in Heidelberg, der die Publikation entgegenkommend unterstützt hat, wofür wir dem Verlag sehr danken.

Ich wünsche dem Band eine breite Rezeption und hoffe, dass er die Forschungen zu Otto Stern weiter befruchten wird.

Hamburg, im Dezember 2014

Prof. Dr.-Ing. habil.
Prof. E.h. Edwin J. Kreuzer
Präsident der Akademie der Wissenschaften in Hamburg

Grußwort Festschriftausgabe Gesammelte Werke von Otto Stern

Otto Stern ist eine herausragende Persönlichkeit der Experimentellen Physik. Seine zwischen 1914 und 1923 an der Goethe-Universität durchgeführten quantenphysikalischen Arbeiten haben Epoche gemacht. In Frankfurt entwickelte er die Grundlagen der Molekularstrahlmethode, dem wohl bedeutendsten Messverfahren der modernen Quantenphysik und Quantenchemie. Zusammen mit Walther Gerlach konnte er mit dieser Methode erstmals die von Debye und Sommerfeld vorausgesagte Richtungsquantelung von Atomen im Magnetfeld nachweisen. 1944 wurde ihm für das Jahr 1943 der Nobelpreis für Physik verliehen.

Doch die Wirkung seiner Arbeiten auf die Physik ist noch weitaus größer: Mehr als 20 Nobelpreise bauen auf seiner Forschung auf. Wichtige Erfindungen wie Kernspintomograhie, Maser und Laser sowie die Atomuhr wären ohne seine Vorarbeit nicht denkbar gewesen. Seine außerordentliche Stellung innerhalb der Scientific Community wird auch daran deutlich, dass er von seinen Kollegen, unter ihnen Max Planck, Albert Einstein und Max von Laue, 81 Mal für den Nobelpreis vorgeschlagen wurde – öfter als jeder andere Physiker. Seit 2014 trägt daher die ehemalige Wirkungsstätte Sterns in der Frankfurter Robert-Mayer-Str. 2 den Titel „Historic Site" (Weltkulturerbe der Wissenschaft), verliehen von der Europäischen und Deutschen Physikalischen Gesellschaft. Auch die Goethe-Universität ehrte Otto Stern: Das neue Hörsaalzentrum auf dem naturwissenschaftlichen Campus Riedberg trägt seit 2012 den Namen des Wissenschaftspioniers.

Otto Sterns Arbeiten sind Meilensteine in der Geschichte der Physik. Mit der vorliegenden Festschrift sollen alle seine wissenschaftlichen Werke wieder veröffentlicht und damit der heutigen Physikergeneration zugänglich gemacht werden. Zusammen mit der Universität Hamburg, an der Otto Stern von 1923 bis 1933 lehrte und forschte, übernimmt die Goethe-Universität Frankfurt die Schirmherrschaft für die Festschrift. Ich hoffe, dass diese einmaligen Dokumente eine Inspiration sind – für heutige und künftiger Physikerinnen und Physiker.

Frankfurt a. M., im März 2015

Prof. Dr. Birgitta Wolff
Präsidentin Goethe-Universität Frankfurt

Grußwort Alan Templeton

Otto Stern, my dear great uncle, was a remarkable man, though you might not have known it from his low-key manner. He never flaunted his accomplishments, scientific or otherwise. His attitude was quite simply this: the work can speak for itself, there is no need to brag. Many members of our family are of a similar mind. Very much a cultured gentleman with good manners and a wide knowledge of the world, he was nonetheless somewhat unconventional. He was the only adult I knew as a child who honestly did not care what his neighbors thought of him. Uncle Otto had no interest in gardening, therefore the backyard of his Berkeley home was allowed to grow wild, allowing me at times the pleasure of exploring it while the adults talked of less exciting things.

He also had a housekeeper who always addressed him as: "Dr. Stern" which seemed right out of a period movie. She was competent and able, but she was not allowed to truly clean up – let alone organize – the most important room in the house: Otto's study. This was clearly the most interesting place to be, and whenever I think of Otto, I see him in my mind's eye either enjoying a fine meal or thinking in his study while seated at the wonderful and massive desk designed expressly for him by his beloved and creative younger sister, Elise Stern. This wonderful hardwood desk, now visible and still in use at the Chemistry Library of U.C. Berkeley, was always covered with piles of papers, providing a profusion of ideas and equations, words and symbols. The whole room was filled with books, papers, correspondence, and notes whose order was unclear, perhaps even to Otto himself. Amid this colorful mess is where Otto did much of his insightful work and elegant writing.

But Otto was more than just a scientist with a clever mind who enjoyed proving conventional wisdom wrong. He was also a very kind, principled and caring human being who helped many people throughout his life in large and small ways. He had a fine sense of humor as well and loved a good conversation, often with a glass of wine in one hand and his trademark cigar in the other.

Oakland, California, 1 December 2014 Alan Templeton

Vorwort der Herausgeber

Otto Stern war einer der großen Pioniere der modernen Quantenwissenschaften. Es ist fast 100 Jahre her, dass er 1919 in Frankfurt die Grundlagen der Molekularstrahlmethode entwickelte, einem der bedeutendsten Messverfahren der modernen Quantenphysik und Quantenchemie. 1916 postulierten Pieter Debye und Arnold Sommerfeld die Hypothese der Richtungsquantelung, eine der fundamentalsten Eigenschaften der Quantenwelt schlechthin. 1922 gelang es Otto Stern zusammen mit Walther Gerlach diese vorausgesagte Richtungsquantelung und damit die Quantisierung des Drehimpulses erstmals direkt nachzuweisen. Stern und Gerlach hatten 1922 damit indirekt schon den Elektronenspin entdeckt sowie die dem gesunden Menschenverstand widersprechende „Verschränktheit" zwischen Quantenobjekt und der makroskopischen Apparatur bewiesen.

Ab 1923 als Ordinarius an der Universität Hamburg verbesserte Stern zusammen mit seinen Mitarbeitern (Immanuel Estermann (1900–1973), Isidor Rabi (1898–1988), Emilio Segrè (1905–1989), Robert Otto Frisch (1904–1979), u. a.) die Molekularstrahlmethode so weit, dass er sogar die innere Struktur von Elementarteilchen (Proton) und Kernen (Deuteron) vermessen konnte und damit zum Pionier der Kern- und Elementarteilchenstrukturphysik wurde. Außerdem gelang es ihm zusammen mit Mitarbeitern, die Richtigkeit der de Broglie-Impuls-Wellenlängenhypothese im Experiment mit 1 % Genauigkeit sowie den von Einstein vorausgesagten Recoil-Rückstoss bei der Photonabsorption von Atomen nachzuweisen. 1933 musste Stern wegen seiner mosaischen Abstammung aus Deutschland in die USA emigrieren. 1944 wurde er mit dem Physiknobelpreis 1943 ausgezeichnet. Er war bis 1950 vor Arnold Sommerfeld und Max Planck (1858–1947) der am häufigsten für den Nobelpreis nominierte Physiker. Kernspintomographie, Maser und damit Laser, sowie die Atomuhr basieren auf Verfahren, die Otto Stern entwickelt hat. Ziel dieser gesammelten Veröffentlichungen ist es, an diese bedeutende Frühzeit der Quantenphysik zu erinnern und vor allem der jetzigen Generation von Physikern Sterns geniale Experimentierverfahren wieder bekannt zu machen.

Wir möchten an dieser Stelle Frau Pia Seyler-Dielmann und Frau Viorica Zimmer für die große Hilfe bei der Besorgung und bei der Aufbereitung der alten Veröffentlichungen danken. Außerdem möchten wir den Verlagen: American Physical Society, American Association for the Advancement of Science, Birkhäuser Verlag, Deutsche Bunsen Gesellschaft, Hirzel Verlag, Nature Publishing Group, Nobel Archives, Preussische Akademie der Wissenschaften, Schweizerische Chemische Gesellschaft, Società Italiana di Fisica, Springer Verlag, Walter de Gruyter Verlag, und Wiley-Verlag unseren großen Dank aussprechen, dass wir die Original-Publikationen verwenden dürfen.

Frankfurt, den 31.3.2015 Horst Schmidt-Böcking, Alan Templeton, Wolfgang Trageser, Volkmar Vill und Karin Reich

Inhaltsverzeichnis

Band 1

Band 2

Band 3

Band 4

Band 5

Lebenslauf und wissenschaftliches Werk von Otto Stern

Abb. 1.1 Otto Stern. Geb. 17.2.1888 in Sohrau/Oberschlesien, gest. 17.8.1969 in Berkeley/CA. Nobelpreis für Physik 1943 (Bild Nachlass Otto Stern, Familie Alan Templeton)

H. Schmidt-Böcking, K. Reich, A. Templeton, W. Trageser, V. Vill (Hrsg.), *Otto Sterns Veröffentlichungen – Band 2*, DOI 10.1007/978-3-662-46962-0_1

Mit der erfolgreichen Durchführung des sogenannten „STERN-GERLACH-Experimentes“ 1922 in Frankfurt haben sich Otto Stern und Walther Gerlach weltweit unter den Physikern einen hohen Bekanntheitsgrad erworben [1]. In diesem Experiment konnten sie die von Arnold Sommerfeld und Pieter Debye vorausgesagte „RICHTUNGSQUANTELUNG“ der Atome im Magnetfeld erstmals nachweisen [2]. Zu diesem Experiment hatte Otto Stern die Ideen des Experimentkonzeptes geliefert und Walther Gerlach gelang die erfolgreiche Durchführung. Dieses Experiment gilt als eines der wichtigsten Grundlagenexperimente der modernen Quantenphysik.

Die Entstehung der Quantenphysik wird jedoch meist mit Namen wie Planck, Einstein, Bohr, Sommerfeld, Heisenberg, Schrödinger, Dirac, Born, etc. in Verbindung gebracht. Welcher Nichtphysiker kennt schon Otto Stern und weiß, welche Beiträge er über das Stern-Gerlach-Experiment hinaus für die Entwicklung der Quantenphysik geleistet hat. Um seine große Bedeutung für den Fortschritt der Naturwissenschaften zu belegen und um ihn unter den „Giganten“ der Physik richtig einordnen zu können, kann man die Archive der Nobelstiftung bemühen und nachschauen, welche Physiker von ihren Physikerkollegen am häufigsten für den Nobelpreis vorgeschlagen wurden. Es ist von 1901 bis 1950 Otto Stern, der 82 Nominierungen erhielt, 7 mehr als Max Planck und 22 mehr als Einstein [3].

Otto Stern waren wegen des 1. Weltkrieges und der 1933 durch die Nationalsozialisten erzwungenen Emigration in die USA nur 14 Jahre Zeit in Deutschland gegeben, um seine bahnbrechenden Experimente durchzuführen [4]. Zwei Jahre nach seiner Dissertation 1914 begann der 1. Weltkrieg und Otto Stern meldete sich freiwillig zum Militärdienst. Erst nach dem Ende des ersten Weltkrieges konnte er 1919 in Frankfurt mit seiner richtigen Forschungsarbeit beginnen. 1933 musste er wegen der Diktatur der Nationalsozialisten seine Forschung in Deutschland beenden und Deutschland verlassen. In diesen 14 Jahren publizierte er 47 von seinen insgesamt 71 Publikationen (mit Originaldoktorarbeit (S1), ohne die Doppelpublikation seines Nobelpreisvortrages S72), 8 vor 1919 und 17 nach 1933[1]. Darunter sind 8 Konferenzbeiträge, die als einseitige kurze Mitteilungen anzusehen sind. Hinzu kommen noch 22 Publikationen (M1 bis M22) seiner Mitarbeiter in Hamburg und eine Publikation von Walther Gerlach (M0) in Frankfurt, an denen er beteiligt war, aber wo er auf eine Mit-Autorenschaft verzichtete. Seine wichtigsten Arbeiten betreffen Experimente mit der von ihm entwickelten Molekularstrahlmethode MSM. In ca. 50 seiner Veröffentlichungen war die MSM Grundlage der Forschung. Die Publikationen seiner Mitarbeiter basierten alle auf der MSM. Stern hat zahlreiche bahnbrechende Pionierarbeiten durchgeführt, wie z. B. die 1913 mit Einstein publizierte Arbeit über die Nullpunktsenergie (S5), die Messung der mittleren Maxwell-Geschwindigkeit von Gasstrahlen in Abhängigkeit der Temperatur des Verdampfers (sein Urexperiment zur Entwicklung der MSM) (S14+S16+S17), zusammen mit Walther Gerlach der Nachweis, dass Atome ein magnetisches Moment haben (S19), der Nachweis der Richtungsquantelung (Stern-Gerlach-Experiment) (S20),

[1] In der kurzen Sternbiographie von Emilio Segrè [5] und in der Sonderausgabe von Zeit. F. Phys. D [6] zu Sterns 100. Geburtstag 1988 werden jeweils nur 60 Publikationen Sterns aufgeführt.

die erstmalige Bestimmung des Bohrschen magnetischen Momentes des Silberatoms (S21), der Nachweis, dass Atomstrahlen interferieren und die direkte Messung der de Broglie-Beziehung für Atomstrahlen (S37+S39+S40+S42), die Messung der magnetischen Momente des Protons und Deuterons (S47+S52+S54+S55) und der Nachweis von Einsteins Voraussage, dass Photonen einen Impuls haben und Rückstöße bei Atomen (M17) bewirken können. Die von Otto Stern entwickelte MSM wurde der Ausgangspunkt für viele nachfolgende Schlüsselentdeckungen der Quantenphysik, wie Maser und Laser, Kernspinresonanzmethode oder Atomuhr. 20 spätere Nobelpreisleistungen in Physik und Chemie wären ohne Otto Sterns MSM nicht möglich geworden.

Otto Stern begann seine beindruckende Experimentserie 1918 bei Nernst in Berlin (Zusammenarbeit von wenigen Monaten mit Max Volmer) [4] und dann ab Februar 1919 in Frankfurt. Dort in Frankfurt entwickelte er die Grundlagen der MSM (S14+S16+S17), eine Messmethode, mit der man erstmals die Quanteneigenschaften eines einzelnen Atoms untersuchen und messen konnte. Mit dieser MSM gelang ihm 1922 in Frankfurt zusammen mit Walther Gerlach das sogenannte Stern-Gerlach-Experiment (S20), das der eigentliche experimentelle Einstieg in die bis heute so schwer verständliche Verschränkheit von Quantenobjekten darstellt. Im Oktober 1921 nahm er eine a. o. Professor für theoretische Physik in Rostock an und wechselte am 1.1.1923 zur 1919 neu gegründeten Universität Hamburg. Hier in Hamburg gelangen ihm bis zu seiner Emigration am 1.10.1933 viele weitere bahnbrechende Entdeckungen zur neuen Quantenphysik. Zusammen mit seinen Mitarbeitern Otto Robert Frisch und Immanuel Estermann konnte er in Hamburg erstmals die magnetischen Momente des Protons und Deuterons bestimmen und damit wichtige Grundsteine für die Kern- und Elementarteilchenstrukturphysik legen.

Otto Stern wurde am 17. Februar 1888 als ältestes Kind der Eheleute Oskar Stern (1850–1919) und Eugenie geb. Rosenthal (1863–1907) in Sohrau/Oberschlesien geboren. Sein Vater war ein reicher Mühlenbesitzer. Otto Stern hatte vier Geschwister, den Bruder Kurt (1892–1938) und die drei Schwestern Berta (1889–1963), Lotte Hanna (1897–1912) und Elise (1899–1945) [4].

Nach dem Abitur 1906 am Johannes Gymnasium in Breslau studierte Otto Stern zwölf Semester physikalische Chemie, zuerst je ein Semester in Freiburg im Breisgau und München. Am 6. März 1908 bestand er in Breslau sein Verbandsexamen und am 6. März 1912 absolvierte er das Rigorosum und wurde am Sonnabend, dem 13. April 1912 um 16 Uhr mit einem Vortrag über „Neuere Anschauungen über die Affinität" zum Doktor promoviert. Vorlesungen hörte Otto Stern u. a. bei Richard Abegg (Breslau, Abegg führte die Elektronenaffinität und die Valenzregel ein), Adolph von Baeyer (München, Nobelpreis in Chemie 1905), Leo Graetz (München, Physik), Walter Herz (Breslau, Chemie), Richard Hönigswald (Breslau, Physik, Schwarzer Strahler), Jacob Rosanes (Breslau, Mathematik), Clemens Schaefer (Breslau, Theoretische Physik), Conrad Willgerodt (Freiburg, Chemie) und Otto Sackur (Breslau, Chemie) (siehe Dissertation, (S1)). In einigen Biographien über Otto Stern wird Arnold Sommerfeld als einer seiner Lehrer genannt. Im Interview mit Thomas S. Kuhn 1962 erwähnt Otto Stern jedoch, dass er während seines Münchener Semesters wohl einige Male in Sommerfelds Vorlesungen gegangen sei, jedoch nichts verstanden habe [7].

Für Otto Stern stand fest, dass er seine Doktorarbeit in physikalischer Chemie durchführen würde. Dieses Fach wurde damals in Breslau u. a. von Otto Sackur vertreten, der auf dem Grenzgebiet von Thermodynamik und Molekulartheorie arbeitete. Der eigentliche „Institutschef" in Breslau war Eduard Buchner, der 1907 den Nobelpreis für Chemie (Erklärung des Hefeprozesses) erhielt. Da Buchner 1911 nach Würzburg ging, hat Otto Stern die Promotion unter Heinrich Biltz als Referenten der Arbeit abgeschlossen. Die Dissertation hat er seinen Eltern gewidmet.

In seiner Dissertation (S1) über den osmotischen Druck des Kohlendioxyds in konzentrierten Lösungen konnte Otto Stern sowohl seine theoretischen als auch seine experimentellen Fähigkeiten unter Beweis stellen, ein Zeichen bereits für seine späteren Arbeiten, in denen er Experiment und Theorie in exzellenter Weise miteinander verband.

Sterns Doktorarbeit (S1) wurde in Zeit. Phys. Chem. 1912 (S2) als seine erste Zeitschriftenpublikation veröffentlicht. Diese Arbeit enthält sowohl einen theoretischen als auch einen längeren experimentellen Teil. Im theoretischen Teil hat Stern mit Hilfe der van der Waalschen Gleichungen den osmotischen Druck an der Grenzfläche einer Flüssigkeit (semipermeable Wand) berechnet. Die Arbeit enthält die vollständige theoretische Ableitung in hochkonzentrierter Lösung. Im experimentellen Teil beschreibt er im Detail seine sehr sorgfältigen Messungen. In dieser Arbeit hat er seine ersten Apparaturen entworfen und gebaut. Der junge a. o. Professor Otto Sackur betreute seine Dissertation. Sackur war zusammen mit Tetrode der erste, dem es gelang, die Entropie eines einatomigen idealen Gases auf der Basis der neuen Quantenphysik zu berechnen, in dem er zeigte, dass die minimale Phasenraumzelle pro Zustand und Freiheitsgrad der Bewegung genau gleich der Planckschen Konstante ist. Dem Einfluss Sackurs ist es zuzuschreiben, dass das Problem „Entropie" Otto Stern zeitlebens nicht mehr los lies. Die Größe der Entropie ist ein Maß für Ordnung oder Unordnung in physikalischen oder chemischen Systemen. Ihr Ursprung und Zusammenhang mit der Quantenphysik hat Stern stets beschäftigt. Otto Sackur hat damit Sterns Denken und Forschen tief geprägt.

Prag 1912

Nach der Promotion wechselte Otto Stern im Mai 1912 durch Vermittlung Fritz Habers zu Albert Einstein nach Prag. Sackur hatte ihm zugeredet, zu Einstein zu gehen, obwohl Stern selbst es als eine *„große Frechheit"* betrachtete, als Chemiker bei Einstein anzufangen. Im Züricher Interview schildert Otto Stern seine erste Begegnung so [8]: *Ich erwartete einen sehr gelehrten Herrn mit großem Bart zu treffen, fand jedoch niemand, der so aussah. Am Schreibtisch saß ein Mann ohne Krawatte, der aussah wie ein italienischer Straßenarbeiter. Das war Einstein, er war furchtbar nett. Am Nachmittag hatte er einen Anzug angezogen und war rasiert. Ich habe ihn kaum wiedererkannt.*

Abb. 1.2 Otto Stern und Albert Einstein (ca. 1925, Bild Nachlass Otto Stern, Familie Alan Templeton)

Stern betrachtete es als einen großen Glücksfall, dass er Diskussionspartner von Einstein werden konnte, denn Einstein war nach Aussage Sterns völlig vereinsamt, da er an der deutschen Karls Universität in Prag niemanden sonst hatte, mit dem er diskutieren konnte. Wie Stern sagte [8]: "*Nolens volens nur mit mir, die Zeit mit Einstein war für mich entscheidend, um in die richtigen Probleme eingeführt zu werden*".

Die Diskussion zwischen Einstein und Stern ging meist über prinzipielle Probleme der Physik. Stern war wegen seiner Interessen an der physikalischen Chemie und speziell dem Phänomen der Entropie sehr an der Quantentheorie interessiert. Die Klärung der Ursachen der Entropie ist für Stern zeitlebens von großer Bedeutung gewesen. Die statistische Molekulartheorie Boltzmanns spielte folglich für Stern eine große Rolle. Bei den Arbeiten über Entropie, wie Stern in seinem Züricher Interview berichtet, konnte Einstein jedoch Stern wenig helfen.

Zürich 1912 -1914

Als Albert Einstein im Oktober 1912 an die Universität Zürich ging, folgte Otto Stern ihm. Einstein stellte ihn als wissenschaftlichen Mitarbeiter an. Drei Semester blieben Einstein und Stern in Zürich. Aus dieser Zeit entstand eine mit Einstein gemeinsame Veröffentlichung über die Nullpunktsenergie mit dem Titel: *Einige Argumente für die Annahme einer molekularen Agitation beim absoluten Nullpunkt.* Diese Arbeit wurde 1913 in den Annalen der Physik (S5) publiziert. In dieser Arbeit wird die spezifische Wärme in Abhängigkeit der absoluten Temperatur berechnet. Als Ausgangspunkt für die Energie und Besetzungswahrscheinlichkeit eines einzelnen Resonators wird die Plancksche Strahlungsformel benutzt, einmal ohne und zum andern mit Annahme einer Nullpunktsenergie. Wenn die Temperatur gegen Null geht, unterscheiden sich beide Kurven deutlich. Durch Vergleich mit Messdaten für Wasserstoff konnten Einstein und Stern zeigen, dass die Kurve mit Berücksichtigung einer Nullpunktsenergie sehr gut, ohne Nullpunkts-Energieterm jedoch sehr schlecht mit den Daten übereinstimmt. Kennzeichnend für Einstein und Stern ist noch eine Fußnote, die sie in der Publikation hinzugefügt haben; um die Art ihrer „querdenkenden" Arbeitsweise zu charakterisieren: *Es braucht kaum betont zu werden, dass diese Art des Vorgehens sich nur durch unsere Unkenntnis der tatsächlichen Resonatorgesetze rechtfertigen lässt.*

Am 26. Juni 1913 stellte Otto Stern einen Antrag auf Habilitation im Fach Physikalische Chemie und auf „Venia Legendi" mit dem Titel Privatdozent [8, 9]. Seine nur 8-seitige (Din A5) Habilitationsschrift hat den Titel (S4): *Zur kinetischen Theorie des Dampfdruckes einatomiger fester Stoffe und über die Entropiekonstante einatomiger Gase.* Wie Stern ausführt, konnte man damals wohl die relative Temperaturabhängigkeit des Dampfdruckes mit Hilfe der klassischen Thermodynamik berechnen, jedoch nicht dessen Absolutwert speziell bei niedrigen Temperaturen. Erst die neue Quantentheorie gestattet, die absoluten Entropiekonstanten und damit das Verdampfungs- und Absorbtionsgleichgewicht zwischen Gasen und Festkörpern zu berechnen. Stern beschreibt in seiner Habilitationsschrift noch einen zweiten Weg, um die absoluten Werte des Dampfdruckes zu erhalten, in dem man für hohe Temperaturen die klassische Molekularkinetik nach Boltzmann anwendet. Gutachter seiner Arbeit waren die Professoren Einstein, Weiss und Baur. Am 22. Juli 1913 stimmt der „Schulrat" dem Habilitationsantrag zu und beauftragt Stern, seine Antrittsvorlesung zu halten. Im WS 1913/14 hält Otto Stern eine 1-stündige Vorlesung über das Thema: *Theorie des chemischen Gleichgewichts unter besonderer Berücksichtigung der Quantentheorie.* Im SS hält er eine 2-stündige Vorlesung über Molekulartheorie.

Hier in Zürich traf Stern Max von Laue. Zwischen Laue und Stern begann eine tiefe, lebenslange Freundschaft, die auch den 2. Weltkrieg überdauerte. Der dritte in diesem Bunde war Albert Einstein, denn Laue und Einstein kannten sich seit 1907, als Laue den noch etwas unbekannten Einstein auf dem Patentamt in Bern besuchte. Seit dieser Zeit hat Laue wichtige Beiträge zur Relativitätstheorie publiziert. Laue war der einzige deutsche Wissenschaftler von Rang, der während der Nazizeit und nach dem Krieg zu Einstein und Stern stets sehr freundschaftliche Bindungen unterhielt.

Die Zeit von Otto Stern in Zürich war, wie er selbst sagt, was seine experimentellen Arbeiten in der Physikalischen Chemie und Physik betrifft, nicht besonders erfolgreich [8]. Auf Einsteins Wunsch hatte er experimentell gearbeitet. Neben der gemeinsamen theoretischen Arbeit mit Einstein über die Nullpunktsenergie sowie seine veröffentlichte Habilitationsschrift hat Stern nur eine weitere Zeitschriftenpublikation in Zürich eingereicht. Zu dieser Arbeit hat ihn Ehrenfest angeregt. Diese theoretische Arbeit mit dem Titel „*Zur Theorie der Gasdissozation*" wurde im Februar 1914 eingereicht und in den Annalen der Physik 1914 publiziert (S4). Darin wird die Reaktion zwischen zwei idealen Gasen betrachtet und die Entropie sowie die Gleichgewichtskonstante der Reaktion mit Hilfe von Thermodynamik und der Quantentheorie berechnet.

Da Stern während des Studiums nur wenig Gelegenheit hatte, theoretische Physik zu lernen, obwohl er sich auf diesem Gebiet habilitiert hatte, hat er in Prag und Zürich die Einsteinschen Vorlesungen besucht. Otto Stern sagt, dass er bei Einstein das ***Querdenken*** gelernt hat. Immanuel Estermann [10], einer seiner späteren, engsten Mitarbeiter schreibt zu Sterns Beziehung zu Albert Einstein: *Stern hat einmal erzählt, daß ihn an Einstein nicht so die spezielle Relativitätstheorie interessierte, sondern vielmehr die Molekulartheorie, und Einstein's Ansätze, die Konzepte der Quantenhypothese auf die Erklärung des zunächst noch unverständlichen Temperaturverhaltens der spezifischen Wärmen in kristallinen Körpern anzuwenden. Eine der ersten Veröffentlichungen Sterns zusammen mit Einstein war der Frage nach der Nullpunktsenergie gewidmet, d. h. der Frage, ob sich die Atome eines Körpers am absoluten Nullpunkt in Ruhe befinden, oder eine Schwingung um eine Gleichgewichtsposition mit einer Mindestenergie ausführen. Der eigentliche Gewinn, den Stern aus der Zusammenarbeit mit Einstein zog, lag in der Einsicht, unterscheiden zu können, welche bedeutenden und weniger bedeutenden physikalischen Probleme gegenwärtig die Physik beschäftigen; welche Fragen zu stellen sind und welche Experimente ausgeführt werden müssen, um zu einer Antwort zu gelangen. So entstand aus einer relativ kurzen wissenschaftlichen Verbindung mit Einstein eine lebenslange Freundschaft.* Als Anfang August 1914 der erste Weltkrieg ausbrach, ließ Otto Stern sich in Zürich zum WS 1914/15 beurlauben, um als Freiwilliger seinen Wehrdienst für Deutschland zu leisten. Einstein war schon am 1. April 1914 als Direktor des Kaiser-Wilhelm-Instituts für Physik in Berlin ernannt worden.

Frankfurt und 1. Weltkrieg

Otto Sterns Freund Max von Laue war am 14. August 1914 von Kaiser Wilhelm II. zum ersten Professor für Theoretische Physik an die 1914 neu gegründete königliche Stiftungsuniversität Frankfurt berufen worden [11]. Stern nahm Laues Angebot an, bei Laue als Privatdozent für theoretische Physik anzufangen. Obwohl er schon am 10.11.1914 seine Umhabilitierung an die Universität Frankfurt beantragt hat [11], ist Otto Stern formal erst Ende 1915 aus dem Dienst der Universität Zürich ausgeschieden.

Die ersten zwei Jahre des Krieges diente Otto Stern als Unteroffizier und wurde meist auf der Kommandatur beschäftigt. Er war in einem Schnellkurs in Berlin als Metereologe ausgebildet worden. Stern hat im Krieg auch Berlin besuchen können, um mit Nernst daran zu arbeiten, wie dünnflüssige Öle dickflüssig gemacht werden könnten. Bei diesen Besuchen hat er sich regelmäßig mit seinen Vater getroffen. Ab Ende 1915 tat Otto Stern Dienst auf der Feldwetterstation in Lomsha in Polen. Da er dort nicht voll ausgelastet war und [8] *„um seinen Verstand aufrechtzuerhalten*“, hat er sich nebenbei mit theoretischen Problemen der Entropie beschäftigt und zwei beachtenswerte, sehr ausführliche Arbeiten über Entropie verfasst. 1. „Die Entropie fester Lösungen“ (eingereicht im Januar 1916 und erschienen in Ann. Phys. 49, 823 (1916)) (S7) und 2. „Über eine Methode zur Berechnung der Entropie von Systemen elastisch gekoppelter Massenpunkte“ (S8) (eingereicht im Juli 1916). In der zweiten dieser Arbeiten ist ein Gleichungssystem für n gekoppelte Massenpunkte zu lösen, das auf eine Determinante n-ten Grades zurückgeführt wird. In Erinnerung an den Entstehungsort dieser Arbeit hat Wolfgang Pauli diese Determinante immer als die Lomsha-Determinante bezeichnet. Zwischen Einstein und Stern wurden in dieser Zeit oft Briefe gewechselt, in denen thermodynamische Probleme diskutiert wurden. Offensichtlich waren beide jedoch oft unterschiedlicher Meinung und Einstein wollte die Diskussion dann später lieber in Berlin fortsetzen. Wie entscheidend Einsteins Beiträge zu den beiden Lomsha-Publikationen waren, ist nicht klar. Da jedoch in beiden Veröffentlichungen Stern seinem Freund Einstein keinen Dank ausspricht, kann Stern Einsteins Beitrag als nicht so wichtig angesehen haben.

Berliner Zeit im Nernstschen Institut 1918–9

Viele Physiker und Physikochemiker waren gegen Ende des ersten Weltkrieges mit militärischen Aufgaben betraut, vorwiegend im Labor von Walther Nernst an der Berliner Universität. In diesem Labor arbeitete Otto Stern mit dem Physiker und späteren Nobelpreisträger James Franck und mit Max Volmer zusammen, die beide ausgezeichnete Experimentalphysiker waren. Dieser Kontakt und die dortige Zusammenarbeit mit Max Volmer haben sicher dazu beigetragen, dass sich Otto Stern ab Beginn 1919 fast völlig experimentellen Problemen zuwandte. Volmers Arbeitsgebiet war die experimentelle Physikalische Chemie. Bei diesen Arbeiten wurden beide durch die promovierte Chemikerin Lotte Pusch (spätere Ehefrau von Max Volmer) unterstützt.

Zusammen mit Max Volmer entstanden in der kurzen Zeit von Ende 1918 bis Mitte 1919 drei Zeitschriftenpublikationen, die mehr experimentelle als theoretische Forschungsziele hatten. Die erste Publikation (S10) (Januar 1919 eingereicht) befasste sich mit der Abklingzeit der Fluoreszenzstrahlung, oder heute würde man sagen: der Lebensdauer von durch Photonen angeregter Zustände in Atomen oder Molekülen. Schnelle elektronische Uhren waren damals noch nicht vorhanden, also brauchte man beobachtbare parallel ablaufende Prozesse als Uhren. Da bot sich die

Molekularbewegung an. Wenn die Moleküle sich mit typisch 500 m/sec (je nach Temperatur kann man die Geschwindigkeit beeinflussen) bewegen und wenn man ihre Leuchtbahnen unter dem Mikroskop mit 1 Mikrometer Auflösung beobachten kann (Moleküle brauchen dann für diese Flugstrecke zwei Milliardestel Sekunde), dann kann man indirekt eine zeitliche Auflösung von nahezu einer Milliardestel Sekunde erreichen, unglaublich gut für die damalige Zeit direkt nach dem 1. Weltkrieg.

Stern und Volmer diskutieren in ihrer Arbeit verschiedene Wege, wie man Atome anregen kann und dann die Fluoreszenzstrahlung der sich schnell bewegenden Atome in Gasen mit unterschiedlichen Drucken und Temperaturen beobachten muss, um unter Berücksichtigung der Molekularbewegung mit sekundären Stößen eine Lebensdauer zu bestimmen. In ihrem Experiment erreichen sie eine Auflösung von ca. 2. Milliardestel Sekunde. Fokussiert durch eine Linse tritt ein scharf kollimierter Lichtstrahl in eine Vakuumapparatur mit veränderbaren Gasdruck und Temperatur ein, der die Gasatome zur Fluoreszenzstrahlung anregt. In dieser Arbeit wurde der sogenannte Stern-Volmer-Plot entwickelt und die danach benannte Stern-Volmer-Gleichung abgeleitet, die die Abhängigkeit der Intensität der Fluoreszenz (Quantenausbeute) eines Farbstoffes gegen die Konzentration von beigemischten Stoffen beschreibt, die die Fluorenzenz zum Löschen bringen. Die Veröffentlichung enthält jedoch noch einen visionären Gedanken, der das Prinzip der modernen „Beam Foil Spectroscopy" schon anwendet, d. h. ein extrem scharf kollimierter Anregungsstrahl (damals Licht, heute oft eine sehr dünne Folie) wird mit einem schnellen Gasstrahl gekreuzt und dann strahlabwärts das Leuchten gemessen. Aus der Geometrie des Leuchtschweifs kann man direkt die Lebensdauer bestimmen.

In der 2. Berliner Veröffentlichung (S11) von Stern und Volmer wurden die Ursachen und Abweichungen der Atomgewichte von der *Ganzzahligkeit* durch mögliche Isotopenbeimischungen und Bindungsenergieeffekte untersucht. Sie argumentieren: Weicht das chemisch ermittelte Atomgewicht von der Ganzzahligkeit ab, so kann das einmal daran liegen, dass die Kerne aus unterschiedlichen Isotopen gebildet werden. Für Stern und Volmer bestand ein Isotop aus einer unterschiedlichen Anzahl von Wasserstoffkernen (hier positive Elektronen genannt), die im Kern von negativen Elektronen (Bohrmodell des Kernes) umkreist werden (Proutsche Hypothese). Zum andern können Kerne abhängig von ihrer inneren Struktur auch unterschiedlich stark gebunden sein und damit nach Einstein (Energie gleich Masse) unterschiedliche Masse haben können.

Stern und Volmer berechnen auf der Basis eines „Bohrmodells" für die Kerne deren mögliche Bindungsenergien. Dabei berücksichtigten sie aber nur die Coulombkraft, aber nicht die damals noch unbekannte „Starke Kernkraft". Die so berechneten Bindunsgsenergie-Effekte waren daher viel zu klein und Stern und Volmer konnten die gemessenen Massenunterschiede damit nicht erklären. Sie schlossen daher Bindungsenergieeffekte als mögliche Ursachen für die unterschiedlichen Atomgewichte aus.

Um den Einfluss der Isotopie zu bestimmen, haben Stern und Volmer dann Diffusionsexperimente durchgeführt, um evtl. einzelne Isotopenmassen anzureichern. Sie kamen dann aber zu dem Schluss, dass Isotopieeffekte die nicht-ganzzahligen

Atomgewichte nicht erklären können. Daraus schlossen sie, dass das verwendete Kernkraftmodell falsch sein muss und Bindungsenergieeffekte vermutlich doch die Ursache sein könnten.

In der 3. gemeinsamen Arbeit (S13) wird der Einfluss der Lichtabsorption auf die Stärke chemischer Reaktionen untersucht. Ausgehend von der Bohr-Einsteinschen Auffassung über den Einfluss der Lichtabsorption auf das photochemische Äquivalenzprinzip wird die Proportionalität von Lichtmenge und chemischer Umsetzung am Beispiel der Zersetzung von Bromhydrid erforscht. Diese Arbeit wurde November 1919 eingereicht und ist 1920 in der Zeitschrift für Wissenschaftliche Photographie erschienen.

Zurück nach Frankfurt (Februar 1919–Oktober 1921)

Ab Frühjahr 1919 musste Stern wieder in Frankfurt sein, da er in einem zusätzlich eingeführten Zwischensemester, beginnend am 3. Februar und endend am 16. April, für Kriegsteilnehmer eine zweistündige Vorlesung „*Einführung in die Thermodynamik*“ halten musste. Max von Laue hatte am Ende des Wintersemesters Frankfurt schon verlassen und hatte am Kaiser-Wilhelm-Institut für Physik in Berlin seine Tätigkeit aufgenommen. Max Born als Laues Nachfolger (von Berlin kommend, wo er eine a. o. Professur inne hatte) hat in diesem Zwischensemester schon in Frankfurt Vorlesungen gehalten (Einführung in die theoretische Physik). Sterns erste Forschungsarbeit in Frankfurt, die zu einer Publikation führte, gelang ihm zusammen mit Max Born. Diese Arbeit war theoretischer Art „*Über die Oberflächenenergie der Kristalle und ihren Einfluß auf die Kristallgestalt*“. Sie erschien 1919 in den Sitzungsberichten der Preußischen Akademie der Wissenschaften (S9).

In der relativ kurzen Zeit (bis Oktober 1921), die Otto Stern in Frankfurt blieb, hat er dann Physikgeschichte geschrieben. Obwohl zwischen Krieg und Inflation die finanzielle Basis für Forschung extrem schwierig war, gelangen Otto Stern so bedeutende technologische Entwicklungen und bahnbrechende Experimente, dass sie ihm Weltruhm sowie 1943 den Nobelpreis einbrachten. Er war Privatdozent in einem Institut der theoretischen Physik. Max Born war der Institutsdirektor und Stern sein Mitarbeiter. Dieses theoretische Institut hatte noch eine wichtige erwähnenswerte Besonderheit zu bieten, die für Otto Stern, dem nun zur Experimentalphysik wechselnden Forscher, von größter Bedeutung war: zum Institut gehörte eine mechanische Werkstatt mit dem jungen, aber ausgezeichneten Institutsmechaniker Adolf Schmidt.

Max Born berichtet in seinen Lebenserinnerungen [12] über diese Zeit: *Mein Stab bestand aus einem Privatdozenten, einer Assistentin und einem Mechaniker. Ich hatte das Glück, in Otto Stern einen Privatdozenten von höchster Qualität zu finden, einen gutmütigen, fröhlichen Mann, der bald ein guter Freund von uns wurde. Diese Zeit war die einzige in meiner wissenschaftlichen Laufbahn, in der ich eine Werkstatt und einen ausgezeichneten Mechaniker zu meiner Verfügung hatte; Stern und ich machten guten Gebrauch davon.*

Die Arbeit in meiner Abteilung wurde von einer Idee Sterns beherrscht. Er wollte die Eigenschaften von Atomen und Molekülen in Gasen mit Hilfe molekularer Strahlen, die zuerst von Dunoyer [13] *erzeugt worden, waren, nachweisen und messen. Sterns erstes Gerät sollte experimentell das Geschwindigkeitsverteilungsgesetz von Maxwell beweisen und die mittlere Geschwindigkeit messen. Ich war von dieser Idee so fasziniert, dass ich ihm alle Hilfsmittel meines Labors, meiner Werkstatt und die mechanischen Geräte zur Verfügung stellte.*

Wie Born erzählt, Otto Stern entwarf die Apparaturen, aber der Mechanikermeister der Werkstatt, Adolf Schmidt, setzte diese Entwürfe um und baute die Apparaturen. Sterns erste große Leistung war das Ausmessen der Geschwindigkeitsverteilung der Moleküle, die sich in einem Gas bei einer konstanten Temperatur T bewegen. Diese Arbeit wurde die Grundlage zur Entwicklung der sogenannten Atom- oder Molekularstrahlmethode, die zu einer der erfolgreichsten Untersuchungsmethoden in Physik und Chemie überhaupt werden sollte. Der Franzose Louis Dunoyer hatte 1911 gezeigt, dass, wenn man Gas durch ein kleines Loch in ein evakuiertes Gefäß strömen lässt, sich bei hinreichend niedrigem Druck (unter 1/1000 millibar) die Atome oder Moleküle geradlinig im Vakuum bewegen. Der Atomstrahl erzeugt an einem Hindernis wie bei einem Lichtstrahl einen scharfen Schatten auf einer Auffangplatte (Atome oder Moleküle können auf kalter Auffangplatte kondensieren). Der Molekularstrahl besteht aus unendlich vielen, einzelnen und separat fliegenden Atomen oder Molekülen. In diesem Strahl hat man also einzelne, isolierte Atome zur Verfügung, an denen man Messungen durchführen kann. Niemand konnte vor Stern einzelne Atome isolieren und daran Quanteneigenschaften messen.

Um an den einzelnen Atomen des Molekularstrahls quantitative Messungen durchzuführen, musste Stern jedoch wissen, mit welcher Geschwindigkeit und in welche Richtung diese Atome bei einer festen Temperatur fliegen. Maxwell hatte diese Geschwindigkeit schon theoretisch berechnet, aber niemand vor Stern konnte Maxwells Rechnungen überprüfen. Otto Stern baute für diese Messung ein genial einfaches Experiment auf (S14+S16+S17). Als Quelle für seinen Atomstrahl verwendete er einen dünnen Platindraht, der mit Silberpaste bestrichen und dann erhitzt wurde. Bei ausreichend hoher Temperatur verdampfte das Silber und flog radial vom Draht weg nach außen. Der verdampfte, im Vakuum geradlinig fliegende Strahl wurde mit zwei sehr engen Schlitzen (wenige cm Abstand) ausgeblendet und auf einer Auffangplatte (wenige cm hinter dem zweiten Schlitz montiert) kondensiert. Der Fleck des Silberkondensates konnte unter dem Mikroskop beobachtet und in seiner Größe und Verteilung sehr genau vermessen werden. Vom Labor ausgesehen fliegen die Atome im Vakuum immer auf einer exakt geraden Bahn, im rotierenden System gesehen scheinen die Atome sich jedoch auf einer gekrümmten Bahn zu bewegen. Um das Prinzip dieser Geschwindigkeitsmessung verständlicher zu machen, erklärt Stern dies Messverfahren mit nur einem Schlitz. Setzt man nun Schlitz und Auffangplatte in schnelle Rotation mit dem Draht als Drehpunkt, dann dreht sich die Auffangplatte während des Fluges der Atome vom Schlitz zur Auffangplatte um einen kleinen Winkelbereich weiter, so dass der Auftreffort auf der Auffangplatte des geradlinig fliegenden Strahles gegen die Rotationsrichtung leicht versetzt (im Vergleich zur nicht rotierenden Apparatur) ist. Durch zwei Messungen bei stehender und drehender Apparatur erhält man zwei strichartige Verteilungen. Aus dieser gemessenen Verschiebung, aus der Geometrie der Apparatur und der Drehgeschwindigkeit kann man nun die mittlere radiale Geschwindigkeit der Atome oder Moleküle bestimmen.

Stern reichte diese Arbeit mit dem Titel: „*Eine Messung der thermischen Molekulargeschwindigkeit*" im April 1920 bei der Zeitschrift für Physik ein (S16). Stern war mit dem gemessenen Ergebnis dieser Arbeit nicht ganz zufrieden. Die Messung lieferte für eine gemessene Temperatur von 961° eine mittlere Geschwindigkeit von ca. 600 m/sec, wohingegen die Maxwelltheorie nur 534 m/sec voraussagte. Stern versuchte in dieser Arbeit, die Diskrepanz zwischen Messung und Theorie durch kleine Messfehler bei der Temperatur etc. zu erklären. Albert Einstein hatte sofort erkannt, dass diese Diskrepanz ganz andere Gründe hatte. Er machte Stern darauf aufmerksam, dass bei der Strömung von Gasen von einem Raum (hoher Druck) durch ein winziges Loch in einen anderen Raum (Vakuum) die schnelleren Moleküle eine merklich größere Transmissionsrate haben als langsamere (S17). Nach Berücksichtigung dieses Effektes erniedrigte sich die gemessene mittlere Molekulargeschwindigkeit und stimmte auf einmal gut mit der Maxwell-Theorie überein. Noch eine scheinbar nebensächliche Aussage Sterns in dieser Publikation ist von großer visionärer Bedeutung und sie ist der eigentliche Grund, dass diese Arbeit so bedeutsam ist und Stern dafür der Nobelpreis zu Recht verliehen wurde: *Die hier verwendete Versuchsanordnung gestattet es zum ersten Male, Moleküle mit einheitlicher Geschwindigkeit herzustellen.* Für die Physik heißt das: Atome oder Moleküle konnten nun in einem bestimmten Impulszustand hergestellt werden, was quantitative Messungen der Impulsänderung ermöglichte. Dies war ein wichtiger Meilenstein für die Quantenphysik!

Otto Stern hatte damit die Grundlagen geschaffen, um mit Hilfe der Impulsspektroskopie von langsamen Atomen und Molekülen ein nur wenige 10 cm großes Mikroskop zu realisieren, mit dem man in Atome, Moleküle oder sogar Kerne hineinschauen konnte. Dank dessen exzellenten Winkelauflösung gelang es ihm später in Hamburg, sogar die Hyperfeinstruktur in Atomen und den Rückstoßimpuls bei Photonenstreuung nachzuweisen. Dies waren bedeutende Meilensteine auf dem Weg in die moderne Quantenphysik. In zahllosen nachfolgenden Arbeiten bis zur Gegenwart wird Otto Sterns Methode der Strahlpräparierung angewandt. Mehr als 20 spätere Nobelpreisarbeiten in Physik und Chemie verdanken letztlich dieser Pionierarbeit Otto Sterns ihren wissenschaftlichen Erfolg.

Otto Stern war genial im Planen von bahnbrechenden Apparaturen, aber im Experimentieren selbst fehlte ihm das erforderliche Geschick. In Walther Gerlach fand er dann den Experimentalphysiker, der auch schwierigste Experimente erfolgreich durchführen konnte. Gerlach kam am 1.10.1920 als erster Assistent und Privatdozent ins Institut für experimentelle Physik an die Universität Frankfurt. Das Duo Stern-Gerlach experimentierte dann so erfolgreich, dass es in den nur zwei verbleibenden Jahren der gemeinsamen Forschung in Frankfurt ganz große Physikgeschichte geschrieben hat.

Abb. 1.3 1920 in Berlin v. l.: Das sogenannte „Bonzenfreie Treffen" mit Otto Stern, Friedrich Paschen, James Franck, Rudolf Ladenburg, Paul Knipping, Niels Bohr, E. Wagner, Otto von Baeyer, Otto Hahn, Georg von Hevesy, Lise Meitner, Wilhelm Westphal, Hans Geiger, Gustav Hertz und Peter Pringsheim. (Bild im Besitz von Jost Lemmerich)

Obwohl Otto Stern zahlreiche bedeutende Pionierexperimente durchgeführt hat, überragt das sogenannte Stern-Gerlach Experiment zusammen mit Walther Gerlach alle anderen an Bedeutung. Aus diesem Grunde sollen hier die Hintergründe zu diesem Experiment ausführlicher dargestellt werden, auch deshalb, weil bis heute in vielen Lehrbüchern die Physik dieses Experimentes nicht korrekt dargestellt wird. Stern und Gerlach begannen schon Anfang 1921 mit der Planung und Ausführung des Experiments zum Nachweis der Richtungsquantelung magnetischer Momente von Atomen in äußeren Feldern (S18+S20). Richtungsquantelung heißt, die Ausrichtungswinkel von magnetischen Momenten von Atomen im Raum sind nicht isotrop über den Raum verteilt, sondern stellen sich nur unter diskreten Winkeln ein, d. h. sie sind in der Richtung gequantelt. Ausgehend vom Zeeman-Effekt, der 1896 von Pieter Zeeman in Leiden (Nobelpreis für Physik 1902) durch Untersuchung der im Magnetfeld emittierten Spektrallinien entdeckt wurde, hatten zuerst Peter Debye (1916, Nobelpreis für Chemie 1936) und dann Arnold Sommerfeld (1916) gefordert [2], dass sich die inneren magnetischen Momente von Atomen in einem äußeren magnetischen Feld nur unter diskreten Winkeln einstellen können.

Jeder Physiker würde von der Annahme ausgehen, dass die Atome (z. B. in Gasen) und damit auch deren innere magnetischen Momente beliebig im kraftfreien Raum orientiert sein müssen. Es sei denn, es gäbe äußere Kräfte, die solche Atome ausrichten können. Wenn ein makroskopisches äußeres Magnetfeld **B** angelegt wird, dann könnte eine solche ausrichtende Kraft zwischen Magnetfeld und Atomen nur dann auftreten, wenn die Atome entweder eine elektrische Ladung tragen oder aber ein inneres magnetisches Moment haben. Da neutrale Atome perfekt ungeladen sind, könnte daher nur ein inneres magnetisches Moment als Kraftquelle in Frage kommen. Nach den Gesetzen der damals und heute gültigen klassischen Physik sollten die magnetischen Momente der Atome jedoch in einem äußeren Magnetfeld **B** nur eine Lamorpräzession (Kreiselbewegung) um die Richtung **B** ausführen können, d. h. der Winkel zwischen magnetischem Moment und äußerem Feld **B** kann dadurch aber nicht verändert werden. Die isotrope Winkel-Ausrichtung der atomaren magnetischen Momente relativ zu **B** sollte daher unbedingt erhalten bleiben. Da nach der klassischen Physik die magnetischen Momente der Atome im Raum völlig isotrop vorkommen sollten, muss der Winkel α und damit auch die Energieaufspaltung der Spektrallinien im Magnetfeld (Zeeman-Effekt) kontinuierliche Verteilungen (Bänderstruktur) zeigen.

Um aber die in der Spektroskopie beobachtete scharfe Linienstruktur der sogenannten Feinstrukturaufspaltung in Atomen und die scharfen Spektrallinien des Zeeman-Effektes zu erklären, mussten Debye und Sommerfeld daher etwas postulieren, das dem gesunden Menschenverstand völlig widersprach. Das „Absurde" an der Richtungsquantelung ist, dass diese Ausrichtung abhängig von der B-Richtung ist, die der Experimentator durch seine Apparatur zufällig wählt. Woher sollen die Atome „wissen", aus welcher Richtung der Experimentator sie beobachtet? Nach allem, was die Physiker damals wussten, ja selbst was wir bis heute wissen, gibt es keinen uns bekannten physikalisch erklärbaren Prozess, der diese Momente nach dem Beobachter ausrichtet und eine Beobachter-abhängige Richtungsquantelung erzeugt. Selbst Debye sagte zu Gerlach: *Sie glauben doch nicht, dass die Einstellung der Atome etwas physikalisch Reelles ist, das ist eine Rechenvorschrift, das Kursbuch der Elektronen. Es hat keinen Sinn, dass Sie sich abquälen damit.* Max Born bekannte später: *Ich dachte immer, daß die Richtungsquantelung eine Art symbolischer Ausdruck war für etwas, was wir eigentlich nicht verstehen.* Im Interview mit Thomas Kuhn und Paul Ewald [14] erzählte Born: „*Ich habe versucht, Stern zu überzeugen, dass es keinen Sinn macht, ein solches Experiment durchzuführen. Aber er sagte mir, es ist es wert, es zu versuchen.*"

Wie Otto Stern im Züricher Interview erzählt [8], hat er überhaupt nicht an die Existenz einer solchen Richtungsquantelung geglaubt. In einem Seminarvortrag im Bornschen Institut wurde der Fall diskutiert und Otto Stern auf das Problem aufmerksam gemacht. Otto Stern überlegte: Wenn Debye und Sommerfeld recht haben, dann müssten die magnetischen Momente von gasförmigen Atomen in einem äußeren Magnetfeld sich ebenso ausrichten. Dies hat Otto Stern nicht in Ruhe gelassen. Er berichtete später: *Am nächsten Morgen, es war zu kalt aufzustehen, da habe ich mir überlegt, wie man das auf andere Weise experimentell klären könnte.* Mit seiner Atomstrahlmethode konnte er das machen.

Am 26. August 1921 reichte Otto Stern bei der Zeitschrift für Physik als alleiniger Autor eine Publikation (S18) ein, in der der experimentelle Weg zur experimentellen Überprüfung der Richtungsquantelung und die Machbarkeit, d. h. ob man die zu erwartenden kleinen Effekte auf die Bahn der Molekularstrahlen wirklich beobachten könne, diskutiert wurde. In dieser Arbeit bringt Otto Stern weitere Bedenken gegen das Debye-Sommerfeld-Postulat vor und führt aus: *Eine weitere Schwierigkeit für die Quantenauffassung besteht, wie schon von verschiedenen Seiten bemerkt wurde, darin, daß man sich gar nicht vorstellen kann, wie die Atome des Gases, deren Impulsmomente ohne Magnetfeld alle möglichen Richtungen haben, es fertig bringen, wenn sie in ein Magnetfeld gebracht werden, sich in die vorgeschriebenen Richtungen einzustellen. Nach der klassischen Theorie ist auch etwas ganz anderes zu erwarten. Die Wirkung des Magnetfeldes besteht nach Larmor nur darin, daß alle Atome eine zusätzliche gleichförmige Rotation um die Richtung der magnetischen Feldstärke als Achse ausführen, so daß der Winkel, den die Richtung des Impulsmomentes mit dem Feld B bildet, für die verschiedenen Atome weiterhin alle möglichen Werte hat. Die Theorie des normalen Zeeman-Effektes ergibt sich auch bei dieser Auffassung aus der Bedingung, daß sich die Komponente des Impulsmomentes in Richtung von B nur um den Betrag* $h/2\pi$ *oder Null ändern darf.*

Stern hatte sich zu dieser Vorveröffentlichung entschlossen, da Hartmut Kallmann und Fritz Reiche in Berlin ein ähnliches Experiment für die räumliche Ausrichtung von Dipolmolekülen in inhomogenen elektrischen Feldern (Starkeffekt, von Paul Epstein und Karl Schwarzschild theoretisch untersucht) gemacht hatten und kurz vor der Publikation standen. Otto Stern stand mit Kallmann und Reiche in Kontakt. Debye und Sommerfeld hatten für die auf der Bahn umlaufenden Elektronen eine Ausrichtung des magnetischen Momentes in drei Ausrichtungen vorausgesagt (analog der Triplettaufspaltung beim Zeeman-Effekt): parallel, antiparallel und senkrecht zum äußeren Magnetfeld, d. h. eine Triplettaufspaltung, und damit eine dreifach Ablenkung des Atomstrahles (parallel und antiparallel sowie keine Ablenkung zum Magnetfeld). Bohr hingegen erwartete nur eine Zweifachaufspaltung (Duplett) nach oben und unten, aber in der Mitte keine Intensität.

Otto Stern erhielt im Herbst 1921 einen Ruf auf eine a. o. Professur für theoretische Physik an der Universität Rostock. Schon im Wintersemester 1921/22 hielt er in Rostock Vorlesungen über theoretische Physik. Obwohl Otto Stern ab Herbst 1921 nicht mehr in Frankfurt war, gingen die gemeinsamen Arbeiten zur Messung der magnetischen Momente von Atomen mit Walter Gerlach in Frankfurt weiter. Wie Gerlach in seinem Interview mit Thomas Kuhn 1963 [15] berichtet, war die Apparatur erst im Herbst 1921 durch den Mechaniker Adolf Schmidt fertig gestellt worden. Schon bald danach konnte Gerlach in der Nacht vom 4. auf den 5. November 1921 den ersten großen Erfolg verbuchen. Ein Silberstrahl von 0,05 mm Durchmesser wurde in einem Vakuum von einigen 10^{-5} milli bar entlang eines Schneiden-förmigen Polschuhs geleitet und auf einem wenige cm entfernten Glasplättchen aufgefangen. Aus der Form des Fleckes des dort niedergeschlagenen Silbers wurde die Verbreiterung des Strahles bei eingeschaltetem Magnetfeld gemessen. Dies war der Beweis, dass Silberatome ein magnetisches Moment haben. Aus der Verbreiterung konnte eine erste Abschätzung für die Größe des magnetischen Momentes des Silberatoms gewonnen werden. Über eine mögliche Aufspaltung konnte wegen der schlechten Winkelauflösung noch keine verlässliche Aussage gemacht werden.

Gerlach hat in den folgenden Monaten versucht, die Apparatur weiter zu verbessern, ohne jedoch eine Aufspaltung zu sehen. In den ersten Februartagen 1922 (Wochenende 3.–5.2.1922) trafen sich Stern und Gerlach in Göttingen [15]. Nach diesem Treffen wurde eine entscheidende Änderung an der Ausblendung vorgenommen. In der bisher benutzten Apparatur wurde der Strahl durch zwei sehr kleine Rundblenden (wenige Mikrometer Durchmesser) begrenzt. Da der Strahl aus einer kleinen runden Öfchenöffnung emittiert wurde, mussten diese drei Punkte auf eine Linie gebracht werden, was offensichtlich nicht hinreichend präzise gelang.

Wie Gerlach in seinem Interview mit Thomas Kuhn berichtet (er bezieht sich auf den Brief von James Franck vom 15.2.1922) wurde eine der Strahlblenden durch einen Spalt ersetzt. Diese Änderung brachte umgehend den entscheidenden Fortschritt und die Richtungsquantelung wurde in der Nacht vom 7. auf 8.2.1922 in den Räumen des Instituts für theoretische Physik im Gebäude des Physikalischen Vereins Frankfurt zum ersten Male experimentell nachgewiesen. Das Stern-Gerlach-Experiment hatte damit eindeutig bewiesen: Die Richtungsquantelung der inneren magnetischen Momente von Atomen existierte wirklich. Das Postulat der Richtungsquantelung von Peter Debye und Arnold Sommerfeld entsprach einer reellen, physikalisch nachweisbaren Eigenschaft der Quantenwelt, obwohl es dem „gesunden Menschenverstand" völlig widersprach. Es gibt also die Fernwirkung zwischen Apparatur/Beobachter und Quantenobjekt. Egal in welcher Richtung der Experimentator zufällig sein Magnetfeld anlegt, die Atome „kennen" diese Richtung. Der Aufbau der Apparatur wurde später in zwei Publikationen im Detail beschrieben: W. Gerlach und O. Stern Ann. Phys. 74, 673 (1924) (S26) und Walther Gerlach, Über die Richtungsquantelung im Magnetfeld II, Annalen der Phys., 76, 163–197 (1925) (M0).

Viele der Physiker waren überrascht, dass es die Richtungsquantelung wirklich gab. Stern selbst hatte überhaupt nicht an sie geglaubt. Wolfgang Pauli schrieb in einer Postkarte an Gerlach: *Jetzt wird wohl auch der ungläubige Stern von der Richtungsquantelung überzeugt sein.* Arnold Sommerfeld bemerkte dazu: *Durch ihr wohldurchdachtes Experiment haben Stern und Gerlach nicht nur die Richtungsquantelung im Magnetfeld bewiesen, sondern auch die Quantennatur der Elektrizität und ihre Beziehung zur Struktur der Atome.* Albert Einstein schrieb: *Das wirklich interessante Experiment in der Quantenphysik ist das Experiment von Stern und Gerlach. Die Ausrichtung der Atome ohne Stöße durch Strahlung kann nicht durch die bestehenden Theorien erklärt werden. Es sollte mehr als 100 Jahre dauern, die Atome auszurichten.* Doch Stern war auch nach dem Experiment keineswegs von der Richtungsquantelung überzeugt. In seinem Züricher Interview 1961 [8] sagt er über das Frankfurter Stern-Gerlach-Experiment: *Das wirklich Interessante kam ja dann mit dem Experiment, das ich mit Gerlach zusammen gemacht habe, über die Richtungsquantelung. Ich hatte mir immer überlegt, dass das doch nicht richtig sein kann, wie gesagt, ich war immer noch sehr skeptisch über die Quantentheorie. Ich habe mir überlegt, es muss ein Wasserstoffatom oder ein Alkaliatom im Magnetfeld Doppelbrechung zeigen. Man hatte ja damals nur das Elektron in einer Ebene laufend und da kommt es ja darauf an, ob die elektrische Kraft, das Feld in der Ebene oder senkrecht steht. Das war ein völlig sicheres Argument meiner Ansicht nach, da man es auch anwenden konnte auf ganz langsame Änderungen der elektrischen Kraft, ganz adiabatisch. Also das konnte ich absolut nicht verstehen. Damals hab ich mir überlegt, man kann doch das experimentell prüfen. Ich war durch die Messung der Molekulargeschwindigkeit auf Molekularstrahlen eingestellt und so hab ich das Experiment versucht. Da hab ich das mit Gerlach zusammengemacht, denn das war ja doch eine schwierige Sache. Ich wollte doch einen richtigen Experimentalphysiker mit dabei haben. Das ging sehr schön, wir haben das immer so gemacht: Ich habe z. B. zum Ausmessen des magnetischen Feldes eine kleine Drehwaage gebaut, die zwar funktionierte, aber nicht sehr gut war. Dann hat Gerlach eine sehr feine gebaut, die sehr viel besser war. Übrigens eine Sache, die ich bei der Gelegenheit hier betonen möchte, wir haben damals nicht genügend zitiert die Hilfe, die der Madelung uns gegeben hat. Damals war der Born schon weg, und sein Nachfolger war der Madelung. Madelung hat uns im wesentlichen das magnetische Feld mit der Schneide und ja . . .* (inhomogen) *suggeriert. Aber wie nun das Experiment ausfiel, da hab ich erst recht nichts verstanden, denn wir fanden ja dann die diskreten Strahlen und trotzdem war keine Doppelbrechung da. Wir haben extra noch einmal Versuche gemacht, ob doch noch etwas Doppelbrechung da war. Aber wirklich nicht. Das war absolut nicht zu verstehen. Das ist auch ganz klar, dazu braucht man nicht nur die neue Quantentheorie, sondern gleichzeitig auch das magnetische Elektron. Diese zwei Sachen, die damals noch nicht da waren. Ich war völlig verwirrt und wusste gar nicht, was man damit anfangen sollte. Ich habe jetzt noch Einwände gegen die Schönheit der Quantenmechanik. Sie ist aber richtig.*

Damals glaubten alle, dass die Beobachtung einer Dublettaufspaltung Niels Bohr recht gäbe und Sommerfelds Voraussage falsch sei. In der Tat hatten Gerlach und Stern aber die Richtungsquantelung des damals noch unbekannten Elektronenspins und nicht die eines auf einer Bahn umlaufenden Elektrons beobachtet. Somit hatten weder Bohr noch Sommerfeld recht! Warum es aber noch einige Jahre brauchte, bis Uhlenbeck und Goudsmit den Elektronenspin postulierten, ist aus heutiger Sicht sehr schwer zu verstehen. Einmal hatte Arthur Compton schon 1921 [16] auf die magnetischen Eigenschaften des Elektrons und damit indirekt auf seinen Eigenspin hingewiesen und zum andern hatte Alfred Landé (zu dieser Zeit ebenfalls in Frankfurt tätig) schon defacto die Grundlagen für seine g-Faktorformel auf semiempirischem Wege entwickelt [17]. Mit dieser Formel wird die komplette Drehimpulsdynamik der Elektronen in Atomen und ihre Kopplung zum Gesamtspin korrekt vorausgesagt. Sie enthält außerdem Sommerfelds innere Quantenzahl $k = 1/2$ (d. h. den Elektronenspin) und die richtigen „Spreizfaktoren“ g (d. h. den korrekten g-Faktor $g = 2$) für das Elektron. In den Publikationen [18] analysiert dann Landé schon 1923 das Stern-Gerlach-Experiment als Richtungsquantelung einer um sich selbst drehenden Ladung und stellt klar, dass es sich beim Ag-Atom nicht um ein auf einer Bahn umlaufendes Elektron handeln kann.

Landé schreibt [18]: *Dass hier zwei abgelenkte Atomstrahlen im Abstand $+/-1$ Magneton, aber kein unabgelenkter Strahl auftritt, deuteten Stern und Gerlach ursprünglich so, es besitze das untersuchte Silberatom (Dublett-s-Termzustand) 1 Magneton als magnetisches Moment und stelle seine Achse parallel ($m = +1$) bzw. antiparallel ($m = -1$), nicht aber quer zum Feld ($m = 0$) ein, entsprechend dem bekannten Querstellungsverbot von Bohr. Die spektroskopischen Erfahrungstatsachen führen aber zu folgender anderer Deutung. Mit seinem $J = 1$ stellt sich das Silberatom nicht mit den Projektionen $m = +/-1$ unter Ausschluss von $m = 0$ ein, sondern nach Gleichung 4*[2] *mit $m = +/-1/2$. Das Fehlen des unabge-*

[2] $m = J - 1/2, J - 3/2, \ldots, -J + 1/2$

lenkten Strahles ist also nicht durch ein Ausnahmeverbot ... zu erklären ... Zu $m = +/-1/2$ beim Silberatom würde nun normaler Weise eine Strahlablenkung von $+/-1/2$ Magneton gehören. Wegen des „g-Faktors“ ist aber für die magnetischen Eigenschaften nicht m, sondern mg maßgebend, und g ist, wie erwähnt, bei den s-Termen gleich 2, daher $m \cdot g = (+/-1/2) \cdot 2 = +/-1$ im Einklang mit Stern-Gerlach.[3]

Alfred Landé hätte nur ein wenig weiter denken müssen. Es konnte doch nur für das Entstehen des Drehimpulsvektors k das um sich selbst drehende Elektron in Frage kommen. Seinen Spin $k = 1/2$ mit $g = 2$ hat er schon richtig erkannt. Leider wurden seine wichtigen Arbeiten zur Interpretation des Stern-Gerlach-Ergebnisses fast nie zitiert und fast tot geschwiegen. Für den Nobelpreis für Physik wurde er nie vorgeschlagen, was er aus Sicht dieser Buchautoren sicher verdient gehabt hätte.

Wie wird eigentlich diese Verschränkheit zwischen Atom und Apparatur vermittelt? Für jedes durch die Apparatur fliegende, einzelne Atom gilt diese Verschränkheit und es gilt dabei eine strikte Drehimpulserhaltung (Verschränkheit) zu jeder Zeit mit der Stern-Gerlach-Apparatur (entlang des Weges durch die Apparatur). Der Kollaps der Atomwellenfunktion mit Ausrichtung des Drehimpulses auf eine Raumrichtung muss am Eingang zur Apparatur im inhomogenen Magnetfeld mit 100 % Effizienz erfolgen. Dann muss entlang der Bahn (homogenes Feld) diese Richtung strikt erhalten bleiben, sonst gäbe es keine so eindeutigen Atomstrahlbahnen mit klar trennbaren Strahlkondensaten auf der Auffangplatte. Die Drehimpulkskopplung zwischen Atom und Apparatur muss also für das Zustandekommen dieser Verschränkheit eine wesentliche Rolle spielen.

Um die Experimente zu dem magnetischen Moment von Silber in Frankfurt zu einem erfolgreichen Ende zu bringen, kam Otto Stern in den Osterferien 1922 von Rostock nach Frankfurt. Es gelang ihnen, das magnetische Moment des Silberatoms mit guter Genauigkeit zu bestimmen. Am 1. April konnten Walther Gerlach und Otto Stern dazu eine Veröffentlichung bei der Zeitschrift für Physik einreichen (S21). Innerhalb einer Fehlergrenze von 10 % stimmte das gemessene magnetische Moment mit einem Bohrschen Magneton überein.

Otto Sterns kurze Rostocker Episode (Oktober 1921 bis 31.12.1923)

Die Universität Rostock hatte Otto Stern im Oktober 1921 als theoretischen Physiker auf ein Extraordinariat berufen. Diese Stelle war 1920 als erste Theorieprofessur in Rostock geschaffen worden. Wilhelm Lenz (später Hamburg) war für ca. 1 Jahr Sterns Vorgänger. Als theoretischer Physiker verfügte Stern über keine Ausstattung. Stern hatte in Rostock kaum Geld und Apparaturen für Experimente, daher sind Otto Sterns experimentelle Erfolge für die 15 Monate in Rostock (Oktober 1921 bis zum 31.12.1922) schnell erzählt. Denn in dieser Zeit gab es fast nur die schon

[3] Abraham [19] hatte schon 1903 gezeigt, dass um sich selbst rotierende Ladungen (Elektronenspin) je nach Ladungsverteilung (Flächen- oder Volumenverteilung) unterschiedliche elektromagnetische Trägheitsmomente haben.

besprochenen Experimente mit Gerlach und die fanden alle in Frankfurt statt. Während der Rostocker Zeit hat Otto Stern nur eine rein Rostocker Publikation „Über den experimentellen Nachweis der räumlichen Quantelung im elektrischen Feld“ in Phys. Z. 23, 476–481 (1922) veröffentlicht (S22), die eine rein theoretische Arbeit darstellt. In dieser Arbeit wurde das Verhalten der elektrischen atomaren Dipolmomente im inhomogenen Feld (inhomogener Starkeffekt) und seine Analogie zum Zeeman-Effekt untersucht.

Rostock war für Stern nur eine Durchgangsstation. Erwähnenswert ist, dass Stern mit Immanuel Estermann seinen wichtigsten Mitarbeiter fand. Der in Berlin geborene Estermann, der kurz zuvor seine Dissertation bei Max Volmer in Hamburg beendet hatte, kam in Rostock in Sterns Gruppe und arbeitete mit Stern bis zu dessen Emeritierung 1946 in Pittsburgh zusammen. In der Rostocker Zeit untersuchten Estermann und Stern mit einer einfachen Molekularstrahlapparatur Methoden der Sichtbarmachung dünner Silberschichten. Dabei wurden Nassverfahren als auch Verfahren von Metalldampfabscheidung auf den sehr dünnen Schichten angewandt. Es konnten noch Schichtdicken von nur 10 atomaren Lagen sichtbar gemacht werden. Diese Arbeit wurde dann 1923 von Hamburg aus mit Estermann und Stern als Autoren in Z. Phys. Chem. 106, 399 (1923) (S23) publiziert.

Otto Sterns erfolgreiche Hamburger Zeit (1.1.1923 bis 31.10.1933)

Die 1919 neugegründete Hamburger Universität hatte am 31.3.1919 ein Extraordinariat für Physikalische Chemie geschaffen, auf das am 30.6.1920 der 1885 geborene Max Volmer berufen worden war. Volmer nutzte seit 1922 Räume im Physikalischen Staatsinstitut, wo die räumlichen und apparativen sowie personellen Bedingungen als auch die finanziellen Mittel unbefriedigend bis ungenügend waren. Die Geräte waren größtenteils aus dem chemischen Institut ausgeliehen oder wurden selbst hergestellt. Volmer erhielt 1922 einen Ruf auf ein Ordinariat für Physikalische und Elektrochemie an die TU-Berlin. Zum 1.10.1922 verließ er Hamburg und trat seine Stelle in Berlin an.

Auf Bemühen Volmers war aber diese Stelle 1923 in ein Ordinariat umgewandelt worden. Auf Betreiben des Hamburger theoretischen Physikers Lenz wurde Otto Stern dann diese Stelle angeboten. Die Hamburger Berufungsverhandlungen 1922 verschafften Otto Stern keine sehr günstige Startposition [20]. Da er von einem Extraordinariat kam, gab es in Rostock keine Bleibeverhandlungen und Stern war gezwungen, „jedes“ Angebot aus Hamburg anzunehmen.

In Hamburg hat Stern nicht nur an seine Frankfurter Erfolge anknüpfen, sondern diese noch übertreffen können. In Hamburg konnte er bis 1933 zusammen mit seinen Mitarbeitern 40 weitere auf der Molekularstrahltechnik aufbauende Arbeiten publizieren. In den 1926 veröffentlichten Arbeiten a. Zur Methode der Molekularstrahlen I. (S28) und b. Zur Methode der Molekularstrahlen II. (S29) (letztere zusammen mit Friedrich Knauer) wurden die Ziele der kommenden Forschungsarbeiten in Hamburg unter Verwendung der MSM visionär beschrieben. Otto Stern schreibt dazu: *Die Molekularstrahlmethode muss so empfindlich gemacht werden, dass sie in vielen Fällen Effekte zu messen und Probleme angreifen erlaubt, die den bisher bekannten experimentellen Methoden unzugänglich sind.* Die von Stern für realistisch betrachteten Experimente konnte Otto Stern in seiner Hamburger Zeit in der Tat alle mit einer beeindruckenden Erfolgsbilanz durchführen.

Um dies zu erreichen, musste jedoch einmal die Messgeschwindigkeit und zum andern auch die Messgenauigkeit der MSM wesentlich verbessert werden. Stern war sich bewusst, dass er mit der optischen Spektroskopie konkurrieren musste. Dabei konnte seine MSM Eigenschaften eines Zustandes direkt messen, wohingegen die optische Spektroskopie immer nur Energiedifferenzen von zwei Zuständen und niemals den Zustand direkt beobachten konnte.

Um die Messgeschwindigkeit zu verbessern, musste der Molekularstrahl viel intensiver gemacht werden. Das konnte man mit einem sehr dünnen Platindraht als Verdampfer nicht mehr erreichen, da dessen Oberfläche als Quelle einfach zu klein war. Daher musste man Öfchen als Verdampfer entwickeln, die einen hohen Verdampfungsdruck erreichen konnten und deren Tiefe so erhöht werden konnte, dass man in Sekundenschnelle Schichten auf der Auffangplatte auftragen konnte. Die Begrenzung des Druckes im Ofen wurde durch die freie Weglänge der Gasmoleküle gegeben, die nur vergleichbar oder größer als die Ofenspaltbreite sein musste. Das heißt, man konnte die Ofenspaltbreite beliebig klein machen und konnte den dadurch bedingten Intensitätsverlust durch Druckerhöhung im Ofen ausgleichen, ohne dass die Messzeit vergrößert wurde. Die dann in Hamburg durchgeführten experimentellen Untersuchungen und Verbesserungen der Strahlstärke ergaben, dass man schon nach drei bis 4 Sekunden Messzeit den Strahlfleck mit Hilfe von chemischen Entwicklungsmethoden erkennen konnte.

Otto Stern beschreibt dann in (S28 + S29) eine Reihe von Untersuchungen, die für die Quantenphysik (Atome und Kerne) wegweisend wurden. Als erstes ging es um die Frage, hat der Atomkern (z. B. das Proton) ein magnetisches Moment und wie groß ist das. Nach Sterns damaliger Vorstellung des Kernaufbaus (umlaufende Protonen) sollte das magnetische Moment des Protons der 1/1836-te Teil des magnetischen Momentes des Elektrons sein. Wie Stern ausführt, war die Auflösung in der optischen Spektroskopie damals jedoch noch nicht ausreichend, um im Zeeman-Effekt diese Aufspaltung (Hyperfeinaufspaltung) durch das Kernmoment nachzuweisen. Otto Sterns MSM sollte jedoch auch dieses kleine magnetische Moment noch messen können. 1933 konnte dann Otto Stern zusammen mit Otto Robert Frisch in Hamburg die Messung des magnetischen Momentes des Protonkerns zum ersten Male erfolgreich durchführen. Die im Labor durchführbare Wechselwirkung mit den Kernmomenten ist später die Grundlage geworden, um eine Kernspinresonanzmethode zu realisieren und moderne Kernspintomographen zu entwickeln. Neben Dipolmomenten gibt es, wie wir heute wissen, auch höhere Multipolmomente, wie Quadrupolmoment. Otto Stern hat schon 1926 darauf hingewiesen, dass man mit der MSM diese Momente vor allem im Grundzustand messen könne.

Die kleinen Ablenkungen der Molekularstrahlteilchen in äußeren Feldern und durch Stoß mit anderen Molekularstrahlen, die mit der MSM gemessen werden können, ermöglichen auch die Untersuchung der langreichweitigen Molekülkräfte (z. B. van der Waals-Kraft). Auch diese extrem wichtige Anwendung der Molekularstrahltechnik spielt bis auf den heutigen Tag in der Physik und der Chemie eine fundamental wichtige Rolle. Otto Stern hat bereits 1926 visionär diese Möglichkeiten erkannt und beschrieben. Seine Publikation von 1926 schließt mit der Aufzählung von drei wichtigen Anwendungen der MSM: a. Messung des Einsteinschen Strahlungsrückstoßes, das heißt, den direkten Beweis erbringen, dass das Photon einen Impuls besitzt, das diesen durch Streuung an einem Atom auf dieses übertragen kann. Das Atom wird dann entgegen des reflektierten Photons mit einem sehr kleinen aber durch die MSM messbaren Rückstoßimpuls abgelenkt werden. Dieser Strahlungsrückstoß wird heute benutzt, um mit Hilfe der Laserkühlung sehr kalte Gase (Bose-Einstein-Kondensat) zu erzeugen und damit makroskopische Quantensysteme im Labor herzustellen. b. Messung der de Broglie-Wellenlänge von langsamen Atomstrahlen. Stern war vollkommen klar, falls sich das de Broglie-Bild als richtig erweisen sollte, dass dann auch allen bewegten Teilchen (Atome) eine Wellenlänge zugeordnet werden muss. Werden diese Atome an regelmäßigen Strukturen eines Kristalls an der Oberfläche gestreut, dann sollten diese „Streuwellen" analog der Lichtstreuung Beugungs- und Interferenzbilder zeigen. Schon drei Jahre später hat Stern dieses für Quantenphysik so fundamental wichtige Experiment durchführen können. c. Seine Molekularstrahlen können dazu benutzt werden, um die Lebensdauer eines angeregten Zustandes zu messen. Der bewegte Strahl wird an einem sehr eng kollimierten Ort angeregt und dann das Fluoreszenzleuchten strahlabwärts örtlich genau vermessen. Den Ort kann man dann über die Molekulargeschwindigkeit in eine Zeitskala transformieren.

Wenn man die Publikationen Otto Sterns und seiner Mitarbeiter ab 1926 in Hamburg bewertet, dann stellt man fest, dass erst ab 1929 die wirklich großen Meilenstein-Ergebnisse veröffentlicht wurden. Dies hängt sicher auch mit einem Ruf an die Universität-Frankfurt zusammen. Otto Stern hatte im April 1929 einen Ruf auf ein Ordinariat für Physikalische Chemie an die Universität Frankfurt erhalten [4, 20]. Die darauf erfolgten Bleibeverhandlungen in Hamburg gaben Otto Stern die Chance, sein Institut völlig neu einzurichten. Die Universität Hamburg war bereit, alles zu tun, um Otto Stern in Hamburg zu halten.

Otto Sterns Arbeitsgruppe bestand aus seinen Assistenten, ausländischen Wissenschaftlern und seinen Doktoranden. Seine Assistenten waren Immanuel Estermann, der mit Stern aus Rostock zurück nach Hamburg gekommen war, Friedrich Knauer, Robert Schnurmann und ab 1930 Otto Robert Frisch. Mit Immanuel Estermann hat Stern über 20 Jahre eng zusammengearbeitet und zusammen 17 Publikationen veröffentlicht. Außerordentlich erfolgreich war die dreijährige Zusammenarbeit von 1930 bis 1933 mit Otto Robert Frisch, dem Neffen Lise Meitners. In diesen drei Jahren haben beide 9 Arbeiten zusammen publiziert, die fast alle für die Physik von fundamentaler Bedeutung wurden. Der vierte Assistent in Sterns Gruppe war Robert Schnurmann.

Einer der ausländischen Wissenschaftler (Fellows) war Isidor I. Rabi (1927–28). Er war für die Weiterentwicklung der Molekularstrahlmethode und damit für die Physik schlechthin der wichtigste „Schüler" Sterns, obwohl er die Schülerbezeichnung selbst nie benutzte. Aufbauend auf seinen Erfahrungen im Sternschen Labor hat er in den Vereinigten Staaten eine Physikschule aufgebaut, die an Bedeutung weltweit in der Atom- und Kernphysik ihres Gleichen sucht und viele Nobelpreisträger hervorgebracht hat. Rabi erklärt in einem Interview mit John Rigden kurz vor seinem Tode im Jahre 1988, warum Otto Stern und seine Experimente seine weiteren wissenschaftlichen Arbeiten entscheidend prägten. Er sagte zu Rigden [21]: *When I was at Hamburg University, it was one of the leading centers of physics in the world. There was a close collaboration between Stern and Pauli, between experiment and theory. For example, Stern's question were important in Pauli's theory of magnetism of free electrons in metals. Conversely, Pauli's theoretical researches were important influences in Stern's thinking. Further, Stern's and Pauli's presence attracted man illustrious visitors to Hamburg. Bohr and Ehrenfest were frequent visitors.*

From Stern and from Pauli I learned what physics should be. For me it was not a matter of more knowledge.... Rather it was the development of taste and insight; it was the development of standards to guide research, a feeling for what is good and what is not good. Stern had this quality of taste in physics and he had it to the highest degree. As far as I know, Stern never devoted himself to a minor problem.

Rabi hatte sich in Hamburg eine neue Separationsmethode von Molekularstrahlen im Magnetfeld ausgedacht (M7), die für die späteren Anwendungen von Molekularstrahlen von großer Bedeutung werden sollte. Da die Inhomogenität des Magnetfeldes auf kleinstem Raum schwierig zu vermessen war und man außerdem nicht genau wusste, wo der Molekularstrahl im Magnetfeld verlief, musste eine homogene Magnetfeldanordnung zu viel genaueren Messergebnissen führen. Nach Rabis Idee tritt der Molekularstrahl unter einem Winkel ins homogene Magnetfeld ein. Ähnlich wie der Lichtstrahl bei schrägem Einfall an der Wasseroberfläche gebrochen wird, wird auch der Molekularstrahl beim Eintritt ins Magnetfeld „gebrochen", d. h. seine Bahn erfährt einen kleinen „Knick". Wie im inhomogenen Magnetfeld erfährt der Strahl eine Aufspaltung je nach Größe und Richtung des inneren magnetischen Momentes. Die Trennung der verschiedenen Bahnen der Atome in der neuen Rabi-Anordnung kann sogar wesentlich größer sein als im inhomogenen Magnetfeld. Rabi konnte in seinem Hamburger Experiment das magnetische Moment des Kaliums bestimmen und konnte innerhalb 5 % Fehler zeigen, dass es einem Bohrschen Magneton entspricht (M7).

Es waren nicht nur Sterns Mitarbeiter sondern auch seine Professorenkollegen die in Sterns Hamburger Zeit in seinem Leben und wissenschaftlichen Wirken eine Rolle spielten. An erster Stelle ist hier Wolfgang Pauli zu nennen, einer der bedeutendsten Theoretiker der neuen Quantenphysik. Wie vorab schon erwähnt, war er 1923 fast zeitgleich mit Stern nach Hamburg gekommen. Wie Stern im Züricher Interview erzählt, sind sie fast immer zusammen zum Essen gegangen und meist wurde dabei über „Was ist Entropie?", über die Symmetrie im Wasserstoff oder das Problem der Nullpunktsenergie diskutiert.

Stern selbst betrachtet seine Messung der Beugung von Molekularstrahlen an einer Oberfläche (Gitter) als seinen wichtigsten Beitrag zur damaligen Quantenphysik. Stern bemerkt dazu im Züricher Interview [8]: *Dies Experiment lieb ich besonders, es wird aber nicht richtig anerkannt. Es geht um die Bestimmung der De Broglie-Wellenlänge. Alle Experimenteinheiten sind klassisch außer der Gitter-*

konstanten. Alle Teile kommen aus der Werkstatt. Die Atomgeschwindigkeit wurde mittels gepulster Zahnräder bestimmt. Hitler ist schuld, dass dieses Experiment nicht in Hamburg beendet wurde. Es war dort auf dem Programm.

Die ersten Experimente dazu hat Otto Stern ab 1928 mit Friedrich Knauer durchgeführt (S33). Dazu wurde das Reflexionsverhalten von Atomstrahlen (vor allem He-Strahlen) an optischen Gittern und Kristallgitteroberflächen untersucht. Dazu wurden die Atomstrahlen unter sehr kleinen Einfallswinkeln relativ zur Oberfläche gestreut und die Streuverteilung in Abhängigkeit vom Streuwinkel und der Orientierung der Gitterebenen relativ zum Strahl vermessen. Da im Experiment das Vakuum nicht unter 10^{-5} Torr gesenkt werden konnte, ergab sich ein grundlegendes Problem bei diesen Experimenten: Auf den Kristalloberflächen lagerten sich in Sekundenschnelle die Gasatome des Restgases ab, so dass die Streuung an den abgelagerten Atomschichten stattfand. Dabei fand mit diesen ein nicht genau kontrollierter Impulsaustausch statt, der die Winkelverteilung der reflektierten Gasstrahlen stark beeinflusste. Trotzdem konnten Stern und Knauer schon 1928 klar nachweisen, dass die He-Strahlen spiegelnd an der Oberfläche reflektiert wurden. Beugungseffekte konnten noch nicht nachgewiesen werden. Die erste Veröffentlichung darüber war ein Vortrag Sterns im September 1927 auf den Internationalen Physikerkongress in Como.

1929 berichtete Otto Stern in den Naturwissenschaften (S37) erstmals über den erfolgreichen Nachweis von Beugung der Atomstrahlen an Kristalloberflächen. Stern hatte die Apparatur so verbessert, dass er bei Festhaltung des Einfallswinkels des Atomstrahles auf die Kristalloberfläche die Kristallgitterorientierungen verändern konnte. Er beobachtete eine starke Winkelabhängigkeit der reflektierten Atomstrahlen von der Kristallorientierung. Diese Effekte konnten nur durch Beugungseffekte erklärt werden.

Da Knauers wissenschaftliche Interessen in andere Richtungen gingen, musste Otto Stern vorerst alleine an diesen Beugungsexperimenten weiter arbeiten. Otto Stern fand jedoch in Immanuel Estermann sehr schnell einen kompetenten Mitarbeiter. Beide konnten dann in (S40) erste quantitative Ergebnisse zur Beugung von Molekularstrahlen publizieren und durch ihre Daten de Broglies Wellenlängenbeziehung verifizieren.

Zusammen mit Immanuel Estermann und Otto Robert Frisch wurde die Apparatur nochmals verbessert und monoenergetische Heliumstrahlen erzeugt. Der Heliumstrahl wurde durch zwei auf derselben Achse sitzende sich sehr schnell drehende Zahnräder geschickt. In diesem Fall kann nur eine bestimmte Geschwindigkeitskomponente aus der Maxwellverteilung durch das Zahnradsystem hindurchgehen und man hat auf diese Weise einen monoenergetischen oder monochromatischen He-Strahl erzeugt. Estermann, Frisch und Stern konnten dann 1931 in (S43) über eine erfolgreiche Messung der De Broglie-Wellenlänge von Heliumatomstrahlen berichten. Um ganz sicher zu gehen, hatten sie auf zwei Wegen einen monoenergetischen He-Strahl erzeugt: einmal durch Streuung der Gesamt-Maxwellverteilung an einer LiF-Spaltfläche und Auswahl einer bestimmten Richtung des gestreuten Beugungsspektrums und zum andern durch Durchgang des Strahles durch eine rotierendes Zahnradsystem. Dass der unter einem festen Winkel gebeugte Strahl monoenergetisch ist, haben sie durch hintereinander angeordnete Doppelstreuung überprüft. Als die gemessene de Brogliewellenlänge 3 % von der berechneten abwich, war Stern klar, da hatte man im Experiment irgendeinen Fehler gemacht oder etwas übersehen. Stern hatte vorher alle apparativen Zahlen in typisch Sternscher Art bis auf besser als 1 % berechnet. Bei der Auswertung (siehe Seite 213 der Originalpublikation) stellten die Autoren fest: Die Beugungsmaxima zeigen Abweichungen alle nach derselben Seite, vielleicht ist uns noch ein kleiner systematischer Fehler entgangen? In der Tat, da gab es noch einen kleinen systematischen Fehler. Stern berichtet: *Die Abweichung fand ihre Erklärung, als wir nach Abschluß der Versuche den Apparat auseinandernahmen. Die Zahnräder waren auf einer Präzisions-Drehbank (Auerbach-Dresden) geteilt worden, mit Hilfe einer Teilscheibe, die laut Aufschrift den Kreisumfang in 400 Teile teilen sollte. Wir rechneten daher mit einer Zähnezahl von 400. Die leider erst nach Abschluß der Versuche vorgenommene Nachzählung ergab jedoch eine Zähnezahl von 408 (die Teilscheibe war tatsächlich falsch bezeichnet), wodurch die erwähnte Abweichung von 3 % auf 1 % vermindert wurde.*

Diese Beugungsexperimente von Atomstrahlen lieferten nicht nur den eindeutigen Beweis, dass auch Atom- und Molekülstrahlen Welleneigenschaften haben, sondern Stern konnte auch erstmals die de Broglie-Wellenlänge absolut bestimmen und damit das Welle-Teilchen-Konzept der Quantenphysik in brillanter Weise bestätigen.

Eine andere Reihe fundamental wichtiger Experimente Otto Sterns Hamburger Zeit befasste sich mit der Messung von magnetischen Momenten von Kernen, hier vor allem das des Protons und das des Deuterons. Otto Stern hatte schon 1926 in seiner Veröffentlichung, wo er visionär die zukünftigen Anwendungsmöglichkeiten der MSM beschreibt, vorgerechnet, dass man auch die sehr kleinen magnetischen Momente der Kerne mit der MSM messen kann. Damit bot sich mit Hilfe der MSM zum ersten Mal die Möglichkeit, experimentell zu überprüfen, ob die positive Elementarladung im Proton identische magnetische Eigenschaften wie die negative Elementarladung im Elektron hat. Stern ging davon aus, dass das mechanische Drehimpulsmoment des Protons identisch zu dem des Elektrons sein muss. Nach der damals schon allgemein anerkannten Dirac-Theorie musste das magnetische Moment des Protons wegen des Verhältnisses der Massen 1836 mal kleiner als das des Elektrons sein. Die von Dirac berechnete Größe wird ein Kernmagneton genannt. Otto Stern sagt dazu in seinem Züricher Interview [8]: *Während der Messung des magnetischen Momentes des Protons wurde ich stark von theoretischer Seite beschimpft, da man glaubte zu wissen, was rauskam. Obwohl die ersten Versuche einen Fehler von 20 % hatten, betrug die Abweichung vom erwarteten theoretischen Wert mindestens Faktor 2.*

Die Hamburger Apparatur war für die Untersuchung von Wasserstoffmolekülen gut vorbereitet. Der Nachweis von Wasserstoffmolekülen war seit langem optimiert worden und außerdem konnte Wasserstoff gekühlt werden, so dass wegen der langsameren Molekülstrahlen eine größere Ablenkung erreicht wurde. Stern hatte erkannt, dass seine Methode Information über den Grundzustand und über die Hyperfeinwechselwirkung (Kopplung zwischen magnetischen Kernmomenten mit denen der Elektronenhülle) lieferte, was die hochauflösende Spektroskopie damals nicht leisten konnte.

Frisch und Stern konnten 1933 in Hamburg den Strahl noch nicht monochromatisieren und erreichten daher nur eine Auflösung von ca. 10 %. Das inhomogene Magnetfeld betrug ca. $2 \cdot 10^5$ Gauß/cm. Ähnlich wie bei der Apparatur zur Messung der de Broglie-Wellenlänge beschrieben Frisch und Stern auch in dieser Publikation (S47) alle Einzelheiten der Apparatur und die Durchführung der Messung in größtem Detail.

Da in diesem Experiment der Wasserstoffstrahl auf flüssige Lufttemperatur gekühlt war, waren zu 99 % die Moleküle im Rotationsquantenzustand Null. Diese Annahme konnte auch im Experiment bestätigt werden. Beim Orthowasserstoff stehen beide Kernspins parallel, d. h. das Molekül hat de facto 2 Protonenmomente. Für das magnetische Moment des Protons erhielten Frisch und Stern einen Wert von 2–3 Kernmagnetons mit ca. 10 % Fehlerbereich, was in klarem Widerspruch zu den damals gültigen Theorien, vor allem zur Dirac Theorie stand. Fast parallel zur Publikation in Z. Phys. (Mai 1933) wurde im Juni 1993 als Beitrag zur Solvay-Conference 1933 in Nature (S51) von den Autoren Estermann, Frisch und Stern und dann von Estermann und Stern im Juli 1933 in (S52) ein genauerer Wert publiziert mit 2,5 Kermagneton $+/-$ 10 % Fehler. Estermann und Stern haben wegen der großen Bedeutung dieses Ergebnisses in kürzester Zeit noch einmal alle Parameter des Experimentes sehr sorgfältig überprüft und auch bisher noch unberücksichtigte Einflüsse diskutiert. Auf der Basis dieser sorgfältigen Fehlerabschätzungen kommen sie zu dem eindeutigen Schluss, dass das Proton ein magnetisches Moment von 2,5 Kernmagneton haben muss und die Fehlergrenze 10 % nicht überschreitet. Dieser Wert stimmt innerhalb der Fehlergrenze mit dem heute gültigen Wert von 2,79 Kermagnetonen überein und belegt klar, dass die damals in der Physik anerkannten Theorien über die innere Struktur des Protons falsch waren.

1937 haben Estermann und Stern nach ihrer erzwungenen Emigration in die USA zusammen mit O. C. Simpson am Carnegie Institute of Technology in Pittsburgh diese Messungen mit fast identischer Apparatur wie in Hamburg wiederholt und sehr präzise alle Fehlerquellen ermittelt (S62). Sie erhalten dort einen Wert von 2,46 Kernmagneton mit einer Fehlerangabe von 3 %. Rabi und Mitarbeiter [22] hatten 1934 mit einem monoatomaren H-Strahl das magnetische Moment des Protons zu 3,25 Kernmagneton mit 10 % Fehlerangabe ermittelt.

Obwohl Stern und Estermann im Sommer 1933 schon de-facto aus dem Dienst der Universität Hamburg ausgeschieden waren, haben beide noch ihre kurze verbleibende Zeit in Hamburg genutzt, um auch das magnetische Moment des Deutons (später Deuteron) zu messen. G. N. Lewis/Berkeley hatte Stern 0,1 g Schweres Wasser zur Verfügung gestellt, das zu 82 % aus dem schweren Isotop des Wasserstoffs Deuterium (Deuteron ist der Kern des Deuteriumatoms und setzt sich aus einem Proton und Neutron zusammen) bestand. Da ihnen die Zeit fehlte, in typisch Sternscher Weise alle wichtigen Zahlen im Experiment (z. B. die angegebenen 82 %) sehr sorgfältig zu überprüfen, konnten sie in Ihrer Publikation „Über die magnetische Ablenkung von isotopen Wasserstoff-molekülen und das magnetische Moment des ‚Deutons'" in (S54) nur einen ungefähren Wert angeben. Sie stellten fest, dass der Deuteronkern einen kleineren Wert hat als das Proton. Dies ist nur möglich, wenn das neutrale Neutron ebenfalls ein magnetisches Moment hat, das dem des Protons entgegengerichtet ist. Heute wissen wir, dass das magnetische Moment des Neutrons (–)1,913 Kernmagneton beträgt und damit intern auch eine elektrische Ladungsverteilung haben muss, die sich im größeren Abstand perfekt zu Null addiert.

Nicht unerwähnt bleiben darf hier das in Hamburg von Otto Robert Frisch durchgeführte Experiment zum Nachweis des Einsteinschen Strahlungsrückstoßes. Einstein hatte 1905 vorausgesagt, dass jedes Photon einen Impuls hat und dieser bei der Emission oder Absorption eines Photons durch ein Atom sich als Rückstoß beim Atom bemerkbar macht. Otto Robert Frisch bestrahlte einen Na-MS mit Na-Resonanzlicht (D1 und D2 Linien einer Na-Lampe) und bestimmte die durch den Photonenimpulsübertrag bewirkte Ablenkung der Na-Atome. Der Ablenkungswinkel betrug $3 \cdot 10^{-5}$ rad, d. h. ca. 6 Winkelsekunden. Da die Experimente wegen der unerwarteten Entlassung der jüdischen Mitarbeiter Sterns in Hamburg abrupt abgebrochen werden mussten, konnte Frisch nur den Effekt qualitativ bestätigen. Otto Robert Frisch hat dies als alleiniger Autor (M17) publiziert.

Durch die 1933 erfolgte Machtübernahme der Nationalsozialisten wurde Otto Sterns Arbeitsgruppe ohne Rücksicht auf deren große Erfolge praktisch von einem auf den andern Tag zerschlagen. Wie oben bereits erwähnt, waren alle Assistenten Sterns (außer Knauer) jüdischer Abstammung. Auf Grund des Nazi-Gesetzes zur Wiederherstellung des Berufsbeamtentums vom 7. April 1933 erhielten Estermann, Frisch und Schnurmann am 23. Juni 1933 per Einschreiben von der Landesunterichtsbehörde der Stadt Hamburg ihr Entlassungsschreiben [20].

Nach seinem Ausscheiden aus dem Dienst der Universität Hamburg stellte Otto Stern den Antrag, einen Teil seiner Apparaturen mitnehmen zu können. Mit der Prüfung des Antrages wurde sein Kollege Professor Peter Paul Koch beauftragt. Der umgehend zu dem Schluss kam, dass diese Apparaturen für Hamburg keinen Verlust bedeuten und nur in den Händen von Otto Stern wertvoll sind. Otto Stern konnte somit einen Teil seiner wertvollen Apparaturen mit in die Emigration nehmen.

Damit war das äußerst erfolgreiche Wirken Otto Sterns und seiner Gruppe in Hamburg zu Ende. Wie in dem Brief Knauers an Otto Stern [23] vom 11. Oktober 1933 zu lesen ist, verfügte Koch (der jetzt in Hamburg das Sagen hatte) unmittelbar nach Sterns Weggang in diktatorischer Weise die Zerschlagung des alten Sternschen Instituts. Selbst der dem Nationalsozialismus nahestehende Knauer beklagte sich darüber.

1933 Emigration in die USA

Es war nicht leicht für die zahlreichen deutschen, von Hitler vertriebenen Wissenschaftler in den USA in der Forschung eine Stelle zu finden, geschweige denn eine gute Stelle. Es hätte nahe gelegen wegen Sterns früherer Besuche in Berkeley, dass er dort eine neue wissenschaftliche Heimat findet. Aber dem war nicht so. Stern hatte dennoch Glück. Ihm wurde eine Forschungsprofessur am Carnegie Institute of Technology in Pittsburgh/Pennsylvania angeboten. Stern nahm dieses Angebot an und zusammen mit seinem langjährigen Mitarbeiter Estermann baute er dort eine neue Arbeitsgruppe auf.

Wie Immanuel Estermann in seiner Kurzbiographie [10] über Otto Stern schreibt: *Die Mittel, die Stern in Pittsburgh während der Depression zur Verfügung standen, waren relativ gering. Den Schwung seines Hamburger Laboratoriums konnte Stern nie wieder beleben, obwohl auch im Carnegie-Institut eine Reihe wichtiger Publikationen entstanden.*

Im neuen Labor in Pittsburgh wurde weiter mit Erfolg an der Verbesserung der Molekularstrahlmethode gearbeitet. Doch gelangen Stern, Estermann und Mitarbeitern auf dem Gebiet der Molekularstrahltechnik keine weiteren Aufsehen erregenden Ergebnisse mehr. Von Pittsburgh aus publizierte Stern zehn weitere Arbeiten zur MSM. Vier davon befassten sich mit der Größe des magnetischen Momentes des Protons und Deuterons. Dabei konnten aber keine wirklichen Verbesserungen in der Messgenauigkeit erreicht werden. Ab 1939 hatte auch hier Rabi die Führung übernommen. Er konnte mit seiner Resonanzmethode den Fehler bei der Messung des Kernmomentes des Protons auf weit unter 1 % senken. Das weltweite Zentrum der Molekularstrahltechnik war von nun an Rabis Labor an der Columbia-University in New York und ab 1940 am MIT in Boston.

Eine Publikation Otto Sterns mit seinen Mitarbeitern J. Halpern, I. Estermann, und O. C. Simpson ist noch erwähnenswert: „The scattering of slow neutrons by liquid ortho- and parahydrogen" publiziert in (S61). Sie konnten zeigen, dass Parawasserstoff eine wesentlich größere Tansmission für langsame Neutronen hat als Orthowasserstoff. Mit dieser Arbeit konnten sie die Multiplettstruktur und das Vorzeichen der Neutron-Proton-Wechselwirkung bestimmen.

Otto Stern und der Nobelpreis

Otto Stern wurde zwischen 1925 und 1945 insgesamt 82mal für den Nobelpreis nominiert. Im Fach Physik war er von 1901 bis 1950 der am häufigsten Nominierte. Max Planck erhielt 74 und Albert Einstein 62 Nominierungen. Nur Arnold Sommerfeld kam Otto Stern an Nominierungen sehr nahe: er wurde 80mal vorgeschlagen, aber nie mit dem Nobelpreis ausgezeichnet [3].

1944 endlich, aber rückwirkend für 1943, wurde Otto Stern der Nobelpreis verliehen. 1943 als auch 1944 erhielt Stern nur jeweils zwei Nominierungen, doch diese waren in Schweden von großem Gewicht: Hannes Alfven hatte ihn 1943 und Manne Siegbahn hatte ihn 1944 nominiert. Manne Siegbahn schlug 1944 außerdem Isidor I. Rabi und Walther Gerlach vor. Siegbahns Nominierung war extrem kurz und ohne jede Begründung und am letzten Tag der Einreichungsfrist geschrieben [3]. Hulthèn war wiederum der Gutachter und er schlug Stern und Rabi vor. Stern erhielt den Nobelpreis für das Jahr 1943 (Bekanntgabe am 9.11.1944). Isidor Rabi bekam den Physikpreis für 1944. Die offizielle Begründung für Sterns Nobelpreis lautet:

„Für seinen Beitrag zur Entwicklung der Molekularstrahlmethode und die Entdeckung des magnetischen Momentes des Protons".

Die Rede im schwedischen Radio, die E. Hulthèn am 10. Dezember 1944 zum Nobelpreis an Otto Stern hielt, würdigte dann überraschend vor allem die Entdeckung der Richtungsquantelung und weniger die in der Nobelauszeichnung angegebenen Leistungen.

Nicht lange nach dem Erhalt des Nobelpreises ließ sich Otto Stern im Alter von 57 Jahren emeritieren. Er hatte sich in Berkeley, wo seine Schwestern wohnten, in der 759 Cragmont Ave. ein Haus gekauft, um dort seinen Lebensabend zu verbringen. Zusammen mit seiner jüngsten unverheirateten Schwester Elise wollte er dort leben. Doch seine jüngste Schwester starb unerwartet im Jahre 1945.

Nachdem Otto Stern sich 1945/6 in Berkeley zur Ruhe gesetzt hatte, hat er sich aus der aktuellen Wissenschaft weitgehend zurückgezogen. Nur zwei wissenschaftliche Publikationen sind in der Berkeleyzeit entstanden, eine 1949 über die Entropie (S70) und die andere 1962 über das Nernstsche Theorem (S71).

Am 17. August 1969 beendete ein Herzinfarkt während eines Kinobesuchs in Berkeley Otto Sterns Leben.

Literatur

1. W. Gerlach und O. Stern, Der experimentelle Nachweis der Richtungsquantelung im Magnetfeld. Z. Physik, 9, 349–352 (1922)
2. P. Debey, Göttinger Nachrichten 1916 und A. Sommerfeld, Physikalische Zeitschrift, Bd. 17, 491–507, (1916)
3. Center for History of Science, The Royal Swedish Academy of Sciences, Box 50005, SE-104 05 Stockholm, Sweden, http://www.center.kva.se/English/Center.htm
4. H. Schmidt-Böcking und K. Reich, Otto Stern-Physiker, Querdenker, Nobelpreisträger, Herausgeber: Goethe-Universität Frankfurt, Reihe: Gründer, Gönner und Gelehrte. Societätsverlag, ISBN 978-3-942921-23-7 (2011)
5. E. Segrè, A Mind Always in Motion, Autobiography of Emilio Segrè, University of California Press, Berkeley, 1993 ISBN 0-520-07627-3
6. Sonderband zu O. Sterns Geburtstag, Z. Phys. D, 10 (1988)
7. Interview with Dr. O. Stern, By T. S. Kuhn at Stern's Berkeley home, May 29&30,1962, Niels Bohr Library & Archives, American Institute of Physics, College park, MD USA, www.aip.org/history/ohilist/LINK
8. ETH-Bibliothek Zürich, Archive, http://www.sr.ethbib.ethz.ch/, O. Stern tape-recording Folder "ST-Misc.", 1961 at E.T.H. Zürich by Res Jost
9. ETH-Bibliothek Zürich, Archive, http://www.sr.ethbib.ethz.ch/, Stern Personalakte
10. I. Estermann, Biographie Otto Stern in Physiker und Astronomen in Frankfurt ed. Von K. Bethge und H. Klein, Neuwied: Metzner 1989 ISBN 3-472-00031-7 Seite 46–52
11. Archiv der Universität Frankfurt, Johann Wolfgang Goethe-Universität Frankfurt am Main, Senckenberganlage 31–33, 60325 Frankfurt, Maaser@em.uni-frankfurt.de
12. M. Born, Mein Leben, Die Erinnerungen des Nobelpreisträgers, Nymphenburgerverlagshandlung GmbH, München 1975, ISBN 3-485-000204-6

13. L. Dunoyer, Le Radium 8, 142
14. 14. Interview with M. Born by P. P. Ewald at Born's home (Bad Pyrmont, West Germany) June, 1960, Niels Bohr Library & Archives, American Institute of Physics, College Park, MD USA, www.aip.org/history/ohilist/LINK
15. Oral Transcript AIP Interview W. Gerlach durch T. S. Kuhn Februar 1963 in Gerlachs Wohnung in Berlin
16. A. H. Compton, The magnetic electron, Journal of the Franklin Institute, Vol. 192, August 1921, No. 2, page 14
17. A. Landé, Zeitschrift für Physik 5, 231–241 (1921) und 7, 398–405 (1921)
18. A. Landé, Schwierigkeiten in der Quantentheorie des Atombaus, besonders magnetischer Art, Phys. Z.24, 441–444 (1923)
19. M. Abraham, Prinzipien der Dynamik des Elektrons, Annalen der Physik. 10, 1903, S. 105–179
20. Senatsarchiv Hamburg, Kattunbleiche 19, 22041 Hamburg; Personalakte Otto Stern, http://www.hamburg.de/staatsarchiv/
21. I.I. Rabi as told to J. S. Rigden, Otto Stern and the discovery of Space quantization, Z. Phys. D, 10, 119–1920 (1988)
22. I.I. Rabi et al. Phys. Rev. 46, 157 (1934)
23. The Bancroft Library, University of California, Berkeley, Berkeley, CA und D. Templeton-Killen, Stanford, A. Templeton, Oakland

Publikationsliste von Otto Stern

Ann. Physik	= Annalen der Physik
Phys. Rev.	= Physical Review
Physik. Z.	= Physikalische Zeitschrift
Z. Electrochem.	= Zeitschrift für Elektrochemie
Z. Physik	= Zeitschrift für Physik
Z. Physik. Chem.	= Zeitschrift für physikalische Chemie

Publikationsliste aller Publikationen von Otto Stern als Autor (S..)

S1. Otto Stern, Zur kinetischen Theorie des osmotischen Druckes konzentrierter Lösungen und über die Gültigkeit des Henryschen Gesetzes für konzentrierte Lösungen von Kohlendioxyd in organischen Lösungsmitteln bei tiefen Temperaturen. Dissertation Universität Breslau (+3) 1–35 (+2) (1912) Verlag: Grass, Barth, Breslau.

S1a. Otto Stern, Zur kinetischen Theorie des osmotischen Druckes konzentrierter Lösungen und über die Gültigkeit des Henry'schen Gesetzes für dieselben AU Stern, Otto SO Jahresbericht der Schlesischen Gesellschaft für vaterländische Cultur VO 90 I (II. Abteilung: Naturwissenschaften. a. Sitzungen der naturwissenschaftlichen Sektion) PA 1-36 PY 1913 DT B URL. Die Publikationen S1 und S1a sind vollkommen identisch.

S2. Otto Stern, Zur kinetischen Theorie des osmotischen Druckes konzentrierter Lösungen und über die Gültigkeit des Henryschen Gesetzes für konzentrierte Lösungen von Kohlendioxyd in organischen Lösungsmitteln bei tiefen Temperaturen. Z. Physik. Chem., 81, 441–474 (1913)

S3. Otto Stern, Bemerkungen zu Herrn Dolezaleks Theorie der Gaslöslichkeit, Z. Physik. Chem., 81, 474–476 (1913)

H. Schmidt-Böcking, K. Reich, A. Templeton, W. Trageser, V. Vill (Hrsg.), *Otto Sterns Veröffentlichungen – Band 2*, DOI 10.1007/978-3-662-46962-0_2

S4. Otto Stern, Zur kinetischen Theorie des Dampfdrucks einatomiger fester Stoffe und über die Entropiekonstante einatomiger Gase, Habilitationsschrift Zürich Mai 1913, Druck von J. Leemann, Zürich I, oberer Mühlsteg 2. und Physik. Z., 14, 629–632 (1913)

S5. Albert Einstein und Otto Stern, Einige Argumente für die Annahme einer Molekularen Agitation beim absoluten Nullpunkt. Ann. Physik, 40, 551–560 (1913) 345 statt 40

S6. Otto Stern, Zur Theorie der Gasdissoziation. Ann. Physik, 44, 497–524 (1914) 349 statt 44

S7. Otto Stern, Die Entropie fester Lösungen. Ann. Physik, 49, 823–841 (1916) 354 statt 49

S8. Otto Stern, Über eine Methode zur Berechnung der Entropie von Systemen elastische gekoppelter Massenpunkte. Ann. Physik, 51, 237–260 (1916) 356 statt 51

S9. Max Born und Otto Stern, Über die Oberflächenenergie der Kristalle und ihren Einfluss auf die Kristallgestalt. Sitzungsberichte, Preußische Akademie der Wissenschaften, 48, 901–913 (1919)

S10. Otto Stern und Max Volmer, Über die Abklingungszeit der Fluoreszenz. Physik. Z., 20, 183–188 (1919)

S11. Otto Stern und Max Volmer. Sind die Abweichungen der Atomgewichte von der Ganzzahligkeit durch Isotopie erklärbar. Ann. Physik, 59, 225–238 (1919)

S12. Otto Stern, Zusammenfassender Bericht über die Molekulartheorie des Dampfdrucks fester Stoffe und Berechnung chemischer Konstanten. Z. Elektrochem., 25, 66–80 (1920)

S13. Otto Stern und Max Volmer. Bemerkungen zum photochemischen Äquivalentgesetz vom Standpunkt der Bohr-Einsteinschen Auffassung der Lichtabsorption. Zeitschrift für wissenschaftliche Photographie, Photophysik und Photochemie, 19, 275–287 (1920)

S14. Otto Stern, Eine direkte Messung der thermischen Molekulargeschwindigkeit, Physik. Z., 21, 582–582 (1920)

S15. Otto Stern, Zur Molekulartheorie des Paramagnetismus fester Salze. Z. Physik, 1, 147–153 (1920)

S16. Otto Stern, Eine direkte Messung der thermischen Molekulargeschwindigkeit. Z. Physik, 2, 49–56 (1920)

S17. Otto Stern, Nachtrag zu meiner Arbeit: „Eine direkte Messung der thermischen Molekulargeschwindigkeit", Z. Physik, 3, 417–421 (1920)

S18. Otto Stern, Ein Weg zur experimentellen Prüfung der Richtungsquantelung im Magnetfeld. Z. Physik, 7, 249–253 (1921)

S19. Walther Gerlach und Otto Stern, Der experimentelle Nachweis des magnetischen Moments des Silberatoms. Z. Physik, 8, 110–111 (1921)

S20. Walther Gerlach und Otto Stern, Der experimentelle Nachweis der Richtungsquantelung im Magnetfeld. Z. Physik, 9, 349–352 (1922)

S21. Walther Gerlach und Otto Stern, Das magnetische Moment des Silberatoms. Z. Physik, 9, 353–355 (1922)

S22. Otto Stern, Über den experimentellen Nachweis der räumlichen Quantelung im elektrischen Feld. Physik. Z., 23, 476–481 (1922)

S23. Immanuel Estermann und Otto Stern, Über die Sichtbarmachung dünner Silberschichten auf Glas. Z. Physik. Chem., 106, 399–402 (1923)

S24. Otto Stern, Über das Gleichgewicht zwischen Materie und Strahlung. Z. Elektrochem., 31, 448–449 (1925)

S25. Otto Stern, Zur Theorie der elektrolytischen Doppelschicht. Z. Elektrochem., 30, 508–516 (1924)

S26. Walther Gerlach und Otto Stern, Über die Richtungsquantelung im Magnetfeld. Ann. Physik, 74, 673–699 (1924)

S27. Otto Stern, Transformation of atoms into radiation. Transactions of the Faraday Society, 21, 477–478 (1926)

S28. Otto Stern, Zur Methode der Molekularstrahlen I. Z. Physik, 39, 751–763 (1926)

S29. Friedrich Knauer und Otto Stern, Zur Methode der Molekularstrahlen II. Z. Physik, 39, 764–779 (1926)

S30. Friedrich Knauer und Otto Stern, Der Nachweis kleiner magnetischer Momente von Molekülen. Z. Physik, 39, 780–786 (1926)

S31. Otto Stern, Bemerkungen über die Auswertung der Aufspaltungsbilder bei der magnetischen Ablenkung von Molekularstrahlen. Z. Physik, 41, 563–568 (1927)

S32. Otto Stern, Über die Umwandlung von Atomen in Strahlung. Z. Physik. Chem., 120, 60–62 (1926)

S33. Friedrich Knauer und Otto Stern, Über die Reflexion von Molekularstrahlen. Z. Physik, 53, 779–791 (1929)

S34. Georg von Hevesy und Otto Stern, Fritz Haber's Arbeiten auf dem Gebiet der Physikalischen Chemie und Elektrochemie. Naturwissenschaften, 16, 1062–1068 (1928)

S35 Otto Stern, Erwiderung auf die Bemerkung von D. A. Jackson zu John B. Taylors Arbeit: „Das magnetische Moment des Lithiumatoms", Z. Physik, 54, 158–158 (1929)

S36. Friedrich Knauer und Otto Stern, Intensitätsmessungen an Molekularstrahlen von Gasen. Z. Physik, 53, 766–778 (1929)

S37. Otto Stern, Beugung von Molekularstrahlen am Gitter einer Kristallspaltfläche. Naturwissenschaften, 17, 391–391 (1929)

S38. Friedrich Knauer und Otto Stern, Bemerkung zu der Arbeit von H. Mayer „Über die Gültigkeit des Kosinusgesetzes der Molekularstrahlen." Z. Physik, 60, 414–416 (1930)

S39. Otto Stern, Beugungserscheinungen an Molekularstrahlen. Physik. Z., 31, 953–955 (1930)

S40. Immanuel Estermann und Otto Stern, Beugung von Molekularstrahlen. Z. Physik, 61, 95–125 (1930)

S41 Thomas Erwin Phipps und Otto Stern, Über die Einstellung der Richtungsquantelung, Z. Physik, 73, 185–191 (1932)

S42. Immanuel Estermann, Otto Robert Frisch und Otto Stern, Monochromasierung der de Broglie-Wellen von Molekularstrahlen. Z. Physik, 73, 348–365 (1932)

S43. Immanuel Estermann, Otto Robert Frisch und Otto Stern, Versuche mit monochromatischen de Broglie-Wellen von Molekularstrahlen. Physik. Z., 32, 670–674 (1931)

S44. Otto Robert Frisch, Thomas Erwin Phipps, Emilio Segrè und Otto Stern, Process of space quantisation. Nature, 130, 892–893 (1932)

S45. Otto Robert Frisch und Otto Stern, Die spiegelnde Reflexion von Molekularstrahlen. Naturwissenschaften, 20, 721–721 (1932)

S46. Robert Otto Frisch und Otto Stern, Anomalien bei der spiegelnden Reflektion und Beugung von Molekularstrahlen an Kristallspaltflächen I. Z. Physik, 84, 430–442 (1933)

S47. Otto Robert Frisch und Otto Stern, Über die magnetische Ablenkung von Wasserstoffmolekülen und das magnetische Moment des Protons I. Z. Physik, 85, 4–16 (1933)

S48. Otto Stern, Helv. Phys. Acta 6, 426–427 (1933)

S49. Otto Robert Frisch und Otto Stern, Über die magnetische Ablenkung von Wasserstoffmolekülen und das magnetische Moment des Protons. Leipziger Vorträge 5, p. 36–42 (1933), Verlag: S. Hirzel, Leipzig

S50. Otto Robert Frisch und Otto Stern, Beugung von Materiestrahlen. *Handbuch der Physik* XXII. II. Teil. Berlin, Verlag Julius Springer. 313–354 (1933)

S51. Immanuel Estermann, Otto Robert Frisch und Otto Stern, Magnetic moment of the proton. Nature, 132, 169–169 (1933)

S52. Immanuel Estermann und Otto Stern, Über die magnetische Ablenkung von Wasserstoffmolekülen und das magnetische Moment des Protons II. Z. Physik, 85, 17–24 (1933)

S53. Immanuel Estermann und Otto Stern, Eine neue Methode zur Intensitätsmessung von Molekularstrahlen. Z. Physik, 85, 135–143 (1933)

S54. Immanuel Estermann und Otto Stern,. Über die magnetische Ablenkung von isotopen Wasserstoffmolekülen und das magnetische Moment des „Deutons". Z. Physik, 86, 132–134 (1933)

S55. Immanuel Estermann und Otto Stern,. Magnetic moment of the deuton. Nature, 133, 911–911 (1934)

S56. Otto Stern, Bemerkung zur Arbeit von Herrn Schüler: Über die Darstellung der Kernmomente der Atome durch Vektoren. Z. Physik, 89, 665–665 (1934)

S57. Otto Stern, Remarks on the measurement of the magnetic moment of the proton. Science, 81, 465–465 (1935)

S58. Immanuel Estermann, Oliver C. Simpson und Otto Stern, Magnetic deflection of HD molecules (Minutes of the Chicago Meeting, November 27–28, 1936), Phys. Rev. 51, 64–64 (1937)

S59. Otto Stern, A new method for the measurement of the Bohr magneton. Phys. Rev., 51, 852–854 (1937)

S60. Otto Stern, A molecular-ray method for the separation of isotopes (Minutes of the Washington Meeting, April 29, 30 and May 1, 1937), Phys. Rev. 51, 1028–1028 (1937)

S61. J. Halpern, Immanuel Estermann, Oliver C. Simpson und Otto Stern, The scattering of slow neutrons by liquid ortho- and parahydrogen. Phys. Rev., 52, 142–142 (1937)

S62. Immanuel Estermann, Oliver C. Simpson und Otto Stern, The magnetic moment of the proton. Phys. Rev., 52, 535–545 (1937)

S63. Immanuel Estermann, Oliver C. Simpson und Otto Stern, The free fall of molecules (Minutes of the Washington, D. C. Meeting, April 28–30, 1938), Phys. Rev. 53, 947–948 (1938)

S64. Immanuel Estermann, Oliver C. Simpson und Otto Stern, Deflection of a beam of Cs atoms by gravity (Meeting at Pittsburgh, Pennsylvania, April 28 and 29, 1944), Phys. Rev. 65, 346–346 (1944)

S65. Immanuel Estermann, Oliver C. Simpson und Otto Stern, The free fall of atoms and the measurement of the velocity distribution in a molecular beam of cesium atoms. Phys. Rev., 71, 238–249 (1947)

S66. Otto Stern, Die Methode der Molekularstrahlen, Chimia 1, 91–91 (1947)

S67. Immanuel Estermann, Samuel N.Foner und Otto Stern, The mean free paths of cesium atoms in helium, nitrogen, and cesium vapor. Phys. Rev., 71, 250–257 (1947)

S68. Otto Stern, Nobelvortrag: The method of molecular rays. In: *Les Prix Nobel en 1946,* ed. by M. P. A. L. Hallstrom *et al.*, pp. 123–30. Stockholm, Imprimerie Royale. P. A. Norstedt & Soner. (1948)

S69. Immanuel Estermann, W.J. Leivo und Otto Stern, Change in density of potassium chloride crystals upon irradiation with X-rays. Phys. Rev., 75, 627–633 (1949)

S70. Otto Stern, On the term *k* ln n in the entropy. Rev. of Mod. Phys., 21, 534–535 (1949)

S71. Otto Stern, On a proposal to base wave mechanics on Nernst's theorem. Helv. Phys. Acta, 35, 367–368 (1962)

S72. Otto Stern, The method of molecular rays. Nobel lectures Dec. 12, 1946 / Physics 8–16 (1964), Verlag: World Scientific, Singapore **identisch mit S68**

Publikationsliste der Mitarbeiter ohne Stern als Koautor (M..)

M0. Walther Gerlach, Über die Richtungsquantelung im Magnetfeld II, Annalen der Phys., 76, 163–197 (1925)

M1. Immanuel Estermann, Über die Bildung von Niederschlägen durch Molekularstrahlen, Z. f. Elektrochem. u. angewandte Phys. Chem., 8, 441–447 (1925)

M2. Alfred Leu, Versuche über die Ablenkung von Molekularstrahlen im Magnetfeld, Z. Phys. 41, 551–562 (1927)

M3. Erwin Wrede, Über die magnetische Ablenkung von Wasserstoffatomstrahlen, Z. Phys. 41, 569–575 (1927)

M4. Erwin Wrede, Über die Ablenkung von Molekularstrahlen elektrischer Dipolmoleküle im inhomogenen elektrischen Feld, Z. Phys. 44, 261–268 (1927)

M5. Alfred Leu, Untersuchungen an Wismut nach der magnetischen Molekularstrahlmethode, Z. Phys. 49, 498–506 (1928)

M6. John B. Taylor, Das magnetische Moment des Lithiumatoms, Z. Phys. 52, 846–852 (1929)

M7. Isidor I. Rabi, Zur Methode der Ablenkung von Molekularstrahlen, Z. Phys. 54, 190–197 (1929)

M8. Berthold Lammert, Herstellung von Molekularstrahlen einheitlicher Geschwindigkeit, Z. Phys. 56, 244–253 (1929)

M9. John B. Taylor, Eine Methode zur direkten Messung der Intensitätsverteilung in Molekularstrahlen, Z. Phys. 57, 242–248 (1929)

M10. Lester Clark Lewis, Die Bestimmung des Gleichgewichts zwischen den Atomen und den Molekülen eines Alkalidampfes mit einer Molekularstrahlmethode, Z. Phys. 69, 786–809 (1931)

M11. Max Wohlwill, Messung von elektrischen Dipolmomenten mit einer Molekularstrahlmethode, Z. Phys. 80, 67–79 (1933)

M12. Friedrich Knauer, Über die Streuung von Molekularstrahlen in Gasen I, Z. Phys. 80, 80–99 (1933)

M13. Otto Robert Frisch und Emilio Segrè, Über die Einstellung der Richtungsquantelung. II, Z. Phys. 80, 610–616 (1933)

M14. Bernhard Josephy, Die Reflexion von Quecksilber-Molekularstrahlen an Kristallspaltflächen, Z. Phys. 80, 755–762 (1933)

M15. Robert Otto Frisch, Anomalien bei der Reflexion und Beugung von Molekularstrahlen an Kristallspaltflächen II, Z. Phys. 84, 443–447 (1933)

M16. Robert Schnurmann, Die magnetische Ablenkung von Sauerstoffmolekülen, Z. Phys. 85, 212–230 (1933)

M17. Robert Otto Frisch, Experimenteller Nachweis des Einsteinschen Strahlungsrückstoßes, Z. Phys. 86, 42–48 (1933)

M18. Otto Robert Frisch und Emilio Segrè, Ricerche Sulla Quantizzazione Spaziale (Investigations on spatial quantization), Nuovo Cimento 10, 78–91 (1933)

M19. Friedrich Knauer, Der Nachweis der Wellennatur von Molekularstrahlen bei der Streuung in Quecksilberdampf, Naturwissenschaften 21, 366–367 (1933)

M20. Friedrich Knauer, Über die Streuung von Molekularstrahlen in Gasen. II (The scattering of molecular rays in gases. II), Z. Phys. 90, 559–566 (1934)

M21. Carl Zickermann, Adsorption von Gasen an festen Oberflächen bei niedrigen Drucken, Z. Phys. 88, 43–54 (1934)

M22. Marius Kratzenstein, Untersuchungen über die „Wolke“ bei Molekularstrahlversuchen, Z. Phys. 93, 279–291 (1935)

S8

S8. Otto Stern, Über eine Methode zur Berechnung der Entropie von Systemen elastische gekoppelter Massenpunkte. Ann. Physik, 51, 237–260 (1916)

1916. **№ 19.**

ANNALEN DER PHYSIK.

VIERTE FOLGE. BAND 51.

1. *Über eine Methode zur Berechnung der Entropie von Systemen elastisch gekoppelter Massenpunkte; von Otto Stern.*

H. Schmidt-Böcking, K. Reich, A. Templeton, W. Trageser, V. Vill (Hrsg.), *Otto Sterns Veröffentlichungen – Band 2*, DOI 10.1007/978-3-662-46962-0_3

1916. № 19.

ANNALEN DER PHYSIK.
VIERTE FOLGE. BAND 51.

1. *Über eine Methode zur Berechnung der Entropie von Systemen elastisch gekoppelter Massenpunkte;*

von Otto Stern.

Einleitung.

Die kürzlich in dieser Zeitschrift[1]) entwickelte Theorie der festen Lösungen führt auf das Problem, die Entropie eines Mischkristalls für alle möglichen Anordnungen der ihn bildenden Atome zu berechnen. Zu diesem Zweck ist es erforderlich, die Eigenfrequenzen des Mischkristalls für alle diese Anordnungen zu berechnen. Diese Aufgabe ist durch die bisher entwickelten Methoden von Debye[2]) und von Born und Kármán[3]) nicht lösbar, da die erstere den festen Körper durch ein Kontinuum approximiert, und die letztere zwar die von der molekularen Struktur herrührenden Feinheiten wiedergibt, jedoch nur für den Fall einer regelmäßigen periodischen Anordnung der Atome, wie sie bei kristallisierten chemischen Verbindungen, aber nicht bei Mischkristallen realisiert ist, brauchbar ist. Auch wird bei beiden Methoden der Einfluß der endlichen Ausdehnung des Kristalls, seiner Form und Oberfläche, vernachlässigt. Es soll nun im folgenden gezeigt werden, wie man für nicht zu tiefe Temperaturen die Entropie eines *beliebigen* Systems elastisch gekoppelter Massenpunkte *vollständig streng* berechnen kann.

Wir betrachten ein System von N Massenpunkten, die sich unter dem Einfluß der aufeinander ausgeübten Kräfte in einer Gleichgewichtskonfiguration befinden, und setzen voraus, daß für kleine Verrückungen aus den Gleichgewichtslagen die rücktreibenden Kräfte lineare Funktionen dieser Verrückungen sind. Dann läßt sich jede mögliche Bewegung dieses Systems von $3N$ Freiheitsgraden als Superposition von

1) O. Stern, Ann. d. Phys. **49.** p. 823. 1916.
2) P. Debye, Ann. d. Phys. **39.** p. 789. 1912.
3) M. Born u. Th. v. Kármán, Phys. Zeitschr. **13.** p. 297. 1912.

3 N harmonischen Schwingungen auffassen. Sind $\nu_1, \nu_2 \ldots \nu_{3N}$ die Frequenzen (pro Sek.) dieser Schwingungen, so ist die Entropie S des Systems nach Planck[1]):

$$(1)\qquad S = \sum_e^{1,3N} k \left[\frac{\frac{h\nu^e}{kT}}{e^{\frac{h\nu^e}{kT}} - 1} - \ln\left(1 - e^{-\frac{h\nu^e}{kT}}\right) \right],$$

worin k die Boltzmannsche, h die Plancksche Konstante und T die absolute Temperatur ist. Dabei ist für $T = 0$ nach Nernst $S = 0$ gesetzt. Es ist jetzt unsere Aufgabe, die ν^e zu berechnen.

Hohe Temperaturen.

Wir beschränken uns zunächst auf solch hohe Temperaturen, daß für das betrachtete System die klassische Molekulartheorie mit genügender Annäherung gilt, d. h. auf solche Werte von T, daß auch für die größte vorkommende Frequenz der Ausdruck $h\nu/kT$ als klein gegen 1 betrachtet werden kann. Dann wird nach (1) die Entropie des Systems:

$$(2)\qquad S = \sum_e^{1,3N} k - k \ln \frac{h\nu^e}{kT} = 3kN - 3kN \ln \frac{h}{kT} - k \ln \prod_e^{1,3N} \nu^e;$$

wobei $\prod_e^{1,3N} \nu^e$ das Produkt aller ν^e bedeutet.[2]) (Ist N gleich der Zahl der Moleküle im Mol, so ist kN gleich der Gaskonstanten R). Wir brauchen also, um die Entropie für hohe Temperaturen zu berechnen, nicht die Werte der einzelnen Frequenzen, sondern nur den Wert ihres Produkts zu kennen. Um zu vermeiden, daß eine oder mehrere der Frequenzen Null werden, und somit auch $\prod_e^{1,3N} \nu^e$ gleich Null wird, wollen wir zunächst voraussetzen, daß das System durch von außen auf einzelne der Massenpunkte wirkende elastische Kräfte in geeigneter Weise festgehalten wird, so daß es sich auch als Ganzes nicht kräftefrei bewegen kann.

Wir berechnen nun $\prod_e^{1,3N} \nu^e$. Bezeichnen wir die Komponenten der kleinen Verrückungen der N Massenpunkte aus

---

1) M. Planck, Wärmestrahlung. 2. Aufl. p. 141. 1913.

2) Daß für hohe Temperaturen $S = \text{konst} - k \ln \prod_e^{1,3N} \nu^e$ ist, läßt sich leicht auch direkt molekulartheoretisch zeigen.

ihren Gleichgewichtslagen nach den drei Richtungen eines kartesischen Koordinatensystems in fortlaufender Numerierung mit $\xi_1, \xi_2 \ldots \xi_{3N}$ und der Symmetrie halber die entsprechenden Massen mit $m_1, m_2 \ldots m_{3N}$, wobei natürlich immer mindestens je drei Werte der m als zu demselben Massenpunkt gehörig gleich sind, so lauten die $3N$ Bewegungsgleichungen unseres Systems:

$$(3) \quad m_n \ddot{\xi}_n = \alpha_{n,1}\xi_1 + \alpha_{n,2}\xi_2 + \ldots \alpha_{n,3N}\xi_{3N} \; (n = 1, 2 \ldots 3N).$$

Diese Gleichungen werden durch den Ansatz:

$$\xi_n = u_n e^{i 2\pi \nu t} \qquad (n = 1, 2 \ldots 3N)$$

gelöst. Durch Einsetzen in (3) ergeben sich für die $3N$ Größen u_n die $3N$ linearen Gleichungen:

$$\alpha_{n,1} u_1 + \alpha_{n,2} u_2 + \ldots (\alpha_{n,n} + m_n 4\pi^2\nu^2) u_n + \ldots \alpha_{n,3N} u_{3N} = 0 \qquad (n = 1, 2 \ldots 3N).$$

Die Bedingung dafür, daß diese Gleichungen Werte für die u_n ergeben, die nicht sämtlich gleich Null sind, ist das Verschwinden der Determinante der Koeffizienten der u_n, also:

$$0 = \begin{vmatrix} \alpha_{1,1} + m_1 4\pi^2\nu^2, & \alpha_{1,2} & , \ldots, & \alpha_{1,3N} \\ \alpha_{2,1} & , \alpha_{2,2} + m_2 4\pi^2\nu^2, & \ldots, & \alpha_{2,3N} \\ \vdots & \vdots & \ldots & \vdots \\ \alpha_{3N,1} & , \alpha_{3N,2} & , \ldots, & \alpha_{3N,3N} + m_{3N} 4\pi^2\nu^2 \end{vmatrix}$$

Bezeichnen wir $4\pi^2\nu^2$ mit x und $\alpha_{n,1}/m_1$ mit $a_{n,1}$ usw., so können wir, nach Division jeder Zeile durch das in ihr vorkommende m_n, auch schreiben:

$$(4) \quad \begin{vmatrix} a_{1,1} + x, & a_{1,2} & , \ldots, & a_{1,3N} \\ a_{2,1} & , a_{2,2} + x, & \ldots, & a_{2,3N} \\ \vdots & \vdots & \ldots & \vdots \\ a_{3N,1} & , a_{3N,2} & , \ldots, & a_{3N,3N} + x \end{vmatrix} = 0 .$$

Denken wir uns diese Determinante entwickelt und nach Potenzen von x geordnet, so wird (4)

$$(5) \quad x^{3N} + A_1 x^{3N-1} + \ldots A_n x^{3N-n} + \ldots A_{3N-1} x + A_{3N} = 0,$$

wobei mit A_n der Koeffizient der $(3N - n)$ten Potenz von x bezeichnet ist. Diese Koeffizienten A_n' stehen mit den

Elementen $a_{i,k}$ der Determinante (4) in folgendem einfachen Zusammenhang. Bezeichnen wir die aus (4) durch Fortlassung der x entstehende Determinante:

$$\begin{vmatrix} a_{1,1}\ , & a_{1,2}\ , & \ldots, & a_{1,3N} \\ a_{2,1}\ , & a_{2,2}\ , & \ldots, & a_{2,3N} \\ \vdots & \vdots & \ldots & \vdots \\ a_{3N,1}\ , & a_{3N,2}\ , & \ldots, & a_{3N,3N} \end{vmatrix}$$

mit D_{3N} und die Summe aller ihrer möglichen Hauptunterdeterminanten $n$ter Ordnung mit D_n, so ist $A_n = D_n$.[1]) Es ist also z. B.

$$A_1 = D_1 = a_{1,1} + a_{2,2} + \ldots a_{3N,3N}$$

usw. bis $A_{3N} = D_{3N}$. Gleichung (5) wird also:

$$(5\text{a}) \qquad x^{3N} + D_1 x^{3N-1} + \ldots D_n x^{3N-n} + \ldots D_{3N-1} x + D_{3N} = 0.$$

Das ist eine Gleichung $3\,N$ten Grades für die Unbekannte $x = 4\pi^2 \nu^2$, deren $3\,N$ Wurzeln die mit $4\pi^2$ multiplizierten Quadrate der von uns gesuchten Eigenfrequenzen des Systems sind. Das heißt, was wir suchen, ist ja nur das Produkt dieser

---

1) Die Richtigkeit dieses Satzes sieht man leicht ein, wenn man in der Determinante (4) zu jedem der von x freien Elemente $+\,0$ hinzusetzt, die so entstandene Determinante mit lauter zweigliederigen Elementen in eine Summe von Determinanten mit lauter eingliederigen Elementen zerlegt und dann immer die Determinanten, welche die gleiche Anzahl von Elementen x enthalten, zusammenfaßt. Z. B. ist:

$$\begin{vmatrix} a_{11}+x, & a_{12}, & a_{13} \\ a_{21}, & a_{22}+x, & a_{23} \\ a_{31}, & a_{32}, & a_{33}+x \end{vmatrix} = \begin{vmatrix} a_{11}+x, & a_{12}+0, & a_{13}+0 \\ a_{21}+0, & a_{22}+x, & a_{23}+0 \\ a_{31}+0, & a_{32}+0, & a_{34}+x \end{vmatrix}$$

$$= \begin{vmatrix} x, & 0, & 0 \\ 0, & x, & 0 \\ 0, & 0, & x \end{vmatrix} + \begin{vmatrix} a_{11}, & 0, & 0 \\ a_{21}, & x, & 0 \\ a_{31}, & 0, & x \end{vmatrix} + \begin{vmatrix} x, & a_{12}, & 0 \\ 0, & a_{22}, & 0 \\ 0, & a_{32}, & x \end{vmatrix} + \begin{vmatrix} x, & 0, & a_{13} \\ 0, & x, & a_{23} \\ 0, & 0, & a_{33} \end{vmatrix}$$

$$+ \begin{vmatrix} a_{11}, & a_{12}, & 0 \\ a_{21}, & a_{22}, & 0 \\ a_{31}, & a_{32}, & x \end{vmatrix} + \begin{vmatrix} a_{11}, & 0, & a_{13} \\ a_{21}, & x, & a_{23} \\ a_{31}, & 0, & a_{33} \end{vmatrix} + \begin{vmatrix} x, & a_{12}, & a_{13} \\ 0, & a_{22}, & a_{23} \\ 0, & a_{32}, & a_{33} \end{vmatrix} + \begin{vmatrix} a_{11}, & a_{12}, & a_{23} \\ a_{21}, & a_{22}, & a_{23} \\ a_{31}, & a_{32}, & a_{33} \end{vmatrix}$$

$$= x^3 + x^2 (a_{11} + a_{22} + a_{33})$$

$$+ x \left(\begin{vmatrix} a_{11}, & a_{12} \\ a_{21}, & a_{22} \end{vmatrix} + \begin{vmatrix} a_{11}, & a_{13} \\ a_{31}, & a_{33} \end{vmatrix} + \begin{vmatrix} a_{22}, & a_{23} \\ a_{32}, & a_{33} \end{vmatrix} \right) + \begin{vmatrix} a_{11}, & a_{12}, & a_{13} \\ a_{21}, & a_{22}, & a_{23} \\ a_{31}, & a_{32}, & a_{33} \end{vmatrix},$$

s. z. B. E. Pascal, Die Determinanten, p. 42. B. G. Teubner 1900.

Eigenfrequenzen, also das Produkt $\prod_{e}^{1,3N} x^e$ der $3N$ Wurzeln der Gleichung (5a). Nach einem bekannten Satze der elementaren Algebra ist aber dieses Produkt gleich dem mit $(-1)^{3N}$ multiplizierten Absolutglied der Gleichung (5a). Es ist also:

$$(6) \qquad \prod_{e}^{1,3N} x^e = \prod_{e}^{1,3N} (2\pi\nu^e)^2 = \pm D_{3N} = |D_{3N}|,$$

da sich zeigen läßt, daß sämtliche Hauptunterdeterminanten gerader Ordnung von D_{3N} positiv, ungerader negativ sein müssen, falls die doppelte potentielle Energie

$$2\Phi = -\Big(\sum_{i}^{1,N} \alpha_{ii}\,\xi_i^2 + \sum_{\substack{i,k\\(i \neq k)}}^{1,N} \alpha_{ik}\,\xi_i\,\xi_k\Big)$$

stets positiv sein soll.[1] Daher wird nach (2) die Entropie des Systems:

$$(7) \qquad S = 3kN - 3kN \ln \frac{h}{2\pi k T} - \frac{k}{2} \ln |D_{3N}|.$$

Somit ist die Bestimmung der Entropie eines beliebigen Systems elastisch gekoppelter Massenpunkte für hohe Temperaturen auf die verhältnismäßig einfache Aufgabe der Berechnung der ohne weiteres aus den Bewegungsgleichungen des Systems folgenden Determinante D_{3N} zurückgeführt.

Wir wollen uns jetzt noch von der Voraussetzung, daß unser System von außen festgehalten wird, befreien und annehmen, daß wir ein abgeschlossenes System vor uns haben, das sich als Ganzes kräftefrei bewegen kann. Wie wir wissen, besitzt ein solches System drei Freiheitsgrade der Translation und drei der Rotation, denen kein endlicher Wert der Frequenz entspricht, und es werden daher sechs der Wurzeln der Gleichung (5a) und somit auch die sechs letzten Koeffizienten D_{3N} bis D_{3N-5} gleich Null sein. Das Produkt der $3N-6$ von Null verschiedenen Wurzeln ist dann gleich D_{3N-6}, und die Entropie des Systems, soweit sie von Freiheitsgraden mit endlicher Frequenz herrührt, wird:

$$(7\text{a}) \qquad S' = k(3N-6) - k(3N-6) \ln \frac{h}{2\pi k T} - \frac{k}{2} \ln |D_{3N-6}|.$$

Wir wollen nun der Vollständigkeit halber noch nachweisen, daß aus der Voraussetzung, daß unser System als

---

1) Vgl. z. B. H. Weber, Algebra 1, § 89. 2. Aufl. Braunschweig 1898.

Ganzes kräftefrei beweglich ist, tatsächlich das Verschwinden der Ausdrücke D_{2N} bis D_{3N-5} folgt. Zu diesem Zwecke führen wir zunächst eine andere für die folgenden Rechnungen bequemere Bezeichnungsweise ein, und zwar bezeichnen wir die Massen der N Punkte mit $m_1 \ldots m_N$, ihre Verrückungen nach der x-, y- und z-Achse des kartesischen Koordinatensystems mit $\xi_1 \ldots \xi_N$, $\eta_1 \ldots \eta_N$, $\zeta_1 \ldots \zeta_N$ und die Koeffizienten der ξ, η, ζ in den Bewegungsgleichungen mit α, β, γ. Dann lauten die $3N$ Bewegungsgleichungen des Systems:

$$(8)\quad \left\{\begin{aligned} m_n \ddot{\xi}_n &= \alpha_{3n-2,1}\xi_1 + \ldots \alpha_{3n-2,N}\xi_N + \beta_{3n-2,1}\eta_1 \\ &\quad + \ldots \beta_{3n-2,N}\eta_N + \gamma_{3n-2,1}\zeta_1 + \ldots \gamma_{3n-2,N}\zeta_N, \\ m_n \ddot{\eta}_n &= \alpha_{3n-1,1}\xi_1 + \ldots \alpha_{3n-1,N}\xi_N + \beta_{3n-1,1}\eta_1 \\ &\quad + \ldots \beta_{3n-1,N}\eta_N + \gamma_{3n-1,1}\zeta_1 + \ldots \gamma_{3n-1,N}\zeta_N, \\ m_n \ddot{\zeta}_n &= \alpha_{3n,1}\xi_1 + \ldots \alpha_{3n,N}\xi_N + \beta_{3n,1}\eta_1 \\ &\quad + \ldots \beta_{3n,N}\eta_N + \gamma_{3n,1}\zeta_1 + \ldots \gamma_{3n,N}\zeta_N. \\ &\qquad (n = 1, 2 \ldots N). \end{aligned}\right.$$

Die allgemeinste infinitesimale Bewegung des Systems als Ganzen erhalten wir durch den Ansatz:

$$(9)\quad \left\{\begin{aligned} \xi_n &= \xi + q z_n - r y_n, \\ \eta_n &= \eta + r x_n - p z_n, \\ \zeta_n &= \zeta + p y_n - q x_n, \end{aligned}\right. \qquad (n = 1, 2 \ldots N)$$

wobei wir mit x_n, y_n, z_n die Koordinaten des $n$ten Punktes bezeichnen. Da bei der durch (9) dargestellten Bewegung des Systems keiner der Massenpunkte eine Beschleunigung erhalten soll, so müssen, wenn wir die in (9) angesetzten ξ_n, η_n, ζ_n in die Bewegungsgleichungen (8) einsetzen, deren sämtliche linke Seiten gleich Null werden. Das ergibt, da die Koeffizienten der 6 willkürlich wählbaren ξ, η, ζ, p, q, r in jeder der $3N$ Gleichungen einzeln gleich Null sein müssen, folgende $18N$ Gleichungen:

$$(10)\quad \sum_k^{1,N} \alpha_{ik} = 0, \quad \sum_k^{1,N} \beta_{ik} = 0, \quad \sum_k^{1,N} \gamma_{ik} = 0,$$

$$\sum_k^{1,N} (\gamma_{ik} y_k - \beta_{ik} z_k) = 0, \quad \sum_k^{1,N} (\alpha_{ik} z_k - \gamma_{ik} x_k) = 0, \quad \sum_k^{1,N} (\beta_{ik} x_k - \alpha_{ik} y_k) = 0$$

$$(i = 1, 2 \ldots 3N).$$

In der Determinante:

$$\Delta_{3N} = \left(\prod_i^{1,N} m_i\right)^3 \cdot D_{3N} = \begin{vmatrix} \alpha_{1,1} & \cdots & \gamma_{1,N} \\ \vdots & \cdots & \vdots \\ \vdots & \cdots & \vdots \\ \vdots & \cdots & \vdots \\ \alpha_{3N,1} & \cdots & \gamma_{3N,N} \end{vmatrix}$$

bestehen also zwischen den $3N$ Elementen jeder Zeile sechs lineare Gleichungen. Wählen wir daher in der obigen Determinante 6 beliebige Spalten aus, so ist es stets möglich, in jeder Zeile die 6 den ausgewählten Spalten angehörigen Elemente der Zeile als lineare Funktionen der $(3N - 6)$ übrigen Elemente der Zeile auszudrücken, und zwar ist der lineare Zusammenhang für alle Zeilen der gleiche, wie ohne weiteres aus den Gleichungen (10) hervorgeht, die keine von i abhängigen Koeffizienten der Determinantenelemente enthalten. Wir können daher durch Multiplikation von $(3N - 6)$-Spalten mit geeigneten, durch die Gleichungen (10) bestimmten Faktoren und Addition zu den übrigen 6 Spalten sämtliche Elemente letzterer zu Null machen. Folglich sind sämtliche Unterdeterminanten von Δ_{3N} und somit auch von D_{3N} von höherer als der $(3N - 6)$ten Ordnung gleich Null, die Determinante D_{3N} ist vom Range $(3N - 6)$. Da nun die Ausdrücke $D_{3N}, \ldots, D_{3N-5}$ die Summen aller möglichen Hauptdeterminanten von D_{3N} von $3N$-ter, .., $(3N - 5)$ter Ordnung sind, so sind sie sämtlich gleich Null, was zu beweisen war.

Eindimensionales Beispiel.

Wir wollen als einfaches Beispiel ein abgeschlossenes eindimensionales System von N gleichen Massenpunkten unter der vereinfachenden Annahme behandeln, daß immer nur unmittelbar benachbarte Punkte aufeinander Kräfte ausüben. Bezeichnen wir mit m die Masse eines Punktes und mit α die Konstante der elastischen Kraft, die der Abstandsänderung von zwei benachbarten Punkten entgegenwirkt, so lauten die Bewegungsgleichungen des Systems:

$$\begin{aligned} m\ddot{\xi}_1 &= \alpha(\xi_2 - \xi_1) &&= -\alpha\xi_1 + \alpha\xi_2 \\ m\ddot{\xi}_2 &= \alpha(\xi_1 - \xi_2) + \alpha(\xi_3 - \xi_2) &&= \alpha\xi_1 - 2\alpha\xi_2 + \alpha\xi_3 \\ &\vdots && \vdots \\ m\ddot{\xi}_N &= \alpha(\xi_{N-1} - \xi_N) &&= \alpha\xi_{N-1} - \alpha\xi_N. \end{aligned}$$

Die Determinante D_N, die an Stelle von D_{3N} im dreidimensionalen Falle tritt, ergibt sich daraus zu:

$$D_N = \begin{vmatrix} -a & a & \cdot\ \cdot & 0 \\ a & -2a & \cdot\ \cdot & 0 \\ \cdot & \cdot & \cdot & \cdot \\ \cdot & \cdot & \cdot & \cdot \\ 0 & 0 & \cdot\ \cdot & -a \end{vmatrix}, \text{ wobei } a = \frac{\alpha}{m} \text{ ist.}$$

Es ist $D_N = 0$, $D_{N-1} \neq 0$ in Übereinstimmung damit, daß unser System einen Freiheitsgrad der Translation besitzt. D_{N-1} ist leicht berechenbar. Es ist z. B. die $n$te Hauptunterdeterminante $(N-1)$ter Ordnung von D_N gleich

$$\begin{vmatrix} -a & a & & & \\ a & -2a & & & \\ & & \ddots & & \\ & & -2a & 0 & \\ & & 0 & -2a & \\ & & & & \ddots \\ & & & & -a \end{vmatrix} = \begin{vmatrix} -a & a & \\ a & -2a & \\ & \ddots & \\ & & -2a \end{vmatrix} \cdot \begin{vmatrix} -2a & a & \\ a & -2a & \\ & \ddots & \\ & & -a \end{vmatrix}$$

wobei die erste Determinante des Produktes $(n-1)$ter Ordnung, die zweite $(N-n)$ter Ordnung ist. Indem wir in letzterer Determinante zu der ersten Spalte alle übrigen hinzuaddieren, erhalten wir:

$$\begin{vmatrix} -2a & a & \\ a & -2a & \\ & \ddots & \\ & & -a \end{vmatrix} = \begin{vmatrix} -a & a & \\ 0 & -2a & \\ & \ddots & \\ & & -a \end{vmatrix} = -a \begin{vmatrix} -2a & \\ & \ddots & \\ & & -a \end{vmatrix}$$

In gleicher Weise fortfahrend, ergibt sich der Wert der zweiten Determinante zu $(-a)^{N-n}$ und analog der Wert der ersten Determinante zu $(-a)^{n-1}$. Der Wert der n ten — und da n beliebig ist, einer jeden — Hauptunterdeterminante $(N-1)$ter Ordnung von D_N ist also $(-a)^{N-n} \cdot (-a)^{n-1} = (-a)^{N-1}$, so daß die Summe aller möglichen solchen Determinanten

$$|D_{N-1}| = N \left(\frac{\alpha}{m}\right)^{N-1}$$

wird.[1]) Die Entropie des Systems ist demnach:

---

1) Nach Born-Kármán (l. c.) würde

$$\ln |D_{N-1}| = \ln \prod_e^{1, N-1} (2\pi\nu)^2 = \frac{N-1}{2\pi} \int_0^{2\pi} \ln \left[2 \left(\frac{\alpha}{m}\right)^{1/2} \sin \frac{\varphi}{2} \right] d\varphi$$

$$= (N-1) \ln \frac{\alpha}{m}, \quad \text{also } |D_{N-1}| = \left(\frac{\alpha}{m}\right)^{N-1}$$

werden. Die — für die meisten Zwecke belanglose — Abweichung von dem obigen exakten Werte rührt daher, daß bei der B.-K.schen Methode das Spektrum des endlichen Systems durch das kontinuierliche des unendlich ausgedehnten approximiert wird.

$$S = k(N-1) - k(N-1)\ln\frac{h}{2\pi k T} - \frac{k}{2}(N-1)\ln\frac{\alpha}{m} - \frac{k}{2}\ln N$$
$$= (N-1)\left(k - k\ln\frac{h\nu_0}{kT}\right) - \frac{k}{2}\ln N,$$

wobei $\frac{(\alpha/m)^{1/2}}{2\pi} = \nu_0$ gesetzt ist.

An dieser Formel ist nun etwas zunächst sehr überraschend, nämlich das Auftreten des letzten Gliedes $k/2 \ln N$, welches besagt, daß die Entropie nicht proportional der Menge der Substanz ist, sondern noch explizit von dieser abhängt. Fügen wir z. B. zwei Stücke der gleichen Substanz, die N_1 und N_2 Atome enthalten, zu einem einzigen aus $N_1 + N_2$ Atomen bestehenden Stücke zusammen, so nimmt dabei die Entropie um den Betrag

$$k - k\ln\frac{h\nu_0}{kT} - k\ln\frac{N_1 + N_2}{N_1 \cdot N_2}$$

zu. Hierbei sind nur die beiden ersten Glieder, in welchen die Änderung der Oberflächenentropie mit enthalten ist, von der Größe der zusammengefügten Stücke unabhängig, dagegen nicht das dritte Glied. Obwohl die dadurch bedingte Abweichung von der Additivität der Entropie viel zu klein ist, um sich bei Experimenten bemerkbar zu machen, erscheint dieses Resultat paradox. Eine genauere Überlegung zeigt nun, daß diese Paradoxie nur durch die Unvollständigkeit unserer bisherigen Rechnungen verursacht wird, die darin besteht, daß wir nicht die gesamte Entropie unseres Systems berechnet haben, sondern nur den Anteil, der von Freiheitsgraden mit endlicher Frequenz herrührt. Wir wollen dieses Versäumnis jetzt nachholen und zunächst für das obige System die Entropie des Freiheitsgrades der Translation mit berücksichtigen. Damit diese Entropie einen endlichen Wert erhält, setzen wir voraus, daß sich das System nur innerhalb eines endlichen Volumens (Strecke) V, das wir der Einfachheit halber als groß gegen die Systemdimensionen annehmen, als Ganzes kräftefrei bewegen kann. Dann ist die Entropie s' des Freiheitsgrades der Translation, wie sich in Analogie zu dem ausführlich behandelten dreidimensionalen Fall[1]) ergibt, wenn wir mit $M = Nm$ die Gesamtmasse des Systems bezeichnen:

1) Vgl. O. Sackur, Ann. d. Phys. **40**. p. 67. 1913; H. Tetrode, Ann. d. Phys. **38**. p. 414; **39**. p. 255. 1912; O. Stern, Phys. Zeitschr. **14**. p. 629. 1913; H. Tetrode, Proc. Amsterdam **17**. p. 1167. 1915.

$$s' = k \ln V + \tfrac{3}{2} k - k \ln \frac{h}{(2\pi M k T)^{1/2}}$$
$$= k \ln V + \tfrac{3}{2} k - k \ln \frac{h}{(2\pi m k T)^{1/2}} + \frac{k}{2} \ln N.$$

Somit ist die gesamte Entropie des Systems:

$$(11)\left\{\begin{aligned} S = S' + s' = k \ln V + \tfrac{3}{2} k - k \ln \frac{h}{2\pi m k T^{1/2}} \\ + (N-1)\left(k - k \ln \frac{h \nu_0}{k T}\right). \end{aligned}\right.$$

Hierin tritt die Zahl der Atome des Systems nur noch als Faktor auf, so daß die Entropieänderung beim Zusammenfügen von zwei Stücken der Substanz unabhängig von der Größe der Stücke wird.

Die Rechnung läßt sich übrigens in ganz entsprechender Weise für ein System von N verschiedenen Atomen durchführen. Bezeichnen wir mit m_i die Masse des $i$ten Atoms und mit α_i die Konstante der zwischen dem $i$ten und $(i+1)$ten Atom wirkenden elastischen Kraft, so wird:

$$D_N = \frac{1}{\prod\limits_i^{1,N} m_i} \begin{vmatrix} -\alpha_1 & \alpha_1 & 0 & \\ \alpha_1 & -\alpha_1 - \alpha_2 & \alpha_2 & \\ 0 & \alpha_2 & -\alpha_2 - \alpha_3 & \\ & & & \ddots \\ & & & -\alpha_{N-1} \end{vmatrix}$$

und nach einer analogen Rechnung wie oben:

$$D_{N-1} = \frac{\prod\limits_i^{1,N-1} \alpha_i}{\prod\limits_i^{1,N} m_i} \sum_i^{1,N} m_i = M \frac{\prod\limits_i^{1,N-1} \alpha_i}{\prod\limits_i^{1,N} m_i},$$

wobei wieder M die Gesamtmasse des Systems ist. Also tritt in S' ein Glied $-k/2 \ln M$ auf, das sich gegen das Glied $+k/2 \ln M$ in s' weghebt, und es wird die Gesamtentropie

$$(12)\left\{\begin{aligned} S = S' + s' = k \ln V + (N + \tfrac{1}{2}) k - k N \ln h + \\ (N - \tfrac{1}{2}) k \ln (2\pi k T) - \frac{k}{2} \ln \frac{\prod\limits_i^{1,N-1} \alpha_i}{\prod\limits_i^{1,N} m_i} \end{aligned}\right.$$

unabhängig von der Gesamtmasse des Systems.

Unabhängigkeit der Gesamtentropie von der Masse und den Trägheitsmomenten des Systems.

Es läßt sich nun ganz allgemein für ein beliebiges System elastisch gekoppelter Massenpunkte zeigen, daß die durch die Freiheitsgrade der Translation und Rotation bedingte Abhängigkeit der Entropie des Systems von seiner Masse und seinen Trägheitsmomenten durch das Auftreten dieser Größen in dem Ausdruck für die Entropie der Freiheitsgrade mit endlicher Frequenz gerade kompensiert wird, so daß die gesamte Entropie von Masse und Trägheitsmomenten unabhängig wird. Dieses Verhalten ist eine direkte Folge der Impuls- und Momentensätze, die bewirken, daß in dem Determinantenausdruck für $\Pi\,\nu$ Masse und Trägheitsmomente als Faktoren auftreten.

Wir wollen den Beweis dafür zunächst für das allgemeinste eindimensionale System führen. Die Bewegungsgleichungen des aus N Atomen bestehenden Systems lauten:

$$X_n = m_n \ddot{\xi}_n = \alpha_{n1}\xi_1 + \ldots \alpha_{nn}\xi_n + \ldots \alpha_{nN}\xi_N. \quad (n = 1, 2 \ldots N)$$

Bezeichnen wir mit Δ_N die Determinante

$$\begin{vmatrix} \alpha_{11} & \ldots & \alpha_{1N} \\ \ldots & \ldots & \ldots \\ \ldots & \ldots & \ldots \\ \alpha_{N1} & \ldots & \alpha_{NN} \end{vmatrix} = D_N \cdot \prod_i^{1,N} m_i\,,$$

so gelten infolge der Bedingung, daß das System als Ganzes kräftefrei beweglich sei, für die α_{ik} folgende N Gleichungen:

$$\sum_k^{1,N} \alpha_{ik} = 0. \qquad (i = 1, 2 \ldots N) \tag{13}$$

Ferner muß infolge des Impulssatzes $\sum_i^{1,N} X_i = 0$ sein, was, da die $\xi_1, \xi_2 \ldots \xi_N$ unabhängig voneinander sind, die N Gleichungen

$$\sum_k^{1,N} \alpha_{ik} = 0 \qquad (k = 1, 2 \ldots N) \tag{13a}$$

liefert. Aus (13) und (13a) folgt, daß alle Hauptunterdeterminanten $(N-1)$ter Ordnung von Δ_N gleich sind. Denn wir können z. B. die zu α_{mm} komplementäre Unterdeterminante auf folgende Weise in die zu α_{nn} komplementäre umwandeln. Wir addieren zunächst zur $n$ten Spalte alle übrigen Spalten hinzu, wodurch infolge der Gleichungen (13) ihre Elemente, nach Multiplikation mit -1, in die der $m$ten Spalte verwandelt werden, und stellen dann durch Spaltenvertauschung die richtige Reihenfolge her. Sodann verwandeln wir mit Hilfe der Gleichungen (13a) durch Addition der übrigen Zeilen zur $n$ten ihre Elemente in die der $m$ten Zeile, multiplizieren mit -1 und erhalten so schließlich durch Zeilenvertauschung die zu a_{nn} komplementäre Unterdeterminante. Ein Zeichenwechsel findet insgesamt nicht statt, weil die Anzahl der Vertauschungen bei den Spalten und Zeilen die gleiche ist. Da n und m beliebig sind, sind alle Hauptunterdeterminanten $(N-1)$ter Ordnung von Δ_N gleich. Bezeichne ich eine von ihnen mit Δ', so ist die zu a_{nn} komplementäre Unterdeterminante von D_N gleich

$$\frac{m_n}{\prod\limits_i^{1,N} m_i} \Delta'$$

und die Summe

$$D_{N-1} = \sum_i^{1,N} m_i \frac{\Delta'}{\prod\limits_i^{1,N} m_i} = M \frac{\Delta'}{\prod\limits_i^{1,N} m_i}.$$

Daraus folgt:

$$S' = (N-1)k - (N-1)k \ln \frac{h}{2\pi k T} - \frac{k}{2} \ln \frac{\Delta'}{\prod\limits_i^{1,N} m_i} - \frac{k}{2} \ln M,$$

andererseits ist:

$$s' = \tfrac{3}{2} k - k \ln \frac{h}{(2\pi k T)^{1/2}} + k \ln V + \frac{k}{2} \ln M.$$

Also ist die gesamte Entropie des Systems:

$$(14) \quad \begin{cases} S = S' + s' = k \ln V + (N + \tfrac{1}{2}) k - N k \ln h + \\ \qquad (N - \tfrac{1}{2}) k \ln (2\pi k T) - \dfrac{k}{2} \ln \dfrac{\Delta'}{\prod\limits_i^{1,N} m_i} \end{cases}$$

unabhängig von M.

Im zweidimensionalen Fall schreiben wir die Bewegungsgleichungen für das allgemeinste aus N Massenpunkten bestehende System:

$$X_n = m_n \ddot{\xi}_n = \alpha^x_{n1} \xi_1 + \ldots \alpha^x_{nN} \xi_N + \beta^x_{n1} \eta_1 + \ldots \beta^x_{nN} \eta_n,$$
$$Y_n = m_n \ddot{\eta}_n = \alpha^y_{n1} \xi_1 + \ldots \alpha^y_{nN} \xi_N + \beta^y_{n1} \eta_1 + \ldots \beta^y_{nN} \eta_N.$$

Dann wird die Determinante

$$\Delta_{2N} = \begin{vmatrix} \alpha^x_{11} & .. & \alpha^x_{1N} & \beta^x_{11} & .. & \beta^x_{1N} \\ . & .. & . & . & .. & . \\ \alpha^x_{N1} & .. & \alpha^x_{NN} & \beta^x_{N1} & .. & \beta^x_{NN} \\ \alpha^y_{11} & .. & \alpha^y_{1N} & \beta^y_{11} & .. & \beta^y_{1N} \\ . & .. & . & . & .. & . \\ \alpha^y_{N1} & .. & \alpha^y_{NN} & \beta^y_{N1} & .. & \beta^y_{NN} \end{vmatrix} = D_{2N} \cdot \left(\prod_i^{1,N} m_i \right)^2.$$

Für die α_{ik} und β_{ik} gelten infolge der Bedingung, daß das System als Ganzes kräftefrei beweglich sei, die $6N$ Gleichungen:

$$\sum_k^{1,N} \alpha^x_{ik} = 0, \quad \sum_k^{1,N} \beta^x_{ik} = 0, \quad \sum_k^{1,N} \alpha^y_{ik} = 0, \quad \sum_k^{1,N} \beta^y_{ik} = 0.$$

$$(15) \quad \begin{cases} \sum_k^{1,N} \alpha^x_{ik}\, y_k - \beta^x_{ik}\, x_k = 0, \quad \sum_k^{1,N} \alpha^y_{ik}\, y_k - \beta^y_{ik}\, x_k = 0 \\ (i = 1, 2 \ldots N) \end{cases}$$

und infolge des Impuls- und Momentensatzes

$$\sum_i^{1,N} X_i = 0, \quad \sum_i^{1,N} Y_i = 0, \quad \sum_i^{1,N} X_i y_i - Y_i x_i = 0$$

die zu (15) entsprechenden $6N$ Gleichungen:

$$(15\text{a}) \quad \begin{cases} \sum_i^{1,N} \alpha^x_{ik} = 0, \quad \sum_i^{1,N} \alpha^y_{ik} = 0, \quad \sum_i^{1,N} \beta^x_{ik} = 0, \quad \sum_i^{1,N} \beta^y_{ik} = 0 \\ \sum_i^{1,N} \alpha^x_{ik}\, y_i - \alpha^y_{ik}\, x_i = 0, \quad \sum_i^{1,N} \beta^x_{ik}\, y_i - \beta^y_{ik}\, x_i = 0. \\ (k = 1, 2 \ldots N) \end{cases}$$

Aus (15) oder (15a) folgt zunächst, daß alle Unterdeterminanten von Δ_{2N} von höherer als $(2N-3)$ter Ordnung Null sind. Von den Hauptunterdeterminanten $(2N-3)$ter (und niedrigerer) Ordnung sind ferner alle, bei denen nicht mindestens ein Hauptelement α^x und β^y fehlt, ebenfalls gleich Null; zwischen den übrigen bestehen infolge (15) und (15a) folgende Beziehungen. Betrachten wir zunächst die Unterdeterminanten, bei denen an Hauptelementen zwei α^x und ein β^y fehlen. Dann sind alle, bei denen die gleichen α^x aber ein beliebiges β^y fehlen, gleich, da sie sich in der gleichen

Weise, wie wir es beim eindimensionalen Fall durchgeführt haben, ineinander umwandeln lassen. Bezeichnen wir ferner mit Δ_n^{lm} die Hauptunterdeterminante, in der die Elemente $\alpha^x_{ll}, \alpha^x_{mm}, \beta^y_{nn}$ fehlen, so können wir mit Hilfe der Gleichungen (15) und (15a) von

$$\Delta_n^{lm} \quad \text{zu} \quad \Delta_n^{lp}$$

übergehen. Es ist nämlich nach (15):

$$\alpha^x_{im} = -\alpha^x_{ip}\frac{y_p - y_l}{y_m - y_l} - \ldots + \ldots, \quad (i = 1, 2 \ldots N) \tag{16}$$

wobei die Punkte die anderen Elemente der $i$ten Zeile von Δ_p^{lm}, mit analogen Faktoren wie α^x_{ip} multipliziert, bedeuten, und die gleiche Beziehung gilt für die α^y_{im}. Indem wir also die $p$te Spalte von Δ_n^{lm}, und somit auch Δ_n^{lm} selbst, mit $-\frac{y_p - y_l}{y_m - y_l}$ multiplizieren und zu ihr die anderen mit den durch 16) bestimmten Faktoren multiplizierten Spalten hinzuaddieren, verwandeln wir alle Elemente der $p$ten Spalte in die entsprechenden der $m$ten Spalte, die wir schließlich durch Spaltenvertauschung in die richtige Reihenfolge bringen. Da nun nach (15a) für die $i$te Spalte die Gleichung

$$\alpha^x_{mi} = -\alpha^x_{pi}\frac{y_p - y_l}{y_m - y_l} \ldots + \ldots \quad (i = 1, 2 \ldots N) \tag{16a}$$

gilt und die gleiche Beziehung für die β^x_{mi} besteht, können wir die gleiche Operation wie soeben mit den Spalten jetzt mit den Zeilen vornehmen und erhalten so schließlich die Beziehung:

$$\Delta_n^{lm}\frac{(y_p - y_l)^2}{(y_m - y_l)^2} = \Delta_n^{lp}.$$

Auf gleichem Wege erhalten wir:

$$\Delta_n^{lp}\frac{(y_q - y_p)^2}{(y_l - y_p)^2} = \Delta_n^{pq},$$

so daß wir schließlich, unter Berücksichtigung des oben über β^y_{nn} Gesagten, zu der Beziehung kommen:

$$\frac{\Delta_n^{lm}}{(y_m - y_l)^2} = \frac{\Delta_r^{pq}}{(y_q - y_p)^2} = \Delta'',$$

wobei die Indizes l, m, n und p, q, r beliebige Werte zwischen 1 und N haben können, falls nur $l \neq m$ und $p \neq q$ ist. Die entsprechenden Beziehungen bestehen natürlich auch zwischen den Hauptunterdeterminanten, bei denen an Hauptelementen *ein* α^x und *zwei* β^y fehlen, d. h. es ist

$$\frac{\Delta_{lm}^{n}}{(x_m - x_l)^2} = \frac{\Delta_{pq}^{r}}{(x_q - x_p)^2} = \text{konst.}$$

Schließlich läßt sich in derselben Weise zeigen, daß

$$\frac{\Delta_{lm}^{r}}{(x_m - x_l)^2} = \frac{\Delta_{m}^{lp}}{(y_p - y_l)^2}, \text{ also konst.} = \Delta'' \text{ ist.}$$

Da wir nun aus einer Unterdeterminante $(2N-3)$ter Ordnung von Δ_{2N} die entsprechende von D_{2N} durch Multiplikation mit dem Faktor $\frac{m_l m_m m_n}{\left(\prod\limits_i^{1,N} m_i\right)^2}$ erhalten, wobei l, m, n die Indizes der in der betreffenden Unterdeterminante fehlenden Zeilen sind, so erhalten wir die Summe aller Hauptunterdeterminanten $(2N-3)$ter Ordnung von D_{2N} folgendermaßen. Die Summe der N Hauptunterdeterminanten $(2N-3)$ter Ordnung, in der die Elemente $\alpha^x{}_{ll}$ und $\alpha^x{}_{nn}$ fehlen, ist:

$$\frac{(m_1 + m_2 + \ldots m_N)}{\left(\prod\limits_i^{1,N} m_i\right)^2} m_l m_n \Delta_{p}^{lm} = \frac{M}{\left(\prod\limits_i^{1,N} m_i\right)^2} m_l m_n (y_n - y_l)^2 \Delta''.$$

Die Summe aller derjenigen, in denen überhaupt zwei Hauptelemente α^x fehlen, erhalten wir, indem wir sowohl l als n alle Werte von 1 bis N durchlaufen lassen, wobei stets $l \neq n$ sein muß. Diese Summe, die aus $N \cdot \binom{N}{2}$ Summanden besteht, ist daher:

$$\frac{M}{\left(\prod\limits_i^{1,N} m_i\right)^2} \cdot \sum_{l,n}^{1,N} m_l m_n (y_n - y_l)^2 \cdot \Delta''.$$

Den gleichen Ausdruck, in dem nur x an Stelle von y tritt, erhalten wir für die Summe der Hauptunterdeterminanten, in denen zwei Hauptelemente β^y fehlen. Somit wird die gesamte Summe

$$(17)\quad \begin{cases} D_{2N-3} = M \cdot \sum\limits_{l,n}^{1,N} m_l m_n [(x_n - x_l)^2 + (y_n - y_l)^2] \cdot \dfrac{\Delta''}{\left(\prod\limits_i^{1,N} m_i\right)^2} \\ \quad = M \cdot \sum\limits_{l,n}^{1,N} m_l m_n r_{ln}^2 \cdot \dfrac{\Delta''}{\left(\prod\limits_i^{1,N} m_i\right)^2}, \end{cases}$$

wobei r_{ln} die Entfernung der beiden Massenpunkte l und n bedeutet.

Es läßt sich nun leicht zeigen, daß

$$\sum_{l,n}^{1,N} m_l m_n r_{ln}^2 = M \cdot J$$

ist, falls J das Trägheitsmoment des Systems um die durch den Schwerpunkt gehende Achse ist. Bezeichnen wir nämlich mit $\mathfrak{x}$ und $\mathfrak{y}$ die Koordinaten des Schwerpunktes, so ist:

$$J = \sum_i^{1,N} m_i [(x_i - \mathfrak{x})^2 + (y_i - \mathfrak{y})^2].$$

Nun ist:

$$\sum_i^{1,N} m_i (x_i - \mathfrak{x})^2 = \sum_i^{1,N} m_i x_i^2 - 2\mathfrak{x} \sum_i^{1,N} m_i x_i + \mathfrak{x}^2 \sum_i^{1,N} m_i$$

$$= \sum_i^{1,N} m_i x_i^2 - \frac{\left(\sum\limits_i^{1,N} m_i x_i\right)^2}{\sum\limits_i^{1,N} m_i} = \frac{\sum\limits_i^{1,N} m_i \cdot \sum\limits_i^{1,N} m_i x_i^2 - \left(\sum\limits_i^{1,N} m_i x_i\right)^2}{M}.$$

Fassen wir nun im Zähler diejenigen Summanden, die den gemeinsamen Faktor $m_l m_n$ enthalten, zusammen, so erhalten wir:

$$m_l m_n x_n^2 + m_n m_l x_l^2 - 2 m_l m_n x_l x_n = m_l m_n (x_n - x_l)^2.$$

Daher ist der ganze Zähler gleich

$$\sum_{l,n}^{1,N} m_l m_n (x_n - x_l)^2,$$

und es ist

$$(18)\quad \sum_i^{1,N} m_i (x_i - \mathfrak{x})^2 = \frac{\sum\limits_{l,n}^{1,N} m_l m_n (x_n - x_l)^2}{M}.$$

Da das Gleiche für die y-Achse gilt, so ist

$$J = \frac{\sum\limits_{l,n}^{1,N} m_l m_n [(x_n - x_l)^2 + (y_n - y_l)^2]}{M},$$

also
$$MJ = \sum_{l,n}^{1,N} m_l m_n r_{l,n}^2,$$
was wir beweisen wollten. Somit wird nach (17):
$$D_{2N-3} = M^2 J \frac{\Delta''}{\left(\prod_i^{1,N} m_i\right)^2}$$
und die Entropie
$$S' = (2N-3)\left(k - k \ln \frac{h}{2\pi k T}\right) - \frac{k}{2} \ln \frac{\Delta''}{\left(\prod_i^{1,N} m_i\right)^2} - \frac{k}{2} \ln M^2 J.$$

Andererseits ist[1]):
$$s' = k \ln 2\pi V + \frac{5}{2} k - k \ln \frac{h^3}{(2\pi k T)^{3/2}} + \frac{k}{2} \ln M^2 J.$$

Also ist die gesamte Entropie des Systems:
$$(19)\quad \begin{cases} S = S' + s' = k \ln 2\pi V + (2N - \frac{1}{2}) k - 2Nk \ln h \\ \qquad + (2N - \frac{3}{2}) k \ln (2\pi k T) - \frac{k}{2} \ln \dfrac{\Delta''}{\left(\prod_i^{1,N} m_i\right)^2} \end{cases}$$
wiederum unabhängig von Masse und Trägheitsmoment.

In analoger Weise läßt sich schließlich für das allgemeinste dreidimensionale System zeigen lassen, daß die von den 3 Freiheitsgraden der Translation und den 3 Freiheitsgraden der Rotation herrührende Abhängigkeit der Entropie von dem Ausdruck $M^3 \cdot J_1 \cdot J_2 \cdot J_3$, wobei J_1, J_2, J_3 die drei Hauptträgheitsmomente durch den Schwerpunkt sind, dadurch aufgehoben wird, daß $M^3 \cdot J_1 \cdot J_2 \cdot J_3$ als Faktor aus D_{3N-6} abgesondert werden kann. Die Durchführung der etwas umständlichen Rechnung soll hier nur kurz angegeben werden.

Bezeichnen wir mit T_x, T_y, T_z die Trägheitsmomente und mit U_x, U_y, U_z die Deviationsmomente um drei Achsen durch den Schwerpunkt des Systems, die den Achsen des zugrunde gelegten Koordinatensystems parallel sind, so sind J_1, J_2, J_3 die drei Wurzeln der Gleichung[2]):
$$\begin{vmatrix} T_x - J & -U_z & -U_y \\ -U_z & T_y - J & -U_x \\ -U_y & -U_x & T_z - J \end{vmatrix} = 0, \text{ also ist } J_1 \cdot J_2 \cdot J_3 = \begin{vmatrix} T_x & -U_z & -U_y \\ -U_z & T_y & -U_x \\ -U_y & -U_x & T_z \end{vmatrix}$$

1) Vgl. die Zitate p. 245, sowie O. Stern, Ann. d. Phys. **44.** p. 521. 1914.

2) s. z. B. Cl. Schaefer, Einführung in die theoretische Physik **1.** p. 349. 1914.

Entwickeln wir diesen Ausdıuck und fühıen wir die Größen $\Theta_x = \sum_{i}^{1,N} m_i (x_i - \mathfrak{x})^2$ und analog Θ_y und Θ_z ein, so ergibt eine leichte Umformung:

$$J_1 \cdot J_2 \cdot J_3 = T_x(\Theta_y \Theta_z - U_x^2) + T_y(\Theta_x \Theta_z - U_y^2) + T_z(\Theta_x \Theta_y - U_z^2) + 2(\Theta_x \Theta_y \Theta_z - U_x U_y U_z).$$

Nun ist nach (18):

$$M \Theta_x = \sum_{i,k}^{1,N} m_i m_k (x_i - x_k)^2, \ldots$$

und ebenso ist;

$$M U_x = \sum_{i,k}^{1,N} m_i m_k (y_i - y_k)(z_i - z_k), \ldots$$

Also ist:

$$M^2(\Theta_y \Theta_z - U_x^2) = \sum_{i,k,l,m}^{1,N} m_i m_k m_l m_m \left[(y_i - y_k)^2 (z_l - z_m)^2 - (y_i - y_k)(z_i - z_k)(y_l - y_m)(z_l - z_m)\right]$$
$$= \sum_{i,k,}^{1,N} m_i m_k m_l m_m \left[(y_i - y_k)(z_l - z_m) - (y_l - y_m)(z_i - z_k)\right]^2$$

und:

$$2 M^3 (\Theta_x \Theta_y \Theta_z - U_x U_y U_z) = \sum_{i,k,l,m\,n,o}^{1,N} m_i m_k m_l m_m m_n m_o \left[2 (x_i - x_k)^2 (y_l - y_m)^2 (z_n - z_o)^2 - 2 (y_i - y_k)(z_i - z_k)(z_l - z_m)(x_l - x_m)(x_n - x_o)(y_n - y_o)\right] = \sum_{i,k,l,m,n,o}^{1,N} m_i m_k m_l m_m m_n m_o \left[(x_i - x_k)(y_l - y_m)(y_n - y_o) - (x_l - x_m)(y_n - y_o)(z_i - z_k)\right]^2.$$

Somit wird:

$$\text{(20)} \quad \left\{ \begin{aligned} M^3 J_1 \cdot J_2 \cdot J_3 = \sum_{i,k,l,m,n,o}^{1,N} m_i m_k m_l m_m m_n m_o \Big\{ & \left[(y_i - y_k)(z_l - z_m) - (y_l - y_m)(z_i - z_k)\right]^2 \cdot \left[(y_n - y_o)^2 + (z_n - z_o)^2\right] \\ & + \left[(z_i - z_k)(x_l - x_m) - (z_l - z_m)(x_i - x_k)\right]^2 \cdot \left[(z_n - z_o)^2 + (x_n - x_o)^2\right] \\ & + \left[(x_i - x_k)(y_l - y_m) - (x_l - x_m)(y_i - y_k)\right]^2 \cdot \left[(x_n - x_o)^2 + (y_n - y_o)^2\right] \\ & + \left[(x_i - x_k)(y_l - y_m)(z_n - z_o) - (x_l - x_m)(y_n - y_o)(z_i - z_k)\right]^2 \Big\}. \end{aligned} \right.$$

In der Determinante — die Bezeichnungen sind im folgenden analog dem zweidimensionalen Fall —:

$$\Delta_{3N} = D_{3N} \cdot \left(\prod_i^{1,N} m_i\right)^3 = \begin{vmatrix} \alpha_{11}^x & \cdot & \cdot & \gamma_{1N}^x \\ \cdot & \cdot & \cdot & \cdot \\ \alpha_{N1}^z & \cdot & \cdot & \gamma_{NN}^z \end{vmatrix}$$

bestehen nun zwischen den $3N$ Elementen einer jeden Zeile die sechs linearen Gleichungen (11), so daß man nach Eliminierung von fünf beliebigen Elementen eine lineare Gleichung zwischen den $(3N-5)$ übrigen erhält. Die gleichen Beziehungen gelten infolge der Impulssätze für die Elemente der Spalten. Wir können daher, genau so wie oben, solche Hauptunterdeterminanten $(3N-6)$ter Ordnung, in denen fünf gleiche Hauptelemente fehlen, ineinander umwandeln. Somit lassen sich überhaupt alle möglichen Hauptunterdeterminanten $(3N-6)$ter Ordnung ineinander überführen und sind gleich ein und derselben Determinante Δ''', multipliziert mit bestimmten aus den Koeffizienten der Gleichungen (11), x_n, y_n, z_n, gebildeten Faktoren. Die Durchführung der elementaren — dem zweidimensionalen Fall ganz analogen — Rechnung zeigt, daß diese Faktoren gerade die in (20) auftretenden Ausdrücke sind. Bezeichnen wir also irgendeine dieser Unterdeterminanten, dividiert durch den zu ihr gehörigen Faktor, z. B.

$$\frac{\Delta_{\substack{ik\\lm\\no}}}{[(x_l-x_m)(y_n-y_o)(z_i-z_k)-(x_n-x_o)(y_i-y_k)(z_l-z_m)]^2}$$

mit Δ''', so ist die Summe aller möglichen Hauptunterdeterminanten $(3N-6)$ter Ordnung von D_{3N}:

$$D_{3N-6} = M^3 \cdot J_1 \cdot J_2 \cdot J_3 \frac{\Delta'''}{\left(\prod\limits_i^{1,N} m_i\right)^3}\,.$$

Folglich ist nach (7a):

$$S' = (3N-6)\left(k - k\ln\frac{h}{2\pi k T}\right) - \frac{k}{2}\ln\frac{\Delta'''}{\left(\prod\limits_i^{1,N} m_i\right)^3} - \frac{k}{2}\ln M^3\cdot J_1\cdot J_2\cdot J_3.$$

Andererseits ist:

$$s' = k\ln 8\pi^2 V + 4k - k\ln\frac{h^6}{(2\pi k T)^3} + \frac{k}{2}\ln M^3\cdot J_1\cdot J_2\cdot J_3\,.$$

Also ist die gesamte Entropie des Systems:

$$\text{(21)}\quad \left\{\begin{aligned} S = s' + S' &= k\ln 8\pi^2 V + (3N-2)k + 3Nk\ln h\\ &\quad + (3N-3)k\ln 2\pi k T - \frac{k}{2}\ln\frac{\Delta'''}{\left(\prod\limits_i^{1,N} m_i\right)^3}, \end{aligned}\right.$$

unabhängig von Gesamtmasse und Trägheitsmomenten.

Wollte man, wie beim eindimensionalen Beispiel, beweisen, daß die Entropieänderung beim Zusammenfügen zweier Stücke unabhängig von deren Größe ist, so müßte man wieder bestimmte Annahmen über die Wirkungsweite der Molekularkräfte machen, z. B. wie oben, daß nur unmittelbar benachbarte Massenpunkte aufeinander Kräfte ausüben.

Schließlich sei noch kurz bemerkt, daß sich die obigen Rechnungen auch umgekehrt zur Ableitung der sog. Entropiekonstanten verwenden lassen. Man geht etwa von *zwei* Systemen bei tiefer Temperatur, bei der die Entropie der Freiheitsgrade mit endlicher Frequenz gleich Null ist, aus, erwärmt sie dann soweit, bis auch für diese Freiheitsgrade die klassische Molekulartheorie gilt, und fügt sie zu *einem* System zusammen, welches man zum Schluß wieder auf die tiefe Temperatur abkühlt. Man erhält dann für die hierbei auftretende Entropinänderung den richtigen Sackur-Tetrodeschen Ausdruck.

Tiefere Temperaturen.

Um die Entropie des Systems auch für tiefere Temperaturen, bei denen die Vernachlässigung von $h\nu/kT$ gegen 1 nicht mehr erlaubt ist, zu berechnen, bedienen wir uns einer Methode, welche die Weiterbildung eines von H. Thirring[1]) benutzten Verfahrens darstellt, und entwickeln S in eine Reihe. Ist

$$E = \frac{h\nu}{e^{\frac{h\nu}{kT}} - 1}$$

die Energie eines Freiheitsgrades mit der Frequenz ν, und bezeichnen wir vorübergehend $h\nu/kT$ mit x, so wird unter Benutzung der schon mehrfach[2]) hierfür verwendeten Reihe:

$$\frac{x}{e^x - 1} = 1 - \frac{x}{2} + \frac{B_2}{2!}x^2 - \frac{B_4}{4!}x^4 + \frac{B_6}{6!}x^6 - + \ldots, \tag{22}$$

in der die B_i die Bernoullischen Zahlen sind, die Energie

$$\left\{\begin{aligned} E &= h\nu \frac{x}{e^x - 1}\frac{1}{x} = h\nu \\ &\left(\frac{1}{x} - \frac{1}{2} + \frac{B_2}{2!}x - \frac{B_4}{4!}x^3 + \frac{B_6}{6!}x^5 - + \ldots\right) = h\nu\, F(x). \end{aligned}\right. \tag{23}$$

Da Reihe (22) für alle Werte von $|x| < 2\pi$ konvergiert, so konvergiert Reihe (23) für alle Werte von $T > h\nu/2\pi k$.

1) H. Thirring, Physik. Zeitschr. **14**. p. 867. **1913**.

2) H. Thirring. l. c.; P. Debye, l. c.

Bezeichnen wir nun mit T eine Temperatur, die letzterer Bedingung genügt, mit T_∞ eine sehr hohe Temperatur, und mit s und s_∞ die Entropie des Freiheitsgrades bei diesen Temperaturen, so wird:

$$s = s_\infty + \int_{T_\infty}^{T} \frac{dE}{dT}\frac{1}{T}\,dT = s_\infty + k\int_{x_\infty}^{x} \frac{dF(x)}{dx}\,x\,dx$$

$$= k - k\ln x_\infty - k\ln\frac{x}{x_\infty} + k$$

$$\left[\frac{1}{2}\frac{B_2}{2!}x^2 - \frac{3}{4}\frac{B_4}{4!}x^4 + \frac{5}{6}\frac{B_6}{6!}x^6 - + \ldots\right].$$

Indem wir nun wieder x durch $h\nu/kT$ ersetzen und über alle Freiheitsgrade unseres Systems summieren, erhalten wir für seine Entropie:

$$S' = (3N-6)k - (3N-6)k\ln\frac{h}{kT} - k\ln\prod_{e}^{1,3N-6}\nu^e$$

$$+ k\left[\frac{1}{2}\frac{B_2}{2!}\left(\frac{h}{kT}\right)^2\sum_{e}^{1,3N}\nu_e^{\,2} - \frac{3}{4}\frac{B_4}{4!}\left(\frac{h}{kT}\right)^4\sum_{e}^{1,3N}\nu_e^{\,4}\right.$$

$$\left. + \frac{5}{6}\frac{B_6}{6!}\left(\frac{h}{kT}\right)^6\sum_{e}^{1,3N}\nu_e^{\,6} - + \ldots\right].$$

Die hier auftretenden Summen der geraden Potenzen aller Frequenzen des Systems lassen sich aber, genau so wie es bei $\prod_{e}^{1,3N-6}\nu_e$ der Fall war, durch die Koeffizienten D_n der Gleichung (5a) ausdrücken, deren Wurzeln $x_1, x_2 \ldots x_{3N}$ ja die Quadrate der mit 2π multiplizierten Eigenfrequenzen $\nu_1, \nu_2, \ldots \nu_{3N}$ sind. Nach den **Newton**schen Formeln, die wir in Determinantenform schreiben, ist nämlich:

$$\sum_{e}^{1,3N} x_e = -D_1 = (2\pi)^2\sum_{e}^{1,3N}\nu_e^{\,2},$$

$$\sum_{e}^{1,3N} x_e^{\,2} = \begin{vmatrix} D_1 & 1 \\ 2D_2 & D_1 \end{vmatrix} = (2\pi)^4\sum_{e}^{1,3N}\nu_e^{\,4},$$

$$\sum_{e}^{1,3N} x_e^{\,3} = -\begin{vmatrix} D_1 & 1 & 0 \\ 2D_2 & D_1 & 1 \\ 3D_3 & D_2 & D_1 \end{vmatrix} = (2\pi)^6\sum_{e}^{1,3N}\nu_e^{\,6}$$

usw.,

wobei infolge des über die Vorzeichen der D_i zu Formel 6) Gesagten die Summen immer gleich den Absolutwerten der

Determinanten aus den D_i sind. Zusammenfassend können wir demnach aus dem Vorhergehenden folgende Vorschrift für die Berechnung der Entropie eines abgeschlossenen Systems von N elastisch gekoppelten Massenpunkten für solch hohe Temperaturen, daß für die größte vorkommende Frequenz

$$T > \frac{h\nu}{2\pi k}$$

ist, herleiten: Man bilde aus den $3N$ Bewegungsgleichungen des Systems die Determinante:

$$D_{3N} = \begin{vmatrix} a_{1,1} & \cdot & \cdot & \cdot & a_{1,3N} \\ \cdot & \cdot & \cdot & \cdot & \cdot \\ \cdot & \cdot & \cdot & \cdot & \cdot \\ a_{3N,1} & \cdot & \cdot & \cdot & a_{3N,3N} \end{vmatrix}.$$

Bezeichnet man dann mit D_n die Summe aller möglichen Hauptunterdeterminanten $n$ter Ordnung von D_{3N}, so ist die von Freiheitsgraden mit endlicher Frequenz herrührende Entropie des Systems:

$$(24)\quad \left\{\begin{aligned} S' = {} & (3N-6)\,k - (3N-6)\,k \ln \frac{h}{2\pi k T} - \frac{k}{2} \ln \left| D_{3N-6} \right| \\ & + k \left[\frac{1}{2} \frac{B_2}{2!} \left(\frac{h}{2\pi k T} \right)^2 \left| D_1 \right| - \frac{3}{4} \frac{B_4}{4!} \left(\frac{h}{2\pi k T} \right)^4 \begin{vmatrix} D_1 & 1 \\ 2D_2 & D_1 \end{vmatrix} \right. \\ & \left. - \frac{5}{6} \frac{B_6}{6!} \left(\frac{h}{2\pi k T} \right)^6 \begin{vmatrix} D_1 & 1 & 0 \\ 2D_2 & D_1 & 1 \\ 3D_3 & D_2 & D_1 \end{vmatrix} - \dots \right]. \end{aligned}\right.$$

Auch der temperaturabhängige Anteil der Energie E' und der freien Energie $F' = E' - TS'$ läßt sich, wie aus (23) folgt, als Funktion der D_n darstellen. Es ist:

$$(25)\quad \left\{\begin{aligned} E' = kT & \left[(3N-6) + \frac{B_2}{2!} \left(\frac{h}{2\pi k T} \right)^2 \left| D_1 \right| \right. \\ & \left. - \frac{B_4}{4!} \left(\frac{h}{2\pi k T} \right)^4 \begin{vmatrix} D_1 & 1 \\ 2D_2 & D_1 \end{vmatrix} - \dots \right] \end{aligned}\right.$$

und

$$(26)\quad \left\{\begin{aligned} F' = {} & (3N-6)\,kT \ln \frac{h}{2\pi k T} + \frac{k}{2} T \ln \left| D_{3N-6} \right| \\ & + kT \left[\frac{1}{2} \frac{B_2}{2!} \left(\frac{h}{2\pi k T} \right)^2 \left| D_1 \right| \right. \\ & \left. - \frac{1}{4} \frac{B_4}{4!} \left(\frac{h}{2\pi k T} \right)^4 \begin{vmatrix} D_1 & 1 \\ 2D_2 & D_1 \end{vmatrix} - \dots \right]. \end{aligned}\right.$$

Schluß.

Durch die im vorhergehenden entwickelte Methode wird das Problem, die Entropie eines beliebigen Systems elastisch gekoppelter Massenpunkte für nicht zu tiefe Temperaturen streng zu berechnen, auf die Aufgabe, bestimmte Determinanten zu berechnen, zurückgeführt. Da nach unseren jetzigen Anschauungen alle festen Stoffe derartige Systeme sind, besteht hiernach die physikalische Aufgabe bei der Berechnung der Entropie fester Stoffe von beliebiger Zusammensetzung, Gestalt und Oberfläche nur noch in der Aufstellung des passenden molekularmechanischen Modells, aus dem die Bewegungsgleichungen und somit die Determinante D_{3N} ohne weiteres folgen. Es ist daher anzunehmen, daß die vorliegende Methode nicht nur für die Theorie der festen Lösungen, in welcher ohne sie wohl eine strenge Behandlung der meisten Spezialfälle überhaupt ausgeschlossen wäre, sondern auch für manche anderen Probleme, die durch die bisherigen Methoden nicht lösbar sind, sich fruchtbar erweisen wird. Ich denke dabei u. a. besonders an die Frage der Oberflächenentropie, d. h. der Temperaturabhängigkeit der Oberflächenspannung.[1]) Um diese Größe für einen einatomigen regulär kristallisierten Stoff bei hohen Temperaturen zu erhalten, könnte man — z. B. unter Zugrundelegung des von Born und Kármán[2]) benutzten Modells oder eines noch einfacheren — etwa folgendermaßen verfahren. Man denkt sich N Atome des Stoffs zunächst zu einem rechtwinkligen Parallelepiped mit den Kantenlängen a, b, c, sodann zu einem mit den Kantenlängen a', b', c' angeordnet. Wählt man nun die Kantenlängen so, daß $a + b + c = a' + b' + c'$ ist, so enthalten beide Anordnungen die gleiche Anzahl Eck- und Kantenmoleküle, dagegen Oberflächenmoleküle in verschiedener Zahl. Enthält etwa die erste Anordnung n Oberflächenmoleküle mehr als die zweite, und berechnen wir Δ''' für die erste zu D, für die zweite zu D', so ist $k/2 \ln D/D'$ die Entropiezunahme bei Umwandlung aus der ersten Anordnung in die zweite, d. h. wenn wir n Atome aus dem Innern an die Oberfläche schaffen, nimmt die Entropie um den obigen Betrag zu.

1) Vgl. hierzu die Arbeiten von Madelung u. Born-Courant, Physik. Zeitschr. **14** p. 729 u. 731. 1913.

2) M. Born u. Th. v. Kármán, l. c.

Wählen wir n gleich der Zahl der in einem Quadratzentimeter Oberfläche enthaltenen Atome, so ist $k/2 \ln D/D'$ der Temperaturkoeffizient der Oberflächenspannung, eine von der Temperatur unabhängige Funktion der Elastizitätskonstanten. Allerdings kann unter Umständen in dem Ausdruck $k/2 \ln D/D'$ auch eine infolge der reinen Gestaltsänderung auftretende Entropiezunahme enthalten sein, doch ist diese dann leicht zu eliminieren. Schwieriger liegt die Sache bei dem praktisch allein interessanten Falle der Flüssigkeiten, also der Ableitung des Gesetzes von Eötvös, weil wir für diese kein molekularmechanisches Modell besitzen. Jedenfalls würde man in diesem Falle am besten so vorgehen, daß man eine regelmäßige dichte Kugelhaufenlagerung der Atome voraussetzt und annimmt, daß zwischen den Mittelpunkten benachbarter Atome eine quasielastische Zentralkraft der Änderung des — überall gleichen — Abstandes entgegenwirkt. Leider ist es mir bisher nicht gelungen, die hier auftretenden Determinanten auszurechnen. Ich hoffe, daß die Mathematiker sich dieses dankbaren, rein rechnerischen Problems annehmen werden.

Zusammenfassung.

Das Resultat der vorliegenden Arbeit läßt sich kurz etwa dahin zusammenfassen, daß gezeigt wird:

Um für nicht allzu tiefe Temperaturen die Entropie eines beliebigen, aus elastisch gekoppelten Massenpunkten bestehenden Systems von n Freiheitsgraden vollständig streng zu berechnen, ist es nicht nötig, die Eigenfrequenzen des Systems einzeln zu berechnen, d. h. eine Gleichung $n$ten Grades aufzulösen, sondern es genügt, bestimmte symmetrische Funktionen dieser Eigenfrequenzen, d. h. eine Determinante $n$ten Grades bzw. ihre Hauptunterdeterminanten zu berechnen, eine Aufgabe, die im Gegensatz zur ersterwähnten prinzipiell stets lösbar ist. Ferner wird festgestellt, daß die gesamte Entropie des Systems von seiner Masse und seinen Trägheitsmomenten unabhängig ist. Schließlich wird auf die Bedeutung der Methode für die exakte Theorie der Oberflächenspannung hingewiesen,

Lomsha, Juli 1916.

(Eingegangen 2. August 1916.)

S9

S9. Max Born und Otto Stern, Über die Oberflächenenergie der Kristalle und ihren Einfluss auf die Kristallgestalt. Sitzungsberichte, Preußische Akademie der Wissenschaften, 48, 901–913 (1919)

20.

M. Born und O. Stern

Über die Oberflächenenergie der Kristalle und ihren Einfluß auf die Kristallgestalt

S. B. Preuß. Akad. Wiss. Berlin **1919**, 901—913

(Vorgelegt von Hrn. Einstein.)

H. Schmidt-Böcking, K. Reich, A. Templeton, W. Trageser, V. Vill (Hrsg.), *Otto Sterns Veröffentlichungen – Band 2*, DOI 10.1007/978-3-662-46962-0_4

20.

M. Born und O. Stern

Über die Oberflächenenergie der Kristalle und ihren Einfluß auf die Kristallgestalt

S. B. Preuß. Akad. Wiss. Berlin **1919**, 901—913

(Vorgelegt von Hrn. Einstein.)

Einleitung.

Die klassische Theorie der Kapillaritätserscheinungen von Laplace[1] und Gauss[2] erklärt diese durch die Annahme von Kohäsionskräften, nämlich Anziehungskräften zwischen den Teilchen einer Flüssigkeit, die nur von der Distanz abhängen und in der Verbindungslinie wirken[3]; sie gibt auch die Regel an, wie die Kapillaritätskonstante aus dem Gesetze dieser Kohäsionskräfte durch Integrationsprozesse gewonnen werden kann. Dieser Umstand ist häufig benutzt worden, um aus der bekannten Größe der Kapillaritätskonstanten Schlüsse auf die Größenordnung der Kohäsionskräfte zu ziehen. Der umgekehrte Weg konnte bisher noch niemals beschritten werden, weil unsere Kenntnisse von der Natur der Atome und Molekel und den zwischen ihnen wirkenden Kräften zu mangelhaft waren. Jüngst ist es aber gelungen, für eine gewisse Klasse von Körpern das Wesen der Kohäsionskräfte aufzuklären und ihren elektrischen Ursprung nachzuweisen[4]. Allerdings handelt es sich nicht um Flüssigkeiten, sondern um feste Körper, um Kristalle; aber auch bei diesen sind Erscheinungen beobachtbar, die den Kapillaritätseigenschaften der Flüssigkeiten analog sind, indem sie wie diese auf eine Oberflächenenergie und Oberflächenspannung zurückgeführt werden können. Wir wollen im folgenden die Theorie der Oberflächenenergie für die Kristalle in ihren Grundzügen entwickeln, indem wir die Hoffnung hegen, daß die Kapillaritätstheorie der Flüssigkeiten sich in analoger Weise wird behandeln lassen.

---

[1] Laplace, Théorie de l'action capillaire.

[2] Gauss, Principia generalia, Göttingen 1830 (Werke 5, p. 287).

[3] Vgl. etwa Enzykl. d. math. Wiss. (H. Minkowski, Kapillarität) V, 9, S. 558; insbesondere II, S. 594.

[4] M. Born und A. Landé, Verh. d. D. Phys. Ges. **20**, 210, 1918. M. Born, ebenda **21**, 13, 1919 und **21**, 533, 1919. K. Fajans, ebenda **21**, 539, 1919 und **21**, 549, 1919.

Hauptsächlich sind es zwei Vorgänge[1], bei denen die Oberflächenspannung der Kristalle in Erscheinung tritt. Erstens verändert sie die Dampfspannung und die Löslichkeit; dieser Einfluß ermöglicht eine absolute Messung ihrer Größe[2]. Zweitens ist sie bestimmend für die Gestalt des Kristalls, wenn dieser sich aus dem Dampfe oder dem Lösungsmittel ausscheidet. Das beruht auf einem von W. Gibbs[3] und P. Curie[4] thermodynamisch begründeten Satze: Ein Kristall befindet sich in seinem Dampfe oder einer Lösung nur dann im thermodynamischen Gleichgewichte, wenn er diejenige Form hat, bei welcher die freie Energie seiner Oberfläche einen kleineren Wert hat als bei jeder anderen Form von gleichem Volumen[5]. Sind $\sigma_1, \sigma_2, \cdots$ die Kapillaritätskonstanten (freie Oberflächenenergie pro Flächeneinheit, spezifische Oberflächenenergie) verschieden orientierter Flächen, $F_1, F_2, \cdots$ die entsprechenden Flächeninhalte, V das Volumen, so ist das Gleichgewicht charakterisiert durch

$$\sum \sigma_k F_k = \text{Min. bei } V = \text{konst.}$$

Die Lösung dieser Minimalaufgabe wird nach G. Wulff[6] folgendermaßen gewonnen: Man konstruiere von einem Punkte W die Normalen auf allen möglichen Kristallflächen und trage auf ihnen von W aus Strecken ab, die mit den zugehörigen σ-Werten proportional sind; bringt man in den Endpunkten dieser Strecken die Normalebenen an, dann umhüllen diese einen W umgebenden Raum, der die gesuchte Kristallform darstellt. Daraus folgt, daß nur Flächen mit relativ kleinem σ an der Begrenzung des Kristalles teilnehmen können. »Das Gesetz der (kleinen) rationalen Indizes beruht also vom Standpunkte dieser Theorie darauf, daß die Oberflächen mit kleinen Indizes im allgemeinen auch besonders kleine Kapillaritätskonstanten σ besitzen sollen[7].« Hiernach erlaubt die Berechnung der Kapillarkonstanten σ für verschiedene Kristallflächen Schlüsse auf die Gestalten, in denen die Kristallindividuen sich ausscheiden; es zeigen sich hier die Grundzüge einer quantitativen Theorie des Grundproblems der beschreibenden Kristallographie.

---

[1] Bei plastischen oder flüssigen Kristallen bewirkt die Oberflächenspannung eine mehr oder minder ausgeprägte Abrundung der Kanten und Ecken; doch kommt diese Erscheinung bei den hier betrachteten sehr starren Substanzen nicht in Betracht.

[2] Hulett, Z. f. phys. Chemie **37**, 385, 1901.

[3] W. Gibbs, Thermodynamische Studien p. 320.

[4] P. Curie, Bull. de la Soc. Min. de France **8**, p. 145, 1885 und Œuvres p. 153.

[5] Vgl. die sehr interessante Studie von P. Ehrenfest, Ann. d. Phys. (4) **48**. p. 360, 1915, wo auch die Literatur ausführlich angegeben ist.

[6] G. Wulff, Zeitschr. f. Kristallogr. **34**, S. 449, 1901.

[7] Zit. aus P. Ehrenfest, a. a. O. S. 361.

§ 1.

Die Kohäsion der Kristalle der Alkalihalogenide.

Wir beschränken uns im folgenden auf die Klasse der regulären Alkalihalogenide, deren Struktur mit der bekannten des Steinsalzes NaCl übereinstimmt. Für diese Körper kann als erwiesen gelten, daß ihre Kohäsion rein elektrischer Natur ist. Die positiven Metallionen und die negativen Halogenionen wirken aufeinander nach dem Coulombschen Gesetze, und da immer entgegengesetzt geladene Ionen benachbart sind, resultiert daraus ein Kontraktionsbestreben. Das Zusammenstürzen der Ionen wird durch eine Abstoßungskraft verhindert, deren Gesetz aus der Kompressibilität erschlossen werden konnte; sie ist einer höheren Potenz der Entfernung umgekehrt proportional.

Für die potentielle Energie irgend zweier, im Abstande r befindlicher Ionen gilt also ein Ansatz der Form

$$\phi = \pm e^2 r^{-1} + b r^{-n}, \tag{1}$$

wo e die Ionenladung bedeutet und bei gleichnamigen Ionen das positive, bei ungleichnamigen das negative Vorzeichen zu nehmen ist. Die Konstante b ist positiv; eigentlich müßte sie verschieden angesetzt werden, je nachdem das Paar aufeinander wirkender Ionen von der einen oder der andern gleichen oder von verschiedener Art ist, aber die Untersuchung der Kristalleigenschaften hat ergeben[1], daß solche Unterschiede wenig Einfluß haben.

Auf Grund des Ansatzes (1) läßt sich nun die Energie jeder Ionenkonfiguration auf sich selbst oder auf eine andere berechnen. Wie findet man daraus die Oberflächenenergie einer Kristallfläche?

§ 2.

Definition der Kapillarkonstante für eine Kristallfläche.

Wir denken uns den Kristall durch eine Ebene in zwei Teile geteilt, die wir durch die Indizes 1 und 2 kennzeichnen (Fig. 1). Dann kann man die Energie des ganzen Kristalls in 3 Teile zerlegen:

$$U = U_{11} + U_{22} + U_{12},$$

[1] Vgl. M. Born, Verh. d. D. Phys. Ges. 21, 513, 1919.
Maßgebend ist die Konstante b für zwei verschiedene Ionen, dort auch mit b_{12} bezeichnet; dagegen kommen die Werte b_{11} und b_{22} für Paare gleicher Ionen nur in der Verbindung $\beta = \frac{b_{11} + b_{22}}{2 b_{12}}$ vor, deren Wert die physikalischen Konstanten nur wenig beeinflußt. Wenn wir hier alle b-Werte gleich wählen, so läuft das darauf hinaus, $\beta = 1$ zu setzen; bei dem vorläufigen Charakter unserer Theorie ist das sicher erlaubt.

Fig. 1.

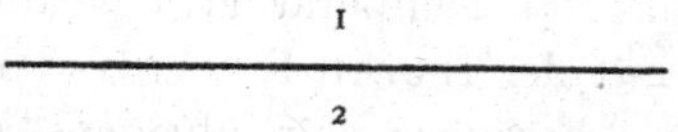

von denen die beiden ersten die Selbstenergien der beiden Teile, der dritte die wechselseitige Energie sind. Zerschneidet man nun den Kristall längs der Trennungsebene und entfernt die beiden Teile voneinander, so entstehen zwei neue, gleich große Oberflächen F; da die Kohäsionskräfte nur eine kleine Wirkungssphäre haben, wird die wechselseitige Energie U_{12} gleich Null, dafür tritt aber eine Oberflächenenergie zu der Volumenenergie U für jede der beiden entstehenden Grenzebenen (gegen das Vakuum) hinzu. Man hat also im getrennten Zustande

$$U + 2\sigma F = U_{11} + U_{22},$$

also durch Subtraktion

$$\sigma = -\frac{U_{12}}{2F}. \tag{2}$$

Anders ausgesprochen: $-U_{12}$, die negative potentielle Energie der beiden Halbkristalle aufeinander, ist die Arbeit, die nötig ist, um die beiden Hälften des längs der Fläche F zerschnittenen Kristalls voneinander zu entfernen, also die Arbeit, die man aufwenden muß, um zwei Oberflächen, jede von der Größe F, zu erzeugen. σ ist gleich dieser Arbeit, dividiert durch die Größe der erzeugten Oberflächen[1]. Dabei brauchen die übrigen Begrenzungen des Kristalls nicht beachtet zu werden, man kann den Kristall ins Unendliche ausgedehnt denken. Als Grenzflächen treten Netzebenen des Gitters auf. Hier geschieht die Berechnung von σ in der Weise, daß man sich über einem elementaren Parallelogramm der begrenzenden Netzebene in einem Halbraume eine unendliche Säule aus aufeinandergetürmten Elementarparallelepipeden errichtet denkt und das Potential des andern unendlichen Halbgitters auf diese Säule berechnet; dieser Wert, geteilt durch den doppelten Inhalt des Parallelogramms, ist gleich $-\sigma$.

---

[1] Bei dieser Überlegung wird angenommen, daß die Gitter der beiden Halbkristalle auch nach der Trennung bis zur Grenzfläche vollständig unverändert bleiben. In Wirklichkeit wird der Abstand der zur Grenzfläche parallelen Netzebenen für die äußersten Ebenen ein wenig größer sein als im Innern; doch ist diese Auflockerung außerordentlich gering, weil die Wirkung einer Netzebene auf die nächstbenachbarte, die auf alle entfernteren sehr stark überwiegt. Würden nämlich überhaupt nur benachbarte Netzebenen aufeinander wirken, so wäre der Gitterabstand exakt konstant (vgl. den Beweis dieses Satzes am Beispiel einer eindimensionalen Punktreihe bei M. Born, Verh. d. D. Phys. Ges., **20**, 224, 1918). Hr. E. Madelung hat diese Auflockerung näher untersucht, indem er die Verschiedenheit der Kräfte zwischen Ionen verschiedener Art berücksichtigte (Phys. Z. **20**, 494, 1919).

Natürlich bezieht sich die so berechnete Kapillaritätskonstante auf den absoluten Nullpunkt der Temperatur; σ ist die Energie, die beim absoluten Nullpunkte mit der freien Energie der Oberfläche identisch ist. Bei der Rechnung benutzen wir übrigens den Wert der Dichte bei gewöhnlicher Temperatur, ohne sie auf den absoluten Nullpunkt zu extrapolieren; der Fehler ist sehr klein. Man könnte versuchen, die Temperaturabhängigkeit von σ in roher Weise durch Anwendung des Eötvösschen Gesetzes zu berücksichtigen[1]. Für die Frage nach den Begrenzungsflächen, die wir hier vor allem im Auge haben, spielt die Temperaturabhängigkeit sicherlich keine große Rolle.

Wir werden im folgenden σ für einige Flächen der Alkalihalogenide berechnen. Bei der Anwendung der Resultate ist zu beachten, daß es sich um die Oberflächenspannung gegen das Vakuum handelt; man kann also wohl Schlüsse auf die Kristallbildung aus dem Dampfe, aber nicht auf die Abscheidung aus einer Lösung ziehen[2].

§ 3.

Berechnung der Kapillaritätskonstante für die Würfelfläche (100) der regulären Alkalihalogenide.

Sei δ der Abstand zweier gleichartiger Ionen, die längs der Würfelkante benachbart sind.

Wir berechnen zunächst σ für eine Würfelfläche: diese sei die Ebene $x = 0$ eines nach den Würfelkanten orientierten Koordinatensystems. Hier kann man offenbar als Elementarparallelogramm der Grenzfläche das Quadrat mit der Seite $\frac{\delta}{2}$ wählen; dann ist $F = \frac{\delta^2}{4}$ und U_{12} das Potential des im Halbraume $x \leqq 0$ liegenden Halbgitters auf die Ionenreihe

$$x = \frac{\delta}{2}, \quad 2\frac{\delta}{2}, \quad 3\frac{\delta}{2}, \cdots, \quad y = 0, \quad z = 0.$$

Die Koordinaten der Punkte des Halbgitters sind

$$x = -l_1\frac{\delta}{2}, \quad y = l_2\frac{\delta}{2}, \quad z = l_3\frac{\delta}{2},$$

wo l_1 die Werte 0, 1, 2, ⋯, annimmt, während l_2, l_3 alle ganzen Zahlen überhaupt durchlaufen. Wir nehmen an, daß die positiven

---

[1] Eine Prüfung der Frage, wieweit das Eötvössche Gesetz auch bei Kristallflächen gültig bleibt, soll vom theoretischen Standpunkte aus demnächst unternommen werden.

[2] Es ist bekannt, daß sich z. B. NaCl aus wäßriger Lösung in Würfeln, aus harnsaurer Lösung aber in Oktaedern abscheidet (A. Ritzel, Zeitschr. f. Kristallographie 49, 152, 1911). Diese Erscheinung wird man erst verstehen können, wenn eine exakte Theorie der Flüssigkeiten vorliegen wird.

Ionen in den Punkten sitzen, wo $l_1 + l_2 + l_3$ gerade ist: dann sind von den Ionen der Reihe

$$x = p\frac{\delta}{2}, \quad y = 0, \quad z = 0$$

diejenigen positiv, wo p gerade ist.

Der Abstand eines Punktes des Halbgitters und eines der Punktreihe ist

$$r = \frac{\delta}{2}((l_1 + p)^2 + l_2^2 + l_3^2)^{1/2}.$$

Daher wird nach (1) und (2):

$$\sigma = -\frac{U_{12}}{\delta^2/4}$$

$$= -\frac{1}{2}\cdot\frac{4}{\delta^2}\sum_{p=1}^{\infty}\underset{l_1 \geqq 0}{\mathrm{S}}\left\{\pm\frac{2e^2}{\delta}((l_1+p)^2+l_2^2+l_3^2)^{-1/2}+b\left(\frac{2}{\delta}\right)^n((l_1+p)^2+l_2^2+l_3^2)^{-n/2}\right\}.$$

Wir setzen nun[1]

$$(3) \qquad \alpha' = -4\sum_{p=1}^{\infty}\underset{l_1 \geqq 0}{\mathrm{S}} \pm ((l_1+p)^2+l_2^2+l_3^2)^{-1/2};$$

diese Summe bedeutet das Vierfache des negativen Potentials des Halbgitters auf die Ionenreihe, wenn der Abstand benachbarter Ionen gleich 1 und die Ionenladungen gleich 1 gesetzt werden. Man kann sie nach der Methode von MADELUNG[2] ausrechnen. Die MADELUNGsche Formel für das Potential eines neutralen quadratischen Punktnetzes von der Quadratseite 1 auf eine Einheitsladung, die im Abstande p senkrecht über einem gleichnamigen Punkte des Netzes liegt, lautet:

$$\phi_p = 8\sum_{m}\sum_{n} \frac{e^{-\pi\sqrt{m^2+n^2}\cdot p}}{\sqrt{m^2+n^2}}.$$
$$\text{ungerade}$$

Um das Potential des Halbgitters auf die Ionenreihe zu berechnen, hat man zu bedenken, daß der Abstand p eines Ions der Reihe von einer zur Grenze parallelen Ebene des Gitters gerade p mal vorkommt. Folglich erhält man für die durch (3) definierte Konstante α' die rasch konvergente Reihe

$$(3') \qquad \alpha' = -4\sum_{p=1}^{\infty}(-1)^p p\phi_p = 0.2600.$$

---

[1] Das Summenzeichen S bedeutet immer die Summation nach l_1, l_2, l_3; dabei laufen diese Indizes im allgemeinen von $-\infty$ bis $+\infty$, Beschränkungen werden unter dem Summenzeichen angegeben.

[2] E. MADELUNG, Phys. Z. 19, 524; 1918.

Sodann setzen wir

$$(4)\quad s = \sum_{p=1}^{\infty} \underset{l_i \geqq 0}{\mathsf{S}} \left((l_1+p)^2 + l_2^2 + l_3^2\right)^{-n/2} = 1 + \frac{4}{\sqrt{2^n}} + \frac{4}{\sqrt{3^n}} + \frac{1}{\sqrt{4^n}} + \frac{12}{\sqrt{5^n}} + \frac{16}{\sqrt{6^n}}$$

Den Wert dieser Reihe kann man für größere n durch direkte Summation finden.

Nun wird:

$$(5)\qquad \sigma = \frac{\alpha' e^2}{\delta^3} - \frac{2b}{\delta^2}\left(\frac{2}{\delta}\right)^n s.$$

Die Konstante b eliminieren wir mit Hilfe der Gleichgewichtsbedingung des Gitters. Das Potential des Gitters auf sich selbst pro Elementarwürfel δ^3 ist nämlich[1]:

$$(6)\qquad 4\Phi = -\frac{\alpha e^2}{\delta} + 4b\left(\frac{2}{\delta}\right)^n S,$$

wo

$$(7)\qquad \begin{aligned} S &= \mathsf{S}(l_1^2 + l_2^2 + l_3^2)^{-n/2} \\ &= 6 + \frac{12}{\sqrt{2^n}} + \frac{8}{\sqrt{3^n}} + \frac{6}{\sqrt{4^n}} + \frac{24}{\sqrt{5^n}} + \frac{24}{\sqrt{6^n}} + \frac{12}{\sqrt{8^n}} + \frac{30}{\sqrt{9^n}} + \cdots \end{aligned}$$

und

$$(8)\qquad \alpha = 13.94$$

das Madelungsche elektrostatische Selbstpotential ist. Die Gleichgewichtsbedingung

$$\frac{d\Phi}{d\delta} = 0$$

liefert

$$(9)\qquad b = \frac{\alpha e^2}{8nS}\left(\frac{\delta}{2}\right)^{n-1}.$$

Setzt man das in (5) ein, so kommt

$$(10)\qquad \sigma = \frac{e^2}{\delta^3}\left(\alpha' - \frac{\alpha s}{2nS}\right).$$

Für alle Kristalle dieser Klasse außer den Li-Salzen ist $n = 9$; das ist aus dem Verhalten der Kompressibilität erschlossen und auf thermochemischem Wege von Fajans[2] geprüft worden. Für $n = 9$ erhält man aus (4) und (7)

$$(11)\qquad s = 1.226, \qquad S = 7.627.$$

---

[1] Vgl. M. Born, Verh. d. D. Phys. Ges. **21**, 533, 1919. Φ bedeutet das Potential, genommen für eine Zelle vom Volumen $\frac{1}{4}\delta^3$, die je ein Ion von jeder Sorte (eine chemische Molekel) enthält. Die Formel (6) des Textes stimmt mit der Formel (5) dieser Abhandlung überein, wenn man darin $\beta = 1$ setzt.

[2] Siehe Anm. 4 S. 1.

Also wird nach (3'), (8), (11):

$$(12)\qquad \sigma = \frac{e^2}{\delta^3}\left(0.2600 - \frac{13.94 \cdot 1.226}{2 \cdot 9 \cdot 6.627}\right) = 0.1166\,\frac{e^2}{\delta^3}.$$

Damit ist die Kapillaritätskonstante auf die Gitterkonstante δ zurückgeführt.

Man kann δ durch die Atomgewichte μ_1, μ_2, die Dichte ρ und die Avogadrosche Zahl N ausdrücken:

$$\delta^3 = \frac{4(\mu_1 + \mu_2)}{N\rho}.$$

Daher ist

$$(13)\qquad \frac{e^2}{\delta^3} = \frac{e^2 N\rho}{4(\mu_1 + \mu_2)} = \frac{eF}{4}\cdot\frac{\rho}{\mu_1 + \mu_2},$$

wo $F = eN$ die Faradaysche Konstante ist.

Mit $e = 4.774 \cdot 10^{-10}$, $F = 2.896 \cdot 10^{14}$ hat man also

$$(12')\qquad \sigma = \frac{0.1166\, eF}{4}\cdot\frac{\rho}{\mu_1 + \mu_2} = 4030\,\frac{\rho}{\mu_1 + \mu_2}\ \text{erg. cm}^{-1}.$$

Die folgende Tabelle enthält die nach dieser Formel berechneten Werte von σ für einige Salze. Zum Vergleiche sind die Werte der Oberflächenspannung für die geschmolzenen Salze[1] daneben gesetzt, die entsprechend der hohen Temperatur des Schmelzpunktes viel kleiner sind.

Eine Messung der Kapillarkonstanten, die mit dem berechneten σ

	ρ	σ ber. Kristall	σ beob. Schmelze
NaCl	2.17	150.2	66.5
NaBr	3.01	118.7	49.0
NaJ	3.55	95.9	—
KCl	1.98	107.5	69.3
KBr	2.70	91.6	48.4
KJ	3.07	74.9	59.3

unmittelbar vergleichbare Werte liefert, wird wohl nicht möglich sein: denn solche Messungen können nur mit Hilfe des Dampfdruckes ausgeführt werden, also nur bei höheren Temperaturen, während sich die berechneten Werte auf den absoluten Nullpunkt beziehen.

[1] Landolt-Börnstein, 4. Aufl. 1912.

§ 4.

Berechnung der Kapillarkonstante für andere Flächen der regulären Alkalihalogenide.

Von besonderem Interesse wäre die Berechnung der Oberflächenenergie für die Oktaederfläche (111) der Kristalle vom Typus NaCl, weil man dadurch einsehen könnte, warum diese Fläche gewöhnlich nicht vorkommt. Aber hierbei treten rechnerische Schwierigkeiten auf. Das hängt damit zusammen, daß die der Oktaederfläche parallelen Netzebenen immer nur eine Art von Ionen enthalten, so daß die gesamte Ladung jedes in der Netzebene liegenden Elementarparallelogramms nicht Null ist wie bei der Würfelfläche und vielen andern Flächen; infolgedessen konvergiert das Madelungsche Verfahren zur Berechnung der elektrostatischen Anziehung nicht. Wir wollen daher vorläufig von der Behandlung der Oktaederflächen absehen.

Als Beispiel der Rechnung für eine andere Fläche wählen wir die durch eine Würfelkante und eine Diagonale der Würfelfläche gehende Ebene (011); diese enthält gleich viele positive und negative Ionen. Der von dieser Ebene begrenzte Halbkristall wird durch die Bedingung

$$l_1 + l_2 \leqq 0$$

gekennzeichnet. Wir berechnen seine Wirkung auf die Ionenreihe

$$x = p\frac{\delta}{2}, \qquad y = 0, \qquad z = 0 \qquad (p = 1, 2, 3, \ldots).$$

Der Flächeninhalt des Elementarparallelogramms der Grenzfläche ist offenbar

$$F = \sqrt{2}\,\frac{\delta^2}{4}.$$

Daher erhält man

$$\sigma = -\frac{1}{2}\cdot\frac{1}{\sqrt{2}}\cdot\frac{4}{\delta^2}\sum_{p=1}^{\infty}\mathop{\mathrm{S}}_{l_1+l_2 \geqq 0}\Big\{\pm\frac{2e^2}{\delta}((l_1+p)^2+l_2^2+l_3^2)^{-1/2} + b\left(\frac{2}{\delta}\right)^n((l_1+p)^2+l_2^2+l_3^2)^{-n/2}\Big\}.$$

Wir setzen nun

$$(14) \qquad \alpha' = -\frac{4}{\sqrt{2}}\sum_{p=1}^{\infty}\mathop{\mathrm{S}}_{l_1+l_2 \geqq 0}\pm((l_1+p)^2+l_2^2+l_3^2)^{-1/2};$$

das ist das negative Vierfache der elektrostatischen Wechselenergie zwischen den beiden durch die Ebene (011) getrennten Halbkristallen pro Flächeneinheit, wenn der Abstand benachbarter Ionen gleich 1 und die Ladung gleich 1 gesetzt wird. Die Formel zur Berechnung von α nach dem MADELUNGschen Verfahren lautet in diesem Falle

$$\alpha' = 8 \sum_{\nu=1}^{\infty} \left\{ 2 \sum_{\substack{m=1 \\ \text{ungerade}}}^{\infty} \sum_{n=1}^{\infty} \frac{e^{-\frac{\pi}{\sqrt{2}} p \sqrt{2m^2+n^2}}}{\sqrt{2m^2+n^2}} \cos p\pi l + \sum_{\substack{n=1 \\ \text{ungerade}}}^{\infty} \frac{e^{-\frac{\pi}{\sqrt{2}} p n}}{n} \right\}.$$

Die Ausrechnung ergibt

$$(14') \qquad \alpha' = 0.5078 .$$

Sodann setzen wir

$$s = \sum_{p=1}^{\infty} \underset{\substack{l_1+l_2 \\ \geq 0}}{S} \left((l_1+p)^2 + l_2^2 + l_3^2 \right)^{-n/2}$$

$$(15) \qquad = 2 + \frac{6}{\sqrt{2}} + \frac{4}{\sqrt{3}} + \frac{4}{\sqrt{4}} + \frac{20}{\sqrt{5}} + \frac{20}{\sqrt{6}} + \frac{12}{\sqrt{8}} + \frac{30}{\sqrt{9}} + \frac{27}{\sqrt{10}} + \frac{28}{\sqrt{11}} + \frac{8}{\sqrt{12}} + \cdots$$

Dann wird:

$$\sigma = \frac{\alpha' e^2}{\delta^3} - \frac{2b}{\sqrt{2}\,\delta^2} \left(\frac{2}{\delta} \right)^n s;$$

setzt man hier den Wert von b aus (9) ein, so erhält man:

$$(16) \qquad \sigma = \frac{e^2}{\delta^3} \left(\alpha' - \frac{\alpha s}{2\sqrt{2}\, n S} \right).$$

Für $n = 9$ wird

$$(15') \qquad s = 2.3253;$$

benutzt man außerdem die in (8), (11), (14') angegebenen Werte von α, S, α', so kommt

$$(17) \qquad \sigma = \frac{e^2}{\delta^3} \left(0.5078 - \frac{13.94 \cdot 2.3253}{2 \cdot \sqrt{2} \cdot 9 \cdot 6.627} \right) = 0.3154 \frac{e^2}{\delta^3},$$

oder unter Einführung der Dichte nach (13):

$$(17') \qquad \sigma = \frac{0.3154 eF}{4} \cdot \frac{\rho}{\mu_1 + \mu_2} = 10900 \frac{\rho}{\mu_1 + \mu_2} \text{ erg cm}^{-2}.$$

Für die Fläche (011) ist also die Kapillarkonstante wesentlich größer als für die Würfelfläche (001), und zwar ist das Verhältnis nach (12) und (17)

$$(18) \qquad \frac{\sigma_{011}}{\sigma_{001}} = \frac{0.3154}{0.1166} = 2.706 .$$

Da diese Zahl größer als $\sqrt{2}$ ist, so folgt aus dem in der Einleitung mitgeteilten Satze von Wulff, daß die Fläche (011) im Gleichgewicht nicht auftreten kann; denn sie kann den Würfel offenbar nicht schneiden.

Es ist wohl kaum ein Zweifel, daß das Verhältnis der Kapillarkonstanten irgendeiner Fläche zu der der Würfelfläche um so größer sein wird, je schiefer die Fläche gegen die Würfelfläche steht. Die Konstante σ_{111} für die Oktaederfläche wird also größer als $2.706 \cdot \sigma_{001}$ sein, und da $2.706 > \sqrt{3}$ ist, so wird auch die Oktaederfläche nicht auftreten können. Ein strenger Beweis dieses Satzes steht aber noch aus. Überhaupt erforderte der Beweis dafür, daß der Würfel die Gleichgewichtsfigur ist, noch ausführlichere mathematische Überlegungen; denn es müßte gezeigt werden, daß σ für die Würfelfläche ein Minimum σ_{001} hat und daß für jede andere Fläche mit den Indizes $(h_1\, h_2\, h_3)$

$$\frac{\sigma_{h_1 h_2 h_3}}{\sigma_{001}} > \frac{h_1 + h_2 + h_3}{\sqrt{h_1^2 + h_2^2 + h_3^2}} \tag{19}$$

ist.

Zum Schlusse wollen wir noch einmal betonen, daß die Rechnungen sich streng genommen auf den absoluten Nullpunkt der Temperatur und auf Grenzflächen gegen das Vakuum beziehen. Auf die Bildung von wirklichen Kristallen, die sich gewöhnlich bei hohen Temperaturen und in Lösungsmitteln vollzieht, darf man also unsere Theorie nur unter dem Vorbehalte späterer Richtigstellung anwenden. Wir glauben aber, daß auf den hier gegebenen Grundlagen weitergebaut werden kann.

§ 5.
Kanten- und Eckenenergie.

Bei einem Kristallpolyeder kommt nicht nur den Flächen, sondern auch den Kanten und den Ecken eine spezifische Energie zu. Man kann diese in ganz ähnlicher Weise definieren, wie in § 2 die Flächenenergie bestimmt worden ist.

Fig. 2.

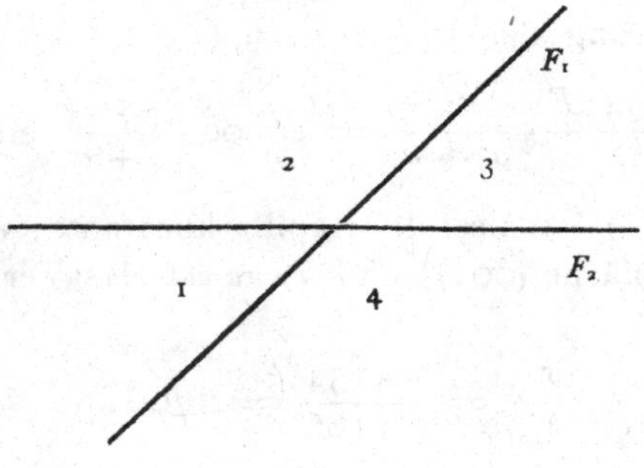

So erhält man z. B. die Kantenenergie zwischen zwei Flächen F_1 und F_2, die den Raum in die vier Winkel 1, 2, 3, 4 teilen (Fig. 2), indem man die Energie entsprechend zerlegt:

$$\begin{aligned} U = U_{11} + U_{22} + U_{33} + U_{44} \\ + U_{12} + U_{13} + U_{14} \\ + U_{23} + U_{24} \\ + U_{34} \end{aligned}$$

Ist nun u die spezifische Volumenenergie, V das gesamte Volumen des Körpers, so ist

$$U_{11} + U_{22} + U_{33} + U_{44} = uV;$$

ferner ist

$$-(U_{13} + U_{14} + U_{23} + U_{24}) = 2\sigma_1 F_1$$

die bei der Herstellung des einen Trennungsflächenpaares,

$$-(U_{12} + U_{13} + U_{24} + U_{34}) = 2\sigma_2 F_2$$

die bei der Herstellung des andern Flächenpaares geleistete Arbeit.

Trennt man nun den Kristall in die vier Teile, so entstehen vier Kanten von der Länge L und der spezifischen Kantenenergie $\varkappa$; die bei der Erzeugung der vier Kanten geleistete Arbeit ist also $4\varkappa L$. Daher wird die Energie nach der Trennung

$$uV = U + 2\sigma_1 F_1 + 2\sigma_2 F_2 + 4\varkappa L.$$

Setzt man hier die einzelnen Beträge ein, so folgt[1]

$$\varkappa = \frac{U_{13} + U_{24}}{4L}. \tag{20}$$

Die Berechnung für die Würfelkante eines Alkalihalogen-Kristalls gestaltet sich folgendermaßen: Man hat offenbar die Energie eines Viertelkristalls auf eine zur Kante senkrechte Netzebene des gegenüberliegenden Viertelkristalls zu berechnen; die Länge L ist dabei gleich $\frac{\delta}{2}$ zu wählen. Die Kante des Viertelkristalls machen wir zur z-Achse und legen die negativen x- und y-Achsen in die beiden Grenzflächen; dann haben die Ionen des Viertelkristalls die Koordinaten

$$x_1 = -l_1 \frac{\delta}{2}, \quad y = -l_2 \frac{\delta}{2}, \quad z = l_3 \frac{\delta}{2},$$

wo l_1, l_2 alle ganzen Zahlen von 0 bis ∞, l_3 alle ganzen Zahlen von $-\infty$ bis $+\infty$ durchlaufen. Die Ionen der Netzebene haben die Koordinaten

$$x = p_1 \frac{\delta}{2}, \quad y = p_2 \frac{\delta}{2},$$

[1] Zu beachten ist das positive Vorzeichen in der Formel (20) im Gegensatz zu dem negativen in der Formel (2).

wo p_1, p_2 von 1 bis ∞ laufen. Dann wird:

$$\varkappa = \frac{U_{13}}{2L} = \frac{U_{21}}{2L} = \frac{1}{\delta} \sum_{p_1=1}^{\infty} \sum_{p_2=1}^{\infty} \underset{\substack{l_1, l_2 \\ \geqq 0}}{\mathrm{S}} \left\{ \pm \frac{2e^2}{\delta} ((l_1+p_1)^2 + (l_2+p_2)^2 + l_3^2)^{-1/2} \right.$$

$$\left. + b\left(\frac{2}{\delta}\right)^n ((l_1+p_1)^2 + (l_2+p_2)^2 + l_3^2)^{-n/2} \right\}.$$

Nach MADELUNG ist das Potential einer Gitterlinie auf ein Ion, das in einer auf der Gitterlinie senkrechten Ebene durch ein gleichnamiges Ion im Abstande r von diesem liegt, gleich[1]

$$\phi(r) = \frac{8e^2}{\delta} \sum_{q=1}^{\infty} K_0\left(\frac{2\pi q r}{\delta}\right).$$

Setzen wir nun[2]

$$(21) \qquad 2\sum_{p_1=1}^{\infty} \sum_{p_2=1}^{\infty} \underset{\substack{l_1, l_2 \\ \geqq 0}}{\mathrm{S}} \pm ((l_1+p_1)^2 + (l_2+p_2)^2 + l_3^2)^{-1/2} = \alpha',$$

so wird mit $r = \frac{\delta}{2}((l_1+p_1)^2 + (l_2+p_2)^2)^{1/2}$

$$(22) \quad \alpha' = 8\sum_{p_1=1}^{\infty} \sum_{p_2=1}^{\infty} \sum_{l_1=0}^{\infty} \sum_{l_2=0}^{\infty} \sum_{q=1}^{\infty} K_0\left(\pi q \sqrt{(l_1+p_1)^2 + (l_2+p_2)^2}\right) = 0.04373.$$

Für die zweite Summe (Abstoßung) ergibt die direkte Ausrechnung $b\left(\frac{2}{\delta}\right)^n s$, wo für $n = 9$

$$(23) \qquad s = 0.06704 \text{ ist.}$$

Setzt man noch für b den Wert (9) ein, so wird

$$(24) \quad \varkappa = \frac{e^2}{\delta^2}\left(\alpha' + \frac{\alpha s}{4nS}\right) = 0.04765\frac{e^2}{\delta^2} = 0.00001945\left(\frac{\rho}{\mu_1+\mu_2}\right)^{2/3}.$$

Die Kantenenergie pro Zentimeter ist also außerordentlich viel kleiner als die Flächenenergie pro Quadratzentimeter; daher kommt die Kantenenergie erst bei sehr kleinen Kristallen, bei denen die Zahl der in der Kante liegenden Atome vergleichbar mit der Zahl der in der Oberfläche liegenden wird, gegenüber der Oberflächenenergie in Betracht.

In gleicher Weise ließe sich die Eckenenergie berechnen, die entsprechend noch viel kleiner wird, so daß ihr Einfluß nur bei aus wenigen Molekeln bestehenden Kristallen merkbar wird.

---

[1] Es ist $K_0(x) = \frac{i\pi}{2} H_0^{(1)}(ix)$, wo $H_0^{(1)}$ die HANKELsche Zylinderfunktion ist.

[2] Es ist hier, im Gegensatz zu den Rechnungen über die Flächenenergien, angebracht, die Summe gleich $+\alpha'$ zu setzen, weil auch die elektrostatischen Kräfte abstoßend wirken.

Ausgegeben am 4. Dezember.

S10

S10. Otto Stern und Max Volmer, Über die Abklingungszeit der Fluoreszenz. Physik. Z., 20, 183–188 (1919)

Über die Abklingungszeit der Fluoreszenz.

Von O. Stern und M. Volmer.

H. Schmidt-Böcking, K. Reich, A. Templeton, W. Trageser, V. Vill (Hrsg.), *Otto Sterns Veröffentlichungen – Band 2*, DOI 10.1007/978-3-662-46962-0_5

Über die Abklingungszeit der Fluoreszenz.

Von O. Stern und M. Volmer.

Es ist bisher nicht gelungen, die Abklingungszeit der Fluoreszenz, d. h. die Zeit, in welcher die Intensität der Fluoreszenzstrahlung nach Aufhören der Erregung bis auf den *e*-ten Teil gesunken ist, zu bestimmen. Ältere Versuche mit dem Phosphoroskop haben gezeigt, daß sie sicher kleiner ist als 10^{-4} sec, da nach dieser Zeit die Fluoreszenz bereits völlig erloschen erscheint.

Ein Versuch von Wood[1]) an der Resonanzstrahlung von Quecksilberdampf, die sich als eine Art von Fluoreszenz auffassen läßt, bei der das ausgestrahlte Licht dieselbe Wellenlänge wie das erregende hat, scheint andererseits dafür zusprechen, daß die Abklingungszeit nicht kleiner als 10^{-5} sec ist. Wood beobachtete nämlich, daß, wenn durch Quecksilberdampf ein Resonanzstrahlung erregendes Lichtbündel geschickt wird, nicht nur der Raum innerhalb des Bündels, sondern auch die benachbarten Schichten des Dampfes leuchten. Die Strahlung dieser nicht direkt von dem erregenden Licht getroffenen Schichten kann nach Wood einmal durch sekundäre Erregung, nämlich durch das Resonanzlicht des Bündels entstehen, das andere Mal daher rühren, daß Quecksilbermoleküle, nachdem sie über die Grenze des primären Strahlenbündels hinausgeflogen sind, noch fortfahren können, Licht zu emittieren. Um diese beiden Einflüsse zu trennen, brachte Wood an die Grenze des Bündels eine dünne Quarzplatte, die das Licht hindurchläßt, aber keine Moleküle. Dabei ergab sich, daß die Intensität der Nachbarstrahlung jenseits der Quarzplatte um 25—30 Proz. verringert wurde. Würde die Verringerung nur durch Schwächung des sekundär erregenden Lichtes des Bündels durch Reflexion an der Quarzplatte hervorgerufen, so dürfte sie, wie Wood berechnet, nur etwa 10 Proz. betragen. Die Differenz spricht nach Wood dafür, daß die Nachbarstrahlung zum Teil auch auf die zweite Art, also durch primär erregte und durch Molekularbewegung ausgewanderte Moleküle erzeugt wird. Die Nachbarstrahlung ließ sich bis auf einige Millimeter Entfernung verfolgen. Da die Geschwindigkeit der Quecksilbermoleküle 170 m/sec beträgt, läßt sich aus Woods Daten schließen, daß die Abklingungszeit etwa 10^{-5} sec beträgt.

1) Diese Zeitschr. **14**, 177, 1913.

Dieser Wert ist unwahrscheinlich groß. Es scheint uns, daß Wood den Reflexionsverlust an der Quarzplatte zu gering angenommen hat, und wir glauben, daß eine genauere Prüfung zeigen wird, daß die Nachbarstrahlung in diesen Entfernungen lediglich durch sekundäre Erregung zustande kommt. Diese Prüfung könnte z. B. so erfolgen, daß man senkrecht durch ein Lichtbündel einen Molekularstrahl von Quecksilberdampf schickt und die Intensität an der Ein- und Austrittsstelle, deren Lagen in ruhendem *Hg*-Dampf bestimmt werden, vergleicht.

Einfacher läßt sich eine solche Bestimmung der Abklingungszeit unter Benutzung der Molekulargeschwindigkeiten bei fluoreszierendem Joddampf ausführen. Einmal fällt hier die Unsicherheit infolge sekundärer Erregung fort, die bei Joddampf unmerklich ist, zum andern wird die Fluoreszenz der Jodmoleküle durch Zusammenstöße vernichtet, wie Frank und Wood[1]) und Wood und Speas[2]) gezeigt haben. Erzeugt man also in dichtem Joddampf durch ein Lichtbündel einen Fluoreszenzstreifen, so müssen seine Ränder scharf begrenzt sein, da die Fluoreszenzstrahlung der aus dem Streifen fliegenden Moleküle sofort durch die Zusammenstöße vernichtet wird. Erniedrigt man den Dampfdruck des Jods in dem Raum, vergrößert somit also die freie Weglänge der Moleküle, so muß eine Verbreiterung des Streifens vom ungefähren Betrage der mittleren freien Weglänge der Jodmoleküle eintreten, wenn die Abklingungszeit größer ist, als die Zeit zwischen zwei Zusammenstößen. Die von den obengenannten Forschern gefundene Beeinflussung der Fluoreszenz durch Zusammenstöße bei Gasdrucken von Bruchteilen eines Millimeters schien uns dafür zu sprechen, daß die Abklingungszeit von mindestens derselben Größe sein mußte, wie die mittlere Stoßzeit bei diesen Drucken. Wir haben einen solchen Versuch[3]) mit der in Fig. 1 wiedergegebenen Anordnung angestellt. Das den Joddampf enthaltende Glasgefäß *A* war vorher sorgfältig evakuiert worden. Im Ansatzgefäß *B* befand sich etwas festes Jod. Das erregende Licht fiel von *C* her durch das Blechröhrchen *a*, das eingeschmolzene Glas-

1) Verh. d. D. Phys. Ges. **13**, 78, 84, 1911.
2) Diese Zeitschr. **15**, 317, 1914.
3) Der Versuch wurde im Physikalisch-chemischen Institut der Universität Berlin ausgeführt. Herrn Geheimrat Nernst möchten wir für die erteilte Erlaubnis unseren besten Dank aussprechen.

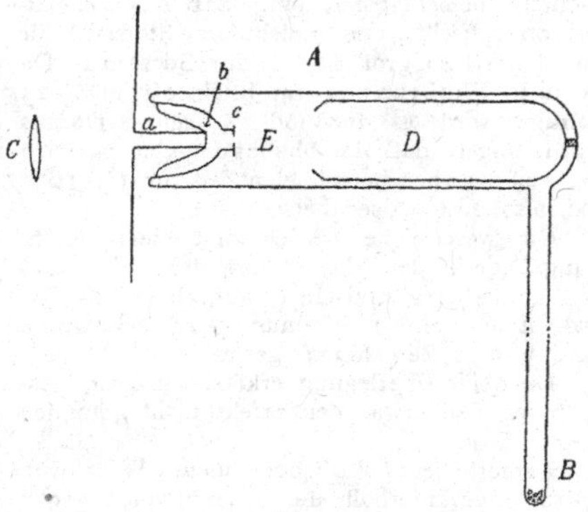

Fig. 1.

fenster b von 3 mm ⌀ und die geschwärzte Platinblende c von 0,5 mm Weite in das Gefäß A und wurde in dem innen berußten Glasrohr D vollständig absorbiert. Die das Fenster b und die Blende c tragenden Teile waren aus schwarzem Glas hergestellt. Bei E wurde der Fluoreszenzstreifen mit Hilfe eines Mikroskopes von zehnfacher Vergrößerung beobachtet. Zur Erregung wurde Sonnenlicht benutzt, das mit Hilfe eines Heliostaten[1]) durch ein Linsensystem in den Apparat geworfen wurde. Im Mikroskop war dann ein 5 mm breiter, ziemlich scharf begrenzter Lichtstreifen sichtbar. Die Beobachtung geschah in einem völlig verdunkelten Zimmer; das Sonnenlicht trat durch eine Öffnung in einem lichtdichten Vorhang in den Apparat. Nachdem zunächst bei Zimmertemperatur (20°) das Mikroskop auf die eine Grenze des Lichtstreifens möglichst scharf eingestellt und ihre Lage auf der Okularskala abgelesen worden war, wurde das Ansatzgefäß auf 0° und später auch tiefer abgekühlt. Dabei sinkt der Dampfdruck des Jods zunächst von 0,2 mm auf 0,03 mm, und die freie Weglänge der Moleküle steigt von 0,09 mm auf 0,6 mm. Die Zeiten, in denen diese Strecken durchlaufen werden, betragen bei einer Geschwindigkeit der Jodmoleküle von 150 m/sec $6 \cdot 10^{-7}$ bzw. $4 \cdot 10^{-6}$ sec.

Die kleinste Abklingungszeit, die bei vorsichtiger Schätzung der Intensitätsverhältnisse noch einen Effekt hätte ergeben müssen, beträgt mindestens $1 \cdot 10^{-8}$ sec. Tatsächlich wurde weder eine Verschiebung noch auch nur ein Unschärferwerden der Grenze beobachtet. Daraus geht hervor, daß die Abklingungszeit kleiner als $1 \cdot 10^{-6}$ sec ist. Eine Messung der Größe gestattet aber diese Anordnung nicht.

Dagegen ermöglichen die quantitativen Messungen von Wood und Speas[1]) über die Beeinflussung der Fluoreszenzintensität durch Molekularstöße die Berechnung der Abklingungszeit. Diese Forscher maßen die Fluoreszenzintensitäten bei verschiedenen Dampfdrucken und dividierten die gefundenen Werte durch die betreffenden Dampfdrucke. Sie erhielten so die molekularen Fluoreszenzintensitäten, d. h. die Intensitäten der Fluoreszenzstrahlung bezogen auf die gleiche Anzahl von Molekülen. Falls die Ausstrahlung der Moleküle durch die benachbarten Moleküle nicht beeinflußt würde und man von der Absorption absehen kann, müßte die molekulare Fluoreszenzstrahlung unabhängig vom Druck sein, wie dies bei den entsprechenden absorbierten Lichtmengen der Fall ist (Gültigkeit des Beerschen Gesetzes). Statt dessen fanden sie eine Abhängigkeit vom Druck, die durch

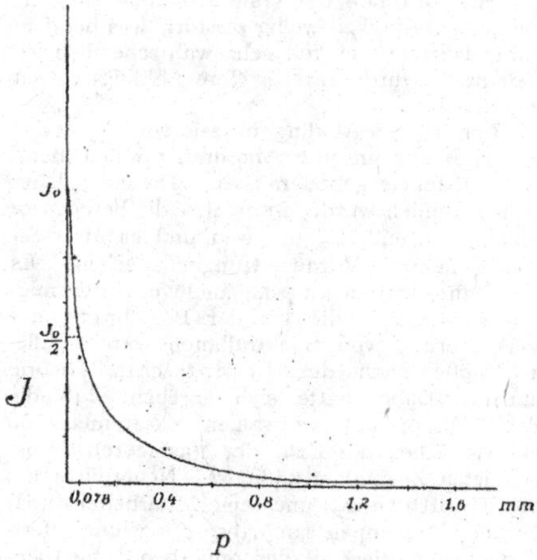

Fig. 2.

die Kurve in Fig. 2 wiedergegeben ist. Die von den Autoren angegebene Kurve[2]) ist etwas entstellt infolge einer fehlerhaften Extrapolation der Joddampfdrucke. Die hier gezeichnete Kurve ist von uns mit Hilfe der inzwischen gemessenen Dampfdrucke neu berechnet worden. Ihre Werte sind der folgenden Rechnung zugrunde gelegt. Die molekulare Fluoreszenz-

1) Der benutzte Heliostat wurde uns durch Herrn Prof. Mente aus dem photochem. Laboratorium der Technischen Hochschule in Charlottenburg leihweise überlassen, wofür wir auch hier unseren besten Dank ausdrücken.

1) l. c.
2) l. c.

intensität nimmt also von einem Maximalwert bei kleinem Drucke mit steigendem Druck bis o ab. Da eine Beeinflussung noch stattfindet bei Drucken, bei denen der mittlere Abstand der Jodmoleküle mehrere Hundert Moleküldurchmesser beträgt, werden die Moleküle nur bei Zusammenstößen merkliche Wirkungen aufeinander ausüben. Eine Beeinflussung der Fluoreszenzintensität kann in diesem Falle nur dann stattfinden, wenn der fluoreszenzfähige Zustand eines Moleküls die Zeit zwischen zwei Zusammenstößen überdauert. Eine genauere weiter unten durchgeführte Analyse zeigt, daß bei dem Drucke des Joddampfes, bei dem die molekulare Fluoreszenzintensität auf die Hälfte der Maximalintensität gesunken ist, die Abklingungszeit τ der Fluoreszenz gleich der mittleren Zeit T zwischen zwei Zusammenstößen ist. Dieser „Halbwertsdruck" ist, wie aus Fig. 2 zu entnehmen ist, 0,078 mm. Die mittlere Stoßzeit bei diesem Druck ist etwa $1,5 \cdot 10^{-6}$ sec. So groß ist also auch die Abklingungszeit der Jodfluoreszenz. Hierbei ist vorausgesetzt, daß schon der erste Zusammenstoß die Fluoreszenzfähigkeit völlig zerstört, was bei dem stark elektroaffinen Jod sehr wahrscheinlich ist, andernfalls würde eine größere Abklingungszeit resultieren.

Eine solche Abklingungszeit von $1,5 \cdot 10^{-6}$ sec hätte bei unserer Anordnung einen deutlichen Effekt ergeben müssen. Da ein solcher nicht gefunden wurde, muß also die berechnete Abklingungszeit zu groß sein und es muß ein Fehler in den Voraussetzungen stecken. Es liegt nahe, hierbei an eine analoge Unstimmigkeit zu denken, die bei der Berechnung der Verbreiterung von Spektrallinien durch Molekularstöße nach der Lorentzschen Theorie auftritt. Dabei hatte sich ergeben, daß die Zahl der optisch wirksamen Zusammenstöße ein vielfaches der Zahl der gastheoretisch berechneten Zusammenstöße ist. Neuerdings haben Füchtbauer[1]) und seine Mitarbeiter durch genaue Messungen an Absorptionslinien festgestellt, daß die Zahl der optischen Zusammenstöße bei *Cs*- und *Na*-Dampf in Stickstoff 32 mal bzw. 18 mal so groß ist, als man gastheoretisch berechnet. Die Zeiten zwischen zwei optischen Zusammenstößen sind also entsprechend 32 mal bzw. 18 mal kleiner. Aus den Versuchsergebnissen von Frank und Wood[2]) über den Einfluß verschiedener Gase auf die Fluoreszenzintensität des Joddampfes folgt unter Berücksichtigung der Molekularradien von Jod und Stickstoff mit Hilfe einer leichten Überschlagsrechnung, daß das Verhältnis von optischer und molekularer Stoßzahl für Jod dreimal so groß ist, als für Stickstoff. Da es nach Füchtbauer für Stickstoff etwa 25 beträgt, wird es für Jod 75 sein. Daraus würde folgen, daß die Abklingungszeit nur den 75. Teil der oben berechneten Zeit von $1,5 \cdot 10^{-6}$ sec, also $2 \cdot 10^{-8}$ sec beträgt.

Die wesentliche Unsicherheit dieser Rechnung liegt in der Übertragung der bei *Cs* und *Na* gefundenen optischen Stoßzahlen auf das Jod. Eine direkte Bestimmung an diesem würde eine strenge Berechnung gestatten.

Die obige Überlegung erklärt zunächst, weshalb wir den erwarteten Effekt nicht gefunden haben.

Ferner liegt der berechnete Wert von $2 \cdot 10^{-8}$ sec innerhalb der Grenzen von $6 \cdot 10^{-7}$ und $7 \cdot 10^{-10}$ sec, die Stark[1]) für die Abklingungszeit des Leuchtens von Molekülen gefunden hat, welche durch Kanalstrahlen angeregt worden sind. Er ist schließlich von derselben Größenordnung wie die aus der klassischen Theorie für einen schwingenden Dipol, der die Wellenlänge $\lambda = 500\ \mu\mu$ aussendet, berechnete Abklingungszeit von $\tau = 1 \cdot 10^{-8}$ sec.

Diese Tatsache spricht sehr dafür, daß man es bei der Fluoreszenz mit keinem anderen molekularen Vorgang zu tun hat, wie bei der Lichtemission durch thermische oder elektrische Erregung, wofür auch spricht, daß die Spektra wesensgleich sind.

Nun kann nach den neueren Arbeiten über die Emission von Spektrallinien kein Zweifel darüber bestehen, daß dieser Vorgang quantentheoretisch zu deuten ist. Die Gültigkeit des Stokesschen Gesetzes weist darauf hin, daß gerade die Fluoreszenz ein Quanteneffekt ist. Auch der nach der klassischen Theorie schwer verständliche Umstand, daß die optische Stoßzahl größer ist als die gastheoretische, erklärt sich nach der Quantentheorie zwanglos dadurch, daß das Elektron im fluoreszenzfähigen Molekül eine Bahn mit größerem Radius als im gewöhnlichen Molekül beschreibt. Schließlich spricht auch die von Wood und Frank[2]) gefundene Veränderung des Jodfluoreszenzspektrums durch Heliumzusatz sehr zugunsten der quantentheoretischen Auffassung. Diese Forscher fanden nämlich, daß das von reinem verdünntem Joddampf ausgesandte Fluoreszenzspektrum bei Beleuchtung mit der grünen *Hg*-Linie $\lambda = 546$ aus fünfzehn einzelnen Linien besteht. Setzt man nun dem Joddampf in steigenden Mengen Helium zu, so findet man, daß die Intensität

1) Diese Zeitschr. **14**, 1164, 1168, 1913.
2) l. c.

1) Ann. d. Phys. **49**, 731, 1916.
2) Diese Zeitschr. **12**, 81, 1911.

dieser Linien immermehr abnimmt, daß dafür aber neue, den ursprünglichen 15 Linien benachbarte Linien mit wachsender Intensität auftreten, welche auch bei Beleuchtung mit weißem Licht ausgesandt werden. Während Frank und Wood das damals nach der klassischen Theorie in ziemlich gezwungener Weise dadurch erklären mußten, daß durch die Stöße der Heliumatome Koppelungen zwischen den einzelnen Elektronensystemen des Jodmoleküls bewirkt werden, erklärt es sich nach der Quantenauffassung ohne weiteres dadurch, daß durch die Zusammenstöße mit den Heliumatomen die Moleküle in benachbarte Quantenzustände geworfen werden. Nun fragt es sich, wie nach der Quantentheorie der Abklingungsvorgang zu deuten ist, und welcher Wert für die Abklingungszeit sich aus ihr ergibt.

Was zunächst die Lichtabsorption anbelangt, so erfolgt sie nach der klassischen Theorie so, daß alle Moleküle gleichmäßig absorbieren, während nach der Quantentheorie (nach der Einstein-Bohrschen Auffassung) die Mehrzahl der Moleküle nicht absorbiert und unverändert bleibt (Zustand a), und nur einige wenige Moleküle Energie aufnehmen, dann aber gleich ganze Quanta vom Betrags $h \cdot \nu$, wobei sie in einen Zustand b übergehen. Der Abklingungsvorgang erfolgt nach der klassischen Theorie durch allmähliche Ausstrahlung der Energie durch alle Moleküle, hingegen nach der Quantentheorie dadurch, daß von Zeit zu Zeit ein Molekül aus dem Zustand b in den Zustand a unter Lichtemission zurückspringt, in der gleichen Weise und nach demselben statistischen Gesetz, wie die Atome radioaktiver Stoffe zerfallen[1]). Die Abklingungszeit ist in der klassischen Theorie die Zeit, in welcher die Moleküle die absorbierte Energie bis auf den $e$ten Teil ausgestrahlt hat, in der Quantentheorie hingegen die mittlere Lebensdauer eines Atoms vom Zustand b.

Nach der klassischen Maxwell-Hertzschen Theorie berechnet sich die Abklingungszeit eines Resonators zu

$$\tau = \frac{3}{8\pi^2} \cdot \frac{c \cdot m \cdot \lambda^2}{e^2}$$

(e Ladung, m Masse des Elektrons, c Lichtgeschwindigkeit, λ Wellenlänge).

Über die mittlere Lebensdauerder Atome b sagt die Quantentheorie in ihrer bisherigen Form nichts aus.

Für hohe Quantenzahlen läßt sich die Lebensdauer durch Grenzübergang zur klassischen Theorie ableiten. Für den uns hier interessierenden Fall, daß der Resonator ein Quantum $h \cdot \nu$ besitzt, führt folgende Überlegung zum Ziel, die sich zunächst allerdings nur auf einen monochromatischen Resonator bezieht.

1) A. Einstein, diese Zeitschr. 18, 121, 1917.

Die bisherigen Untersuchungen[1]) über Absorption von Spektrallinien machen es wahrscheinlich, daß die nach der klassischen Theorie berechnete Zahl der absorbierenden Elektronen gleich der Zahl der vorhandenen Moleküle ist, falls es sich um Linien handelt, die von nicht erregten Atomen absorbiert werden. Man kann also annehmen, daß die gesamte von n Resonatoren absorbierte Energie den aus der klassischen Theorie folgenden Betrag besitzt. Das Gleiche muß man dann auch für die emittierte Energie annehmen, weil das Verhältnis zwischen Strahlungsdichte und mittlerer Energie (ohne Nullpunktsenergie) von n Resonatoren ebenfalls den aus der klassischen Theorie folgenden Wert hat. Wir müssen also die Annahme machen, daß auch in der Quantentheorie die von n Resonatoren, von denen einige ein Quantum $h\nu$ besitzen, pro Sekunde ausgestrahlte Energie denselben Betrag hat, der sich aus der klassischen Theorie für n Resonatoren von der gleichen mittleren Energie ergibt.

Ist in der klassischen Theorie ε_0 die Energie, die ein Resonator zur Zeit $t = 0$ besitzt, so sinkt seine Energie ε durch Ausstrahlung nach dem Gesetz

$$\varepsilon = \varepsilon_0 \cdot e^{-\frac{t}{\tau}}; \quad \left(\tau = \frac{3}{8\pi^2} \frac{c \cdot m \cdot \lambda^2}{e^2}\right).$$

Sind n solcher Resonatoren mit der Gesamtenergie $E = n \cdot \varepsilon$ vorhanden, so sinkt E nach dem Gesetz

$$E = E_0 \cdot e^{-\frac{t}{\tau}}.$$

Hat in der Quantentheorie das gleiche aus n Resonatoren bestehende System die Energie E_0 aufgenommen, so sind $m_0 = \frac{E_0}{h\nu}$ Resonatoren aus dem Zustand a in den Zustand b übergegangen, d. h. es ist $E_0 = m_0 \cdot h\nu$. Ist die Energie auf den Betrag E gefallen, so sind nur noch $m = \frac{E}{h \cdot \nu}$ Resonatoren im Zustand b vorhanden. Soll also wieder die Energie nach dem Gesetz:

$$E = E_0 \cdot e^{-\frac{t}{\tau}}$$

fallen, so muß

$$m \cdot h\nu = m_0 \cdot h\nu \cdot e^{-\frac{t}{\tau}}$$

1) Vgl. z. B. Füchtbauer, l. c.

sein. Die Atome im Zustande b zerfallen also nach dem Gesetz:

$$m = m_0 \cdot e^{-\frac{t}{\tau}}.$$

Mit anderen Worten, die mittlere Lebensdauer eines Atoms in Zustand b ist gleich τ, der aus der klassischen Theorie folgenden Abklingungszeit.

Hat man keinen monochromatischen Resonator, sondern ein rotierendes Elektron, so ist die obige Überlegung darauf nicht ohne weiteres übertragbar, weil bei dem klassischen System sich die Frequenz mit der Energie ändert, beim quantentheoretischen nicht. Daß aber in jedem Falle dieselbe Größenordnung von τ resultieren wird, beweist die annähernde Gültigkeit der klassischen Dispersionstheorie.

Anm. Die oben benutzte Methode dürfte sich auch in allen anderen Fällen anwenden lassen, in denen es sich darum handelt, die Häufigkeit des Springens aus einem Quantenzustand in einen andern zu berechnen, wenn man annimmt, daß für die Mittelwerte der aufgenommenen und abgegebenen Energie diejenigen Werte einzusetzen sind, die sich aus der klassischen Theorie für den dem betrachteten Quantenvorgang entsprechenden klassischen Prozeß ergeben. So läßt sich z. B. beim monochromatischen Resonator die obige Überlegung ohne weiteres für beliebige Frequenzen verallgemeinern, so daß man für jede Stelle der Dispersionskurve die Zahl der aufgenommenen und abgegebenen Quanten $h\nu$ (ν Frequenz der Strahlung) erhält. In andern Fällen macht die Konstruktion des entsprechenden klassischen Prozesses Schwierigkeiten, z. B. bei der Dispersion Bohrscher Atommodelle. Immerhin scheint es uns sehr wahrscheinlich, daß man, um z. B. die Dispersion eines Gases aus Bohrschen H-Atomen zu erhalten, nicht wie Debye und Sommerfeld die Dispersion dieser Atome im einquantigen Kreise nach der klassischen Theorie berechnen darf, — ein Verfahren, das, wie Sommerfeld selbst hervorhebt, in der Nähe von Linien versagen muß —, sondern daß man bei im übrigen gleicher Rechnung ein H-Atommodell zugrunde legen muß, das nach der klassischen Theorie Absorption in den Linien der Lymanserie zeigt, indem man etwa annimmt, daß bei der Mehrzahl der Atome die Elektronen mit einer der ersten Linie der Lymanserie entsprechenden Frequenz umlaufen, bei einem kleineren Teil mit einer der zweiten Linie entsprechenden Frequenz usw. Als Argument gegen diese Auffassung könnte man die von Debye berechnete Dispersion des Wasserstoffmoleküls aufführen. Gegen die Richtigkeit des Bohr-Debyeschen Modells spricht aber das schwerwiegende von Nernst hervorgehobene Bedenken, daß es eine viel zu kleine Dissoziationswärme liefert. Andererseits ergibt die Debye-Sommerfeldsche Methode für das sicher annähernd richtige (wegen der Ionisierungsspannung) Bohrsche Heliumatommodell eine falsche Dispersion. In beiden Fällen liegt die durch die hier vertretene Auffassung bedingte Abweichung von den Debye-Sommerfeldschen Resultaten in der richtigen Richtung.

Die im obigen berechnete mittlere Lebensdauer eines Moleküls im Bohrschen Zustande b ist eine Größe, deren Kenntnis auch in Hinsicht auf die Photochemie von Interesse ist. Wir müssen annehmen, daß bei jeder Lichtabsorption der Übergang der absorbierenden Moleküle in diesen Zustand der primäre Vorgang ist, für den das Einsteinsche Äquivalenzgesetz exakt gelten wird. Die Umwandlungen dieser Moleküle b, ihre Dissoziation oder Reaktion mit anderen Molekülen ergeben die beobachteten sogenannten photochemischen Reaktionen. Für diese wird also das Einsteinsche Gesetz nur dann zutreffen können, wenn die Moleküle b quantitativ in dem einen verfolgten Sinne reagieren. Jedenfalls ist die Kenntnis der Lebensdauer der Moleküle im Zustand b notwendig, um im Einzelfall die Bedingungen absichtlich so wählen zu können, daß möglichst alle in dem gewünschten Sinne in Reaktion treten.

Zum Schluß sei noch die Ableitung der oben benutzten Beziehung gegeben, wonach die Abklingungszeit gleich der mittleren Zeit zwischen zwei Zusammenstößen beim „Halbwertsdruck" ist. Wir benutzen hierbei die quantentheoretische Auffassung, die klassische Theorie ergibt, wie leicht ersichtlich, das Gleiche. Wir betrachten N Moleküle, die durch Strahlung von bestimmter Intensität zur Fluoreszenz angeregt werden. Dann stellt sich ein stationärer Zustand ein, bei dem die Zahl der pro Sekunde durch Absorption in den Zustand b gelangenden Moleküle gleich der Zahl der pro Sekunde durch Emission oder Zusammenstoß zerfallenden Moleküle im Zustand b ist. Falls das Beersche Gesetz gilt (die Absorptionsänderung infolge Linienverbreiterung durch die Zusammenstöße also vernachlässigt werden kann), ist die Zahl Nk_a der pro Sekunde durch Absorption in den Zustand b gelangenden Moleküle unabhängig vom Drucke des Gases. Ist das Gas so verdünnt, daß die Wirkung der Zusammenstöße sich nicht bemerkbar macht, so sei im stationären Zustand n_0 die Zahl der Moleküle im Zustand b. Dann gilt:

$$N \cdot k_a = n_0 \cdot k_s,$$

wobei $n_0 k_s$ die Zahl der pro Sekunde durch Ausstrahlung zerfallenden Moleküle im Zustand b, also $k_s = \frac{1}{\tau}$ ist. Befindet sich nun das Gas unter dem höheren Druck p oder ist ein fremdes Gas zugesetzt, so daß die Moleküle im Zustand b außer durch Ausstrahlung auch noch durch Zusammenstöße vernichtet werden, so sei n die Zahl der Moleküle in Zustand b, Ist nk_z die Zahl der vernichtenden Zusammenstöße pro Sekunde, so ist:

$$N \cdot k_a = n\,k_s + n\,k_z = n\,(k_s + k_z) = n_0 \cdot k_s;$$

folglich ist

$$\frac{n}{n_0} = \frac{k_s}{k_s + k_z}.$$

Nennen wir I_0 die maximale molekulare Fluoreszenzintensität, I diejenige beim Druck p, so ist

$$\frac{n}{n_0} = \frac{I}{I_0} = \frac{k_s}{k_s + k_z}.$$

Nun ist $k_s = \frac{1}{\tau}$ und $k_z = \frac{1}{T}$, wobei T die mittlere Zeit zwischen zwei vernichtenden Zusammenstößen bedeutet. Also ist

$$\frac{I}{I_0} = \frac{\frac{1}{\tau}}{\frac{1}{\tau} + \frac{1}{T}}$$

oder

$$\tau = T \cdot \frac{I_0 - I}{I}.$$

Für $I = \frac{I_0}{2}$ folgt dann die oben benutzte Beziehung

$$T = \tau.$$

Setzt man die Zeit T umgekehrt proportional dem Druck p, also $T = \frac{a}{p}$, so wird

$$I = I_0 \cdot \frac{1}{1 + a\tau p} = I_0 \frac{1}{1 + bp}.$$

Diese Gleichung gestattet eine Berechnung der Kurve von Wood und Speas. In Fig. 2 sind einige der so berechneten Punkte eingetragen. Sie stimmen mit der experimentell gefundenen Kurve ziemlich gut überein[1]).

Zusammenfassung.

Es wurde gezeigt, daß man aus Messungen über die Beeinflussung der Fluoreszenzintensität durch Molekularstöße und über die Linienverbreiterung durch Molekularstöße die Abklingungszeit der Fluoreszenz berechnen kann. Aus den vorliegenden Messungen, die nur eine Überschlagsrechnung gestatten, ergab sich diese Zeit zu etwa $2 \cdot 10^{-8}$ sec in Übereinstimmung mit dem aus der klassischen Theorie für die Abklingungszeit eines Resonators folgenden Wert. Schließlich wurde diese Größe mit der Lebensdauer eines Moleküls im Bohrschen Zustand in Beziehung gebracht.

1) Nur nehmen Wood und Speas an, daß die Kurve bei den kleinsten Drucken umbiegt und parallel der Abszissenachse verläuft, während sie nach unserer Formel gradlinig und scharf auf die Ordinatenachse zuläuft (wie in Fig. 2 gezeichnet). Zur Entscheidung hierüber sind genauere Messungen erforderlich.

Berlin, den 20. Januar 1919.

(Eingegangen 23. Januar 1919.)

Zur Theorie der Bandenspektren.

Von T. Heurlinger.

Nach einer Hypothese von Schwarzschild[1]) werden die Bandenspektren emittiert oder absorbiert, wenn das Elektronensystem eines Moleküls von einem stationären Zustand in einen anderen übergeht und gleichzeitig die Quantenzahlen, welche die Rotationsbewegung des Moleküls bestimmen, geändert werden. Im folgenden werden wir einige Konsequenzen dieser Hypothese entwickeln und mit der Erfahrung vergleichen.

Zwei Zustände eines zweiatomigen Moleküls seien durch die Quantenzahlen $m, n_1 \ldots n_s$ und $m', n_1' \ldots n_s'$ bestimmt, von welchen m und m' sich auf die Rotation der Kernachse beziehen. Die entsprechende Schwingungszahl wird dann durch die Formel

$$\nu = \varphi(m, n_1 \ldots n_s) - \psi(m', n_1' \ldots n_s')$$

gegeben, wo φ und ψ die durch die Plancksche Konstante dividierte Energie der beiden Zustände bedeuten. Es ist also

$$\nu = \{\varphi(m, n_1 \ldots n_s) - \psi(m, n_1' \ldots n_s')\} + \{\psi(m, n_1' \ldots n_s') - \psi(m', n_1' \ldots n_s')\}. \quad (1)$$

Nach einem allgemeinen Satze von Bohr nähert sich die letzte Klammer dem Werte $(m - m')\omega$ (wo ω die Schwingungszahl der Rotation bedeutet), wenn $|m - m'| << m$ ist. Nach der klassischen Elektrodynamik sollte die Schwingungszahl drei verschiedene Werte annehmen können: ν_ω, $\nu_\omega \pm \omega$. Damit (1) in dem betrachteten Grenzfalle hiermit übereinstimmt, darf $m - m'$ nur drei konsekutive Zahlenwerte annehmen, und es sind daher nach der Quantentheorie im allgemeinen drei Serien zu erwarten:

$$\left.\begin{aligned} \nu^{I} &= F(m) - f(m-1), \\ \nu^{II} &= F(m) - f(m), \\ \nu^{III} &= F(m) - f(m+1). \end{aligned}\right\} \quad (2)$$

Von diesen können eventuell entweder ν^{II} oder ν^{I} und ν^{III} fehlen. — Aus (2) folgt unmittelbar

$$\nu^{II}(m) - \nu^{III}(m) = \nu^{I}(m+1) - \nu^{II}(m+1). \quad (3)$$

Diejenigen Bandenspektren, deren Struktur vollständig bekannt ist, sind aus Systemen von zwei bzw. drei einfachen oder zusammengesetzten Serien aufgebaut, die ich mit P und R bzw. P, Q, R bezeichnet habe[2]). Wenn die Gleichungen (2) überhaupt gelten sollen, muß Q mit ν^{II}, P und R mit ν^{I} und ν^{III} oder umgekehrt identifiziert werden.

1) K. Schwarzschild, Sitzungsber. Preuß. Akad. 1916, S. 548.

2) Vgl. Untersuchungen über die Struktur der Bandenspektren. Diss. Lund 1918.

S11

S11. Otto Stern und Max Volmer. Sind die Abweichungen der Atomgewichte von der Ganzzahligkeit durch Isotopie erklärbar. Ann. Physik, 59, 225–238 (1919)

2. *Sind die Abweichungen der Atomgewichte von der Ganzzahligkeit durch Isotopie erklärbar?*

von O. Stern und M. Volmer.

(Aus dem Physikalisch-Chemischen Institut der Universität Berlin.)

H. Schmidt-Böcking, K. Reich, A. Templeton, W. Trageser, V. Vill (Hrsg.), *Otto Sterns Veröffentlichungen – Band 2*, DOI 10.1007/978-3-662-46962-0_6

2. *Sind die Abweichungen der Atomgewichte von der Ganzzahligkeit durch Isotopie erklärbar?*

von O. Stern und M. Volmer.

(Aus dem Physikalisch-Chemischen Institut der Universität Berlin.)

Im Jahre 1815 hat Prout die Ansicht ausgesprochen, daß alle Elemente aus Wasserstoff zusammengesetzt sind. Nachdem in späteren Jahren nachgewiesen worden war, daß die Atomgewichte nicht genau ganzzahlige Vielfache des Wasserstoffatomgewichts sind, schien die Proutsche Hypothese erledigt zu sein. Immerhin ist aber die Annäherung an die Ganzzahligkeit so auffallend, und die Idee selbst wegen ihrer Einfachheit und Einheitlichkeit so verlockend, daß der Proutsche Gedanke nie ganz aufgegeben wurde. Aber erst in neuester Zeit haben sich zwei Möglichkeiten gezeigt, die Abweichungen von der Ganzzahligkeit zu erklären.

Die eine beruht auf dem Satze der Relativitätstheorie, daß Energie Masse besitzt. Danach würden also die Abweichungen von der Ganzzahligkeit durch Energiedifferenzen erklärt.

Die zweite ergab sich aus der durch die neuere Radioaktivitätsforschung erkannte Tatsache, daß es chemische Elemente, sogenannte Isotope gibt, die sich nur durch ihr Atomgewicht unterscheiden, in allen übrigen Eigenschaften aber völlig identisch sind.

Danach besteht die Möglichkeit, daß die gewöhnlichen Elemente Gemische von Isotopen mit ganzzahligen Atomgewichten sind.[1])

Die zweite Möglichkeit läßt sich experimentell prüfen, was im folgenden für Wasserstoff und Sauerstoff geschehen ist.

Den besonderen Anlaß zu der Untersuchung gaben Überlegungen über die Kernstruktur. Da die gleichen Überlegungen inzwischen von W. Lenz[2]) veröffentlicht worden sind, sollen sie hier nur kurz wiedergegeben werden.

---

1) Vgl. z. B. K. Fajans, Chemikerkalender 1919.

2) Sitzungsber. d. K. Bayer. Akad. d. Wiss., Math.-phys. Kl., Jahrg. 1918.

Nach Rutherford besteht ein Atom aus einem positiven Kern und einer seiner Ladung entsprechenden Anzahl um ihn kreisender Elektronen. Danach ist die Proutsche Hypothese jetzt so aufzufassen, daß der Atomkern aus Wasserstoffkernen (positiven Elektronen) und negativen Elektronen besteht.

Nachdem Bohr mit so durchschlagendem Erfolg die Quantentheorie auf das Rutherfordsche Atommodell angewandt hat, liegt der Versuch nahe, die Kerne ebenfalls in Bohrscher Weise aufzubauen.

Der einfachste zusammengesetzte Kern wird aus einem negativen und zwei positiven Elektronen bestehen. Seine Konstitution könnte nach der Bohrschen Auffassung wohl nur die sein, daß die beiden positiven Elektronen einander gegenüberstehen und auf einem Kreis rotieren, in dessen Mittelpunkt das negative Elektron steht, also eine Art umgekehrtes He-Atom. Bezeichnen wir den Radius des Kreises mit a, die Ladung des Elektrons mit e, die Masse eines positiven Elektrons mit m und seine Geschwindigkeit mit v, so ergeben die üblichen Ansätze

$$\frac{m v^2}{a} = \frac{e^2}{a^2} - \frac{e^2}{4 a^2} \quad \text{(Gleichheit von Zentrifugal- und Coulombscher Kraft)},$$

$$m a v = \frac{h}{2\pi} \quad \left(\text{Impulsmoment gleich } \frac{h}{2\pi}\right),$$

also

$$a = \frac{h^2}{3 \pi^2 e^2 m} = 3{,}85 \cdot 10^{-12}.$$

Dieser Wert des Kernradius steht der Größenordnung nach in Übereinstimmung mit den von Rutherford aus seinen Experimenten über die Streuung von α-Strahlen errechneten Werten von Kernradien. Der obige Kern wirkt nach außen mit *einer* positiven Ladung, würde also einen isotopen Wasserstoffkern vom Atomgewicht 2 darstellen, der möglicherweise dem in der Natur vorkommenden Wasserstoff beigemischt sein könnte.

Für diese Annahme sprechen noch folgende Gründe:

Die oben dargestellte Kerntheorie ermöglicht es infolge unserer unzulänglichen Kenntnis der Quantenbedingungen zwar nicht, die Kerne der übrigen Elemente ohne große Willkür aufzubauen, doch läßt sich durch Überschlagsrechnungen leicht übersehen, daß die Energiedifferenzen zwischen den einzelnen Elementen sich als viel zu klein ergeben, als daß sie die Abweichungen der Atomgewichte von der Ganzzahligkeit erklären könnten. Wenn also die obige Theorie überhaupt haltbar sein soll, so muß mindestens ein Teil der Elemente isotop sein. Für die Isotopie gerade des Wasserstoffs schien außer dem obigen Kernmodell die Tatsache zu sprechen, daß die Ganzzahligkeit der Atomgewichte viel ausgeprägter hervortritt, wenn man sie auf $O = 16$ als Basis statt auf $H = 1$ bezieht. Dieser Umstand ermöglicht zugleich eine Schätzung des Betrages der vermuteten Isotopie des Wasserstoffs. Es müßten danach dem gewöhnlichen Wasserstoff 0,8 Proz. des Isotopen mit dem Atomgewicht 2 beigemischt sein.

Schließlich würde diese Annahme eine einfache Erklärung für die von J. J. Thomson gefundenen Kanalstrahlteilchen vom Molekulargewicht 3 geben, die sich in jeder Beziehung so verhalten, wie wenn sie aus Wasserstoff bestünden. Thomson erklärt dies durch die Annahme von H_3-Molekülen, was chemisch nicht recht einleuchtend ist. Dagegen würde nach unserer Annahme der Wasserstoff zu 1,6 Proz. aus H_2-Molekülen vom Gewicht 3 bestehen.

Allerdings sprechen auch Gründe gegen diese Annahme, von denen der gewichtigste folgender ist. Nach Bohr müßte für isotopen Wasserstoff vom Atomgewicht 2 die Rydbergsche Konstante infolge der Mitbewegung des Kerns einen um 0,027 Proz. höheren Wert haben als für Wasserstoff mit dem Atomgewicht 1. Würde also der gewöhnliche in der Natur vorkommende Wasserstoff 0,8 Proz. H-Atome vom doppelten Gewicht enthalten, so müßte jede Wasserstofflinie von der Wellenlänge λ von einer Komponente im Abstande

$$\frac{d\lambda}{\lambda} = 2{,}7 \cdot 10^{-4},$$

begleitet sein, deren Intensität 0,8 Proz. der Intensität der gewöhnlichen Linie betragen müßte. Diese Komponente ist nicht beobachtet. Es schien uns aber nicht unmöglich, daß sie wegen ihrer geringen Intensität bei der bekannten Diffusität der Wasserstofflinien bisher der Beobachtung entgangen sein könnte.

Schließlich hielten wir es für wichtig, ganz abgesehen von jeder speziellen Theorie, einmal durch das Experiment einwandfrei festzustellen, ob die Abweichungen der Atomgewichte von der Ganzzahligkeit *allein* durch Isotopie erklärt werden könnten. Wir haben deshalb außer Wasserstoff auch Sauerstoff auf Isotopie untersucht, um festzustellen, ob das für ihre Atomgewichte gefundene Verhältnis 1,008 : 16 statt 1 : 16 von Isotopie eines der beiden Elemente herrührt.

Versuchsanordnung.

Bei den Versuchen wurde ein Strom des betreffenden Gases, Wasserstoff oder Sauerstoff, an einer Diffusionswand (Tonrohr) vorbeigeführt, wobei die Hauptmenge durch die Wand wegdiffundierte. Der zurückbleibende Teil, der bei etwa vorhandener Isotopie an dem schwereren Isotopen hätte angereichert sein müssen, wurde zu Wasser verbrannt und das spezifische Gewicht des letzteren bestimmt. Da die Molekularvolumina von Isotopen gleich und ihre Molekulargewichte verschieden sind, so sind ihre spezifischen Gewichte verschieden.[1]) Wir mußten also bei Isotopie Wasser von etwas höherem spezifischen Gewicht als das normale erhalten.

Größe des zu erwartenden Effektes.

Nimmt man an, daß die Abweichung des Atomgewichtsverhältnisses 1,008 : 16 von Wasserstoff und Sauerstoff von der Ganzzahligkeit durch Isotopie hervorgerufen ist, so gibt es hierfür eine Reihe von Möglichkeiten. Zunächst könnte, wie oben angenommen, Wasserstoff zu 99,2 Proz. aus Atomen vom Gewicht 1 und zu 0,8 Proz. aus Atomen vom Gewicht 2 bestehen. Es könnte aber auch statt des Wasserstoffs der Sauerstoff isotop sein, z. B. aus zwei Isotopen mit den Atomgewichten $16 \cdot 1{,}008$ und $15 \cdot 1{,}008$ bestehen. Er müßte dann 87,3 Proz. Atome von der ersten Sorte und 12,7 Proz von der zweiten Sorte enthalten. Sodann könnten *beide* Elemente isotop sein, oder es könnten sich die Atomgewichte der beiden Isotopen um mehr als eine Kernmasseneinheit unterscheiden, oder es könnte schließlich jedes der beiden Elemente eine ganze Anzahl von Isotopen enthalten. Wir werden im folgenden die Rechnung nur für die beiden erstgenannten Fälle durchführen. Wie man durch leichte Rechnungen sehen kann, würden sich auch bei allen anderen Annahmen Effekte von ähnlicher Größenordnung ergeben.

Da Wasserstoff und Sauerstoff zweiatomig sind, so werden, falls eines der beiden Gase isotop ist und wir die beiden isotopen

1) Vgl. etwa K. Fajans, Elster- und Geitel-Festschrift p. 623. 1916.

Atomarten mit A und B bezeichnen, drei Arten von Molekülen vorkommen, A_2, AB und B_2. Sind in einem Grammatom $(1-\xi)$ Grammatome A und ξ Grammatome B vorhanden, so sind in einem Grammolekül des Gases $(1-\xi)^2$ Mole A_2, $2(1-\xi)\,\xi$ Mole AB und ξ^2 Mole B_2 enthalten. Bezeichnen wir mit A die im Überschuß vorhandene Komponente, so ist in beiden hier behandelten Fällen ξ so klein gegen Eins (bei $H: \xi = 0{,}008$ bei $O: \xi = 0{,}127$), daß wir die Moleküle B_2, deren Konzentration gleich ξ^2 ist, vernachlässigen können. Wir werden daher der Rechnung die beiden Annahmen zugrunde legen, daß entweder der Wasserstoff zu 98,4 Proz. aus Molekülen vom Gewicht 2 und 1,6 Proz. aus solchen vom Gewicht 3, oder der Sauerstoff zu 74,6 Proz. aus Molekülen vom Gewicht $32 \cdot 1{,}008$ und zu 25,4 Proz. aus solchen vom Gewicht $31 \cdot 1{,}008$ besteht.

Um zu berechnen, wie die Zusammensetzung eines Gasgemisches aus zwei Komponenten sich durch Diffusion ändert, nehmen wir an, das Gemisch befinde sich in einem Gefäß, dessen Wandung ganz oder teilweise porös ist. Den maximalen Effekt erhalten wir, wenn wir annehmen, daß die beiden Komponenten unabhängig voneinander und mit Geschwindigkeiten, die im umgekehrten Verhältnis der Molekulargewichte stehen, diffundieren, und daß die Durchmischung des Gefäßinhaltes derart ist, daß in jedem Zeitpunkt die Zusammensetzung an allen Stellen des Gefäßes die gleiche ist.

Sei p_1 der Partialdruck der ersten Komponente, so ist die im Zeitelement dt durch Diffusion bewirkte Druckabnahme

(1) $$-d p_1 = k_1 p_1 \, dt.$$

Ebenso gilt für die zweite Komponente

(1a) $$-d p_2 = k_2 p_2 \, dt.$$

Hierbei ist $k_1 : k_2 = \sqrt{M_2} : \sqrt{M_1}$, da die Diffusion bei beiden Gasen durch die gleichen Öffnungen und bei gleicher Temperatur erfolgt. Bezeichnet man die Drucke zur Zeit $t = 0$ mit dem Index 0, so ergeben (1) und (1a) integriert:

(2) $$p_1 = p_1^0 e^{-k_1 t},$$

und (2a) $$p_2 = p_2^0 e^{-k_2 t},$$

oder (3) $$\frac{p_1}{p_2} = \frac{p_1^0}{p_2^0} e^{-(k_1 - k_2) t}.$$

Um t zu eleminieren, schreiben wir (2) in der Form:

$$t = \frac{1}{k_1} \ln \frac{p_1^0}{p_1}.$$

Einsetzen von t in (3) ergibt dann

$$\frac{p_1}{p_2} = \frac{p_1^0}{p_2^0} \left(\frac{p_1^0}{p_1}\right)^{\frac{k_2}{k_1} - 1}. \tag{4}$$

Da bei unseren Versuchen stets die eine Komponente (1) in großem Überschuß vorhanden war, und die Zusammensetzung sich nur wenig änderte, so kann man statt p_1^0/p_1 einfach das Verhältnis der Totaldrucke setzen, das wir im folgenden mit n bezeichnen wollen. Setzen wir ferner

$$\frac{k_2}{k_1} = \sqrt{\frac{M_1}{M_2}},$$

so wird (4)

$$\frac{p_1}{p_2} = \frac{p_1^0}{p_2^0}\, n^{\left(\sqrt{\frac{M_1}{M_2}} - 1\right)}.$$

Führen wir nun statt der Partialdrucke p_1 und p_2 die Molprozente $100 - x$ und x ein, so ist

$$\frac{100 - x}{x} = \frac{100 - x_0}{x_0}\, n^{\left(\sqrt{\frac{M_1}{M_2}} - 1\right)}. \tag{5}$$

Zur Rechnung benutzt man praktisch Näherungsformeln. Ist z. B., wie beim Wasserstoff, $x_0 \ll 100$, so wird (5) zu

$$x = x_0\, n^{\left(1 - \sqrt{\frac{M_1}{M_2}}\right)}. \tag{5a}$$

Für Wasserstoff wäre im oben angenommenen Fall $M_1 = 2$, $M_2 = 3$ und $x_0 = 1{,}6$, also

$$x = 1{,}6\, n^{0{,}1835}. \tag{6a}$$

In den meisten Fällen ist der relative Gewichtsunterschied der Isotopen

$$\frac{M_1 - M_2}{M_2} = \frac{dM}{M},$$

klein gegen Eins, so daß

$$\sqrt{\frac{M_1}{M_2}} - 1 = \frac{1}{2}\,\frac{dM}{M},$$

gesetzt werden kann. Nimmt man ferner den Fall, der leider wohl stets realisiert sein wird, daß die durch die Diffusion bewirkte Änderung der Zusammensetzung nur klein ist, also $x - x_0 \ll 100$, so wird (5) zu

$$(5\text{b}) \qquad \begin{cases} x - x_0 = -\dfrac{(100 - x_0)\,x_0}{100}\,\dfrac{1}{2}\,\dfrac{d\,M}{M}\ln n \\ \qquad\quad = -\dfrac{(100 - x_0)\,x_0}{100}\,\dfrac{d\,M}{M}\,1{,}1513\log n. \end{cases}$$

Für Sauerstoff wäre im oben angenommenen Falle $M_1 = 32 \cdot 1{,}008$, $M_2 = 31 \cdot 1{,}008$, also

$$\frac{d\,M}{M} = \frac{1}{31{,}5} \quad \text{und} \quad x_0 = 25{,}4,$$

somit

$$(6\text{b}) \qquad x - x_0 = -\,0{,}6925 \cdot \log n\,.$$

Bei unserer unten beschriebenen Diffusionsvorrichtung wurde das Gas nicht, wie bei Ableitung der Formeln angenommen, aus einem Gefäß bei konstantem Volumen ausströmen gelassen, bis sein Druck auf den n ten Teil gefallen war, sondern es wurde bei konstantem Druck Gas wegdiffundieren gelassen, bis das Volumen auf den $n$ten Teil verkleinert war. Für die Berechnung des maximalen Effekts, bei idealer Durchmischung und unabhängiger Diffusion der beiden Komponenten, ändert dies nichts. Da bei unserem Diffusionsapparat namentlich die erste Bedingung, völlige Durchmischung, nur bis zu einem gewissen Grade erfüllt war, so wurde der „Wirkungsgrad" des Apparates an einem Wasserstoffsauerstoffgemisch bekannter Zusammensetzung experimentell bestimmt. Es zeigte sich, daß bei Diffusion auf den 30 ten Teil nicht der theoretisch maximal zu erwartende Effekt eintrat, sondern daß die Anreicherung an Sauerstoff nur so groß war, wie sie bei idealer Apparatur einer Diffusion auf den 8,55ten Teil entsprochen hätte. Indem wir, was mindestens der Größenordnung nach zutrifft, für die eigentlichen Versuche den gleichen Wirkungsgrad annehmen, setzen wir zur Berechnung des zu erwartenden Effektes bei Wasserstoff bzw. Sauerstoff, die in gleicher Weise auf den 30ten Teil diffundiert wurden, n ebenfalls gleich 8,55. Dann wird für Wasserstoff nach (6a)

$$x = 1{,}6 \cdot 8{,}55^{0{,}1835} = 2{,}37,$$

d. h. im Falle der Isotopie mußte der Gehalt an Molekülen vom Gewicht 3 durch die Diffusion von 1,6 Proz. auf 2,37 Proz. und der Molenbruch ξ_H der isotopen Atome von 0,008 auf 0,0118 steigen. Für Sauerstoff wird nach (7a)

$$x - x_0 = -0{,}692_5 \log 8{,}55 = -0{,}65,$$

d. h. bei Isotopie mußte der Gehalt an Molekülen vom Gewicht $31 \cdot 1{,}008$ um 0,65 Proz., von 25,4 Proz. auf 24,75 Proz., und der Molenbruch ξ_0 der isotopen Atome vom Gewicht $15 \cdot 1{,}008$ von 0,127 auf 0,1238 abnehmen.

Es bleibt schließlich noch übrig, die hierdurch hervorgerufene Änderung des spezifischen Gewichts des Wassers zu berechnen. Ist v_0 das Volumen eines Mols Wasser, das nach Voraussetzung für alle isotopen Modifikationen gleich sein soll, so ist das spezifische Gewicht des natürlichen Wassers:

$$s_0 = \frac{M_0}{v_0},$$

falls wir M_0 das Molekulargewicht des natürlichen Wassers berechnen. Wird infolge Änderung der Isotopie von Wasserstoff oder Sauerstoff das Molekulargewicht des Wassers gleich M, so wird sein spez. Gewicht:

$$s = \frac{M}{v_0}, \quad \text{also} \quad \frac{s - s_0}{s_0} = \frac{M - M_0}{M_0}.$$

Ist nun ν die Anzahl der Atome eines Elementes im Molekül des Wassers (Wasserstoff $\nu = 2$, Sauerstoff $\nu = 1$) und besteht dieses Element aus zwei Isotopen, deren Atomgewichte sich um den Betrag $d\,A$ unterscheiden und von denen der Molenbruch des schwereren im natürlichen Wasser ξ_0, im geänderten ξ beträgt, so ist

$$M - M_0 = \nu\,(\xi - \xi_0)\,d\,A$$

oder

$$\frac{s - s_0}{s_0} = \nu(\xi - \xi_0)\,\frac{d\,A}{M_0}.$$

In unserem Falle ist $M_0 = 18$, $d\,A = 1$. Ferner ist für Wasserstoff $\nu = 2$ und $\xi - \xi_0 = 0{,}0118 - 0{,}008 = 0{,}0038$. Also wird

$$\frac{s - s_0}{s_0} = 2 \cdot 0{,}0038\,\frac{1}{18} = 0{,}00042.$$

Für Sauerstoff ist $\nu = 1$, und $\xi - \xi_0 = 0{,}00325$, also

$$\frac{s - s_0}{s_0} = 0{,}00325\,\frac{1}{18} = 0{,}00018\,.$$

Wir mußten also, falls Wasserstoff bzw. Sauerstoff isotop ist, Wasser von um 0,042 Proz. bzw. 0,018 Proz. höherem spez. Gewicht, als es das natürliche Wasser besitzt, erhalten.

Gasentwicklung.

Die Gase wurden aus 4 U-förmigen Elektrolyseuren entwickelt, die in die 110 Voltleitung hintereinander geschaltet wurden. Während des Betriebes mit 5 bzw. 2,5 Ampere wurden sie mit fließendem Wasser gekühlt.

Diffussionseinrichtung.

Die Atmolyse oder teilweise Trennung von Gasen durch Diffusion ist verschiedentlich angewandt worden, doch handelte es sich hierbei stets um kleinere Mengen, während bei uns mehrere hundert Liter verarbeitet werden mußten.

Anfangs gingen wir so vor, daß wir das Gas durch selbsthergestellte oder von der Königlichen Porzellanmanufaktur bezogene Tonrohre strömen ließen, die sich in dauernd evakuierten Glasgefäßen befanden. Die Prüfung mit einem Wasserstoff-Sauerstoffgemisch ergab, daß die Wirksamkeit ungenügend war. Ebensowenig führten ähnliche Versuche mittels Thermodiffusion zu befriedigenden Ergebnissen. Der Grund für die schlechte Wirkungsweise liegt darin, daß zwar die an der porösen Wand liegenden Gasschichten zunächst mit dem schwereren Bestandteil angereichert werden, dann aber mangels Durchmischung mit dem übrigen Gase sich ein stationärer Zustand einstellt, bei dem die Zusammensetzung des hinausdiffundierenden Gemisches dieselbe ist, wie die des nachgelieferten.

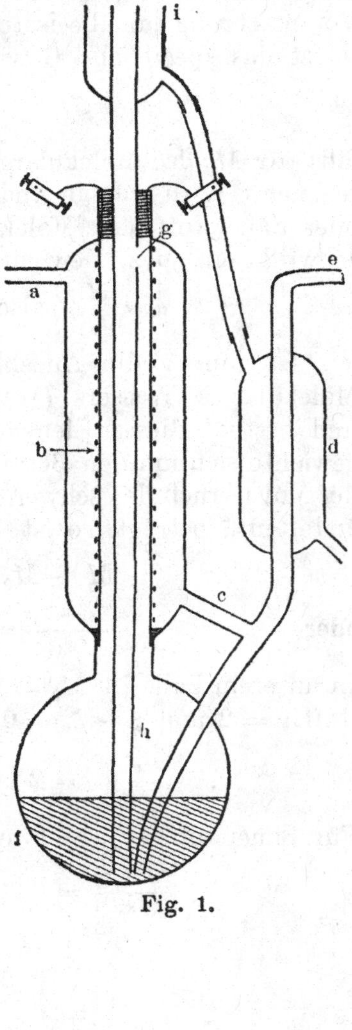

Fig. 1.

Es muß also für eine gute Durchmischung der angereicherten Schichten mit der übrigen Gasmenge gesorgt werden. Wir erreichten dies, indem wir das Gas statt in ein Vakuum in ein anderes Gas diffundieren ließen, eine Methode, die bereits von Tanatar[1]) angewandt worden ist.

Dabei findet durch die Rückdiffusion des anderen Gases eine starke Rührung statt. Als zweites Gas wurde Wasserdampf benutzt, weil dieser sich leicht wieder entfernen läßt. Der Apparat ist in Fig. 1 dargestellt. Das zu untersuchende Gas trat bei *a* ein, strömte an dem Tonrohr *b* entlang, trat durch das Rohr *c*, den Kühler *d*, den Blasenzähler *e* (Fig. 2) in den Verbrennungsofen *k* ein.

Das Wasser im Kolben *f* wurde zum Sieden erhitzt. Der Dampf strömte innen durch das Tonrohr *b* hinauf und durch die seitliche Öffnung *g* des Rohres in den Kühler *i*, wo er bei seiner Kondensation das in *b* aufgenommene Gas abgab. Das kondensierte Wasser floß durch das Rohr *h* in den Kolben zurück. Das Tonrohr wurde durch eine elektrisch geheizte Drahtspirale überhitzt, um eine Verstopfung der Poren durch kondensiertes Wasser zu vermeiden. Die Wirksamkeit wurde mit Wasserstoff geprüft, dem 1,7 Proz. Sauerstoff mit Hilfe eines kleinen, in die Leitung geschalteten Knallgasentwicklers *l* zugesetzt wurde. Im Diffusionsapparat wurden 97 Proz. des Gemisches abgesaugt. Der Rest von 3 Proz. enthielt 8,5 Proz. Sauerstoff, wie sich aus drei übereinstimmenden Versuchen ergab. Hätte der Apparat die theoretische maximale Wirksamkeit besessen so hätte bei Diffusion auf den $n = 30$ten Teil der Sauerstoff nach Formel (5a) von 1,7 Proz. auf

$$1{,}7 \cdot 30^{\left(1-\sqrt{\frac{2}{32}}\right)} = 20{,}7\,\%,$$

angereichert werden müssen. Die gefundene Anreicherung von 1,7 Proz. auf 8,5 Proz. würde bei einem idealen Apparat einer Diffusion auf den $n = 8{,}55$ten Teil entsprochen haben

$$\left(8{,}5 = 1{,}7\, n^{\left(1-\sqrt{\frac{2}{32}}\right)}\right).$$

Verbrennungseinrichtung.

Der vom Blasenzähler *e* (Fig. 2) kommende Wasserstoff wurde durch ein mit Kupferoxyd gefülltes Rohr *k* aus Kaliglas

1) Zeitschr. f. phys. Chem. 41. p. 37. 1902.

geleitet, das elektrisch auf Rotglut erhitzt war. Der hierbei entstehende Wasserdampf wurde in einer Vorlage kondensiert. Bei dem Versuche mit Sauerstoff wurde das Kupferoxyd zunächst zu Kupfer reduziert, sodann der Sauerstoff im Rohr als Kupferoxyd gesammelt und schließlich durch Überleiten von Wasserstoff zu Wasser verbrannt.

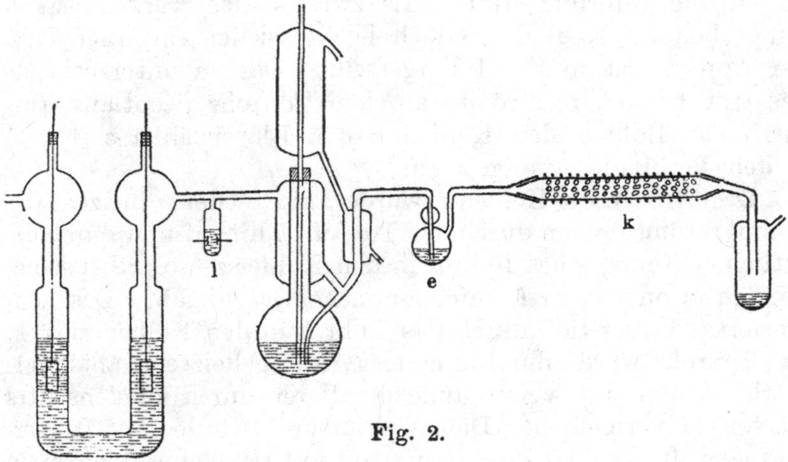

Fig. 2.

Dichtebestimmung.

Da die Herstellung von 1 ccm Wasser bei Wasserstoff 4 Stunden, bei Sauerstoff 8 Stunden dauerte, mußte die Dichtebestimmung an kleinen Mengen ausgeführt werden, um die Versuche nicht allzusehr auszudehnen. Die ersten Messungen wurden mit zwei Ostwaldschen Pyknometern aus Quarz von 5 ccm Inhalt ausgeführt. Um eine höhere Genauigkeit zu erzielen, wurde nach einigen vergeblichen Versuchen folgende Differentialmethode benutzt. Eine Nernstsche Mikrowage befand sich unter Wasser. Das Pyknometer war eine Glaskugel von etwa 5 ccm Inhalt, die an zwei gegenüberliegenden Stellen in offene Kapillaren von etwa 0,3 mm lichter Weite überging. Das mit Wasser gefüllte Pyknometer wurde tariert dann mit dem zu untersuchenden Wasser gefüllt und die Einstellungen verglichen. Die Vorteile dieser Methode vor der gewöhnlichen Pyknometermethode sind folgende:

Durch das Wägen unter Wasser ist die Belastung der Wage gering, daher kann ihre Empfindlichkeit sehr hoch getrieben werden. Die Temperatur braucht nur annähernd gemessen zu werden, da ihr Einfluß sehr klein ist. Bei der Füllung des Pyknometers fällt die Einstellung auf eine Marke weg. Schließlich wird der sonst durch Wasserhäute bedingte Wägefehler vermieden. Vor der gewöhnlichen Senkkörpermethode hat die unsrige den Vorzug, daß der Fehler, den die auf den Aufhängungsfaden wirkenden Kapillarkräfte bedingen, vermieden wird.

Da die Wage für spezifische Gewichtsbestimmungen auch in anderen Fällen Anwendung finden kann, sei die Einrichtung näher beschrieben:

In Fig. 3 ist *A* ein Trog aus Spiegelglas. An den Punkten *B* und *C* wurden Glasspitzen angekittet, die einen quer durch den Trog gespannten Quarzfaden trugen. Auf diesem wurde als Wagebalken ein Glasstäbchen von etwa 1 mm Dicke aufgekittet. Die Enden des Stäbchens waren verdickt und zu Schneiden abgeschliffen. Kurz vor den Schneiden waren etwa 2 mm breite Streifen aus Goldschlägerhäutchen angekittet, die über die Schneiden herabhingen und am unteren Ende kleine Kupferhäkchen trugen. In diese wurden die Pyknometer *E* und *F* mittels der hakenförmig umgebogenen Enden der einen Kapillare eingehängt. Dies erfolgte erst, nachdem der Trog mit Wasser gefüllt war. Das Pyknometer *E* war Meßpyknometer, während das etwa gleichgroße Pyknometer *F* als Gegengewicht dauernd hängen blieb. Damit die Wage beim Abhängen von *E* nicht herumschlug, waren als Anschläge rechts und links zwei Glasstäbe mittels übergeschobener Schlauchenden passend eingeklemmt. Die Ablesung geschah mittels eines 10fach vergrößernden Mikroskops mit Okularskala, welches auf das eine Ende des Wagebalkens eingestellt wurde.

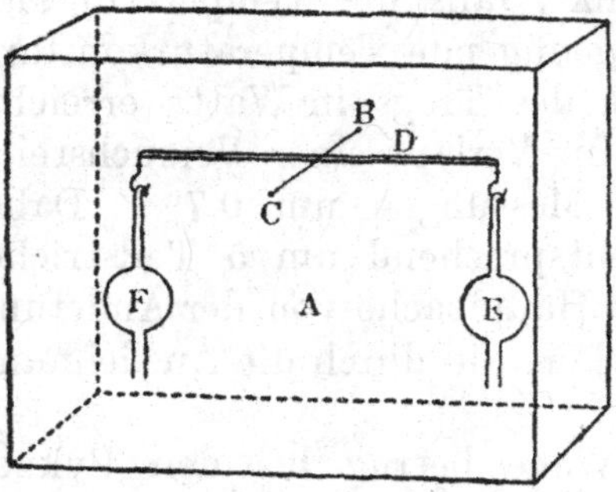

Fig. 3.

Die Messungen verliefen folgendermaßen:

Das Pyknometer *E* wurde mit Leitfähigkeitswasser gefüllt und angehängt. Dann wurde durch Anhängen kleiner Drahtreiter die Wage so tariert, daß der Balken etwa in der Mitte des Gesichtsfeldes war. Nun wurde zum Temperaturausgleiche 5 Minuten lang ein langsamer Luftstrom durch das Wasser des Trogs geleitet. Hierauf wurde die völlige Beruhigung des Wassers abgewartet, die nach 15 Minuten eingetreten war und die Einstellung des oberen scharfen Randes des Balkens abgelesen. Das Pyknometer wurde nun mit einem Drahthäkchen herausgeholt, entleert und mit dem zu untersuchenden Wasser gefüllt. Nach Anhängen an die Wage wurde in der gleichen Weise, wie oben beschrieben, die Einstellung festgestellt.

Anfangs zeigte die Wage eine sehr störende dauernde Wanderung des Nullpunktes. Nachdem der anfänglich zur Kittung des Fadens benutzte Marineleim (Siegellack war ungeeignet, weil wasserlöslich) durch amorphes Selen ersetzt worden war, blieb der Nullpunkt, falls die Temperatur sich nicht änderte, konstant. Eine genügende Temperaturkonstanz wurde bei uns durch Einhüllen des Trogs in Watte erreicht. So stieg z. B. die Temperatur im Verlauf einer Versuchsreihe von vier aufeinanderfolgenden Messungen um 0,7°. Dabei verschob sich der Nullpunkt entsprechend um 5 Teilstriche. Diese Verschiebung rührt in der Hauptsache von der Änderung der Spannung des Quarzfadens her, die durch die Ausdehnung des Troges bewirkt wird.

Die Empfindlichkeit der Wage betrug bei den Pyknometern von 5 ccm Inhalt 3 Teilstriche pro $^1/_{100}$ mg, bei denen von 1 ccm Inhalt 7 Teilstriche pro $^1/_{100}$ mg.

Versuchsergebnisse.

Der Wasserstoff wurde auf den 30. Teil diffundiert. Wir erhielten nach mehrtägigem Betriebe etwa 8 ccm Wasser. Das zunächst mit dem Ostwaldschen Pyknometer bestimmte spezifische Gewicht schien ein wenig höher zu sein, als das von Leitfähigkeitswasser, doch lag die Differenz innerhalb der Wägungsfehler. Um eventuelle Verunreinigungen zu entfernen, wurde das Wasser aus einem ganz aus Jenaer Glas bestehenden Destillationsapparat, der vorher längere Zeit ausgedämpft worden war, zweimal destilliert, das eine Mal unter Zusatz einer Spur Ätzkali, und nach der empfindlichen Methode mit gleich behandeltem Leitfähigkeitswasser verglichen. Folgende Zahlen geben die Einstellung der Wage an:

1. Leitfähigkeitswasser	42,5	3. „Isotopes“ Wasser	46,0
2. „	44,5	4. Leitfähigkeitswasser	47,5

Während der Messungsreihe war die Temperatur von 17,2 auf 17,9° gestiegen. Der Unterschied beträgt also sicher weniger als 1 Teilstrich = $3 \cdot 10^{-6}$ g. Das Pyknometer faßte 5 ccm Wasser, also stimmen die Dichten auf $0{,}6 \cdot 10^{-4}$ Proz. überein.

Wie oben (p. 233) berechnet, hätte bei Isotopie des Wasserstoffs die Dichte des Wassers um $4{,}2 \cdot 10^{-2}$ Proz. größer sein müssen.

Unser Versuch hat also ergeben, daß der Effekt höchstens $^1/_{700}$ des zu erwartenden betragen kann. Demnach kann als erwiesen gelten, daß Wasserstoff nicht merklich isotop ist.

Der Versuch mit Sauerstoff ergab, daß das spezifische Gewicht des gewonnenen Wassers auf $1 \cdot 10^{-4}$ Proz. mit dem des gewöhnlichen Wassers übereinstimmte. Da der Sauerstoff ebenfalls auf $^1/_{30}$ diffundiert worden war, so hätte nach p. 233 das spezifische Gewicht des Wassers um $1{,}8 \cdot 10^{-2}$ Proz. höher sein müssen. Der gefundene Effekt ist also kleiner als $^1/_{180}$ des zu erwartenden.

Würde man annehmen, daß die *H*- bzw. *O*-Isotopen nicht um eine, sondern um mehrere Kernmasseneinheiten verschieden sind, so hätten die zu erwartenden Effekte noch größer sein müssen. Es ist somit bewiesen, daß bei Annahme der Proutschen Hypothese die Abweichungen der Atomgewichte von der Ganzzahligkeit nicht durch Isotopie erklärt werden können.

Zusammenfassung.

Es wurde experimentell nachgewiesen, daß Wasserstoff und Sauerstoff keine Isotopengemische sind.

Jede Theorie der Kernstruktur, die von der Proutschen Hypothese ausgeht, muß also die Abweichungen der Atomgewichte von der Ganzzahligkeit durch Energiedifferenzen erklären.

Vorstehende Arbeit wurde im August bis November 1918 im Physikalisch-Chemischen Institut der Universität Berlin ausgeführt. Hrn. Prof. Nernst sind wir für die hierzu erteilte Erlaubnis sowie sein anregendes und förderndes Interesse an der Arbeit zu großem Danke verpflichtet. Auch möchten wir Frl. Dr. L. Pusch für mehrfache freundliche Hilfeleistung bei den Versuchen unsern besten Dank aussprechen.

(Eingegangen 7. Januar 1919.)

S12

S12. Zusammenfassender Bericht über die Molekulartheorie des Dampfdrucks fester Stoffe und Berechnung chemischer Konstanten. Z. Elektrochem., 25, 66–80 (1920)

ZUSAMMENFASSENDER BERICHT ÜBER DIE MOLEKULARTHEORIE DES DAMPFDRUCKES FESTER STOFFE UND IHRE BEDEUTUNG FÜR DIE BERECHNUNG CHEMISCHER KONSTANTEN.

Von *Otto Stern.*

H. Schmidt-Böcking, K. Reich, A. Templeton, W. Trageser, V. Vill (Hrsg.), *Otto Sterns Veröffentlichungen – Band 2*, DOI 10.1007/978-3-662-46962-0_7

ZUSAMMENFASSENDER BERICHT ÜBER DIE MOLEKULARTHEORIE DES DAMPFDRUCKES FESTER STOFFE UND IHRE BEDEUTUNG FÜR DIE BERECHNUNG CHEMISCHER KONSTANTEN.

Von *Otto Stern.*

A) Einleitung.

Die Temperaturveränderlichkeit des Dampfdruckes p wird durch die aus dem zweiten Hauptsatz der Thermodynamik folgende Clausius-Clapeyronsche Gleichung:

$$\frac{d \ln p}{dT} = \frac{\lambda}{RT^2} \quad . \quad . \quad . \quad . \quad (1)$$

(λ = Verdampfungswärme pro Mol beim Sättigungsdruck) gegeben, wobei vorausgesetzt ist, daß der Dampf den Gasgesetzen gehorcht und seine Dichte gegenüber der des Kondensates zu vernachlässigen ist. Um diese Gleichung zu integrieren, d. h. p als Funktion der Temperatur zu bestimmen, muß man zunächst λ als Funktion von T kennen. Der erste Hauptsatz gibt:

$$\lambda = \lambda_0 + \int_0^T C_p dT - \int_0^T C_f dT \quad . \quad . \quad (2)$$

wobei λ_0 die Verdampfungswärme beim absoluten Nullpunkt, C_f die spezifische Wärme der kondensierten, C_p diejenige der gasförmigen Phase bei konstantem Druck bedeutet. Setzen wir C_p als unabhängig von T voraus, so erhalten wir aus Gleichung (1) nach Einsetzen von λ durch Integration:

$$\ln p = -\frac{\lambda_0}{RT} + \frac{C_p}{R} \ln T - \int_0^T \frac{\int_0^T C_f dT}{RT^2} dT + C \quad (3)$$

Die Integrationskonstante C ist die sogenannte chemische Konstante Nernsts, deren Wert durch rein thermodynamische Ueberlegungen nicht zu ermitteln ist. Die außerordentliche Bedeutung dieser Konstanten C für die chemische Gleichgewichtslehre besteht bekanntlich darin, daß man die Gleichgewichtskonstante einer Gasreaktion, wie Nernst gezeigt hat, mit Hilfe seines Wärmetheorems aus rein thermischen Daten, nämlich der Reaktionswärme und den spezifischen Wärmen der Gase, berechnen kann, wenn man die chemischen Konstanten der Reaktionsteilnehmer kennt. Um C aus Gleichung (3) zu bestimmen, muß man Dampfdruck und Verdampfungswärme des betreffenden Stoffes für irgendeine Temperatur und den Verlauf der spezifischen Wärme des Kondensates, von dieser Temperatur bis zum absoluten Nullpunkt herunter, kennen.

Es ist daher als wesentlicher Fortschritt zu bezeichnen, daß es in neuester Zeit gelungen ist, die chemische Konstante einatomiger Gase aus ihrem Atomgewicht M und einigen universellen Konstanten zu berechnen, während für mehratomige Stoffe außerdem noch die Kenntnis der Hauptträgheitsmomente der Moleküle erforderlich ist. Und zwar geschah diese Berechnung zuerst durch Sackur[1]) und Tetrode[2]), die gleichzeitig und unabhängig voneinander den gleichen Weg einschlugen, auf eine kühne, theoretisch nicht ganz einwandfreie Weise, die aber durch den Erfolg gerechtfertigt wurde. Später gelang es, die Berechnung von

1) Nernst-Festschrift; S. 405 (1912); Ann. d. Phys. 40, 67 (1913).
2) Ann. Phys. 38, 434; 39, 255 (1912).

C auch auf einem theoretisch einwandfreien Wege mit Hilfe der Molekulartheorie des Dampfdruckes fester Stoffe durchzuführen, und hierüber soll im folgenden berichtet werden.

Daß eine molekulartheoretisch abgeleitete Dampfdruckformel den Wert der Konstanten C gibt, ist ohne weiteres ersichtlich, da eine solche Theorie ja den Absolutwert des Dampfdruckes liefert, und nicht nur seine Temperaturabhängigkeit wie die Thermodynamik. Anderseits scheint dieser Weg aber Bedenken ausgesetzt, denn es ist bekannt, daß die klassische Molekulartheorie vielfach zu Resultaten führt, die durch das Experiment völlig widerlegt werden, z. B. in der Theorie der spezifischen Wärme. Hier hilft uns ein zwar mehr negatives, dafür aber ganz sicheres und sehr wichtiges Resultat der sogenannten Quantentheorie, das die Grenzen der Gültigkeit der klassischen Molekulartheorie festlegt. Die Quantentheorie lehrt nämlich, daß die klassische Molekulartheorie nicht anwendbar ist auf Vorgänge von hoher Frequenz ν (ν = Zahl der Schwingungen, Drehungen usw. pro Sekunde) bei tiefer Temperatur, resp. daß man, je höher die Frequenz ist, zu um so höheren Temperaturen aufsteigen muß, um die klassische Molekulartheorie anwenden zu dürfen. Quantitativ formuliert lautet das Gesetz so, daß für irgendeinen periodischen Prozeß $\beta\frac{\nu}{T}$ klein gegen 1 sein muß, wenn die Anwendung der klassischen Molekulartheorie nicht zu Widersprüchen mit der Erfahrung führen soll, wobei $\beta = \frac{h}{k} = 4{,}76 \cdot 10^{-11}$, $h = 6{,}55 \cdot 10^{-27}$ die Plancksche, $k = 1{,}37 \cdot 10^{-16}$ die Boltzmannsche Konstante ist.

Zwar ist die Quantentheorie zurzeit noch nicht imstande, die im „nichtklassischen" Gebiet, d. h. falls $\beta\frac{\nu}{T}$ nicht mehr als klein gegen 1 betrachtet werden darf, an Stelle der Molekulartheorie tretenden Gesetze genau anzugeben (letztere sind in der Hauptsache bisher nur für Vorgänge, die sich durch reine Sinusschwingungen darstellen lassen, bekannt, wenngleich in neuester Zeit auch vielversprechende Ansätze für allgemeinere periodische Vorgänge vorliegen), ja sie vermag nicht einmal theoretisch einwandfrei zu begründen, weshalb die Molekulartheorie in diesen Fällen versagt. Nichtsdestoweniger wird dieses Gesetz von dem beschränkten Gültigkeitsbereich der Molekulartheorie durch derart umfangreiche Erfahrungskomplexe auf dem Gebiete der Strahlung, des Energieinhaltes fester Stoffe und Gase usw. gestützt, daß an seiner Richtigkeit nicht mehr gezweifelt werden kann. Und, was das Wichtigste ist, darüber hinaus beweisen die Resultate der eben erwähnten Experimentaluntersuchungen, daß in dem beschränkten „klassischen" Gebiet, d. h. für Vorgänge, bei denen $\beta\frac{\nu}{T}$ klein gegen 1 ist, die Molekulartheorie streng gültig ist und stets zu richtigen Resultaten führt. Vorausgesetzt wird dabei natürlich, daß der molekulartheoretischen Ableitung ein richtiges molekulartheoretisches Modell zugrunde liegt. Doch kann dieses meist so allgemein gehalten sein, daß dieser Punkt, auf den man früher größtenteils zu Unrecht die Diskrepanz zwischen Theorie und Erfahrung schob, bei vielen Problemen, so auch bei dem hier behandelten, keine Schwierigkeiten bietet. So liefert z. B. die Molekulartheorie für feste Stoffe das Dulong-Petitsche Gesetz unter der Annahme, daß die Atome in festen Stoffen elastische Schwingungen um Gleichgewichtslagen ausführen. Während man früher geneigt war, die zahlreichen Ausnahmen von diesem Gesetz der Unzulässigkeit obiger Annahmen zuzuschreiben, weiß man jetzt, dank Planck und Einsteins Theorie und Nernsts Experimenten, daß das Dulong-Petitsche Gesetz streng gilt, wenn die Frequenz der Atomschwingungen so klein und die Temperatur so groß ist, daß $\beta\frac{\nu}{T}$ klein gegen 1 ist. Genau so steht es auf dem Gebiet der Strahlungstheorie, wo das aus der klassischen Molekulartheorie folgende Rayleigh-Jeanssche Gesetz ebenfalls für Wellenlängen und Temperaturen, für die $\beta\frac{\nu}{T}$ klein gegen 1 ist, gilt, und in vielen anderen Fällen. Wir werden also im folgenden zur Aufstellung einer Dampfdruckformel unbedenklich von der klassischen Molekulartheorie Gebrauch machen können, wenn wir uns nur auf solch hohe Temperaturen beschränken, daß für alle vorkommenden Frequenzen $\beta\frac{\nu}{T}$ klein gegen 1 ist, d. h. wenn wir im Gültigkeitsgebiete des Dulong-Petitschen Gesetzes bleiben. Allerdings erhalten wir dann bei Beschränkung auf dieses Gebiet eine Dampfdruckformel, aus der wir den Wert der Konstanten C nicht ohne weiteres entnehmen können. Denn diese war ja durch die für beliebige Temperatur gültige Gleichung (3) definiert, und wir müssen, um aus unserer für hohe Temperaturen gültigen Formel C zu berechnen, noch den Wert des in Formel (3) auftretenden Integrals:

$$\int_0^T \frac{\int_0^T C_f \, dT}{RT^2} \, dT,$$

d. h. den Verlauf der spezifischen Wärme C_f des festen Stoffes bis zum absoluten Nullpunkt herunter kennen. Hier müssen wir dann natürlich von der Quantentheorie Gebrauch machen, aber nur von dem theoretisch und experimentell vorzüglich durchforschten Teil dieser Theorie, der den Energieinhalt fester Stoffe betrifft.

Die Aufgabe der theoretischen Berechnung der chemischen Konstanten zerfällt demnach in zwei völlig verschiedene Teile. Der erste Teil besteht in der Aufstellung einer Dampfdruckformel für das Gebiet des Dulong-Petitschen Gesetzes und ist eine Aufgabe der reinen klassischen Molekulartheorie, deren Lösung im folgenden gegeben werden soll.

Der zweite Teil besteht darin, aus der so erhaltenen Dampfdruckformel mit Hilfe der Quantentheorie der spezifischen Wärmen fester Stoffe die Konstante C zu berechnen.

B) Molekulartheoretische Aufstellung der Dampfdruckformel.

Das molekulartheoretische Modell des festen Stoffes, das im folgenden benutzt wird, ist das übliche, durch zahlreiche Erfahrungen bestätigte. Wir nehmen an, daß die Atome der festen Stoffe sich gegenseitig in Gleichgewichtslagen festhalten, und daß die Kraft, die der Verrückung eines Atoms aus dieser Gleichgewichtslage entgegenwirkt, proportional dem Betrage dieser Verrückung ist, wenigstens für kleine Beträge der Verrückung. Die Wärmebewegung der Atome besteht dann aus Sinusschwingungen um diese Gleichgewichtslagen. Allerdings ist das nicht so zu verstehen, als ob jedes Atom ständig mit ein und derselben Frequenz schwingt. Das würde nur dann der Fall sein, wenn man nur ein Atom schwingen ließe und die übrigen Atome an ihren Gleichgewichtslagen festhielte. Nun sind die Atome aber alle gleichzeitig in Bewegung und ändern ständig ihre Lagen, und da die auf ein Atom wirkende Kraft natürlich von den anderen Atomen herrührt und von deren Lagen abhängt, so ändert sich auch ständig die ein Atom in die Gleichgewichtslage zurücktreibende Kraft und der Ort dieser Gleichgewichtslage selbst, die eben nur relativ zu den anderen Atomen bestimmt ist. Eine eingehende Analyse zeigt, daß die Bewegung jedes einzelnen Atoms in diesem Falle aus einer Uebereinanderlagerung einer großen Anzahl von Sinusschwingungen mit lauter verschiedenen Frequenzen besteht. Wir können nun aber, genau so wie Clausius zunächst die verschiedenen Geschwindigkeiten der Gasmoleküle durch eine mittlere, für alle Moleküle gleiche Geschwindigkeit ersetzte, auch in unserem Falle die Bewegungen eines Atoms durch eine Sinusschwingung mit einer mittleren, unveränderlichen, für alle Atome gleichen Frequenz approximieren. Dies war die Annahme, die Einstein zuerst mit Erfolg bei der Darstellung der Wärmebewegung der Atome fester Stoffe einführte, und die auch wir zunächst unserer Theorie zugrunde legen wollen. Wir denken uns also den wirklichen festen Stoff durch einen idealisierten ersetzt, was prinzipiell, worauf in Teil C) näher eingegangen wird, nur die resultierende Dampfdruckformel beeinflussen kann; dagegen eine strenge Ableitung der chemischen Konstanten C gestattet. Im zweiten Teile soll dann gezeigt werden, wie sich die Ableitung der Dampfdruckformel bei Berücksichtigung der Zusammensetzung der Bewegung aus vielen verschiedenen Sinusschwingungen gestaltet. Wir werden dabei genau die gleiche Dampfdruckformel wie im ersten Teil finden, werden aber sehen, auf welche Weise der Mittelwert der Frequenz aus den verschiedenen Einzelfrequenzen zu bilden ist; genau so wie in der Gastheorie die Berücksichtigung der Maxwellschen Geschwindigkeitsausteilung der Moleküle die Resultate der nach Clausius mit einer mittleren gleichen Geschwindigkeit aller Moleküle durchgeführten Rechnungen nicht ändert, aber eine Vorschrift für die Bildung des betreffenden Geschwindigkeitsmittelwertes gibt. Wir werden uns im folgenden auf einatomige, feste Stoffe beschränken, da sich, wie nachher gezeigt werden soll, die Rechnung für den Fall mehratomiger Stoffe leicht verallgemeinern läßt. Ferner werden wir natürlich, ebenso wie wir dies bei der Benutzung der Clausius-Clapeyronschen Gleichung getan haben, auch bei den molekulartheoretischen Ueberlegungen stets voraussetzen, daß der gesättigte Dampf als ideales Gas betrachtet werden kann. Es geschieht dies nur der Bequemlichkeit halber, etwaige Abweichungen vom idealen Gaszustande lassen sich ohne prinzipielle Schwierigkeiten berücksichtigen, würden aber die Rechnung unnötig komplizieren.

I. Der Dampfdruck einatomiger fester Stoffe bei Annahme einer mittleren Frequenz[1]).

Die zu lösende Aufgabe läßt sich folgendermaßen formulieren: Gegeben ist ein Gefäß vom Volumen V in einem Wärmebade von der Temperatur T. In dem Gefäß befinden sich 1 Mol = N Atome einer einatomigen Substanz, zwischen denen Kräfte wirken. Falls V geeignet gewählt ist, wird sich infolge dieser Kräfte ein Gleichgewichtszustand herstellen, bei dem ein Teil der Substanz gasförmig, ein Teil fest ist. Es soll berechnet werden, welcher Druck resp. welche Dichte der gasförmigen Phase im Gleichgewicht mit der festen Phase sich einstellt, falls über die von den Atomen aufeinander aus-

1) Nach O. Stern, Physik. Zeitschr. 14, 629 (1913). Auch wiedergegeben bei „W. Nernst, Die theoretischen und experimentellen Grundlagen des neuen Wärmesatzes", Halle, 1918, S. 139.

geübten Kräfte folgende vier Annahmen gemacht werden.

1. In der gasförmigen Phase sind die Kraftwirkungen zwischen den Atomen infolge ihres großen mittleren Abstandes zu vernachlässigen (der Dampf ist ein ideales Gas).

2. In der festen Phase bewirken die von den Atomen gegenseitig aufeinander ausgeübten Kräfte, daß die Atome, resp. ihre Schwerpunkte, sich in Gleichgewichtslagen einstellen (siehe Fig. 8).

In kristallisierten Stoffen sind diese Gleichgewichtslagen in Raumgittern angeordnet, wie dies z. B. in der Figur gezeichnet ist, jedoch wird darüber im folgenden nichts vorausgesetzt.

3. Die Atomkräfte bewirken, daß bei Verrückung eines Atoms aus seiner Gleichgewichtslage eine Kraft entsteht, die es in die Gleichgewichtslage zurückzuziehen strebt und deren Größe bei kleinen Verrückungen dem Betrag der Verrückung proportional ist. Es wird zunächst angenommen, daß diese Kraft nur von der Verrückung des Atoms selbst, aber nicht von den Verrückungen der übrigen Atome abhängig ist, und ebenso, daß letztere den Ort der Gleichgewichtslage nicht ändern. Oder besser gesagt, es wird angenommen, daß man sich die Wirkungen der Verrückungen der übrigen Atome dadurch ersetzt denken kann, daß man mit einem Mittelwert der rückbleibenden Kraft und der Gleichgewichtslage rechnet.

4. Um ein Atom aus seiner Gleichgewichtslage in den Gasraum zu bringen, es zu verdampfen, ist eine bestimmte endliche Arbeit φ_0 erforderlich. Es wäre $N\varphi_0 = \lambda_0$, der Verdampfungswärme beim absoluten Nullpunkt, falls man annimmt, daß sich für $T = O$ alle Atome genau in ihren Gleichgewichtslagen befinden. Da wir aber die Möglichkeit einer sogenannten Nullpunktsenergie, d. h. von Bewegungen der Atomschwerpunkte beim absoluten Nullpunkt, zulassen wollen, werden wir $N\varphi_0 = \lambda_0'$ setzen, wobei sich dann λ_0 und λ_0' um den Betrag dieser Nullpunktsenergie unterscheiden.

Durch diese Annahmen ist jetzt für jeden Punkt des Gefäßes festgelegt, was für eine Kraft auf ein an diesen Punkt gelangendes Atom wirkt und auch wie groß das Potential φ dieses Punktes ist, wobei φ die Arbeit bedeutet, die erforderlich ist, um ein Atom an den betreffenden Punkt zu bringen. Den Nullpunkt für φ können wir beliebig ansetzen, indem wir festlegen, von welchem Punkt aus das Atom an den Ort, dessen Potential wir bestimmen wollen, gebracht wird. Wir wollen für die folgenden Rechnungen das Potential φ in der Gleichgewichtslage eines Atoms gleich Null setzen. Dann ist φ für einen beliebigen Punkt des Gefäßes gleich der Arbeit, die erforderlich ist, um ein Atom aus der Gleichgewichtslage an den betreffenden Punkt zu bringen. So ist z. B. im ganzen Gasraum φ konstant und gleich φ_0.

Wenn uns nun der Wert von φ für einen Punkt des Gefäßes gegeben ist, so ist dadurch nach Boltzmann auch die Wahrscheinlichkeit W dafür bestimmt, daß ein beliebig herausgegriffenes Atom an diesem Punkt angetroffen wird, und zwar ist nach Boltzmann W proportional $e^{-\frac{\varphi}{kT}}$, wobei k die sogenannte Boltzmannsche Konstante gleich $\frac{R}{N} = 1{,}37 \cdot 10^{-16}$

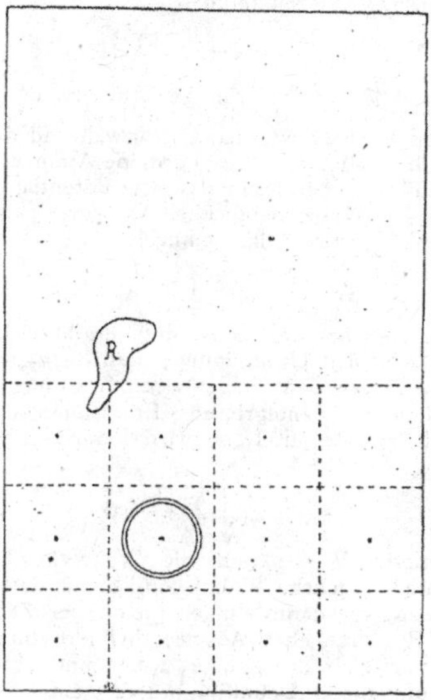

Fig. 8.

ist. Unter der Wahrscheinlichkeit W ist dabei folgendes zu verstehen. Wenn wir irgendein beliebiges Atom herausgreifen und es eine sehr lange Zeit t_0 auf seinem Wege verfolgen, so wird es während dieser Zeit an alle möglichen Orte im Gefäße gelangen, es wird verdampfen, im Gasraum umherirren, sich wieder kondensieren usw. Denken wir uns nun irgendeinen Raumteil des Gefäßes abgegrenzt, z. B. den Raum R in Fig. 8, so wird sich das Atom auch eine bestimmte Zeit lang, die wir t_R nennen wollen, im Raume R aufhalten. Wir bezeichnen jetzt als die Wahrscheinlichkeit W_R den Bruchteil der Beobachtungszeit t_0, währenddessen sich das herausgegriffene Atom im Raume R befindet, d. h. die Größe $\frac{t_R}{t_0}$, die für genügend große Beobachtungszeit t_0 einen von der Größe von t_0

unabhängigen, für alle Atome gleichen Grenzwert besitzt. Es ist klar, daß die so definierte Wahrscheinlichkeit W_R außer von φ auch von der Größe des Raumes R abhängt, denn ein Atom wird sich natürlich um so länger in R aufhalten, je größer R ist, und zwar wird für einen sehr kleinen (physikalisch unendlich kleinen) Raum dR die Wahrscheinlichkeit einfach proportional dR sein, weil innerhalb sehr kleiner Räume φ als konstant betrachtet werden kann, falls φ, wie in unserem Falle ohne weiteres ersichtlich, eine stetige Funktion des Raumes ist. Wir können also den Boltzmannschen e-Satz folgendermaßen formulieren:

$$dW = \text{konst.}\; e^{-\frac{\varphi}{kT}}\, dR \quad . \quad . \quad . \quad (4)$$

wobei $dW = \frac{t_{dR}}{t_0}$ derjenige Bruchteil der sehr langen Beobachtungszeit t_0 ist, während dessen sich das beliebig herausgegriffene Atom in dem unendlich kleinen Raum dR vom Potential φ aufhält. Die Wahrscheinlichkeit W_R für einen endlichen Raumteil R ist demnach

$$W_R = \text{konst.} \int_R e^{-\frac{\varphi}{kT}}\, dR,$$

und der Wert der Konstanten ergibt sich einfach aus der Ueberlegung, daß $t_R = t_0$ und $W_R = 1$ werden muß, wenn wir über dem Gesamtraum V integrieren. Bezeichnen wir also die Konstante mit I, so wird I durch die Gleichung:

$$1 = I \int_V e^{-\frac{\varphi}{kT}}\, dR$$

definiert. Wir hätten die Wahrscheinlichkeit auch als räumliche Wahrscheinlichkeit definieren können, die dann einfach gleich der Zahl der in dR befindlichen Atome, dividiert durch die Gesamtzahl N der Atome, wäre, und unter Benutzung dieser Definition wurde vom Verfasser zuerst die Molekulartheorie des Dampfdruckes einatomiger fester Stoffe gegeben. Es hat sich aber gezeigt, daß dann das Verständnis gewisser Punkte der Ueberlegung auf Schwierigkeiten stößt, und deshalb habe ich es vorgezogen, im vorliegenden Referat die Zeitwahrscheinlichkeitsdefinition zu benutzen, wodurch die Ableitung sich, wie ich hoffe, klarer und durchsichtiger gestaltet.

Wir wollen nun für ein beliebig herausgegriffenes Atom die Wahrscheinlichkeit W_g dafür, daß es sich in der gasförmigen Phase befindet, und ebenso die Wahrscheinlichkeit W_f dafür, daß es sich in der festen Phase befindet, berechnen Ist V_g das Volumen der gasförmigen Phase, so wird, da das Potential im Gasraum überall konstant und gleich φ_0 ist,

$$W_g = I \int_{V_g} e^{-\frac{\varphi_0}{kT}}\, dR = I V_g e^{-\frac{\varphi_0}{kT}} \quad . \quad . \quad (5)$$

Um W_f zu berechnen, denken wir uns die feste Phase in lauter Zellen eingeteilt, derart, daß in der Mitte jeder Zelle sich eine Gleichgewichtslage befindet, wie dies in Fig. 8 angedeutet ist. Wir berechnen nun die Wahrscheinlichkeit W_z dafür, daß unser herausgegriffenes Atom sich in einer bestimmten Zelle, z. B. in der zweiten Zelle von links der mittelsten Reihe der Fig. 8, befindet. Dazu denken wir uns um die Gleichgewichtslage lauter Kugeln geschlagen, von denen zwei mit den Radien r und r + dr in der Figur angedeutet sind. In der durch die Oberfläche dieser beiden Kugeln begrenzten Kugelschale von der unendlich kleinen Dicke dr und dem Volumen $4\pi r^2 dr$ herrscht überall das Potential $\varphi(r)$, das gleich der Arbeit ist, die man braucht, um dem Atomschwerpunkt aus der Gleichgewichtslage in die Entfernung r von ihr zu bringen. Setzen wir die rücktreibende Kraft, die ja proportional r sein soll, gleich $a^2 r$, wobei a^2 ein Proportionalitätsfaktor ist, so wird:

$$\varphi(r) = \int_0^r a^2 r\, dr = \frac{a^2}{2} r^2,$$

und die Wahrscheinlichkeit dafür, daß unser Atom sich in der Kugelschale befindet, wird:

$$I\, e^{-\frac{a^2 r^2}{2kT}}\, 4\pi r^2 dr,$$

und die Wahrscheinlichkeit W_r dafür, daß es sich in einer um die Gleichgewichtslage geschlagenen Kugel mit dem Radius r befindet, wird:

$$W_r = I \int_0^r e^{-\frac{a^2 r^2}{2kT}}\, 4\pi r^2 dr.$$

Nun wollen wir allerdings nicht die Wahrscheinlichkeit dafür, daß sich der Atomschwerpunkt in solch einer Kugel, sondern dafür, daß er sich in der ganzen Zelle befindet, berechnen; und außerdem ist zu bedenken, daß obiger Ausdruck nur für kleine Werte von r gilt, da nur für diese nach unseren Voraussetzungen die rücktreibende Kraft proportional r ist. Aus dieser Schwierigkeit hilft uns nun der Umstand, daß der Faktor a^2, dessen Größe mit der aus der spezifischen Wärme, Schmelzpunkt, optischen oder elastischen Eigenschaften bekannten Frequenz ν des Atoms und seiner Masse m nach der Formel $(2\pi\nu)^2 m = a^2$ zusammenhängt, bei allen in der Natur vorkommenden Fällen so groß ist, daß der Ausdruck $e^{-\frac{a^2 r^2}{2kT}}$ nur für kleine Werte von r einen merklich von Null verschiedenen Betrag hat, während er für etwas größere Werte von r praktisch gleich Null gesetzt werden kann, weil dann $\frac{a^2}{2} r^2$ mehrfach größer als kT wird. Anders ausgedrückt heißt das, daß die Wahrscheinlichkeit dafür, daß der

Atomschwerpunkt sich so weit von der Gleichgewichtslage entfernt, daß der obige Ausdruck nicht mehr gilt resp. die rücktreibende Kraft nicht mehr proportional r ist, praktisch gleich Null gesetzt werden kann.

Auf dieser Voraussetzung beruht übrigens auch die Ableitung des Dulong-Petitschen Gesetzes, und an seiner Gültigkeit, die ja auch im thermodynamischen Teil vorausgesetzt wurde, kann man am bequemsten die Berechtigung obiger Voraussetzung erkennen. Wenn wir also um die Gleichgewichtslage eine Kugel mit dem Radius r_0 schlagen, wobei r_0 der Bedingung $\frac{a^2 r_0^2}{2kT} \gg 1$ genügt, so ist die Wahrscheinlichkeit des Aufenthaltes in dieser Kugel W_{r_0}, gleich der in Zelle W_z, weil die Wahrscheinlichkeit für die übrigen Teile der Zelle vernachlässigt werden kann. Es ist daher:

$$W_z = W_{r_0} = I \int_0^{r} e^{-\frac{a^2 r^2}{2kT}} 4\pi r^2 dr$$

$$= I\, 4\pi \left(\frac{2kT}{a^2}\right)^{3/2} \int_0^{x_0} e^{-x^2} x^2 dx,$$

falls $\frac{a^2 r^2}{2kT} = x^2$ und $\frac{a^2 r_0^2}{2kT} = x_0^2$ gesetzt wird.

Nun wird für $x_0^2 \gg 1$, wie dies oben vorausgesetzt,

$$\int_0^{x_0} e^{-x^2} x^2 dx = \frac{\sqrt{\pi}}{4} - \frac{x_0}{2} e^{-x_0^2} = \frac{\sqrt{\pi}}{4}$$

und somit:

$$W_z = I \left(\frac{2\pi kT}{a^2}\right)^{3/2}.$$

Dies ist die Wahrscheinlichkeit dafür, daß sich der Schwerpunkt unseres Atoms in einer bestimmten Zelle befindet. Ist nun n_f die Zahl der im Gleichgewicht in der festen Phase befindlichen Atome, so ist n_f auch die Zahl der Zellen, in die wir uns die feste Phase gestellt denken, und die Wahrscheinlichkeit W_f für unser Atom, überhaupt in der festen Phase angetroffen zu werden, ist:

$$W_f = n_f W_z = I n_f \left(\frac{2\pi kT}{a^2}\right)^{3/2}. \qquad (6)$$

Die Wahrscheinlichkeit W_g für die gasförmige Phase war nach Gleichung (5):

$$W_g = I V_g e^{-\frac{\varphi_0}{kT}}$$

somit ist:

$$\frac{W_g}{W_f} = \frac{V_g e^{-\frac{\varphi_0}{kT}}}{n_f \left(\frac{2\pi kT}{a^2}\right)^{3/2}}.$$

Dies ist das Verhältnis der Zeiträume, während deren sich das von uns betrachtete Atom in der gasförmigen und in der festen Phase aufhält. Da wir aber ein ganz beliebiges Atom herausgegriffen haben, so hat für alle Atome $\frac{W_g}{W_f}$ denselben Wert. Wenn wir also, statt ein bestimmtes Atom eine lange Zeit hindurch zu verfolgen, alle Atome zu einem bestimmten Zeitpunkt betrachten, so stellt uns $\frac{W_g}{W_f}$ einfach das Verhältnis der Zahl der Atome in der gasförmigen Phase zur Zahl der Atome in der festen Phase dar, d. h. es ist:

$$\frac{n_g}{n_f} = \frac{W_g}{W_f} = \frac{V_g e^{-\frac{\varphi_0}{kT}}}{n_f \left(\frac{2\pi kT}{a^2}\right)^{3/2}}$$

oder

$$\frac{n_g}{V_g} = \left(\frac{a^2}{2\pi kT}\right)^{3/2} e^{-\frac{\varphi_0}{kT}}$$

Nun ist $\frac{n_g}{N}$ die Zahl der im Gasraum enthaltenen Grammatome und daher der Druck:

$$p = \frac{n_g}{N} \frac{RT}{V_g} = \frac{n_g}{V_g} kT = \left(\frac{a^2}{2\pi}\right)^{3/2} \frac{e^{-\frac{\lambda_0'}{RT}}}{(kT)^{1/2}},$$

falls wir wieder $N\varphi_0 = \lambda_0'$ und $R = kN$ setzen. Statt a^2 können wir auch die Frequenz ν und die Masse m der Atome durch die Beziehung $a^2 = (2\pi\nu)^2 m$ einführen und erhalten schließlich:

$$p = \frac{(2\pi m)^{3/2} \nu^3}{k\,(T)^{1/2}} e^{-\frac{\lambda_0'}{RT}} = \frac{(2\pi M)^{3/2} \nu^3}{N\sqrt{RT}} e^{-\frac{\lambda_0'}{RT}} \qquad (7)$$

wobei $M = Nm$ die Maße des Grammatoms ist.

II. Die Dampfdruckformel bei Berücksichtigung der verschiedenen Frequenzen[1])

Wir wollen jetzt die im ersten Teil gemachte Voraussetzung, daß alle Atome mit der gleichen mittleren Frequenz schwingen, fallen lassen und nur voraussetzen, daß, falls wir gleichzeitig allen Atomen der festen Phase beliebige kleine Verrückungen aus dem Gleichgewichtszustand geben, die zwischen je irgend zwei Atomen entstehende Kraft der Aenderung ihres Gleichgewichtsabstandes proportional ist. Die Bewegungen der Atome lassen sich dann als Uebereinanderlagerungen von Sinusschwingungen verschiedener Frequenz auffassen. Bekanntlich erlaubt obige Annahme eine Reihe von Folgerungen über die elastischen, thermischen, elektrischen und optischen Eigenschaften der festen Stoffe zu ziehen, die durch die Erfahrung durchaus bestätigt werden (siehe Born, Dynamik der Kristallgitter, 1915, bei Teubner).

1) Nach H. Tetrode, Proceedings of the Meeting of Saturday, March 27 1915, Vol. XVII.

Im übrigen benutzen wir die Annahmen und Beziehungen von Teil I. Wir setzen wieder voraus, daß wir N Atome in einem Gefäß vom Volumen V in einem Wärmebad von der Temperatur T haben. Wir bedienen uns jetzt aber nicht des e-Satzes von Boltzmann, sondern einer Formel der Gibbsschen statistischen Mechanik, die eine Verallgemeinerung des Boltzmannschen e-Satzes darstellt und folgendes aussagt: Betrachten wir die N Atome in unserem Gefäß, die ein kleines Teilsystem eines großen, im Wärmegleichgewicht befindlichen Systems (Bad und Gefäß mit Inhalt) darstellen, so wird unser kleines System, d. h. die N Atome, nach Aussage der statistischen Mechanik alle möglichen Zustände durchlaufen[1]). Unter Zustand kann hier natürlich nicht der durch Angabe von Druck, Volumen, Temperatur usw. bestimmte Zustand der Thermodynamik gemeint sein, der sich ja gerade im Wärmegleichgewicht überhaupt nicht meßbar ändert, sondern wir müssen hier zunächst sagen, was wir im folgenden unter Zustand verstehen. Denken wir uns die N Atome numeriert von 1, 2, 3 ... bis N, und in unserem Gefäß ein kartesisches Koordinatensystem eingeführt, dann sagen wir, der Zustand unseres Systems ist bestimmt, wenn für alle N Atome die Werte ihrer Koordination $x_1, y_1, z_1 \ldots x_N, y_N, z_N$ und ihrer Geschwindigkeiten $\dot{x}_1, \dot{y}_1, \dot{z}_1 \ldots \dot{x}_N, \dot{y}_N, \dot{z}_N$ gegeben sind. Wir wollen für das Folgende der Bequemlichkeit halber die übliche Bezeichnung einführen, indem wir die Koordinaten sämtlich mit q bezeichnen und von q_1 bis q_{3N} durchnumerieren, also

$$x_1 = q_1,\ y_1 = q_2,\ y_3 = q_3, \ldots \ldots x_N = q_{3N-2},$$
$$y_N = q_{3N-1},\ z_N = q_{3N}$$

setzen, und ferner statt der Geschwindigkeiten die sogenannten Impulse p einführen, die in unserem Falle einfach gleich der Geschwindigkeit, multipliziert mit der Masse m des Atoms sind, also

$$p_1 = m_1 \dot{x}_1,\ p_2 = m_1 \dot{y}_1,$$
$$p_3 = m_1 \dot{z}_1, \ldots \ldots p_{3N-2} = m_N \dot{x}_N,$$
$$p_{3N-1} = m_N \dot{y}_N,\ p_{3N} = m_N \dot{z}_N.$$

Der Zustand des Systems ist dann bestimmt durch die Angabe der Werte der 6 N-Größen

$$q_1 \ldots q_{3N},\ p_1 \ldots p_{3N}.$$

Nach Gibbs ist nun die Wahrscheinlichkeit W eines solchen Zustandes proportional $e^{-\frac{E}{kT}}$, wobei E die Energie des Systems in dem betrachteten Zustand ist. Die Wahrscheinlichkeit W eines Zustandes ist hier wieder der Bruchteil einer sehr langen Zeit, während dessen sich das System in dem betreffenden Zustand befindet. Es ist nun klar, daß, falls wir verlangen, daß die Koordinaten und Impulse ganz genau die Werte $q_1 \ldots p_{3N}$ haben sollen, die Wahrscheinlichkeit dieses Zustandes im allgemeinen Null sein wird und daß wir eine gewisse Ungenauigkeit dieser Werte zulassen müssen, wenn wir überhaupt eine von Null verschiedene Wahrscheinlichkeit erhalten wollen. Wir wollen also den Werten der Koordinaten und Impulse einen gewissen kleinen Bereich erlauben und einen Zustand unseres Systems durch die Angabe bestimmen, daß seine Koordinaten und Impulse Werte haben, die zwischen $q_1 \ldots q_{3N}$, $p_2 \ldots p_{3N}$ und $q_1 + dq_1 \ldots q_{3N} + dq_{3N}$, $p_1 + dp_1 \ldots p_{3N} + dp_{3N}$ liegen. Wählen wir nun den Bereich, d. h. die Größe dq_1 bis dp_{3N} genügend klein, so wird innerhalb des Bereiches die Energie E konstant sein und daher die Wahrscheinlichkeit dW des Zustandes einfach der Größe des Bereiches, die bei kartesischen Koordinaten gleich dem Produkt $dq_1 \ldots dp_{3N}$ ist, proportional sein, und es wird nach Gibbs:

$$dW = I e^{-\frac{E}{kT}} dq_1 \ldots dp_{3N} \quad . \quad . \quad (8)$$

Einen auf obige Art definierten Zustand bezeichnet man nach dem in der statistischen Mechanik üblichen Sprachgebrauch als „Phase" des Systems, während wir ihn, um Verwechslungen mit dem thermodynamischen Begriff der Phase zu vermeiden, in Anlehnung an Planck als „mikroskopischen" Zustand bezeichnen wollen. Die Wahrscheinlichkeit W eines „makroskopischen" Zustandes, der nicht durch die Angabe der „mikroskopischen" Zustandsvariablen q_1 bis p_{3N}, sondern der „makroskopischen" Zustandsvariablen, wie Druck, Volumen usw. definiert ist, erhalten wir, indem wir die Wahrscheinlichkeiten dW aller in ihm enthaltenen „mikroskopischen" Zuständen addieren, d. h. den Ausdruck (8) über alle Werte der Zustandsvariablen q_1 bis p_{3N}, die mit dem betreffenden „makroskopischen" Zustand verträglich sind, integrieren.

Wir wollen nun die Wahrscheinlichkeit W''_n dafür, daß die Atome 1 bis n gasförmig, die Atome n + 1 bis N fest und in irgendeiner Reihenfolge angeordnet sind, berechnen, d. h. über die Wahrscheinlichkeit aller „mikroskopischen" Zustände integrieren, die dieser Bedingung genügen. Die Energie E jedes solchen „mikroskopischen Zustandes" zerfällt in zwei Teile, die Energie E_g des gasförmigen Teils, die nur von den Koordinaten und Impulsen der Atome 1 bis n abhängt, und die Energie E_f des festen Teils, die nur von den q und p der Atome n + 1 bis N abhängt. Es wird also nach Gleichung (9):

1) In der Sprache der statistischen Mechanik würde man sagen, daß unser aus den N Atomen bestehendes System als Teil des großen Systems, Wärmebad + N Atome, mikrokanonisch in Phase verteilt ist, mit dem der Temperatur des Wärmebades entsprechenden Modul.

$$W''_n = I \int e^{-\frac{E}{kT}} dq_1 \ldots dp_{3n} dq_{3n+1} \ldots dp_{3N}$$

$$= I \int e^{-\frac{E_g}{kT}} dq_1 \ldots dp_{3n} \int e^{-\frac{E_f}{kT}} dq_{3n+1} \ldots dp_{3N}$$

Wir wollen zunächst das auf die gasförmige Phase bezügliche Integral auswerten.

Die kinetische Energie der Gasatome ist gleich

$$\frac{1}{2} m \dot{x}_1^2 + \ldots \frac{1}{2} m \dot{z}^2_n$$

$$= \frac{1}{2m} p_1^2 + \ldots \frac{1}{2m} p^2_{3n}$$

und die potentielle Energie eines Gasatoms ist, wie in Teil I, $\varphi_0 = \frac{\lambda_0'}{N}$, die potentielle Energie unserer n-Atome also $n\varphi_0$, unabhängig von den Koordinaten q. Somit wird

$$E_g = n\varphi_0 + \frac{1}{2m} p_1^2 + \ldots \frac{1}{2m} p^2_{3n}$$

und

$$\int e^{-\frac{E_g}{kT}} dq_1 \ldots dp_{3n} = e^{-\frac{n\varphi_0}{kT}} \int dq_1 \ldots dq_{3n}$$

$$\int e^{-\frac{p_1^2 + \ldots p^2_{3n}}{2mkT}} dp_1 \ldots dp_{3n}.$$

Hierbei ist bezüglich der Koordinaten $q_1 \ldots q_{3n}$ über das Volumen des Gasraums, bezüglich der Impulse $p_1 \ldots p_{3n}$ jedesmal von $-\infty$ bis $+\infty$ zu integrieren. Denken wir uns das Volumen V des Gefäßes groß genug gewählt, so kann das Volumen des festen Anteils gegen das des Gasraums vernachlässigt werden, und wir können letzteres gleich V setzen. Somit wird

$$\int dq_1 \ldots dq_{3n}$$

$$= \int_V dq_1 dq_2 dq_3 \ldots \int_V dq_{3n-2} dq_{3n-1} dq_{3n} = V^n.$$

Ferner wird

$$\int e^{-\frac{p_1^2 + \ldots p^2_{3n}}{2mkT}} dp_1 \ldots dp_{3n}$$

$$= \int_{-\infty}^{+\infty} e^{-\frac{p_1^2}{2mkT}} dp_1 \ldots \int_{-\infty}^{+\infty} e^{-\frac{p^2_{3n}}{2mkT}} dp_{3n}$$

Nun ist, falls wir $\frac{p}{2mkT} = x$ als neue Variable einführen:

$$\int_{-\infty}^{+\infty} e^{-\frac{p^2}{2mkT}} dp = (2mkT)^{1/2} \int_{-\infty}^{+\infty} e^{-x^2} dx = (2\pi mkT)^{1/2},$$

da

$$\int_{-\infty}^{+\infty} e^{-x^2} dx = \sqrt{\pi}$$

ist. Also ist

$$\int e^{-\frac{E_g}{kT}} dq_1 \ldots dp_{3n}$$

$$= e^{-\frac{n\varphi_0}{kT}} V^n (2\pi m \cdot kT)^{\frac{3n}{2}}$$

Um in der gleichen Weise das auf den festen Anteil bezügliche Integral auswerten zu können, müssen wir dem Ausdruck für die Energie der im festen Zustande befindlichen Atome n + 1 bis N als Funktion ihrer Koordinaten $q_{3n+1} \ldots q_{3N}$ und ihrer Impulse $p_{3n+1} \ldots p_{3N}$ bilden. Die kinetische Energie ist wieder:

$$\frac{m}{2} \dot{x}^2_{n+1} \ldots \frac{m}{2} \dot{z}^2_N = \frac{1}{2m} p^2_{3n+1} + \ldots \frac{1}{2m} p^2_{3N}.$$

Etwas mehr Ueberlegung erfordert die Aufstellung des Ausdrucks für die potentielle Energie. Wir hatten im ersten Teil vorausgesetzt, daß bei Verrückungen von Atomen aus ihren Gleichgewichtslagen die auf ein Atom wirkende Kraft nur abhängt von der Verrückung r, die das Atom selbst erleidet, so daß die potentielle Energie φ proportional r^2 $\left(\varphi = a^2 \frac{r^2}{2}\right)$ wurde. Würden wir hier die gleiche Voraussetzung machen, so würde die Rechnung bei gleicher Durchführung wie unten auf die im ersten Teil abgeleitete Dampfdruckformel führen. Hier wollen wir aber gerade die Voraussetzung dahin erweitern, daß die potentielle Energie bei Verrückung eines Atoms nicht nur von der Verrückung des Atoms selbst, sondern auch von den gleichzeitigen Verrückungen der anderen Atome abhängt. Das wird in Wirklichkeit sicher der Fall sein, da die Gleichgewichtslage eines Atoms ja nur relativ zur Lage der anderen Atome bestimmt ist. Dann wird also z. B. der Anteil der potentiellen Energie, der den Verrückungen der beiden Atome i und k in der x-Richtung, d. h. Aenderungen der Koordinaten q_{3i-2} und q_{3k-2}, die im Gleichgewichtszustand die Werte q^0_{3i-2} und q^0_{3k-2} haben mögen, entspricht, proportional

$$[(q_{3i-2} - q^0_{3i-2}) - (q_{3k-2} - q^0_{3k-2})]^2$$

sein und Glieder mit dem Faktor $q_{3i-2} \cdot q_{3k-2}$ enthalten. Ganz allgemein wird bei Berücksichtigung der Verrückungen sämtlicher Atome n + 1 bis N in beliebiger Richtung die potentielle Energie eine Funktion zweiten Grades der Koordinaten $q_{3n+1} \ldots q_{3N}$ von der Form:

$$\sum_{i,k=3n+1}^{i,k=3N} a_{ik} q_i q_k + \sum_{i=3n+1}^{i=3N} b_i q_i + C_0$$

sein. Höher als zweiten Grades kann die Funktion nicht sein, weil sonst die Kräfte keine linearen Funktionen der Verrückungen mehr wären, da die Kräfte bekanntlich die negativ genommenen Differentialquotienten der potentiellen Energie nach den Verrückungen sind.

Würden wir nun diesen Ausdruck in das E_f enthaltende Integral einsetzen, so würde es wegen der Produktglieder $q_i q_k$ $(i \neq k)$ nicht in ein Produkt von Integralen, die jedes nur ein q_i enthalten, zerfallen, und die Integration wäre nicht durchführbar. In der Mechanik wird nun gezeigt, daß man statt der Koordinaten $q_{3n+1} \ldots q_{3N}$ neue Koordinaten, sogenannte Normalkoordinaten, die wir mit $q_1' \ldots q'_{3n'}$, wobei $n' = N - n$ ist, bezeichnen wollen und die linearen Funktionen der ursprünglichen Koordinaten $q_{3n+1} \ldots q_{3N}$ sind, einführen kann, die die Eigenschaft haben, die potentielle Energie in eine Summe von Quadraten zu verwandeln. Die physikalische Bedeutung einer solchen Normalkoordinate q'_i ist die, daß sie eine reine Sinusschwingung mit der Frequenz ν_i darstellt, die aber eine Bewegung sämtlicher Atome $n+1$ bis N ist. In diesen Normalkoordinaten q'_i geschrieben, wird dann die potentielle Energie einfach gleich

$$\sum_{i=1}^{i=3n'} \frac{1}{2}(2\pi\nu_i)^2 q_i'^2$$
$$= \frac{1}{2}(2\pi\nu_1)^2 q_1'^2 + \ldots \frac{1}{2}(2\pi\nu_{3n'})^2 q_{3n'}'^2$$

und die kinetische Energie gleich

$$\frac{1}{2}\dot{q}_1^2 + \ldots \frac{1}{2}\dot{q}_{3n'}'^2 = \frac{1}{2}p_1'^2 + \ldots \frac{1}{2}p_{3n'}'^2,$$

da der Impuls p'_i hier gleich der Geschwindigkeit $\dot{q}'_i$ ist. (Der Impuls p_i ist nämlich allgemein definiert durch die Gleichung $p_i = \frac{\partial L}{\partial \dot{q}_i}$, wobei L die kinetische Energie, als Funktion der q_i und $\dot{q}_i$ geschrieben, ist.) Ferner wird in der Mechanik gezeigt, daß das Produkt der Differentiale

$$dq_{3n+1} \ldots dq_{3N} = dq_1' \ldots dq_{3n'}'$$

ist. Bei Einführung der Normalkoordinaten und Impulse $q_1' \ldots q_{3n'}'$ an Stelle der kartesischen Koordinaten und Impulse $q_{3n+1} \ldots q_{3N}$ wird also

$$2E_f = (2\pi\nu_1)^2 q_1'^2 + \ldots (2\pi\nu_{3n'})^2 q_{3n'}'^2 + p_1'^2 \ldots p_{3n'}^2$$

und

$$\int e^{-\frac{E_f}{kT}} dq_{3n+1} \ldots dq_{3N} = \int e^{-\frac{(2\pi\nu_1)^2 q_1'^2}{2kT}} dq_1' \ldots \int e^{-\frac{(2\pi\nu_{3n'})^2 q_{3n'}^2}{2kT}} dq_{3n'}' \int e^{-\frac{p_1'^2}{2kT}} dp_1' \ldots \int e^{-\frac{p_{3n'}^2}{2kT}} dp_{3n'}.$$

Für die Grenzen, zwischen denen diese Integrale genommen werden müssen, können wir die gleichen Ueberlegungen anstellen wie im ersten Teil auf S. 71 für die obere Grenze des Integrals

$$\int_0^r e^{-\frac{a^2 r^2}{2kT}} 4\pi r^2 dr.$$

Auch hier gelten unsere Integrale eigentlich nur für solch kleine Werte der Variablen, daß die Kräfte lineare Funktionen der Verrückungen bleiben. Indem wir aber annehmen, daß für größere Verrückungen der Integrand praktisch gleich Null gesetzt werden darf, können wir einfach zwischen den Grenzen $-\infty$ und $+\infty$ integrieren, was genau ebenso wie im ersten Teil bewiesen werden kann.

Dann wird

$$\int_{-\infty}^{+\infty} e^{-\frac{(2\pi\nu_i)^2 q_i'^2}{2kT}} dq_i' = \frac{(2kT)^{1/2}}{2\pi\nu_i}\int_{-\infty}^{+\infty} e^{-x^2} dx$$
$$= \frac{(2\pi kT)^{1/2}}{2\pi\nu_i}$$

und

$$\int_{-\infty}^{+\infty} e^{-\frac{p_i'^2}{2kT}} dp_i' = (2\pi kT)^{1/2},$$

also

$$\int e^{-\frac{E_f}{kT}} dq_1' \ldots dq_{3n'}'$$
$$= \frac{(2\pi kT)^{3n'}}{\prod_i^{1,3n'}(2\pi\nu_i)} = \frac{(kT)^{3n'}}{\prod_i^{1,3n'}\nu_i} = \left(\frac{kT}{\tilde{\nu}}\right)^{3n'} \qquad (11)$$

wobei das Produkt aller $3n'$-Frequenzen

$$\nu_1 \cdot \nu_2 \ldots \nu_{3n'} = \prod_i^{1,3n'} \nu_i = \tilde{\nu}^{3n'}$$

gesetzt ist, also $\tilde{\nu}$ eine mittlere Frequenz, nämlich das geometrische Mittel der $3n'$ verschiedenen Frequenzen des festen Stoffes ist. Somit ergibt sich die Wahrscheinlichkeit W_n'' dafür, daß die Atome 1 bis n im gasförmigen, $n+1$ bis N im festen Zustande sind, aus (9), (10) und (11) zu

$$W''_n = I\int e^{-\frac{E_g}{kT}} dq_1 \ldots dp_{3n} \int e^{-\frac{E_f}{kT}} dq_{3n+1} \ldots dp_{3N}$$
$$= I e^{-\frac{n\varphi_0}{kT}} V^n (2\pi m kT)^{\frac{3n}{2}} \left(\frac{kT}{\tilde{\nu}}\right)^{3n'}$$

Diese Formel gilt aber nur unter der Voraussetzung, die wir oben gemacht haben, daß die Atome $n+1$ bis N während der ganzen Zeit, während der sie sich im festen Zustande befinden, in genau der gleichen Anordnung und Reihenfolge in ihren Gleichgewichtslagen sitzen. In Wirklichkeit wird das nun absolut nicht der Fall sein, sondern jedes der Atome $n+1$ bis N wird im Laufe der sehr langen Beobachtungszeit an alle möglichen Orte im festen Stoffe gelangen, sei es durch Diffusion, sei es durch Verdampfung und erneute Kondensation, so daß alle überhaupt möglichen Anordnungen der n' Atome $n+1$ bis N vorkommen werden. Die Zahl der möglichen Anordnungen dieser n' festen Atome beträgt nun $n'!$, und jeder von ihnen kommt, da wir Verschiedenheiten der Form und Oberfläche des festen Stoffes nicht berücksichtigen, die gleiche für irgendeine bestimmte Anordnung oben berechnete Wahrscheinlichkeit W''_n zu. Die Wahrscheinlichkeit W'_n dafür, daß die Atome $n+1$ bis N bei beliebiger Anordnung sich im festen Zustande befinden, ist daher

$$W'_n = n'!\, W''_n.$$

Nun ist es uns aber ganz gleichgültig, ob es gerade die Atome 1 bis n sind, die gasförmig, und die Atome n + 1 bis N sind, die fest sind. Wir wollen deshalb die Wahrscheinlichkeit W_n dafür berechnen, daß überhaupt n beliebige Atome gasförmig und die übrigen $N - n = n'$-Atome fest sind. Man kann die N-Atome auf $\frac{N!}{n!\,n'!}$ verschiedene Arten auf zwei Haufen von n- und n'-Atomen verteilen. Die Wahrscheinlichkeit W_n für beliebige Verteilung ist gleich der Summe der Wahrscheinlichkeiten sämtlicher möglichen bestimmten Verteilungen. Die Wahrscheinlichkeit einer bestimmten Verteilung ist aber für alle bestimmten Verteilungen gleich, und zwar

$$W'_n = n'!\, W''_n.$$

Also ist die Wahrscheinlichkeit W_n dafür, daß von unseren N-Atomen beliebige n im gasförmigen und die übrigen $n' = N - n$ im festen Zustande sind, gleich

$$W_n = \frac{N!}{n!\,n'!} W'_n = \frac{N!}{n!} W''_n$$

$$= I \frac{N!}{n!} V^n e^{-\frac{n\varphi_0}{kT}} (2\pi m k T)^{\frac{3n}{2}} \left(\frac{kT}{\tilde{\nu}}\right)^{3(N-n)} \qquad (12)$$

Wenn man sich diesen Ausdruck W(n) als Funktion von n aufträgt, so sieht man, daß W_n ein außerordentlich stark ausgeprägtes Maximum besitzt. Das bedeutet, daß nur der wahrscheinlichste Wert von n und seiner allernächsten Umgebung einen merklich von Null verschiedenen Wert der Wahrscheinlichkeit besitzt, in Uebereinstimmung mit der Erfahrungstatsache, daß im thermodynamischen Gleichgewicht Abweichungen von der Gleichgewichtsdampfdichte unmeßbar selten sind. Die Zahl n der im thermodynamischen Gleichgewicht im gasförmigen Zustande befindlichen Atome ist also derjenige Wert von n, für den W_n ein Maximum ist. Für diesen Wert ist bekanntlich $\frac{dW_n}{dn} = 0$, oder, was hier dasselbe ist, aber für die Rechnung bequemer, $\frac{d \ln W_n}{dn} = 0$. Es ist:

$$\ln W_n = \ln I + \ln N! - \ln n! - \frac{n\varphi_0}{kT} + n \ln V$$
$$+ \frac{3}{2} n \ln (2\pi m) + \frac{3}{2} n \ln (kT) + 3(N-n) \ln kT$$
$$- 3(N-n) \ln \tilde{\nu}.$$

Setzen wir für ln n! die Stirlingsche Approximation $\ln n! = n \ln n - n$ und differentieren nach n, so wird

$$\frac{d \ln W_n}{dn} = -\ln n + 1 - 1 - \frac{\varphi_0}{kT} + \ln V$$
$$+ \frac{3}{2} \ln 2\pi m + \frac{3}{2} \ln kT - 3 \ln kT + 3 \ln \tilde{\nu} = 0.$$

Diese Gleichung bestimmt die Zahl n der im Gleichgewicht im gasförmigen Zustande befindlichen Atome. Demnach ist die Zahl der Atome pro Kubikzentimeter gleich

$$\frac{n}{V} = \left(\frac{2\pi m}{kT}\right)^{3/2} \tilde{\nu}^3 e^{-\frac{\varphi_0}{kT}}$$

und der Druck

$$p = kT \frac{n}{V} = \frac{(2\pi m)^{3/2} \nu^3}{(kT)^{1/2}} e^{-\frac{\varphi_0}{kT}}$$
$$= \frac{(2\pi M)^{3/2} \nu^3}{N (RT)^{1/2}} e^{-\frac{\lambda_0'}{RT}} \quad . \quad . \quad . \quad (7a)$$

genau wie im ersten Teil, nur daß wir jetzt wissen, daß die mittlere Frequenz ν das geometrische Mittel $\tilde{\nu}$ sämtlicher, den Eigenschwingungen des festen Stoffes zukommenden Frequenzen ist.

Ein weiterer Vorteil dieser Ableitung ist, außer ihrer größeren Strenge, noch der, daß man ohne weiteres sieht, wie sie für mehratomige Stoffe zu erweitern ist. Das einzige, was sich dann ändert, ist der Ausdruck für die Energie E_g der im gasförmigen Zustande befindlichen Moleküle, da zu E_g noch die Energie der Drehbewegung der Moleküle, wobei ihre Hauptträgheitsmomente L_1, L_2, L_3 auftreten, und etwaiger Schwingungen der Atome im Molekül gegeneinander hinzugefügt werden muß. Da die hierdurch dazukommenden Integrale sich ganz analog wie oben auswerten lassen und der Ausdruck für die Energie E_f des festen Stoffes sich gar nicht ändert, außer daß die Zahl der Eigenschwingungen oder Normalkoordinaten vermehrt wird, läßt sich W_n und somit der Dampfdruck p für beliebige mehratomige Stoffe ohne jede Schwierigkeit berechnen.

C) Berechnung der chemischen Konstante C.

Für einen einatomigen Stoff gilt nach Obigem im „klassischen" Gebiet, d. h. für solch hohe Temperaturen, daß die spezifische Wärme des festen Stoffes dem Dulong-Petitschen Gesetze gehorcht, die Dampfdruckformel:

$$p = \frac{(2\pi M)^{3/2} \nu^3}{N (RT)^{1/2}} e^{-\frac{\lambda_0'}{RT}} \quad . \quad . \quad . \quad (7a)$$

oder

$$\ln p = -\frac{\lambda_0'}{RT} - \frac{1}{2} \ln T + \ln \frac{(2\pi M)^{3/2} \nu^3}{N R^{1/2}}.$$

Die chemische Konstante C dieses einatomigen Stoffes ist nach (3) definiert durch die Gleichung:

$$\ln p = -\frac{\lambda_0}{RT} + \frac{5}{2} \ln T - \int_0^T \frac{\int_0^T C_f \, dT}{RT^2} dT + C, \qquad (3a)$$

da die spezifische Wärme eines atomigen Gases bei konstantem Druck gleich $\frac{5}{2}$R, mithin $\frac{C_g}{R} = \frac{5}{2}$ ist.

Um durch Gleichsetzen der beiden Formeln den Wert von C zu erhalten, müssen wir sehen, welche Form Gleichung (3a) für hohe Temperaturen annimmt. Dazu müssen wir den Wert der Energie

$$E_f = \int_0^T C_f \, dT$$

des festen Stoffes als Funktion der Temperatur kennen. Unter der auch oben benutzten Annahme, daß die Atome in festen Stoffen elastische Schwingungen um Gleichgewichtslagen ausführen, haben Einstein, Born-Carman und Debye gezeigt, daß die Energie eines Mols eines einatomigen festen Stoffes

$$E_f = \sum_{i=1}^{i=3N} \frac{h\nu_i}{e^{\frac{h\nu_i}{kT}} - 1}$$

ist. Hierbei sind die 3 N-Größen ν_i, genau wie oben, die Frequenzen der 3 N-Eigenschwingungen des aus N-Atom bestehenden festen Stoffes.

Es ist daher

$$\int_0^T \frac{E_f}{RT^2} dT = \int_0^T \sum_{i=1}^{i=3N} \frac{1}{N} \frac{\frac{h\nu_i}{kT^2}}{e^{\frac{h\nu_i}{kT}} - 1} dT$$

Vertauscht man Integralzeichen und Summenzeichen und führt $x_i = \frac{h\nu_i}{kT}$ als neue Variable ein, so wird:

$$\int_0^T \frac{E_f}{RT^2} dT = \frac{1}{N} \sum_{i=1}^{i=3N} - \int_\infty^{x_i} \frac{dx_i}{e^{x_i} - 1}$$

$$= \frac{1}{N} \sum_{i=1}^{i=3N} - x_i + \ln (e^{x_i} - 1) \Big|_\infty^{x_i}$$

$$= \frac{1}{N} \sum_{i=1}^{i=3N} - \frac{h\nu_i}{kT} + \ln \left(e^{\frac{h\nu_i}{kT}} - 1 \right) \qquad (13)$$

Für solch große Werte von T, daß E_f proportional T ist (Dulong-Petitsches Gesetz), wird:

$$\ln \left(e^{\frac{h\nu}{kT}} - 1 \right) = \ln \left[1 + \frac{h\nu}{kT} + \frac{1}{2!} \left(\frac{h\nu}{kT} \right)^2 + \ldots - 1 \right]$$

$$= \ln \frac{h\nu}{kT} \left(1 + \frac{1}{2!} \frac{h\nu}{kT} + \ldots \right) = \ln \frac{h\nu}{kT} + \frac{1}{2} \frac{h\nu}{kT},$$

also

$$\int_0^T \frac{E_f}{RT^2} dT = \frac{1}{N} \sum_{i=1}^{i=3N} - \frac{1}{2} \frac{h\nu_i}{kT} + \ln \frac{h\nu_i}{kT}$$

$$= - \frac{\sum_{i=1}^{i=3N} \frac{1}{2} h\nu_i}{RT} + 3 \ln \frac{h}{kT} + \frac{1}{N} \ln \prod_i^{1,3N} \nu_i.$$

In Gleichung (3a) eingesetzt, ergibt sich, wenn wir wieder wie auf S. 74[1])

$$\prod_i^{1,3N} \nu_i = \tilde{\nu}^{3N}, \quad \text{also} \quad \frac{1}{N} \ln \prod_i^{1,3N} \nu_i = \ln \tilde{\nu}^3$$

setzen

$$\ln p = - \frac{\lambda_0}{RT} + \frac{5}{2} \ln T - \frac{\sum_{i=1}^{i=3N} \frac{1}{2} h\nu_i}{RT}$$

$$+ 3 \ln \frac{h}{k} - 3 \ln T + \ln \nu^3 + C$$

oder

$$\ln p = - \frac{\lambda_0 + \sum_{i=1}^{i=3N} \frac{1}{2} h\nu_i}{RT}$$

$$- \frac{1}{2} \ln T + \ln \frac{h^3 \nu^3}{k^3} + C,$$

während die molekulartheoretische Ableitung ergeben hatte:

$$\ln p = - \frac{\lambda_0'}{RT} - \frac{1}{2} \ln T + \ln \frac{(2\pi M)^{3/2} \nu^3}{N^{3/2} k^{1/2}} \qquad (7a)$$

Durch Koeffizientenvergleichung ergibt sich:

$$\lambda_0' = \lambda_0 + \sum_{i=1}^{i=3N} \frac{1}{2} h\nu_i \qquad . \quad . \quad (14)$$

und

$$\ln \frac{h^3 \nu^3}{k^3} + C = \ln \frac{(2\pi M)^{3/2} \nu^3}{N^{3/2} k^{1/2}}$$

oder

$$C = \ln \frac{(2\pi m)^{3/2} k^{5/2}}{h^3} \qquad . \quad . \quad (15)$$

Zunächst sei kurz auf das merkwürdige Resultat (14) eingegangen, daß die Arbeit λ_0', um N-Atome aus ihren Gleichgewichtslagen in den Gaszustand zu bringen, nicht gleich der Verdampfungswärme λ_0 ist, sondern um den Betrag $\sum_{i=1}^{i=3N} \frac{1}{2} h\nu_i$ größer.

Man kann dieses Resultat auf zwei Arten deuten: Man kann entweder annehmen, daß die klassische Molekulartheorie auch bei hohen Temperaturen doch nicht ganz richtig ist, und daß bei einer exakten Theorie diese Differenz verschwinden würde, oder aber man kann annehmen, und das scheint mir weitaus wahrscheinlicher zu sein, daß die Verdampfungswärme λ_0 tatsächlich kleiner ist als die potentielle Energie der N-Atome im Gaszustande. Das würde dann heißen, daß

1) Dort war allerdings n statt N gesetzt, d. h. $\tilde{\nu}$ für eine kleinere Menge festen Stoffes als ein Mol berechnet. Es läßt sich aber leicht zeigen, daß der Wert von $\tilde{\nu}$ für makroskopische Mengen des festen Stoffes nicht merklich von der Größe dieser Mengen abhängt, in Uebereinstimmung damit, daß auch die spezifische Wärme pro Masseneinheit unabhängig von der Menge der untersuchten Substanz gefunden wird. Im folgenden ist unter ν stets das geometrische Mittel $\tilde{\nu}$ verstanden.

beim absoluten Nullpunkt die Atome nicht in ihren Gleichgewichtslagen ruhen, sondern bereits einen gewissen Betrag an Schwingungsenergie, nämlich die Energie $\sum_{i=1}^{i=3N} \frac{1}{2} h\nu_i$, besitzen. Es steht dies in bester Uebereinstimmung mit der zuerst von Planck aufgestellten, später vielfach angewandten Hypothese der sogenannten Nullpunktsenergie, wonach einem Freiheitsgrade von der Frequenz ν beim absoluten Nullpunkt die Energie $\frac{1}{2} h\nu$ zukommt. Durch die neueren Arbeiten von N. Bohr hat diese Hypothese in etwas modifizierter Form eine sehr vertiefte Bedeutung erhalten, indem die Nullpunktsenergie die Konstitution der Atome und der aus Atomen aufgebauten Systeme, letzten Endes also auch der festen Stoffe, bedingen soll. Es steht zu hoffen, daß die hier vermutete Nullpunktsenergie der festen Stoffe vom Betrage $\sum_{i=1}^{i=3N} \frac{1}{2} h\nu_i$ einst in diesem Sinne ihre Deutung finden wird.

Wir gehen nun zur Besprechung unseres Hauptresultates, daß die chemische Konstante eines einatomigen Gases

$$C = \ln \frac{(2\pi m)^{3/2} k^{5/2}}{h^3} \quad . \quad . \quad . \quad (15)$$

ist, über. Zunächst einige Bemerkungen über die Zuverlässigkeit der Ableitung bzw. der zugrundegelegten Annahmen. Einwände können sich hier wohl nur gegen das benutzte molekulartheoretische Modell des festen Stoffes richten, das natürlich bis zu einem gewissen Grade idealisiert ist. Es gilt dies nicht nur für die erste Ableitung, bei der mit einer mittleren Frequenz gerechnet wurde, sondern auch für die zweite, bei der nur vorausgesetzt wurde, daß die potentielle Energie eine ganz beliebige Funktion zweiten Grades der Verrückungen der Atome ist. Denn diese Voraussetzung bedingt z. B. schon, daß das benutzte Modell des festen Stoffes keine Wärmeausdehnung besitzt und daß seine spezifische Wärme bei konstantem Druck gleich der bei konstantem Volumen ist, was wir bei den bisherigen Ueberlegungen auch stets stillschweigend vorausgesetzt haben. Trotzdem ist dieser Einwand nicht schwerwiegend. Es läßt sich nämlich übersehen, daß man auch bei Zugrundelegung eines komplizierten Modells, das die Wärmeausdehnung usw. wiedergeben würde[1]), zu den gleichen Resultaten gelangen würde, doch soll hierauf wegen der langwierigen, dazu erforderlichen Rechnungen nicht näher eingegangen werden, zumal es ein viel prinzipielleres und gewichtigeres Argument für unsere Behauptung gibt, auf das zuerst Nernst hingewiesen hat[1]).

Nach dem Nernstschen Theorem ist nämlich der Wert der chemischen Konstanten unabhängig von der Natur des Kondensates und somit für alle möglichen Modelle der gleiche. Daher wird zwar die Dampfdruckformel von den speziellen Eigenschaften des benutzten Modells abhängen, dagegen werden sich diese bei der Berechnung der chemischen Konstanten durch das Auftreten des Integrals $\int_0^T \frac{\int_0^T C_f dT}{RT^2} dT$ stets herausheben. Deshalb genügt zur Berechnung von C das einfache Modell des ersten Teils, das übrigens bei Adsorption des Gases an Kohle annähernd realisiert sein dürfte.

Was sodann die Prüfung unseres Resultates betrifft, so kann in vollem Umfange auf das Nernstsche Buch verwiesen werden. Es sei hier nur darauf aufmerksam gemacht, daß die Bohrsche Theorie der Spektrallinien eine recht genaue zahlenmäßige Berechnung von C mit Hilfe optischer Daten, nämlich der von Paschen neuerdings mit größter Präzision gemessenen Rydbergschen Konstanten K, gestattet, ohne daß man auf die weniger genau bekannten Zahlenwerte von h und k zurückzugreifen braucht. Nach Bohr ist nämlich:

$$K = \frac{2\pi^2 e^4 \mu}{h^3} = \frac{2\pi^2 E^4 \mu}{N^4 h^3},$$

wobei e die Ladung, μ die Masse des Elektrons und E das elektrochemische Aequivalent ist. Nun ist:

$$C = \ln \frac{(2\pi m)^{3/2} k^{5/2}}{h^3} = \ln \frac{(2\pi)^{3/2} R^{5/2}}{N^4 h^3} + \frac{3}{2} \ln M$$

$$= C_0 + \frac{3}{2} \ln M \quad . \quad . \quad . \quad . \quad (15a)$$

Nach Bohr ist:

$$\frac{1}{N^4 h^3} = \frac{K}{2\pi^2 E^4 \mu},$$

mithin:

$$C_0 = \ln \frac{2^{3/2} \pi^{3/2} R^{5/2}}{N^4 h^3} = 2{,}3026 \log \frac{2^{1/2} R^{5/2} K}{\pi^{1/2} E^4 \mu}.$$

Hier tritt an nicht direkt meßbaren und nicht genau bekannten Größen nur μ, die Masse des Elektrons auf, und zwar nur in erster Potenz, während N in vierter und h in dritter Potenz auftraten, so daß bei gleichem relativen Fehler der Größen μ, N und h der zweite Ausdruck eine siebenmal so kleine Unsicherheit im Zahlenwert von C_0 ergibt als der erste Ausdruck, falls man die Größen K und E als praktisch fehlerfrei ansieht. Mit den Werten:

1) Ein derartiges Modell hat z. B. P. Debye, „Vorträge über die kinetische Theorie der Materie und Elektrizität", Wolfskehl-Vorträge, Göttingen 1913, angegeben.

1) Nernst, l. c., S. 138.

$$R = 8{,}315 \text{ erg.}, \quad K = 3{,}921 \cdot 10^{16},$$
$$E = 2{,}895 \cdot 10^{14} \text{ elst. CGS-Einh. und}$$
$$\mu = 0{,}902 \cdot 10^{-27} \text{ g}$$

wird:

$$C_0 = 2{,}3026 \cdot 4{,}417$$

und

$$C = C_0 + \frac{3}{2} \ln M = 10{,}17 + \frac{3}{2} \ln M.$$

Die Größe, die Nernst als chemische Konstante C bezeichnet und die wir mit C′ bezeichnen wollen, ist dadurch von unserem C unterschieden, daß in der Definitionsgleichung (3) bei Nernst die Briggschen statt der natürlichen Logarithmen stehen, und daß der Dampfdruck in Atmosphären, statt wie bei uns in CGS-Einheiten, d. h. in dynen pro Quadratzentimeter, angegeben gedacht ist. Da eine Atmosphäre $= 1{,}0132 \cdot 10^6 \frac{\text{dyn.}}{\text{qcm}}$ ist, wird:

$$C' = \frac{C}{2{,}3026} - \log 1{,}0132 \cdot 10^6$$
$$= 4{,}4712 + \frac{3}{2} \log M - 6{.}0057$$
$$= -1{,}587 + \frac{3}{2} \log M = C_0' + \frac{3}{2} \log M.$$

Nernst[1]) gibt für C_0' den Zahlenwert $-1{,}608$; die geringe Diskrepanz von 0,021 rührt von der Verschiedenheit der für den Ausdruck N^4h^8 benutzten Zahlenwerte. Um ein Bild von der Uebereinstimmung der mit Hilfe obigen rein theoretisch gewonnenen Ausdruckes berechneten Werte für C′ mit den experimentell gefundenen, d. h. aus Dampfdruckmessungen oder chemischen Gleichgewichten berechneten Werten der chemischen Konstanten zu geben, sei folgende, dem Nernstschen Buche entnommene Tabelle angeführt:

	C′	M	C_0'
H_2[2])	$-1{,}23 \pm 0{,}15$	2,016	$-1{,}69 \pm 0{,}15$
A	$0{,}75 \pm 0{,}06$	39,88	$-1{,}65 \pm 0{,}06$
Hg	$1{,}83 \pm 0{,}03$	200,6	$-1{,}62 \pm 0{,}03$

Der theoretisch gefundene Wert von $C_0' = 1{,}59$ stimmt also mit dem experimentell gefundenen innerhalb der Fehlergrenzen der Experimente überein. Es sei hier bemerkt, daß es noch einen Stoff gibt, bei dem die erforderlichen experimentellen Daten zur Berechnung von C vorliegen, es ist dies das atomare Jod. Die Uebereinstimmung des experimentellen mit dem theoretischen Werte von C ist aber in diesem Falle recht schlecht[3]). Es hat sich jedoch gezeigt, daß unerwartete Fehler in den experimentellen Daten stecken, besonders ist die spezifische Wärme des festen Jods durch die Umwandlungswärme in eine andere Modifikation gefälscht[1]). Eine genaue experimentelle Untersuchung dieses Falles wäre sehr wünschenswert.

1) Nernst, l. c., S. 152.

2) H_2 verhält sich bei genügend tiefen Temperaturen bekanntlich wie ein einatomiges Gas und besitzt eine spezifische Wärme $C_v = \frac{3}{2} R$.

3) O. Stern, Ann. d. Physik 44, 497 (1914).

Es sei schließlich noch in einigen kurzen Andeutungen auf den Zusammenhang der hier entwickelten Theorie mit der sogenannten Quantentheorie der idealen Gase hingewiesen. Diese Theorie liefert direkt einen Ausdruck für die sogenannte Entropiekonstante S_0 eines idealen Gases, eine Größe, die mit der chemischen Konstante C des Gases im folgenden einfachen Zusammenhang steht.

Die Entropie eines Mols eines idealen Gases vom Volumen V und der absoluten Temperatur T ist, wie bekannt:

$$S = R \ln V + C_v \ln T + S_0 \quad . \quad . \quad (16)$$

Die Konstante S_0 ist willkürlich und ohne physikalische Bedeutung, solange man nicht einen Nullpunkt für die Entropie S festsetzt. Denn diese Größe ist nur definiert für die Differenz zweier Zustände, und zwar ist die Entropiezunahme S_{AB} beim Uebergange eines Systems vom Zustande A in den Zustand B gleich $\frac{Q_1}{T_1} + \frac{Q_2}{T_2} + \ldots = \sum \frac{Q}{T}$, wobei T_1, $T_2 \ldots$ die bei irgendeiner reversiblen Leitung des Ueberganges durchlaufenen Temperaturen und Q_1, $Q_2 \ldots$ die bei diesen Temperaturen vom System aufgenommenen Wärmemengen sind. Nun findet nach dem Nernstschen Wärmesatz jeder Uebergang eines Systems aus einem Zustand in einen beliebigen anderen Zustand beim absoluten Nullpunkt ohne Entropieänderung statt, und es liegt daher nahe, mit Planck den Nernstschen Wärmesatz in etwas erweiterter Form derart zu formulieren, daß man die Entropie eines beliebigen Systems beim absoluten Nullpunkt gleich Null setzt. Damit ist auch S_0 definiert, denn wir haben jetzt unter S in Gleichung (16) diejenige $\sum \frac{Q}{T}$ zu verstehen, die erhalten wird, wenn wir von einem beliebigen Zustand, beim absoluten Nullpunkt ausgehend, das betreffende Mol Substanz auf reversiblem Wege in Gas vom Volumen V und der Temperatur T verwandeln. Um den gesuchten Zusammenhang zwischen S_0 und C zu erhalten, müssen wir von dem festen Stoffe bei T = O ausgehen. Wir erwärmen ein Mol davon reversibel bis zur Temperatur T, wobei

$$\sum \frac{Q}{T} = \int_0^T \frac{C_f \, dT}{T}$$

wird, und verdampfen es dann zu gesättigten

1) W. Nernst, Z. f. Elektroch. 22, 185 (1916).

Dampf, wobei das System die Wärmemenge λ aufnimmt, so daß

$$\sum \frac{Q}{T} = \int_0^T \frac{C_f\,dT}{T} + \frac{\lambda}{T}$$

wird. Dies ist die Entropie S eines Mols gesättigten Dampfes und S_0 ergibt sich aus der Gleichung:

$$\int_0^T \frac{C_f\,dT}{T} + \frac{\lambda}{T} = S = R \ln V + C_v \ln T + S_0,$$

wobei V jetzt das Volumen eines Mols des gesättigten Dampfes ist. Setzen wir $V = \frac{RT}{p}$ und $C_v + R = C_p$, so ergibt sich für den Dampfdruck p die Gleichung:

$$R \ln p = -\frac{\lambda}{T} + C_p \ln T - \int_0^T \frac{C_f}{T}\,dT + R \ln R + S_0.$$

Setzen wir nach Gleichung (2):

$$\lambda = \lambda_0 + C_p T - \int_0^T C_f\,dT,$$

so wird:

$$R \ln p = -\frac{\lambda_0}{T} + C_p \ln T + \frac{\int_0^T C_f\,dT}{T} - \int_0^T \frac{C_f}{T}\,dT + R \ln R - C_p + S_0.$$

Nun ist:

$$\frac{d\,\frac{\int_0^T C_f\,dT}{T}}{dT} = \frac{C_f}{T} - \frac{\int_0^T C_f\,dT}{T^2},$$

also integriert:

$$\frac{\int_0^T C_f\,dT}{T} = \int_0^T \frac{C_f}{T}\,dT - \int_0^T \frac{\int_0^T C_f\,dT}{T^2}\,dT$$

und wir erhalten schließlich die Dampfdruckformel:

$$\ln p = -\frac{\lambda_0}{RT} + \frac{C_p}{R} \ln T - \frac{1}{R}\int_0^T \frac{\int_0^T C_f\,dT}{T^2}\,dT + \frac{R \ln R - C_p + S_0}{R}$$

Durch Vergleich mit Gleichung (3) sieht man, daß die chemische Konstante:

$$C = \frac{R \ln R - C_p + S_0}{R} \qquad (17)$$

ist.

Die Entropiekonstante S_0 wird nun in der Quantentheorie der idealen Gase auf zwei verschiedenen Wegen erhalten. Der erste Weg ist der ursprünglich von Sackur und Tetrode benutzte. Bei ihm wird analog wie bei den Planckschen Betrachtungen über den Resonator[1]) unter der Annahme endlicher Phasenelemente eine Wahrscheinlichkeit W berechnet, die aber nicht wie das von uns oben benutzte W ein echter Bruch, also auch keine wirkliche Wahrscheinlichkeit, sondern eine sehr große Zahl ist. Unter Benutzung der Boltzmannschen Beziehung zwischen Entropie und Wahrscheinlichkeit $S = k \ln W$, die aber hier im Gegensatz zu Boltzmann[2]) absolut genommen wird, ergibt sich ein Absolutwert für die Entropie und somit ein bestimmter Wert für S_0. Dieser liefert, in Gleichung (17) eingesetzt, den gleichen Ausdruck für C, den wir oben gewonnen haben. Die Schwierigkeit bei dieser Ableitung besteht in der Einführung der Größe N, die in ziemlich willkürlicher Weise geschieht.

Der zweite Weg beruht darauf, daß es nach Nernst gleichgültig ist, von welchem Zustande beim absoluten Nullpunkt wir zur Berechnung der Entropie ausgehen. Falls wir daher die Voraussetzung machen, daß ein Gas vom endlichen Volumen V beim absoluten Nullpunkt als übersättigter Dampf existenzfähig ist, so können wir das Gas einfach durch Erwärmen bei konstanten Volumen in den „klassischen" Zustand höherer Temperaturen bringen.

Seine Entropie ist dann:

$$\int_0^T \frac{C_v'}{T}\,dT = S = R \ln V + C_v \ln T + S_0,$$

wobei C_v' die bei tiefer Temperatur als temperaturabhängig angenommene spezifische Wärme des Gases bei konstantem Volumen bedeutet. Das experimentell bisher unzugängliche Problem besteht jetzt darin, den Energieinhalt des Gases bei konstanten Volumen bis zum absoluten Nullpunkt herab als Funktion von V und T anzugeben. Da uns, wie mehrfach erwähnt, nur der Energieinhalt von Freiheitsgraden, die Sinusschwingungen konstanter Frequenz ν ausführen, als Funktion der Temperatur bekannt ist $\left(E = \frac{h\nu}{e^{\frac{h\nu}{kT}} - 1}\right)$, so laufen die zahlreichen bisher aufgestellten Theorien[3]) des Energieinhaltes der Gase meistens darauf hinaus, dem Gas für seine 3 N Freiheitsgrade der Translation eine oder eine Reihe von Frequenzen zuzuschreiben. Die natürlichste und

1) M. Planck, Theorie der Wärmestrahlung.

2) Nach Boltzmann hat nur die Beziehung

$$S_1 - S_2 = k \ln \frac{W_1}{W_2}$$

einen Sinn, wobei $S_1 - S_2$ die Entropiedifferenz zweier Zustände, $\frac{W_1}{W_2}$ das Verhältnis ihrer Wahrscheinlichkeiten ist.

3) Literatur siehe Nernst, l. c., S. 163.

nächstliegende Annahme, die Frequenz zur Stoßzahl in Beziehung zu setzen, führt zu absolut falschen Resultaten und gibt nicht einmal die richtige Abhängigkeit der Entropie von Volumen. Diese Theorien gehen nun so vor, daß sie teils das Gas als Kontinum auffassen, in dem sich elastische Wellen fortpflanzen (die aber zum größten Teil klein gegen die mittlere Weglänge sein müßten), teils andere, mehr oder minder willkürliche Annahmen machen.

Alle Theorien liefern, nur in den Zahlenfaktoren verschiedene, ähnliche Ausdrücke für S_0 und C, wie oben gefunden, schweben aber, besonders was ihre spezielle Form anlangt, ziemlich in der Luft, da, abgesehen von der Mangelhaftigkeit ihrer theoretischen Begründung, noch keine ihrer Folgerungen bisher experimentell bestätigt werden konnte[1]). Leider wird vielfach die Theorie der Entropiekonstante bzw. der chemischen Konstanten mit den letzterwähnten Theorien zusammengeworfen und daher für unsicher und schlecht begründet erklärt, so z. B von F. Reiche in seinem sonst ganz vortrefflichen Aufsatz über die Quantentheorie[1]). Ich hoffe, gezeigt zu haben, daß dieses Vorurteil unberechtigt ist und daß der Ausdruck für die chemische Konstante

$$C = \ln \frac{(2\pi m)^{3/2} k^{5/2}}{h^3}$$

eines der sowohl theoretisch als experimentell gesichertesten Resultate der Quantentheorie darstellt.

Charlottenburg, Schlüterstraße 37.

(Eingegangen: 3. November.)

1) Kleine von Sackur gefundene Abweichungen von den idealen Gasgesetzen sind unsicher. Die Euckenschen Messungen an komprimiertem Helium können verschieden gedeutet werden.

1) Planck-Heft der „Naturwissenschaften", S. 222 (1918).

S13

S13. Otto Stern und Max Volmer. Bemerkungen zum photochemischen Äquivalentgesetz vom Standpunkt der Bohr-Einsteinschen Auffassung der Lichtabsorption. Zeitschrift für wissenschaftliche Photographie, Photophysik und Photochemie, 19, 275–287 (1920)

Bemerkungen zum photochemischen Äquivalentgesetz vom Standpunkt der Bohr-Einsteinschen Auffassung der Lichtabsorption.

Von

O. Stern und M. Volmer.

H. Schmidt-Böcking, K. Reich, A. Templeton, W. Trageser, V. Vill (Hrsg.), *Otto Sterns Veröffentlichungen – Band 2*, DOI 10.1007/978-3-662-46962-0_8

Bemerkungen zum photochemischen Äquivalentgesetz vom Standpunkt der Bohr-Einsteinschen Auffassung der Lichtabsorption.

Von

O. Stern und M. Volmer.

A. Einsteinsches Gesetz und lichtelektrische Erscheinungen.

Im Jahre 1905 sprach Einstein[1]) die Ansicht aus, daß bei der lichtelektrischen Auslösung von Elektronen stets ein ganzes Quantum $h \cdot \nu$ des auffallenden Lichtes absorbiert wird. Beim lichtelektrischen Effekt an Metallen geht die Energie $h \cdot \nu$ in die Austrittsarbeit E und die kinetische Energie des Elektrons $\frac{1}{2} m \cdot v^2$ über. Diese Beziehung ist bereits weitgehend experimentell bestätigt worden.[2]) Sie gilt in gleicher Weise für die Röntgenfrequenzen, bei welchen sie sich insofern vereinfacht, als die Austrittsarbeit gegenüber dem Gesamtenergiebetrag zu vernachlässigen ist, so daß gesetzt werden kann $h \cdot \nu = \frac{1}{2} m v^2$. Eine weitere Konsequenz der Einsteinschen Beziehung, nämlich die, daß die Zahl der ausgelösten Elektronen gleich der Zahl der absorbierten Quanten ist, konnte hingegen beim lichtelektrischen Effekt nicht bestätigt werden. Nach dieser Beziehung sollte die Zahl der ausgelösten Elektronen bei gleicher absorbierter Energie mit steigender Wellenlänge wachsen, während tatsächlich das Gegenteil gefunden wurde. Dies erklärt sich offenbar daraus, daß bei den Messungen nicht die Zahl der angeregten Elektronen, sondern die Zahl der aus dem Metall austretenden Elektronen gefunden wird und daß diese mit wachsender Austrittsgeschwindigkeit wesentlich größer wird.[2]) Eine strenge Prüfung dieser Beziehung wäre wohl am besten beim lichtelektrischen Effekt an gasförmigen oder gelösten Molekülen durchzuführen.

B. Ausdehnung auf photochemische Reaktionen.

Die gleiche Beziehung hat Einstein später auf photochemische Prozesse ausgedehnt. Auch hier soll die Zahl der umgesetzten Molekeln gleich der Zahl der absorbierten Quanten sein, so daß, wenn die absorbierte Energie E ist, die Zahl der umgesetzten

[1]) Ann. d. Phys. **17**, 132. 1905.

[2]) Vgl. z. B. Pohl und Pringsheim, Die lichtelektrischen Erscheinungen. Vieweg.

Molekeln n sich ergibt aus der Beziehung $n = \frac{E}{h \cdot \nu}$ (Photochemisches Äquivalentgesetz).[1]) Dieses Gesetz ist aber nicht im Einklang mit den bekannten photochemischen Reaktionen, sondern der Stoffumsatz ist bei diesen teils erheblich kleiner, teils sehr viel größer, als sich nach dem Einsteinschen Gesetz aus der absorbierten Lichtmenge berechnen ließ. Andererseits gab die Einsteinsche Auffassung zum ersten Mal eine Erklärung für das nach der klassischen Absorptionstheorie gänzlich unverständliche Wittwersche Gesetz, wonach die umgesetzte Stoffmenge gleich dem Produkt aus Intensität der absorbierten Strahlung und der Bestrahlungsdauer ist, welches speziell für die photographische Platte, bis zu außerordentlich geringen Lichtintensitäten herab, annähernd bestätigt gefunden wurde.

C. Hilfsannahmen und Prüfung des Gesetzes auf Grund dieser Annahmen.

Die Diskrepanz mit der quantitativen Folgerung des Gesetzes rührt offenbar daher, daß man bei den photochemischen Reaktionen unterscheiden muß zwischen der primären Lichtrektion und sekundären Reaktionen. Der primäre Lichtvorgang, für den das Einsteinsche Gesetz ausgesprochen ist, kommt dabei nie zur Beobachtung.

Es lag nahe und ist auch von verschiedenen Forschern angenommen worden, daß dieser primäre Vorgang stets in der Abspaltung eines Elektrons besteht. Diese Annahme konnte aber in keinem Fall bestätigt werden.

Dagegen hat sich die spätere Annahme, daß der primäre Vorgang in einer Spaltung der Moleküle in die freien Atome bestehe, in vielen Fällen bei der Deutung der Versuchsergebnisse bewährt. Warburg[2]) und später Nernst[3]) haben eine experimentelle Prüfung des Einsteinschen Gesetzes von diesem Gesichtspunkt aus in Angriff genommen. Die Untersuchung gasförmiger Systeme gab unter dieser Voraussetzung in vielen Fällen eine Übereinstimmung mit den Forderungen des Gesetzes. Als Beispiel sei die von Warburg untersuchte Zersetzung des Bromwasserstoffes angeführt. Als primäre Reaktion kommt dabei nach Warburg[4]) nur der Vorgang

---

[1]) Ann. d. Phys. **37**. 832. 1912; **38**. 881. 1912.

[2]) Sitzungsbericht der Preuß. Akad. der Wiss./Naturwissenschaften 1917. Heft 30.

[3]) Grundlagen des neuen Wärmesatzes. Ztschr. Elektroch. **24**. 335. 1918.

[4]) l. c. 1916.

$HBr = H + Br$ in Betracht. Eine Diskussion der möglichen sekundären Reaktionen:

$$H + H = H_2$$
$$Br + Br = Br_2$$
$$H + BrH = H_2 + Br$$
$$Br + BrH = Br_2 + H$$

ergibt, daß ausschließlich die Reaktionen $H + BrH = Br + H_2$ und $Br + Br = Br_2$ eintreten werden, woraus folgt, daß bei Aufspaltung einer HBr-Molekel ein Br_2- und ein H_2-Molekül entsteht. Ein Vergleich der gefundenen Brommenge mit der aus der absorbierten Lichtenergie nach dem Einsteinschen Gesetz berechneten, gab befriedigende Übereinstimmung. Ganz analog ist die Untersuchung der Photolyse des HJ vorgenommen worden und gab gleichfalls eine gute Übereinstimmung in allen drei untersuchten Spektralgebieten. Nernst[1]) wandte die gleiche Auffassung auf die Lichtreaktionen des Br_2 an, wobei dem Bromdampf ein Akzeptor für Bromatome beigemischt wurde, so daß also mit jedem absorbierten Lichtquantum ein $Br_2 = 2Br$ verschwinden muß. Auch hier wurde für den Fall, daß Hexahydrobenzol als Akzeptor benutzt wurde, befriedigende Übereinstimmung gefunden.

Im Anschluß an Warburg berechnete Nernst[2]) die Möglichkeit der Reaktion von Br- und Cl-Atomen mit molekularem Wasserstoff und fand, daß die Reaktion $Br + H_2 = HBr + H$ nicht möglich ist, hingegen wohl die Reaktion $Cl + H_2 = HCl + H$ und gab somit eine Erklärung für die bekannte Tatsache, daß das Wasserstoffbromgemisch im Licht nicht reagiert[3]) im Gegensatz zum Chlorknallgas.

Bei letzterem folgt auf die Lichtreaktion $Cl_2 = 2Cl$ zunächst die Reaktion $Cl + H_2 = HCl + H$, ferner $Cl_2 + H = HCl + Cl$. Es geht also eine fortgesetzte Aufspaltung der H_2- und Cl_2-Moleküle durch die freien Atome vor sich, bis schließlich die Atome durch gelegentliche Vereinigung verschwinden. Durch Annahme dieser Kettenreaktion findet Nernst eine Erklärung für die Tatsache, daß das Chlorknallgas einen vieltausendmal stärkeren Umsatz erfährt, als der absorbierten Lichtmenge nach dem Einsteinschen Gesetz entsprechen würde.

---

[1]) l. c.

[2]) l. c.

[3]) L. Pusch, Ztschr. Elektroch. **24.** 336. 1918.

In anderen Fällen, wie bei der Ozonbildung durch Licht von $\lambda = 253\ \mu\mu$ und der Ammoniakzersetzung durch $\lambda = 209\ \mu\mu$, ließen sich die Versuchsergebnisse nicht in Einklang mit dem Einsteinschen Gesetz bringen. Wie Warburg zeigt, treten die Ausnahmen dann ein, wenn das Energiequantum $h \cdot \nu$ der wirksamen Strahlung nicht hinreicht zur Aufspaltung der Molekel in die Atome. Die erforderlichen Energiegrößen können aus gemessenen Wärmetönungen teils berechnet, teils annähernd geschätzt werden. In der folgenden Tabelle sind für einige Reaktionen die Dissoziationswärmen dem N-fachen Betrage des Energiequantums (N Avogadrosche Zahl) für die längsten angewandten Wellenlängen gegenübergestellt.

	Q	$N \cdot h \cdot \nu$
$HBr = H + Br$	89500	112300
$HJ = H + J$	64570	100000
$Br_2 = Br + Br$	46000	59400
$O_2 = O + O$	> 136000	112300
$NH_3 = N + 3H$	> 154300	135900

In den ersten drei Fällen, wo $N \cdot h \cdot \nu > Q$ ist, die Aufspaltung mithin stattfinden kann, wurde Übereinstimmung erzielt, während in den beiden letzten Fällen keine Gültigkeit gefunden wurde. Zur Erklärung nimmt Warburg an, daß die Reaktion in diesen Fällen einen anderen Verlauf nehme, z. B. erfolgt die Ozonbildung statt:

$$1)\quad O_2 + h\nu = 2O,$$
$$2)\quad O_2 + O = O_3$$

in folgender Weise:

$$1)\quad O_2 + h\nu = O_2(h\nu),$$
$$2)\quad O_2(h\nu) + O_2 = O_3 + O,$$
$$\text{oder}\quad O_2(h\nu) + 2O_2 = 2O_3.$$

Warburg nimmt also an, daß die Molekel ein Energiequantum, welches nicht zur Aufspaltung ausreicht, aufnimmt und eine Zeitlang mit sich führt. Beim Zusammenstoß dieser energiereichen Molekel mit einer anderen kann dann die Reaktion erfolgen. Die Möglichkeit eines derartigen Vorgangs hat bereits Stark[1]) ausgesprochen und ihn als thermophotochemisch bezeichnet. So konnte Warburg die Versuchsergebnisse einigermaßen befriedigend deuten.

Die bisher erwähnten Arbeiten beziehen sich auf gasförmige Systeme. Neuerdings dehnt Warburg seine Untersuchungen auch

[1]) J. Stark, Phys. Ztschr. 9. 898. 1908.

auf flüssige Systeme aus. Hier stellte sich nun aber heraus, daß auch in den Fällen, wo $N \cdot h \cdot \nu > Q$ ist, also nach Obigem eine Bestätigung des Einsteinschen Gesetzes zu erwarten war, die Theorie sich als völlig unzureichend erwies. Stets wurde ein viel geringerer Umsatz gefunden, als die Rechnung erwarten ließ. Warburg untersuchte die Nitritbildung aus Nitrat in wäßriger Lösung durch ultraviolettes Licht, für die er als primären Vorgang die Reaktion $KNO_3 = KNO_2 + O$ annimmt. Im günstigsten Falle für $\lambda = 207\ \mu\mu$ findet er nur den vierten Teil der berechneten Ausbeute, während bei längeren Wellen $\lambda = 253\ \mu\mu$ und $282\ \mu\mu$ entgegen den Forderungen des Gesetzes der Umsatz noch kleiner ist. Die Abweichung erklärt Warburg durch den Einfluß der Nachbarmolekeln, an die ein Teil des Quantums abgegeben wird, bevor der Zerfall eintritt.

D. Unhaltbarkeit der Annahme der Molekülspaltung.

Aber auch in anderen Fällen und zwar schon bei Gasreaktionen führt die Warburg-Nernstsche Auffassung der Molekülspaltung in die freien Atome zu Widersprüchen. So geht z. B. die Chlorknallgasreaktion schon bei Belichtung mit so langen Wellen vor sich, daß das Energiequantum $h \cdot \nu$ wesentlich kleiner ist, als die molekulare Dissoziationsarbeit. Die Dissoziationswärme des Chlors ist nach Nernst[1]) 106000 Kalorien. Die Chlorknallgasreaktion dürfte demnach erst unterhalb einer Wellenlänge von $\lambda = 265\ \mu\mu$ ($N \cdot h \cdot \nu = 106000$ Kalorien) vor sich gehen. Statt dessen geht sie schon im violetten Absorptionsgebiet des Chlors bei etwa $400\ \mu\mu$ vor sich. Nimmt man an, daß der Wert von 106000 Kalorien zu hoch ist, so kann doch als sicher gelten, daß die Dissoziationswärme des Chlors erheblich größer als der entsprechende Wert $N \cdot h \cdot \nu = 70700$ Kalorien ist.

Gegen die Annahme der Bildung freier O-Atome bei ultravioletter Bestrahlung von O_2 sprechen noch unveröffentlichte Versuche, die Herr Dr. Max Wolf uns freundlichst mitteilte. Bei der Bestrahlung eines Wasserstoff-Sauerstoffgemisches mit großem Wasserstoffüberschuß entsteht im Quarzultraviolett, also in einem Licht, welches wesentlich nur von Sauerstoff absorbiert wird, H_2O_2. Diese Tatsache ist bei Annahme der Reaktion freier O-Atome unverständlich und nur so zu erklären, daß der Sauerstoff als Molekül in Reaktion getreten ist.

[1]) l. c.

Ein direkter Nachweis dafür, daß selbst dann, wenn ein Molekül ein Energiequantum absorbiert, das größer als die Dissoziationsarbeit ist, keine Spaltung in die Atome eintritt, ließ sich beim Jod erbringen. Die Dissoziationswärme des Jods beträgt 36000 Kalorien. Das Jodmolekül müßte also nach der bisherigen Auffassung durch Licht von der Wellenlänge 800 $\mu\mu$ in Atome gespalten werden. Statt dessen vermag das Jodmolekül z. B. Licht von der Wellenlänge 456 $\mu\mu$ aufzunehmen und wieder zu emittieren, ohne daß dabei eine Spaltung in Atome erfolgt, wie man aus der sehr kleinen Abklingungszeit der Fluoreszenz des Joddampfes schließen kann.[1]) Analog liegen die Verhältnisse bei fluoreszierendem Schwefel- und Selendampf, sowie bei der großen Zahl der im Sichtbaren und Ultravioletten fluoreszierenden organischen Dämpfe und Lösungen. Durchweg vermögen die Moleküle, ohne Spaltung zu erleiden, Energiequanten vom vielfachem Betrage der Spaltungsarbeit aufzunehmen und wieder abzugeben.

Aus alledem geht hervor, daß die Hypothese, die Molekülspaltung als primären Lichtvorgang zu betrachten, unhaltbar ist.

E. Bohrsche Zustände als Primärprodukte.

Es ist klar, daß man auf Grund rein photochemischer Erfahrung schwerlich jemals etwas über die primäre Lichtreaktion wird aus sagen können. Glücklicherweise haben wir jetzt seit den grundlegenden Arbeiten von Niels Bohr[2]) einen Einblick in das Wesen der Lichtabsorption bekommen. Die Absorption besteht nach Bohr darin, daß ein Atom oder Molekül durch Aufnahme eines Lichtquantums $h \cdot \nu$ in einen neuen Quantenzustand übergeht. Diese Hypothese hat sich derartig fruchtbar erwiesen und ist in vielen Fällen so überzeugend bestätigt worden, daß an ihrer Richtigkeit nicht gezweifelt werden kann.

Für unseren Fall besonders wichtig ist die Bestätigung durch die Experimentalarbeiten über die Wirkung stoßender Elektronen auf Gasmoleküle.[3]) In diesen Arbeiten ist bis zur Handgreiflichkeit gezeigt, daß die Energieaufnahme und -abgabe stets in Quanten erfolgt. Das stoßende Elektron gibt nur das dem Molekül zusagende

---

[1]) Stern und Volmer, Phys. Ztschr. **20.** 183. 1919.

[2]) Bohr, Phil. Mag. (6) **26.** 1913 (s. z. B. die Referate von Reiche und Epstein im Planckheft der Naturwissenschaften 1918).

[3]) Vgl. die zusammenfassende Arbeit von Frank und Hertz, Phys. Ztschr. **20.** 132. 1919.

Quantum an Energie ab und behält den Rest. Allerdings kann jedes Molekül verschiedene Quanten aufnehmen, deren Betrag genau mit den Frequenzen des Absorptionsspektrums übereinstimmt. Am einfachsten liegen die Verhältnisse beim Wasserstoffatom, das aus einem positiven Kern und einem darum rotierenden Elektron besteht. Nach Bohr kann diese Rotation nicht in Kreisen von beliebigem Radius stattfinden, sondern nur in ganz bestimmten diskreten Kreisbahnen, deren Dimensionen durch die Quantentheorie gegeben werden. Die Moleküle können von stoßenden Elektronen nur solche Energiebeträge aufnehmen, welche hinreichen, um das Atom aus dem Nullzustand in einen der anderen Quantenzustände zu bringen. Ebenso kann das Atom im Nullzustand nur Licht von solcher Wellenlänge absorbieren, für welche das Energiequantum $h \cdot \nu$ gleich der Energiedifferenz zwischen dem Nullzustand und einem dieser Zustände ist. Bereits beim Wasserstoff können die Bahnen auch Ellipsen sein. Bei anderen Molekülen sind sie im allgemeinen viel komplizierter gestaltet. Unter allen Umständen aber gibt es immer nur ganz bestimmte und diskrete Bahnen, so daß die Energieaufnahme und -abgabe immer nur in diskreten Energiebeträgen erfolgen kann, die der Energiedifferenz zwischen zwei solchen Bahnen entsprechen. Die der Ionisierungsarbeit entsprechende Frequenz ist die ultraviolette Absorptionsgrenze des betreffenden Stoffes. Als besonders wichtig für das Folgende ist noch zu erwähnen, daß die ein Energiequantum tragenden Moleküle dieses nach kurzer Zeit (etwa 10^{-8} sec.) durch Ausstrahlung von selbst wieder abgeben, falls sie es nicht schon vorher durch Zusammenstoß mit einem anderen Molekül verloren haben.[1])

Man könnte erwarten, daß die Moleküle Energiequanten aus der Strahlung oder von stoßenden Elektronen aufzunehmen imstande wären, die der Dissoziationsarbeit entsprechen. Bei Wasserstoffmolekülen wäre demnach Energieabgabe bei stoßenden Elektronen zu erwarten, welche ein Feld von 4,83 Volt durchlaufen haben. Auffallender Weise werden aber Quanten dieser Größe nicht aufgenommen. Ebenso könnte man erwarten, daß Wasserstoff eine Absorptionslinie bei $\lambda = 283\ \mu\mu$ besäße. Auch dieses ist entsprechend der weitgehenden Analogie zwischen optischer Absorption und quantenmäßiger Energieabgabe durch Elektronen nicht der Fall. Offenbar kann also das zur Dissoziation nötige Energie-

---

[1]) Stern und Volmer, l. c.

quantum nicht direkt von stoßenden Elektronen oder aus der Strahlung aufgenommen werden, was übrigens bei näherem Eingehen auf das elektronentheoretische Modell durchaus verständlich ist.[1]) Ähnlich wie beim Wasserstoff scheinen die Verhältnisse bei den Gasen NO, CO, Cl_2, Br_2, CH_4 zu liegen.

Es ist nun klar, daß die bei der Lichtabsorption entstehenden Bohrschen Zustände direkt als die primären Lichtreaktionsprodukte anzusprechen sind[2]), deren Reaktionen die beobachteten stofflichen Änderungen bei den bekannten photochemischen Reaktionen ergeben. Diese Auffassung läßt auch den Zusammenhang erkennen, der zwischen der photochemischen Empfindlichkeit und der lichtelektrischen Leitfähigkeit[3]) der gleichen Substanzen in festem Zustand besteht. Das Zustandekommen der letzteren kann man sich etwa so vorstellen, daß bei dem Übergang der Elektronen in einen größeren Ring bei festen Körpern die Elektronen bereits in das Feld des Nachbaratoms kommen und unter dem Einfluß der angelegten Potentialdifferenz hinüber zu wandern vermögen.

F. Anwendung der neuen Auffassung.

Es sollen im folgenden einige photochemische Reaktionen, vor allem die wertvollen Warburgschen Arbeiten, vom Standpunkt der Annahme Bohrscher Zustände als primärer Lichtprodukte diskutiert werden. Dabei führen wir allgemein als Bezeichnung dieser Zustände ein *b* als Index zum chemischen Symbol hinzu. Nötigenfalls können dem *b* die Zahlen o bis *n* angehängt werden, zur Kennzeichnung der verschiedenen Bohrschen Zustände.

I. Zersetzung des Bromwasserstoffs $HBr + h \cdot \nu = (HBr)_b$,

$$(HBr)_b + HBr = H_2 + Br_2.$$

Es kommt also, genau wie bei der früheren Theorie, das experimentell gefundene Ergebnis heraus, daß pro absorbiertem Energiequantum zwei HBr-Moleküle gespalten werden. Nach unseren Anschauungen wird man dieses Resultat aber nur unter gewissen Bedingungen erhalten.

Damit der obige Vorgang eintreten kann (nicht muß!), muß

[1]) Bem. b. L. d. Korr.: Inzwischen ist das Verhalten des Wasserstoffs gegenüber stoßenden Elektronen weiter geklärt worden; vgl. dazu J. Frank, P. Knipping und Thea Krüger: Verh. d. D. Phys. Ges. **21.** 728. 1919.

[2]) Stern und Volmer, l. c.

[3]) Volmer, Ztschr. f. Elektroch. **21.** 113. 1915.

innerhalb der Lebensdauer (s. o.) der $(HBr)_b$ Moleküle ein Zusammenstoß mit einem zweiten Br-Molekül erfolgen. Es ist also zu erwarten, daß bei Verdünnung oder bei Zusatz eines indifferenten Gases der Umsatz allmählich abnimmt. Die Kenntnis der Energieabgabe bei Zusammenstößen, die sich z. B. durch quantitative Untersuchungen des Fluoreszenzspektrums feststellen läßt, würde eine strenge Berechnung des Einflusses erlauben. Zurzeit kann nur qualitativ ausgesagt werden, daß die Abnahme um so stärker sein wird, je elektronegativer das Gas ist. Bei Edelgasen und H_2, deren Moleküle bei jedem Stoß nur eine kleine Energiemenge aufnehmen können, kann eine größere Zahl von Stößen erfolgen, bevor die $(HBr)_b$ Molekel ihre Energie so weit verloren hat, daß die Reaktion nicht mehr eintritt. Voraussetzung dafür, daß das absorbierte Quantum $h \cdot \nu$ in kleineren Teilbeträgen abgegeben werden kann, ist natürlich, daß das Molekül, welches das Quantum trägt, noch mehrere Quantenzustände von kleinerer Energie annehmen kann. Diese Voraussetzung ist bei den Halogenwasserstoffmolekülen sicher erfüllt, wie ihr kompliziertes Spektrum beweist.[1]) Ferner wird der Einfluß der indifferenten Gase bei ein und demselben Prozeß um so geringer sein, je kurzwelliger das angewandte Licht ist, weil die Zahl der Zusammenstöße größer sein darf, bis das größere Quantum aufgeteilt ist. Die Theorie läßt also im Fall von Beimischung fremder Gase eine Abnahme des Umsatzes mit steigender Wellenlänge erwarten. Da mit der Möglichkeit reaktionsloser Zusammenstöße auch bei bloßer Anwesenheit reaktionsfähiger Gase gerechnet werden muß, so ist nach Obigem allgemein mit einer Abnahme des Umsatzes mit steigender Wellenlänge zu rechnen, wenn das Quantum nahe an der Grenze des Ausreichens ist. Die Möglichkeit reaktionsloser Zusammenstöße geht aus einem wichtigen Befunde von Le Blanc[2]) und Andrich bei der Bromierung des Toluols hervor. Die Lichtreaktion geht vor sich, wenn das Licht von der freien Brommolekel absorbiert wird, aber nicht, wenn das Licht von dem solvatisierten Brom absorbiert wird. Offenbar befinden sich in dieser Additionsverbindung die Moleküle nicht in der richtigen Lage zueinander. Es ist leicht einzusehen und wird unten weiter ausgeführt, daß angelagerte Moleküle sich ebenso verhalten, wie stoßende. Die Zersetzung des HBr und HJ wurde von Warburg im Gemisch mit Wasserstoff vorgenommen. Da dieses

[1]) A. Coehn und K. Stuckardt, Ztschr. phys. Ch. **91**. 722. 1916.

[2]) Diese Ztschr. **15**. 148. 1915.

Gas nur eine geringe Elektronenaffinität besitzt, so kann eine Reihe von Zusammenstößen stattfinden, ohne erhebliche Energieabgabe. Außerdem besitzt besonders im zweiten Fall das absorbierte Quantum mehr als das eineinhalbfache der notwendigen Größe, daher kann ein Einfluß des Wasserstoffs erst erwartet werden, wenn seine Konzentration groß gegenüber der des HJ oder HBr ist.

II. Bei der Ozonbildung ist Sauerstoff im Überschuß vorhanden. Dieses stark elektronegative Gas sollte beträchtlichen Einfluß ausüben. Tatsächlich findet Warburg starke Abweichung bei längeren Wellen. Die Reaktion könnte nach unserer Auffassung folgendermaßen verlaufen:

$$(O_2)_b + O_2 = O_3 + O, \qquad O_2 + O = O_3.$$

Der erste Vorgang bedarf einer geringeren Energiezufuhr als die Dissoziation des Sauerstoffs in die Atome. Bei welcher maximalen Wellenlänge er noch möglich ist, kann wegen unserer Unkenntnis der Dissoziationswärme des Sauerstoffs nicht berechnet werden.

III. Die Zersetzung des O_3 kann in analoger Weise formuliert werden. Ohne auf Einzelheiten dieser noch nicht völlig geklärten Reaktion einzugehen, sei bemerkt, daß die von Warburg gefundene, bisher noch unerklärte Tatsache, daß die Zersetzung des Ozons bei gleicher Konzentration im Gemisch mit Sauerstoff, Stickstoff und Helium in dieser Reihenfolge mit wachsender Geschwindigkeit vor sich geht, nach unserer Auffassung zu erwarten ist, da die Elektronenaffinität der drei Gase in der gleichen Reihenfolge abnimmt.

IV. $$(NH_3)_b + NH_3 = N_2 + 3H_2.$$

Bei dieser Reaktion, die Warburg in ähnlicher Weise formuliert, war der gefundene Umsatz wesentlich kleiner als der vom Äquivalentgesetz geforderte. Eine bestimmte Erklärung läßt sich nicht geben. Man kann mit Warburg annehmen, daß eine größere Zahl von Zusammenstößen reaktionslos bleibt.

V. Welcher Vorgang sich beim Übergang des $(KNO_3)_b$ in KNO_2 in wäßriger Lösung abspielt, läßt sich nicht ohne weiteres entscheiden.

Die Reaktion scheint uns für entscheidende Versuche wenig geeignet, weil zweifellos der Vorgang nicht in der von Warburg angenommenen, einfachen Weise verläuft. Dies beweist auch der starke Einfluß von Säuren und Alkalizusätzen. Denn in stark verdünnter Lösung, wenn also vollständige Dissoziation eingetreten ist, ist in bezug auf den absorbierenden Bestandteil, nämlich NO_3'

kein Unterschied zwischen saurer und alkalischer Lösung vorhanden. Es wäre bei Annahme des einfachen Vorgangs

$$NO_3' = NO_2' + O$$

in beiden Fällen dasselbe Resultat zu erwarten.

Nach unserer Auffassung ist als wahrscheinlich anzunehmen, daß das Wasser bei der Reaktion der $(NO_3)_b'$-Molekeln beteiligt ist. Näheres läßt sich ohne weitere experimentelle Unterlagen nicht aussagen.

VI. Über den Mechanismus des von W. Nernst und L. Pusch untersuchten Beispiels[1]) kann auch nichts Bestimmtes ausgesagt werden, da die entstehenden Endprodukte unbekannt sind. Immerhin ist vom chemischen Standpunkt nicht ohne weiteres einzusehen, wie C_6H_{12} als Akzeptor für Bromatome wirken kann. Nach unserer Auffassung wäre die nächstliegende Annahme folgende:

$$C_6H_{12} + (Br_2)_b = C_6H_{11}Br + HBr.$$

Tatsächlich dürfte das Verhalten des Chlors gegenüber dem Hexahydrobenzol[2]) im Licht darauf hindeuten, daß $C_6H_{11}Br$ u. HBr die ersten Reaktionsprodukte sind.

Die Lichtreaktionen der Halogene mit Hexan, Benzol, Toluol gehen nach unserer Auffassung alle in analoger Weise vor sich:

$$RH + (Br_2)_b = RBr + HBr.$$

Ebenso findet die Phosgenbildung gemäß der Formel

$$CO + (Cl_2)_b = COCl_2$$

ihre Erklärung.

In all diesen Fällen stößt die Atomauffassung auf Schwierigkeiten. Übrigens ist der Verlauf der Halogenreaktion mit den genannten organischen Körpern meist durch Neben- und Folgereaktionen[3]) kompliziert, weshalb hier eine Bestätigung des Äquivalentgesetzes im allgemeinen nicht zu erwarten ist. Tatsächlich ist aus der Arbeit von Nernst und Pusch zu entnehmen, daß die unter sonst gleichen Bedingungen verbrauchte Brommenge mit Zusatz verschiedener Akzeptoren erheblich variiert.

VII. Die Chlorknallgasreaktion bietet der Erklärung vorläufig noch Schwierigkeiten. Die Nernstsche Kettenreaktion ist so überzeugend und vermag den zahlreichen, beim Chlorknallgas gefundenen Tatsachen so gut gerecht zu werden, daß man sie ohne zwingende

[1]) l. c.

[2]) Vgl. Beilstein.

[3]) Le Blanc u. Andrich, l. c.

Gründe nicht aufgeben darf. Es besteht dann die Aufgabe darin, die erste Entstehung der Atome zu interpretieren. Auch nach der neuen Auffassung läßt das System $Cl_2 + H_2$ keine Möglichkeit erkennen. Es ist vielleicht anzunehmen, daß Feuchtigkeitsspuren notwendig sind, wie dies durch die Arbeiten von Baker[1]) und Mellor u. Russel[2]) nachgewiesen wurde. Die Reaktion könnte unter allem Vorbehalt so formuliert werden:

$$(Cl_2)_b + H_2O = HCl + OH + Cl.$$

Die freien OH-Gruppen sind Akzeptoren für Wasserstoffatome und würden durch Wegfangen solcher, der Kettenreaktion ein Ende setzen. Bei Abwesenheit sonstiger Akzeptoren also z. B. bei weitgehend O_2-freiem Chlorknallgas müßte nach dieser Auffassung, wie man leicht einsieht, die Reaktionsgeschwindigkeit in weiten Grenzen unabhängig von der H_2O-Konzentration sein. Tatsächlich ist von Bodenstein und Dux[3]) eine solche Unabhängigkeit gefunden worden. Bodenstein zieht aus diesem Ergebnis den, wie man sieht, gewagten Schluß, daß H_2O keine Rolle bei der Reaktion spielt. In Aussicht genommene Versuche mit O_2-haltigem Chlorknallgas werden weiteren Aufschluß geben.

G. Einiges über das Verhalten der *b*-Molekeln.

Die angeführten Beispiele mögen genügen, um zu zeigen, daß die neue Auffassung im Gegensatz zu den früheren nirgends im Widerspruch mit den experimentellen Befunden ist. Ihr besonderer Vorteil liegt darin, daß sie von Annahmen, die durch die neueren physikalischen Arbeiten gut begründet sind, ausgeht. Von dieser Seite her sind wohl zunächst die wichtigsten Fortschritte zu erwarten. Zurzeit kann man sich über die Energieabgabe der Bohrschen Moleküle etwa folgende Vorstellung machen. Die Moleküle der in der Photochemie vorkommenden Stoffe besitzen eine große Anzahl nahe benachbarter *b*-Zustände, wie aus den außerordentlich linienreichen Bandenspektren hervorgeht. Sie können also innerhalb bestimmter Grenzen, eine fast ununterbrochene Reihe von Energiebeträgen abgeben. Über die Größe dieser Beträge im einzelnen wissen wir zurzeit nichts Bestimmtes. Jedenfalls hängt sie in erster Linie von der Natur des zweiten Moleküls ab und wächst erfahrungsgemäß mit dessen Elektronenaffinität. Dabei werden die

[1]) Chem. Soc. 81. 1291. 1902.
[2]) Chem. Soc. 81. 1279. 1902.
[3]) Ztschr. f. phys. Chem. 85. 297. 1913.

Moleküle auch in die rein thermischen, d. h. optisch nicht bemerkbaren Quantenzustände gelangen. Die der optischen Grenze, nämlich der Ionisation entsprechende Grenze der thermischen Zustände, nämlich die Dissoziation in Atome, kann dabei auch vorkommen. Bei ausgesprochen heteropolarer Bindung sind solche Übergänge wohl am häufigsten zu erwarten. So wäre es z. B. denkbar, daß die Reaktion

$$(HBr)_b \rightarrow H + Br$$

bei Zusammenstößen eintritt.

Angelagerte Moleküle üben einen ähnlichen Einfluß aus, wie stoßende. Es sei hier daran erinnert, daß die Fluoreszenzfähigkeit von Stoffen verschwindet in Lösungsmitteln, mit welchen sie Solvate bilden. So fluoresziert z. B. das Chinazarin in einem indifferenten Lösungsmittel, dem Hexan, genau wie im Dampfzustand. Dagegen zeigt die alkoholische Lösung keine Fluoreszenz.

Bei mehratomigen Molekülen können, wie bereits von Frank und Herz[1]) angenommen wird, die Quantenbahnen durch die Nachbaratome desselben Moleküls in ähnlicher Weise beeinflußt werden, wie durch stoßende fremde Atome.

Die vorstehend dargelegte Theorie hat ihre Vorläufer in den von Luther[2]), Stark[3]) u. a. vertretenen Annahmen über die primäre Veränderung der absorbierenden Molekeln, die z. B. als „Aktivieren, partielle Elektronenabspaltung, Elektronenlockerung" bezeichnet wurde. Sie unterscheidet sich wesentlich von ihnen dadurch, daß an Stelle der unbestimmten Begriffe genau definierte Molekelzustände treten, deren Eigenschaften, wie Lebensdauer[4]), Energieinhalt, Verhalten beim Zusammenstoßen, Absorptionsspektrum teils bekannt, teils der Bestimmung zugänglich sind.

Deshalb gestattet die neue Theorie eine ebenso strenge experimentelle Prüfung wie die Dissoziationstheorie und dürfte dazu beitragen, die quantitativen Beziehungen in der Photochemie aufzufinden.

---

[1]) l. c.

[2]) Ztschr. f. Elektrochemie **14**. 452. 1908.

[3]) Z. B. Stark, Die elementare Strahlung, S. 102, 195, 213. Hirzel, Leipzig 1911.

[4]) Bem. b. L. d. K.: In exakterer Weise, als es bisher möglich war, ist diese Zeit inzwischen von W. Wien gemessen worden. Ann. Phys. **60**. 597ff. 1920.

Frankfurt a. M. — Berlin, Oktober 1919.

(Eingegangen am 12. November 1919.)

S14

S14. Eine direkte Messung der thermischen Molekulargeschwindigkeit, Physik. Z., 21, 582–582 (1920)

O. Stern (Frankfurt a. M.), Eine direkte Messung der thermischen Molekulargeschwindigkeit.

H. Schmidt-Böcking, K. Reich, A. Templeton, W. Trageser, V. Vill (Hrsg.), *Otto Sterns Veröffentlichungen – Band 2*, DOI 10.1007/978-3-662-46962-0_9

Diskussion.

Rubens: Bei der Farbe der dünnen Silberschichten kann es sich wohl nicht um Newtonsche Farben handeln, da die Schichtdicke nur ein sehr kleiner Bruchteil der Wellenlänge ist.

Born: Ich muß es offen lassen, woher die Farben kommen; doch steht so viel fest, daß man mit Hilfe von Durchlässigkeitsmessungen die Dicke der Silberschichten nicht genau bestimmen kann.

Nernst: Hält der Vortragende die Theorie Maxwells und die spätere Brillouins, die aus dem Temperaturkoeffizienten der inneren Reibung der Gase das Kraftgesetz zu berechnen erlaubt, nicht für einwandfrei?

Born: Meiner Meinung nach geben die alten Methoden der kinetischen Gastheorie keine zuverlässigen Resultate. Solche wären erst von einer Ausarbeitung der Hilbertschen Theorie zu erwarten.

Debye: Ich glaube eigentlich, daß die gewünschte Verschärfung der mathematischen Methoden inzwischen durch die Arbeiten von Chapman und Enskog erreicht sein dürfte.

O. Stern (Frankfurt a. M.), Eine direkte Messung der thermischen Molekulargeschwindigkeit.

Die von der Molekulartheorie vorausgesetzte Temperaturbewegung der Moleküle ist durch zahlreiche Folgerungen, die durchweg von der Erfahrung bestätigt wurden, sehr wahrscheinlich gemacht. Die Geschwindigkeit dieser hypothetischen Bewegung wurde aber bisher noch nie direkt gemessen. Dies gelang dem Vortragenden durch folgende Anordnung:

Ein schwach versilberter Platindraht wurde in einem aufs höchste vakuierten Raume elektrisch geglüht, so daß das Silber schmolz und verdampfte und die Silberatome nach allen Seiten geradlinig vom Drahte ausstrahlten. Durch einen parallel zum Drahte angebrachten Spalt wurde ein schmales Bündel Silbermolekülstrahlen ausgeblendet, das auf eine Auffangplatte fiel und dort einen Strich erzeugte. Draht, Spalt und Auffangplatte befanden sich auf einem Rahmen, der um eine durch den Draht gehende Rotationsachse rasch gedreht wurde. Dabei erfolgt eine Verschiebung der Silberlinie entgegen der Rotationsrichtung. Denn ein vom Draht ausgehendes Silbermolekül braucht eine bestimmte Zeit, um bis zur Auffangplatte zu gelangen und während dieser Zeit hat sich die Platte bereits ein Stück weiter bewegt. Man kann auch sagen, in dem rotierenden System des Rahmens wirkt auf die bewegten Moleküle eine Korioliskraft, die sie ablenkt. Aus dem Betrage der Verschiebung, den Dimensionen des Apparates und der Drehgeschwindigkeit ergibt sich durch eine einfache Rechnung die Größe der Geschwindigkeit der Silbermoleküle. Die auf diese Weise gemessene mittlere Geschwindigkeit ergab sich zu etwa 650 m/sec, in Übereinstimmung mit dem theoretisch zu erwartenden Wert. Nähere Einzelheiten über Versuchsanordnung und Resultate siehe Zeitschr. f. Phys. **2**, 49, 1920 und ein demnächst an gleicher Stelle erscheinender Nachtrag.

Diskussion.

Marx: Gestatten Sie mir die Anfrage, ob die Methode so sicher ist, daß, wenn man wirklich Abweichungen vom Maxwellschen Verteilungsgesetz findet, diese eindeutig zu deuten sind. Könnten die gefundenen Abweichungen nicht z. B. auch auf Doppelmoleküle oder dergleichen zurückführbar sein?

Stern: Diese Abweichungen würden ganz anderer Art sein; Doppelmoleküle würden eine entsprechende kleinere Geschwindigkeit haben.

Geitler: Es ist mir augenblicklich nicht ganz klar, ob man in einem solchen Silberdampfstrahl überhaupt die Maxwellsche Verteilung erwarten darf.

Stern: Die Geschwindigkeitsverteilung ist nicht die Maxwellsche, aber sie läßt sich aus der kinetischen Gastheorie berechnen.

Reinhold Fürth (Prag), Die statistischen Methoden der Physik und der Begriff der Wahrscheinlichkeitsnachwirkung.

Das Folgende stellt einen Beitrag zur Klärung der Grundlagen der physikalischen Statistik dar, speziell was den von Smoluchowski eingeführten Begriff der Wahrscheinlichkeitsnachwirkung betrifft. Werfen wir zunächst einen Blick auf den bekannten Gegensatz zwischen der klassischen und der statistischen Auffassung der physikalischen Gesetzmäßigkeiten. Die klassische Auffassung ist doch die: Der Ablauf der Ereignisse ist bestimmt durch gewisse Differentialgleichungen, deren Integration gestattet, aus dem völlig gegebenen Anfangszustande eines sogenannten abgeschlossenen Systems mit Bestimmtheit auf den Zustand nach einer gewissen Zeit t zu schließen. Kenne ich also alle, die Veränderungen in dem System bestimmenden Parameter zur Zeit Null, so kann ich mit völliger Determiniertheit einen beliebigen zukünftigen Zustand voraussagen. Anders die statistische Betrachtungsweise: sie behauptet, daß die wahrnehmbare Gesetzmäßigkeit und relative Einfachheit des physikalischen Geschehens in Wirklichkeit nur eine

S15. Otto Stern, Zur Molekulartheorie des Paramagnetismus fester Salze. Z. Physik, 1, 147–153 (1920)

Zeitschrift für Physik

Herausgegeben von der
Deutschen Physikalischen Gesellschaft
als Ergänzung zu ihren „Verhandlungen"

1. Band, 2. Heft **1920**

Zur Molekulartheorie des Paramagnetismus fester Salze.

Von **Otto Stern.**

Mit einer Abbildung.

(Eingegangen am 30. Dezember 1919.)

H. Schmidt-Böcking, K. Reich, A. Templeton, W. Trageser, V. Vill (Hrsg.), *Otto Sterns Veröffentlichungen – Band 2*, DOI 10.1007/978-3-662-46962-0_10

Zeitschrift für Physik
Herausgegeben von der
Deutschen Physikalischen Gesellschaft
als Ergänzung zu ihren „Verhandlungen"

1. Band, 2. Heft 1920

Zur Molekulartheorie des Paramagnetismus fester Salze.

Von **Otto Stern.**

Mit einer Abbildung.

(Eingegangen am 30. Dezember 1919.)

Ausgehend von der Tatsache, daß das Curiesche Gesetz, nach dem die Suszeptibilität umgekehrt proportional der absoluten Temperatur ist, auch für viele feste Salze gilt, hat P. Weiß[1]) versucht, die Langevinsche Theorie des Curieschen Gesetzes auf feste Stoffe zu übertragen. Diese Übertragung vollzog Weiß zunächst in ebenso einfacher wie kühner Weise durch die Annahme, daß auch in festen Stoffen die Moleküle als Träger der Elementarmagnete frei drehbar seien. Die charakteristische Anisotropie der Kristalle zeigt klar, daß diese Annahme falsch ist. Trotzdem wurde diese Molekulartheorie des Paramagnetismus fester Salze in neuerer Zeit von einer Reihe von Forschern[2]) als Fundament für sehr weittragende Schlüsse benutzt. Es wurde nämlich versucht, die Abweichungen vom Curieschen Gesetz, welche die meisten festen Salze bei tiefer Temperatur zeigen, durch die Annahme zu deuten, daß die Rotationsenergie der Moleküle bei tiefen Temperaturen nicht mehr, wie es die klassische Molekulartheorie verlangt, proportional der absoluten Temperatur ist, sondern die von der Quantentheorie geforderten Abweichungen von dieser Proportionalität zeigt, die ja durch die Messung der spezifischen Wärme von gasförmigem Wasserstoff auch experimentell nachgewiesen wurden. Unter dieser Annahme gelang es, unter Zugrundelegung der Quantentheorie Formeln für die Abhängigkeit des Paramagnetismus von der Temperatur abzuleiten, welche die Messungen an festen Salzen bis zu den tiefsten Temperaturen herab befriedigend wiedergeben. Allerdings kann diese Übereinstimmung nicht allzu hoch

[1]) P. Weiß, Phys. ZS. **12**, 935, 1911.

[2]) E. Oosterhuis, Phys. ZS. **14**, 862, 1913; W. H. Keesom, ebenda **15**, 8, 1914; R. Gans, Ann. d. Phys. **50**, 163, 1916; J. v. Weyssenhoff, ebenda **51**, 285, 1916; F. Reiche, ebenda **54**, 401, 1917; A. Smekal, ebenda **57**, 376, 1918.

*

bewertet werden, wenn man bedenkt, daß in die Theorie zwei unbekannte Größen, nämlich das magnetische Moment und das Trägheitsmoment des Moleküls, eingehen, daß also zur Darstellung der experimentell gefundenen Kurve zwei willkürlich wählbare Konstanten zur Verfügung stehen. Ja es muß sogar Bedenken erregen, daß die so gefundenen Trägheitsmomente der Moleküle bedeutend kleiner ausfallen, als wir nach allem, was wir sonst über Moleküldimensionen wissen, erwarten müßten [1]). Es ist merkwürdig, daß die meisten Autoren der offensichtlichen Unhaltbarkeit ihrer Grundannahme von der freien Drehbarkeit der Moleküle in festen Stoffen so wenig Gewicht beigelegt haben und teilweise so weit gehen, aus ihren Formeln die Vergrößerung des Trägheitsmomentes von $MnSO_4$ oder $Fe_2(SO_4)_3$ bei Anlagerung von Kristallwasser zu berechnen, d. h. implizit annehmen, daß das Molekül $MnSO_4 + 4\,H_2O$ oder $Fe_2(SO_4)_3 + 7\,H_2O$ als Ganzes im Kristall frei drehbar ist.

Um diesem Dilemma zu entgehen, hat P. Weiß vor einiger Zeit zu zeigen versucht [2]), daß die Hypothese der freien Drehbarkeit zur Ableitung des Curieschen Gesetzes für feste Stoffe nicht nötig ist, sondern daß man zu diesem Gesetze auch dann gelangt, wenn man annimmt, daß die Moleküle an feste Gleichgewichtslagen gebunden sind bzw. infolge der Temperaturbewegung um diese schwingen, wenn nur die Orientierung dieser Gleichgewichtslagen keine Vorzugsrichtung aufweist, wie z. B. bei einem amorphen Stoff oder einem Kristallpulver. Leider beruht dieses Resultat von Weiß auf einem Rechenfehler, auf den weiter unten an geeigneter Stelle noch kurz eingegangen wird. Im folgenden soll deshalb das Problem noch einmal behandelt werden. Es soll für einen Haufen von Elementarmagneten, die um regellos orientierte Gleichgewichtslagen schwingen, die mittlere Magnetisierung pro Volumeneinheit als Funktion der Temperatur berechnet werden, und zwar unter Zugrundelegung der klassischen Molekulartheorie, d. h. für so hohe Temperaturen, daß die Quantenabweichungen vernachlässigt werden können.

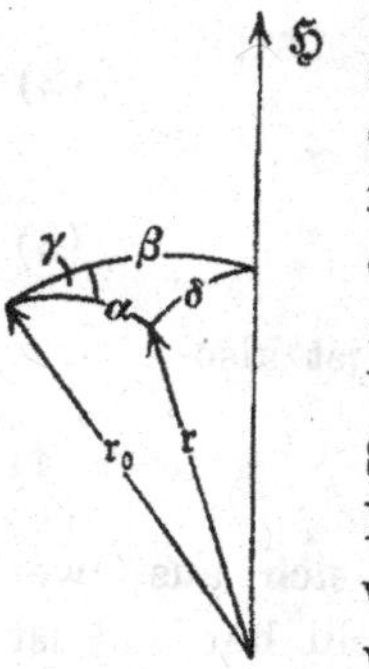

Wir berechnen zunächst das mittlere magnetische Moment $\overline{m}$ eines Elementarmagneten in Richtung von $\mathfrak{H}$. Es sei:

$\mathfrak{H}$ die magnetische Feldstärke,

m_0 das Moment des Elementarmagneten,

[1]) E. Oosterhuis, l. c. und J. v. Weyssenhoff, l. c.

[2]) P. Weiß, C. R. 156, 1674, 1913.

m sein magnetisches Moment in Richtung von $\mathfrak{H}$,
k die Boltzmannsche Konstante,
T die absolute Temperatur.

Bezeichnen wir ferner die Richtung der Achse des Magneten in beliebiger Lage mit $\mathfrak{r}$, und falls sich der Magnet in der Gleichgewichtslage befindet, mit $\mathfrak{r}_0$, so sei (siehe Figur):

α der Winkel zwischen $\mathfrak{r}$ und $\mathfrak{r}_0$,
β „ „ „ $\mathfrak{r}_0$ „ $\mathfrak{H}$,
δ „ „ „ $\mathfrak{r}$ „ $\mathfrak{H}$,
γ „ „ „ der durch $\mathfrak{r}_0$ und $\mathfrak{H}$ und der durch $\mathfrak{r}_0$ und $\mathfrak{r}$ gelegten Ebene.

Das magnetische Moment des Magneten in Richtung von $\mathfrak{H}$ ist dann für eine beliebige Lage:

$$m = m_0 \cos\delta. \tag{1}$$

Ist ψ die potentielle Energie des Magneten für diese Lage, die dadurch charakterisiert sei, daß α zwischen α und $\alpha + d\alpha$ und γ zwischen γ und $\gamma + d\gamma$ liegt, so ist nach Boltzmann die Wahrscheinlichkeit dW für diese Lage gleich:

$$dW = Ce^{-\frac{\psi}{kT}} \sin\alpha \, d\alpha \, d\gamma, \tag{2}$$

wobei C durch die Gleichung:

$$\int_0^\pi \int_0^{2\pi} dW = 1 \tag{3}$$

bestimmt ist. Das mittlere Moment $\overline{m}$ des Magneten ist also:

$$\overline{m} = \int_0^\pi \int_0^{2\pi} m \, dW. \tag{4}$$

Die potentielle Energie ψ des Magneten setzt sich aus zwei Teilen zusammen. Der erste Teil rührt vom Magnetfeld her und ist gleich $m_0 \mathfrak{H}(1 - \cos\delta)$. Der zweite Teil rührt von den Molekularkräften her, die den Magneten in seine Gleichgewichtslage zurückzutreiben suchen. Wir nehmen mit der üblichen Annäherung an, daß die rücktreibende Kraft für kleine Abweichungen α proportional α ist, und setzen demnach diesen Teil der potentiellen Energie $= \frac{a^2}{2}\alpha^2$.

Wir nehmen ferner an, daß große Abweichungen aus der Gleichgewichtslage sehr selten vorkommen — diese Annahme müssen wir machen, weil sonst ein Kristall oder überhaupt ein fester Stoff nicht möglich wäre —, d. h. daß für große Werte von α die potentielle Energie sehr groß gegen kT, also $e^{-\frac{\psi}{kT}}$ nahezu Null ist. Es kommt daher gar nicht darauf an, wie die spezielle Form der Abhängigkeit der potentiellen Energie von α für große Werte von α aussieht, und wir können ganz allgemein den von den Molekularkräften herrührenden Teil von $\psi = \frac{a^2}{2}\alpha^2$ setzen, wenn nur a^2 so groß ist, daß für große α der Ausdruck $\frac{a^2\alpha^2}{2kT} \gg 1$ ist.

Wir setzen demnach:

$$\psi = \frac{a^2}{2}\alpha^2 + m_0 \mathfrak{H}(1 - \cos\delta). \tag{5}$$

Aus (1), (2), (3), (4) und (5) folgt dann:

$$\left.\begin{aligned} \overline{m} &= \int m\,dW = C\int_0^\pi\int_0^{2\pi} m\,e^{-\frac{\psi}{kT}} \sin\alpha\,d\alpha\,d\gamma \\ &= \frac{\int_0^\pi\int_0^{2\pi} m_0 \cos\delta\, e^{-\frac{a^2\alpha^2}{2kT}} e^{-\frac{m_0\mathfrak{H}(1-\cos\delta)}{kT}} \sin\alpha\,d\alpha\,d\gamma}{\int_0^\pi\int_0^{2\pi} e^{-\frac{a^2\alpha^2}{2kT}} e^{-\frac{m_0\mathfrak{H}(1-\cos\delta)}{kT}} \sin\alpha\,d\alpha\,d\gamma}\;{}^{1)}. \end{aligned}\right\} \tag{6}$$

Kürzen wir mit $e^{-\frac{m_0\mathfrak{H}}{kT}}$ und setzen wir zur Abkürzung $\frac{a^2}{2kT} = p^2$ und $\frac{m_0\mathfrak{H}}{kT} = h$, so wird:

$$\overline{m} = m_0 \frac{\int_0^\pi\int_0^{2\pi} e^{-p^2\alpha^2} e^{h\cos\delta} \cos\delta \sin\alpha\,d\alpha\,d\gamma}{\int_0^\pi\int_0^{2\pi} e^{-p^2\alpha^2} e^{h\cos\delta} \sin\alpha\,d\alpha\,d\gamma}$$

Wählen wir nun die magnetische Feldstärke $\mathfrak{H}$ so klein, daß die Magnetisierung proportional $\mathfrak{H}$ wird, d. h. setzen wir $\frac{m_0\mathfrak{H}}{kT} = h \ll 1$, so wird $e^{h\cos\delta} = 1 + h\cos\delta$ und es ergibt sich:

$$\overline{m} = m_0 \frac{\int_0^\pi\int_0^{2\pi} e^{-p^2\alpha^2}\cos\delta\sin\alpha\,d\alpha\,d\gamma + h\int_0^\pi\int_0^{2\pi} e^{-p^2\alpha^2}\cos^2\delta\sin\alpha\,d\alpha\,d\gamma}{\int_0^\pi\int_0^{2\pi} e^{-p^2\alpha^2}\sin\alpha\,d\alpha\,d\gamma + h_0\int_0^\pi\int_0^{2\pi} e^{-p^2\alpha^2}\cos\delta\sin\alpha\,d\alpha\,d\gamma}. \tag{7}$$

Nun ist nach einer bekannten Formel der sphärischen Trigonometrie:

$$\cos\delta = \cos\alpha\cos\beta + \sin\alpha\sin\beta\cos\gamma.$$

In (7) eingesetzt, die Integrationen nach γ ausgeführt und mit π gekürzt ergibt:

---

1) Der oben erwähnte Rechenfehler von Weiß besteht darin, daß er bei seiner analogen, aber mehr summarischen Rechnung die Konstante C unabhängig von $\mathfrak{H}$ annimmt, was in unserem Falle der Streichung des Faktors $e^{-\frac{m_0\mathfrak{H}(1-\cos\delta)}{kT}}$ in dem Integral im Nenner entsprechen würde.

$$\left.\begin{aligned} m = & \frac{m_0}{2\int\limits_0^\pi e^{-p^2\alpha^2}\sin\alpha\,d\alpha + h\,2\cos\beta\int\limits_0^\pi e^{-p^2\alpha^2}\sin\alpha\cos\alpha\,d\alpha}\cdot \\ & \Bigg[2\cos\beta\int\limits_0^\pi e^{-p^2\alpha^2}\sin\alpha\cos\alpha\,d\alpha \\ & + h\left(2\cos^2\beta\int\limits_0^\pi e^{-p^2\alpha^2}\sin\alpha\cos^2\alpha\,d\alpha + \sin^2\beta\int\limits_0^\pi e^{-p^2\alpha^2}\sin^3\alpha\,d\alpha\right)\Bigg]\end{aligned}\right\} \quad (8)$$

Zur Auswertung der hier auftretenden Integrale machen wir von unserer Voraussetzung Gebrauch, daß für große Werte von α der Ausdruck $\frac{a^2\alpha^2}{2kT} = p^2\alpha^2 \geqslant 1$ ist. Es ist nämlich, wenn wir $p\alpha = x$ setzen, das Integral:

$$\int\limits_0^\pi e^{-p^2\alpha^2}\,d\alpha = \frac{1}{p_0}\int\limits_0^{p\pi} e^{-x^2}\,dx = \frac{1}{p}\left[\frac{\sqrt{\pi}}{2} - \frac{e^{-p^2\pi^2}}{2\pi}\left(1 - \frac{1}{(2p^2\pi^2)}\right.\right.$$

$$\left.\left. + \frac{1.3}{(2p^2\pi^2)^2} - + \cdots\right)\right] = \frac{\sqrt{\pi}}{2p}\ ^{1)},$$

da wir infolge unserer Voraussetzung die mit $e^{-p^2\pi^2}$ multiplizierten Glieder vernachlässigen können. Mit der gleichen Annäherung setzen wir die im folgenden auftretenden Integrale:

$$\int\limits_0^{p\pi} e^{-x^2} x^{2n-1}\,dx = \frac{n!}{2},$$

indem wir wieder die mit $e^{-p^2\pi^2}$ multiplizierten Glieder vernachlässigen. Dann werden die in (8) auftretenden Integrale, wenn wir die unter dem Integralzeichen stehenden $\sin\alpha$ und $\cos\alpha$ entwickeln, gliedweise unter Berücksichtigung der obigen Formel integrieren und mit dem mit $1/p^6$ behafteten Gliede abbrechen, der Reihe nach gleich:

$$\int\limits_0^\pi e^{-p^2\alpha^2}\sin\alpha\,d\alpha = \frac{1}{2p^2} - \frac{1}{6p^4} + \frac{1}{40p^6},$$

$$\int\limits_0^\pi e^{-p^2\alpha^2}\cos\alpha\sin\alpha\,d\alpha = \frac{1}{2p^2} - \frac{4}{6p^4} + \frac{16}{40p^6},$$

$$\int\limits_0^\pi e^{-p^2\alpha^2}\cos^2\alpha\sin\alpha\,d\alpha = \frac{1}{2p^2} - \frac{7}{6p^4} + \frac{61}{40p^6},$$

$$\int\limits_0^\pi e^{-p^2\alpha^2}\sin^3\alpha\,d\alpha = \frac{6}{6p^4} - \frac{60}{40p^6}.$$

1) Siehe z. B. Riemann-Weber, 5. Aufl., 1, 67, 1910.

Setzen wir diese Ausdrücke in (8) ein, kürzen mit $\frac{1}{2p^2}$ und entwickeln nach h, wobei wir ebenso wie oben bei der Entwickelung von $e^{h\cos\delta}$ mit der ersten Potenz von h abbrechen, so wird:

$$\overline{m} = m_0\left[\frac{1-\frac{4}{3p^2}+\frac{4}{5p^4}}{1-\frac{1}{3p^2}+\frac{1}{20p^4}}\cos\beta + h\left\{\frac{1-\frac{7}{3p^2}+\frac{61}{20p^4}}{1-\frac{1}{3p^2}+\frac{1}{20p^4}}\cos^2\beta\right.\right.$$

$$\left.\left.+\frac{\frac{1}{3p^2}-\frac{3}{2p^4}}{1-\frac{1}{3p^2}}\sin^2\beta - \left(\frac{1-\frac{4}{3p^2}+\frac{4}{5p^4}}{1-\frac{1}{3p^2}+\frac{1}{20p^4}}\cos\beta\right)^2\right\}\right]$$

oder:

$$\left.\begin{aligned}\overline{m} = m_0\Big[\left(1-\frac{2}{p^2}+\frac{7}{3p^4}\right)\cos\beta + h\Big(\frac{1}{p^2}\sin^2\beta+\frac{1}{2p^4}\cos^2\beta \\ -\frac{7}{6p^4}\sin^2\beta\Big)\Big].\end{aligned}\right\} \quad (9)$$

Damit haben wir das mittlere Moment eines Elementarmagneten, dessen Achse in der Gleichgewichtslage mit der Richtung von $\mathfrak{H}$ den Winkel β bildet, in Richtung von $\mathfrak{H}$ berechnet. Um die Magnetisierung der Volumeneinheit zu erhalten, haben wir nur noch über sämtliche in der Volumeneinheit befindliche Magnete, deren Zahl N sei, zu summieren. Da wir voraussetzen, daß die Orientierung der Gleichgewichtslagen regellos ist, können wir die Zahl dN der Magnete, deren Achse in der Gleichgewichtslage mit $\mathfrak{H}$ einen Winkel zwischen β und $\beta + d\beta$ einschließt, gleich:

$$dN = N\frac{\sin\beta}{2}d\beta$$

setzen. Das magnetische Moment M der Volumeneinheit wird dann:

$$M = \int_0^\pi \overline{m}\,dN = \frac{N m_0}{2}\left[\left(1-\frac{2}{p^2}+\frac{7}{3p^4}\right)\int_0^\pi \cos\beta\sin\beta\,d\beta\right.$$

$$\left.+h\left(\frac{1}{p^2}\int_0^\pi \sin^3\beta\,d\beta + \frac{1}{2p^4}\int_6^\pi \cos^2\beta\sin\beta\,d\beta - \frac{7}{6p^4}\int_0^\pi \sin^3\beta\,d\beta\right)\right]$$

$$= \frac{N m_0}{2}\,\frac{h}{p^2}\left[\frac{4}{3}+\frac{1}{2p^2}\left(\frac{2}{3}-\frac{7}{3}\cdot\frac{4}{3}\right)\right] = \frac{2 N m_0 h}{3p^2}\left(1-\frac{11}{12}\,\frac{1}{p^2}\right)$$

$$= \frac{4}{3}\,\frac{N m_0^2}{a^2}\,\mathfrak{H}\left(1-\frac{11}{6}\,\frac{kT}{a^2}\right).$$

Die Suszeptibilität

$$\varkappa = \frac{M}{\mathfrak{H}} = \frac{4}{3}\frac{N m_0^2}{a^2}\left(1 - \frac{11}{6}\frac{k T}{a^2}\right) \tag{10}$$

ist also in erster Näherung unabhängig von der Temperatur, in zweiter Näherung nimmt sie mit wachsender Temperatur etwas ab; jedoch ist die prozentische Änderung, die proportional T ist, nur gering, da nach Voraussetzung $\frac{k T}{a^2} \ll 1$.

Dieses Resultat ist bei näherer Überlegung auch ohne Rechnung leicht einzusehen. Denn beim absoluten Nullpunkt, wenn alle Magnete in ihren Gleichgewichtslagen ruhen, wird beim Anlegen eines Feldes $\mathfrak{H}$ jeder Magnet etwas aus seiner Ruhelage in Richtung von $\mathfrak{H}$ herausgedreht werden, so lange, bis die rücktreibende Kraft dem durch das Feld erzeugten Drehmoment das Gleichgewicht hält. Im ganzen wird dadurch ein magnetisches Moment in Richtung von $\mathfrak{H}$ resultieren. Die Temperaturbewegung wird nun bewirken, daß Schwingungen um diese neuen verschobenen Gleichgewichtslagen ausgeführt werden. Solange diese Schwingungen klein sind, d. h. solange der Körper fest bleibt, werden sie annähernd symmetrisch um die neuen Gleichgewichtslagen erfolgen und die Magnetisierung in erster Näherung überhaupt nicht ändern. Es ist also klar, daß das Curiesche Gesetz für um Gleichgewichtslagen schwingende Moleküle nicht gelten kann, und es läßt sich an Hand der obigen Formeln leicht übersehen, daß zur Gültigkeit des Curieschen Gesetzes die freie Drehbarkeit der Moleküle (d. h. $k T \gg \psi$ und $e^{-\frac{\psi}{kT}}$ nahe gleich eins) erforderlich ist. Da nun die Moleküle im Kristall sicher nicht frei drehbar sind, und da andererseits das Curiesche Gesetz erfahrungsgemäß auch für Kristalle gilt, so folgt daraus, daß es nicht die Moleküle als solche sind, die das magnetische Moment tragen. Wahrscheinlich werden die Ionen ($Fe^{\cdot\cdot\cdot}$ und $Mn^{\cdot\cdot}$) die Elementarmagnete sein [1]).

Frankfurt a. M., November 1919.

---

[1]) Vgl. W. Kossel, Ann. d. Phys. (4) **49**, 229, 1916.

S16

S16. Otto Stern, Eine direkte Messung der thermischen Molekulargeschwindigkeit. Z. Physik, 2, 49–56 (1920).

Eine direkte Messung der thermischen Molekulargeschwindigkeit.

Von **Otto Stern.**

(Vorläufige Mitteilung.) — Mit drei Abbildungen.

(Eingegangen am 27. April 1920.)

H. Schmidt-Böcking, K. Reich, A. Templeton, W. Trageser, V. Vill (Hrsg.), *Otto Sterns Veröffentlichungen – Band 2*, DOI 10.1007/978-3-662-46962-0_11

Eine direkte Messung der thermischen Molekulargeschwindigkeit.

Von **Otto Stern.**

(Vorläufige Mitteilung.) — Mit drei Abbildungen.

(Eingegangen am 27. April 1920.)

Einleitung. Es ist die Grundhypothese der kinetischen Gastheorie und der ganzen Molekulartheorie, daß die Moleküle sich in ständiger Bewegung befinden, deren Energie nur von der Temperatur abhängt. Die mittlere Energie der fortschreitenden Bewegung eines Moleküls ist nach dieser Hypothese:

$$\frac{1}{2} m v^2 = \frac{3}{2} k T, \quad v = \sqrt{\frac{3kT}{m}} = \sqrt{\frac{3RT}{M}} = 157{,}9 \sqrt{\frac{T}{M}} \frac{\mathrm{m}}{\mathrm{sec}},$$

worin m die Masse des Moleküls, v seine mittlere Geschwindigkeit (Quadratwurzel aus dem Mittel des Geschwindigkeitsquadrates), k die Boltzmannsche Konstante, R die Gaskonstante, T die absolute Temperatur und M die Masse des Mols ist.

Fig. 1.

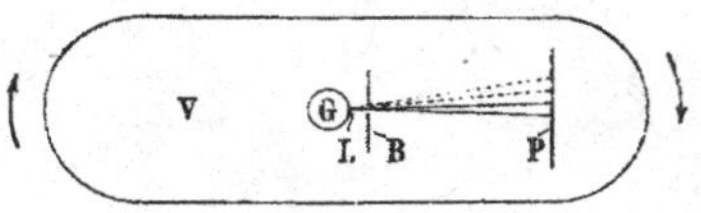

An der Richtigkeit dieser Hypothese kann kaum noch gezweifelt werden, da zahlreiche aus ihr gezogene Folgerungen durch das Experiment bestätigt worden sind. Doch ist die hypothetische Geschwindigkeit v bisher noch nie direkt gemessen worden. Über eine solche direkte Messung der thermischen Molekulargeschwindigkeit soll im folgenden berichtet werden.

Idee des Versuches. Man denke sich ein Gefäß V (s. Fig. 1), in dem ständig das höchste Vakuum aufrecht erhalten wird. In V befindet sich ein kleineres mit Gas gefülltes Gefäß G, in dessen Wand ein feines Loch L gebohrt ist. Zu diesem Loch schießen nun die Gasmoleküle mit einer der Temperatur in G entsprechenden Geschwindigkeit geradlinig in den leeren Raum V hinaus. Durch die vor dem Loch L angebrachte kreisförmige Blende B wird ein dünnes kegelförmiges Bündel von Molekularstrahlen ausgeblendet, das auf die Auffangeplatte P trifft, dort kondensiert wird und einen kreisförmigen Fleck erzeugt [1]). Denkt man sich nun die ganze Apparatur in rasche

[1]) Derartige Molekularstrahlen wurden zuerst von Dunoyer erzeugt. Le Radium 8, 142, 1911.

Rotation versetzt, wobei die Drehachse senkrecht zum Molekularstrahl durch L gehen möge, so wird der Fleck auf der Auffangeplatte sich entgegen der Rotationsrichtung etwas verschieben. Denn die von L ausgehenden Molek le brauchen eine gewisse Zeit, um von L nach P zu gelangen, und während dieser Zeit hat sich die Auffangeplatte um eine kleine Strecke weiter bewegt, so daß die Moleküle eine um diese Strecke weiter zurückliegende Stelle der Platte P treffen. Die Länge s dieser Strecke ist leicht zu berechnen. Ist l die Entfernung zwischen L und P, so braucht ein Molekül mit der Geschwindigkeit v die Zeit $\tau = \frac{l}{v}$, um diese Entfernung zu durchfliegen. Macht nun der Apparat ν Umdrehungen in der Sekunde, so legt die Platte in der Sekunde den Weg $s = 2\pi l . \nu$ zurück, in der Zeit τ den Weg $s = 2\pi l . \nu . \tau = 2\pi\nu\frac{l^2}{v}$. Um diesen Betrag also wird sich der Fleck auf der Auffangeplatte bei der Rotation verschieben, oder vielmehr, er wird, da nach Maxwell die Moleküle alle möglichen Geschwindigkeiten besitzen, in ein Band auseinandergezogen werden, dessen Intensität an den verschiedenen Stellen direkt ein Maß für die Häufigkeit ist, mit der die der betreffenden Stelle entsprechende Molekulargeschwindigkeit vorkommt.

Setzen wir $\nu = 50$ (eine für kleine Motoren gebräuchliche Tourenzahl) und $l = 10$ cm, so wird für $v = 500$ m/sec $= 5 . 10^4$ cm/sec die Verschiebung $s = 6$ mm, ein unerwartet hoher Betrag.

Man kann die Erscheinung auch formal in etwas anderer Weise betrachten, die für die Rechnung bequemer ist. Denkt man sich mit dem Apparat rotierend, so erhält in dem mitrotierenden Koordinatensystem jedes Molekül eine Koriolisbeschleunigung senkrecht zur Drehachse und zur Molekülgeschwindigkeit vom Betrage $g = 4\pi\nu v$. Rechnet man in erster Näherung, indem man die Zentrifugalbeschleunigung und die Änderung der Koriolisbeschleunigung vernachlässigt — was für die hier benutzten Dimensionen weniger als 1 Proz. Fehler macht —, so beschreibt jedes Molekül eine Bahn von der Form einer horizontalen Wurfparabel, und es wird der „Fallraum" $s = \frac{g}{2}t^2 = 2\pi\nu v t^2 = 2\pi\nu\frac{l^2}{v}$ für $t = \tau = \frac{l}{v}$, wie oben.

Es sei noch darauf hingewiesen, was man hier ohne weiteres sieht, daß es ganz gleich ist, ob die Drehachse durch L hindurchgeht oder nicht, da in dem Ausdruck für die Koriolisbeschleunigung nur die Geschwindigkeit, aber nicht die Koordinaten des Moleküls auftreten.

Man sieht das übrigens auch bei der ersten elementar-anschaulichen Ableitung leicht ein, wenn man bedenkt, daß es nur auf die Relativgeschwindigkeit von L und P ankommt.

Bei den vorstehenden Ableitungen wurde der Umstand, daß die Blende B einen endlichen Abstand von L hat, nicht berücksichtigt. Ist l_1 die Entfernung von L und P, l_2 diejenige von B und P, so gilt die — nur für kleine Werte von s gültige — Formel: $s = \frac{2\pi\nu}{v} l_1 l_2$, was für $l_1 = l_2 = l$ in die oben abgeleitete Formel übergeht[1]).

Fig. 2.

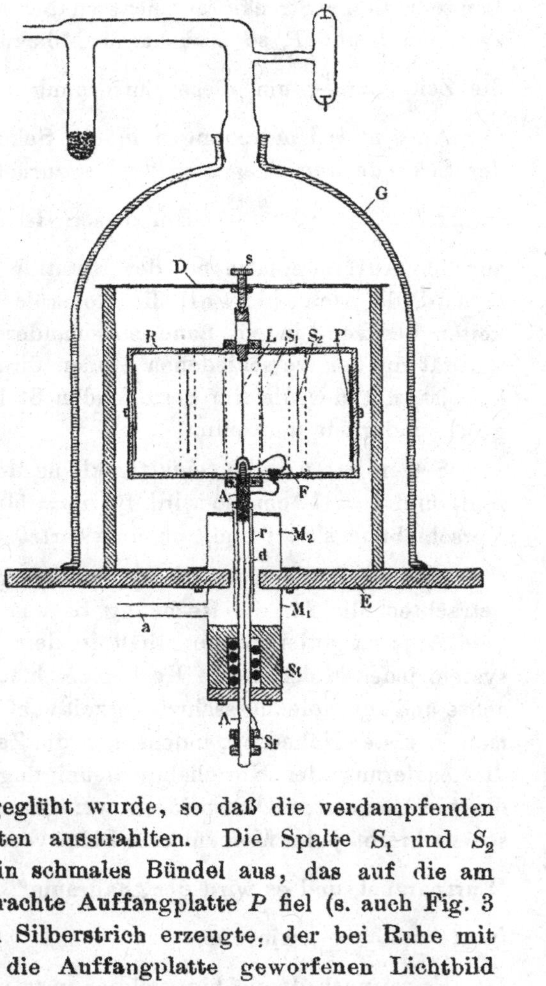

Versuchsanordnung. Bei der Ausführung des Versuches waren Strahlenquelle L, Blende B und Auffangplatte P auf einem Rahmen montiert. Dieser Rahmen saß auf einer Achse, die luftdicht durch den Boden des feststehenden, ständig evakuierten Gefäßes V geführt war und mit ihrem herausragenden Ende mit der Achse eines Motors gekuppelt wurde.

Als Strahlenquelle diente kein gasgefülltes Gefäß, sondern der versilberte Platindraht L (s. Fig. 2), der elektrisch geglüht wurde, so daß die verdampfenden Silberatome nach allen Seiten ausstrahlten. Die Spalte S_1 und S_2 blendeten auf jeder Seite ein schmales Bündel aus, das auf die am Ende des Rahmens R angebrachte Auffangplatte P fiel (s. auch Fig. 3 Querschnitt) und dort einen Silberstrich erzeugte, der bei Ruhe mit dem von den Spalten auf die Auffangplatte geworfenen Lichtbild des Drahtes L zusammenfiel. Bei der Rotation des Rahmens wurde

[1]) Ableitung s. die ausführliche Abhandlung.

dann die auf der Platte *P* entstehende Silberlinie je nach dem Rotationssinn nach der einen oder der anderen Seite hin verschoben.

Die Verwendung von Silber als Molekülstrahl bietet den großen Vorteil, daß der ganze Versuch bei Zimmertemperatur vorgenommen werden kann, da Silberatome, die auf Oberflächen von Zimmertemperatur auftreffen, sich dort beim ersten Anprall kondensieren [1]).

Eine linienförmige, statt der theoretisch einwandfreieren punktförmigen Strahlenquelle wurde verwendet, um der Silberlinie eine genügende Dicke (Intensität) zu geben, dadurch, daß jeder Punkt der Silberlinie von der ganzen Länge des Glühdrahtes Strahlung empfängt [2]). Der Fehler, der dadurch entsteht, daß die an dieselbe Stelle gelangenden Atome verschieden lange Wege zurücklegen, läßt sich durch geeignete Dimensionierung von Glühdrahtlänge und Plattenabstand unter einen der Meßgenauigkeit entsprechenden Betrag herunterdrücken. Ist a der Abstand von Draht und Auffangplatte, b die halbe Länge des glühenden Drahtstückes, so liegen die Wege der auf die Mitte der Auffangplatte treffenden Moleküle zwischen a und $\sqrt{a^2 + b^2} = a\left(1 + \frac{1}{2}\frac{b^2}{a^2}\right)$ bei kleinem $\frac{b}{a}$. Bei den hier beschriebenen Versuchen war $a = 6$ cm, $b = 1\frac{1}{2}$ cm, also der Fehler $\frac{1}{2}\frac{b^2}{a^2} = \frac{1}{32}$.

Fig. 3.

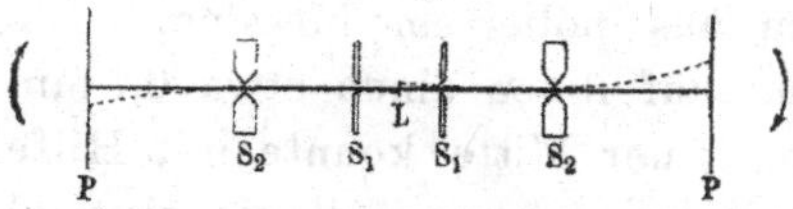

Der Rahmen *R* bestand aus Messing und war 7 cm hoch und 12 cm lang.

Der Platindraht *L* war ungefähr 6 cm lang und hatte einen Durchmesser von 0,4 mm. Die Dicke der Versilberung betrug etwa 0,02 mm. Er wurde an seinem oberen Ende in einer kleinen, am Rahmen *R* angebrachten Klemmschraube festgeklemmt. Das untere Ende wurde in ein ausgebohrtes Messingklötzchen eingelötet, dessen Bohrung auf einem in den Rahmen eingekitteten Glasstäbchen glitt. Das Messingklötzchen wurde durch die isoliert am Rahmen befestigte Blattfeder *F* heruntergedrückt, so daß der Platindraht stets gespannt wurde und auch beim Glühen gerade blieb.

Um sicher zu sein, daß die Strahlenquelle auch beim Rotieren ihre Lage nicht änderte, wurde zu beiden Seiten des Drahtes in 8 mm

[1]) M. Knudsen, Ann. d. Phys. (4) **50**, 472, 1916. Ebenfalls unter Verwendung eines versilberten Platindrahtes.

[2]) Eine eingehendere Diskussion der den optischen Verhältnissen ganz analogen Intensitätsfrage in der ausführlichen Abhandlung. Die Erreichung einer genügenden Intensität bildet eine Hauptschwierigkeit bei den Versuchen.

Abstand je ein Spalt S_1 von 4 cm Länge und 0,2 mm Breite fest angebracht, dessen Bild vom Spalt S_2 (4 cm lang, 0,2 mm breit) auf die Auffangplatte P entworfen wurde. Verschob sich nun der Draht, so entstand überhaupt kein Bild auf der Auffangplatte, weil dann das vom Spalt S_1 entworfene Bild des Drahtes nicht auf den Spalt S_2, sondern daneben fiel. Da bei der Rotation des Rahmens die nach der Auffangplatte P gelangenden Moleküle nicht genau von der Mitte, sondern etwas seitlich davon ausgehen[1]) (s. Fig. 3), wurde der Draht P in seinem mittleren Teil in Länge von etwa $3^1/_2$ cm auf 0,6 mm Breite ausgewalzt.

Die Auffangplatten P bestanden aus poliertem Messing. Die auftreffenden Silbermoleküle erzeugten auf ihnen einen etwa 0,4 mm breiten bräunlichen Strich. Die Lage seiner Mitte konnte mit Hilfe einer auf den Platten eingeritzten Skala von 0,5 mm Teilstrichabstand auf etwa $^1/_{10}$ bis $^1/_{20}$ mm genau abgelesen werden.

Der Rahmen R war auf der Achse A aus Stahlrohr von 6 mm äußerem Durchmesser montiert. Die Stromzuführung zu dem Platindraht L geschah durch die beiden Schleifringe Sr. Von dem oberen, isoliert auf die Achse aufgesetzten, ging der Strom durch den isoliert durch das Innere der Achse durchgeführten Draht d zu der Feder F und weiter zum unteren Ende von L, von dem unteren Schleifring ging der Strom direkt durch die Achse und den Rahmen zum oberen Ende von L.

Der evakuierte Raum, in dem sich der Rahmen befand, bestand aus der Glasglocke G von 35 cm Höhe und 24 cm innerem Durchmesser, die auf die 1 cm starke quadratische Eisenplatte E von 35 cm Seitenlänge aufgeschliffen war. Zur Dichtung diente Ramsayfett. Vom Hals der Glocke führte ein etwa 2 cm weites Glasrohr zu einem Gefäß mit Kokosnußkohle und von dort ein etwa 1 cm weites Rohr zu einer Kondensationspumpe (K = Pumpe der Firma Hanff & Buest, Berlin). Als Vorpumpe diente eine rotierende Quecksilber-Gaedepumpe. Auf die Eisenplatte E war ein Dreifuß D aufgeschraubt, der eine verstellbare Messingschraube s mit Stahlspitze trug, die als Widerlager für das obere Ende der Achse diente.

Den diffizilsten Teil der Apparatur bildete die luftdichte Durchführung der Achse ins Vakuum, die mit Hilfe eines Vorvakuums folgendermaßen geschah. In das an die Unterseite der Eisenplatte E angeschraubte 4 cm weite Messingrohr M_1 war die Stopfbüchse St eingelötet, in deren Höhlung die gefettete Asbestschnur As eingepreßt war. Außerdem wurde über den unteren Teil der Stopfbüchse noch ein mit Fett gefülltes Gefäß geschoben. Von dem Messingrohr M_1

[1]) Siehe ausführliche Abhandlung.

führte das Ansatzrohr *a* zur Vorpumpe (Gaedepumpe). Das auf der Oberseite der Eisenplatte *E* sitzende Messingrohr M_2 war oben durch eine Messingplatte verschlossen, die das die Achse *A* eng umschließende, aber nicht berührende Messingrohr *r* trug. In dem durch M_1 und M_2 gebildeten Raum wurde durch die Gaedepumpe ein Vorvakuum von $^1/_{100}$ bis $^1/_{1000}$ mm aufrecht erhalten. Da nun Luft aus diesem Raum in das Hauptvakuum nur durch den engen Zwischenraum zwischen der Achse *A* und dem Rohr *r* gelangen konnte, war die auf diese Weise ins Hauptvakuum strömende Luftmenge so gering, daß es keine besonderen Schwierigkeiten machte, das Hauptvakuum auf etwa $^1/_{10\,000}$ mm zu erhalten. Die Prüfung des Vakuums geschah durch je ein Geisslerrohr im Vor- und Hauptvakuum.

Die Grundplatte *E* war fest auf einem hölzernen Gestell montiert, an dem auch ein kleiner Ventilatormotor angeschraubt war, dessen Achse durch ein kurzes Stück Vakuumschlauch mit dem unteren Ende der Achse *A* verbunden wurde. Das andere Ende der Achse des Motors war durch eine biegsame Welle mit einem Tourenzähler verbunden.

Die Versuche wurden so ausgeführt, daß zunächst durch mehrstündiges Pumpen, wobei die Kokosnußkohle zunächst erhitzt und dann mit flüssiger Luft oder fester Kohlensäure und Äther gekühlt und der Platindraht etwas vorgeglüht wurde, das erforderliche Vakuum von etwa $^1/_{10\,000}$ mm hergestellt, sodann der Motor angelassen und auf die gewünschte Tourenzahl gebracht und schließlich der Platindraht durch einen Strom von 5 bis 6 Amp. bis zum Schmelzen des Silbers erhitzt. Während das Silber verdampfte, was stets nur wenige Minuten dauerte, wurden Vakuum und Tourenzahl ständig kontrolliert. Die Tourenzahl betrug bei den meisten Versuchen 1500 pro Minute, d. h. $\nu = 25$ Umdrehungen pro Sekunde. Die so auf den Auffangplatten erzeugten Silberstriche waren schwächer und verwaschener als die ohne Rotation erhaltenen und um etwa 0,4 mm gegen diese verschoben. Die Verschiebung lag in der erwarteten Richtung und kehrte sich bei Umkehrung des Rotationssinnes ebenfalls um. Um die Genauigkeit der Messung zu erhöhen, wurden die Abstände zwischen den bei verschiedenen Versuchen mit gleicher Tourenzahl (1500), aber verschiedener Drehrichtung erzeugten Silberlinien bestimmt; sie betrugen 0,7 bis 0,8 mm, die Ablenkung *s* ist also gleich 0,35 bis 0,40 mm. Die Geschwindigkeit der Silberatome ergibt sich daraus nach der Formel $v = \frac{2\pi\nu l_1 l_2}{s}$ zu 560 bis 640 m/sec, im Mittel 600 m/sec, während sie nach der Gastheorie bei 961°, dem Schmelzpunkt des Silbers, 534 m/sec betragen sollte. Nun war die Temperatur des verdampfenden Silbers sicher höher als 961°, weil das geschmolzene Silber sich zu Tröpfchen zusammenzieht und die vom Silber befreiten Teile des Platindrahtes wegen ihres höheren Widerstandes höhere Temperatur annehmen, die sich durch Leitung auf die Silbertröpfchen überträgt. Nach der Helligkeit geschätzt dürfte die Temperatur etwa 1200° gewesen sein, was einer Geschwindigkeit von 584 m entspricht. Die Übereinstimmung ist jedenfalls innerhalb der 10 bis 15 Proz. betragenden Meßgenauigkeit befriedigend, zumal bei der Undefiniertheit des auf diese Weise gemessenen Geschwindigkeitsmittelwertes.

Die exaktere Rechnung, die das gleiche Resultat liefert, soll hier nur kurz angedeutet werden. Gemessen wird der Abstand s der Mitte der unverschobenen Linien von der Stelle maximaler Intensität des durch Ablenkung entstandenen Bandes. Bei einer unendlich schmalen Linie gibt dieses s direkt die Ablenkung der wahrscheinlichsten Geschwindigkeit $\alpha = v\sqrt{\frac{2}{3}}$. Bei einer unverschobenen Linie von der Breite d und der überall gleichen Intensität J_0 ist bei Zugrundelegung des Maxwellschen Verteilungsgesetzes, falls s_a die Ablenkung der wahrscheinlichsten Geschwindigkeit ist, bei dem durch Ablenkung entstandenen Bande die Intensität J_s im Abstande s von der Mitte unverschobenen Linie:

$$J_s = J_0 \frac{4}{\sqrt{\pi}} \int\limits_{\frac{s_a}{s+\frac{d}{2}}}^{\frac{s_a}{s-\frac{d}{2}}} e^{-x^2} x^2 \, d\,x.$$

Auswertung des Integrals mit Hilfe der Tabellen von Jahnke-Emde und graphisches Auftragen zeigt, daß die Stelle maximaler Intensität näher an der unverschobenen Linie liegt als s_a, und zwar ist im obigen Falle etwa $s_a - s = 0{,}1$ mm. Also ist $s_a = 0{,}45$ bis $0{,}5$ mm und $\alpha = 450$ bis 500 m/sec, während die Berechnung für 1200° $\alpha = 477$ m/sec ergibt.

Schluß. Die hier beschriebene Methode der Messung der thermischen Molekulargeschwindigkeit stellt zugleich eine neue Methode der Molekular- und Atomgewichtsbestimmung dar. So ist der obige mit Silber ausgeführte Versuch zugleich ein Beweis dafür, daß Silber einatomig verdampft, da, falls das Silbermolekül zwei- bzw. n-atomig wäre, die Ablenkung $\sqrt{2}$- bzw. $\sqrt{n}$-mal so groß hätte gefunden werden müssen. Ich beabsichtige, auf diese Art das Molekulargewicht von

Kohlenstoffdampf zu bestimmen, ein Problem, das mit den bisher bekannten Methoden kaum angreifbar wäre. Sind in dem untersuchten Dampfe verschiedene Molekülgrößen vorhanden, so wird die Linie in ein Band mit mehreren Maximis auseinandergezogen werden, deren Lagen und relative Intensitäten Atomzahlen und relative Mengen der verschiedenen Molekülarten angeben. Falls es gelingt, den Genauigkeitsgrad der Methode genügend weit zu treiben — und das dürfte, soweit ich es jetzt übersehe, möglich sein —, so würde man auch Isotopen damit nachweisen können. Man hat in dem obigen Apparat gewissermaßen einen „Molekülspektrographen", der bei genügender Dispersion für jede Molekül- oder Atomart eine Linie zeigt.

Besonderes Interesse würde eine recht genaue Prüfung des Maxwellschen Geschwindigkeitsverteilungsgesetzes bieten. Nach der Quantentheorie müssen nämlich bei Gasen mit kleinem Molekulargewicht bei hohen Drucken und tiefen Temperaturen geringe Abweichungen auftreten, die für Wasserstoff beim Siedepunkt unter Atmosphärendruck schätzungsweise etwa 1 Proz. betragen dürften. Genauere Angaben über Art und Betrag dieser zu erwartenden Abweichungen lassen sich leider nicht machen — außer etwa, daß bei Annahme von Nullpunktsenergie die kleinen Geschwindigkeiten seltener vorkommen werden als nach Maxwell —, weil die Quantentheorie der Translationsbewegung auf bisher unüberwindliche Schwierigkeiten stößt. Um so wichtiger wäre die experimentelle Untersuchung dieser Abweichungen, und es war gerade dieses Problem, welches mir den Anlaß zu der vorliegenden Untersuchung gab. Leider liegen die Verhältnisse hier auch für das Experiment sehr ungünstig, doch wird vielleicht für die Analyse der kleinen Geschwindigkeiten die Schwerkraft genügende Dispersion geben.

Schließlich sei noch darauf hingewiesen, daß die obige Methode zum ersten Mal gestattet, Moleküle von einheitlicher Geschwindigkeit herzustellen, und z. B. zu untersuchen, ob Kondensation nur oberhalb oder unterhalb einer bestimmten Geschwindigkeit stattfindet, usw.

Vorliegende Arbeit wurde im Institut für theoretische Physik der Universität in Frankfurt a. M. ausgeführt. Dem Direktor des Instituts, Herrn M. Born, bin ich für die freundschaftliche Art, in der er mir Etat und sämtliche Mittel des Instituts in weitherzigster Weise zur Verfügung stellte, und sein lebhaftes Interesse am Fortgange der Arbeit zu größtem Danke verpflichtet. Ebenso möchte ich dem Institutsmechaniker, Herrn A. Schmidt, für seine ständige Mitarbeit und zahlreiche wertvolle Ratschläge meinen herzlichsten Dank aussprechen.

Frankfurt a. M., Institut für theoretische Physik, April 1920.

S17

S17. Otto Stern, Nachtrag zu meiner Arbeit: „Eine direkte Messung der thermischen Molekulargeschwindigkeit", Z. Physik, 3, 417–421 (1920)

Nachtrag zu meiner Arbeit: „Eine direkte Messung der thermischen Molekulargeschwindigkeit".

Von **Otto Stern.**

Mit einer Abbildung. (Eingegangen am 22. Oktober 1920.)

H. Schmidt-Böcking, K. Reich, A. Templeton, W. Trageser, V. Vill (Hrsg.), *Otto Sterns Veröffentlichungen – Band 2*, DOI 10.1007/978-3-662-46962-0_12

Nachtrag zu meiner Arbeit: „Eine direkte Messung der thermischen Molekulargeschwindigkeit".

Von **Otto Stern.**

Mit einer Abbildung. (Eingegangen am 22. Oktober 1920.)

In der kürzlich hier[1]) erschienenen oben genannten Mitteilung habe ich über Versuche berichtet, bei denen die Geschwindigkeit der von einer Oberfläche geschmolzenen Silbers ins Vakuum ausgestrahlten Atome gemessen und zu etwa 600 m/sec bestimmt wurde. Diese Zahl stimmt innerhalb der Meßgenauigkeit mit dem Werte überein, der sich aus der kinetischen Gastheorie für die mittlere Geschwindigkeit von Silberatomen von der Temperatur des geschmolzenen Silbers ergibt. Dieses Resultat scheint die von mir in der erwähnten Arbeit ohne nähere Begründung gemachte Annahme, daß die von der Silberoberfläche ausgehenden Atome die gleichen Geschwindigkeiten wie die Atome des geschmolzenen Silbers haben, zu bestätigen. Nun sind aber gegen diese Annahme von verschiedenen Seiten Einwände erhoben worden, von denen einer, der von Herrn Einstein herrührt, berechtigt ist. Es handelt sich dabei um folgendes:

1. Wir haben ein Gefäß, in dem sich Gas von bestimmter Temperatur im Gleichgewicht befindet, und betrachten die durch eine feine Öffnung in der Wand des Gefäßes ins Vakuum ausströmenden Moleküle. Dann haben diese — im Gegensatz zu dem analogen Falle beim Strahlungshohlraum — nicht die dem Temperaturgleichgewicht im Innern des Gasraumes entsprechende Maxwellsche Geschwindigkeitsverteilung, sondern von den rascheren Molekülen strömen verhältnismäßig mehr aus. Denn nach einer bekannten gastheoretischen Überlegung ist die Zahl $dn'_{\mathfrak{c}}$ der in der Zeiteinheit durch die Öffnung herausfliegenden Moleküle, die eine Geschwindigkeit $\mathfrak{c}$ von bestimmter Größe und Richtung (innerhalb unendlich kleiner Grenzen) haben, gleich der Zahl $dn_{\mathfrak{c}}$ der in der Volumeinheit des Gases enthaltenen Moleküle dieser Art, multipliziert mit dem Volumen des auf der Öffnung als Grundfläche mit der Seite $\mathfrak{c}$ errichteten Zylinders. Also ist $dn'_{\mathfrak{c}}$ nicht proportional $dn_{\mathfrak{c}}$, sondern $c\,dn_{\mathfrak{c}}$. Da für eine beliebige Richtung nach Maxwell

$$dn_{\mathfrak{c}} = C e^{-\beta c^2} c^2 dc, \text{ also } dn'_{\mathfrak{c}} = C' e^{-\beta c^2} c^3 dc \tag{1}$$

[1]) ZS. f. Phys. 2, 49, 1920. Im folgenden mit l. c. zitiert.

ist, so wird das mittlere Geschwindigkeitsquadrat der ausströmenden Moleküle für eine beliebige Richtung:

$$\overline{c^2} = \frac{\int\limits_0^\infty c^2 d n_c'}{\int\limits_0^\infty d n_c'} = \frac{\int\limits_0^\infty e^{-\beta c^2} c^5 dc}{\int\limits_0^\infty e^{-\beta c^2} c^3 dc} = \frac{2}{\beta} = 4\frac{kT}{m}\text{[1]} \tag{2}$$

und die l. c. benutzte Geschwindigkeit

$$v = \sqrt{\overline{c^2}} = \sqrt{\frac{4kT}{m}} \text{ statt l. c. } \sqrt{\frac{3kT}{m}},$$

d. h. für die ausströmenden Moleküle ist v um 15 Proz., nämlich $\sqrt{\frac{4}{3}}$ mal, größer als für die Moleküle im Innern des Gasraumes. Für Silberatome von 1200° würde demnach $v = 672$ m/sec statt wie l. c. 584 m/sec sein. Ebenso muß die l. c. S. 55 mitgeteilte Formel für die Intensitätsverteilung in der Linie korrigiert werden. Es ergibt sich:

$$J_s = J_0 \frac{4}{\sqrt{\pi}} \int\limits_{\frac{s_a}{s+\frac{d}{2}}}^{\frac{s_a}{s-\frac{d}{2}}} e^{-x^2} x^3 \, dx, \tag{3}$$

während l. c. x^2 statt x^3 gefunden wurde.

2. Ein zweiter Einwand, der von verschiedenen Seiten erhoben wurde, ist der, daß die Geschwindigkeit der von einer Flüssigkeitsoberfläche ausgehenden Moleküle eine andere sei als die der von einem Gasraum ausgehenden, weil im ersteren Falle der Einfluß der Verdampfungsarbeit zu berücksichtigen sei. Es möge zunächst an einem einfachen Beispiel durch direkte Ausrechnung gezeigt werden, daß dieser Einwand im allgemeinen nicht zutrifft.

Wir legen die yz-Ebene eines kartesischen Koordinatensystems in die als eben vorausgesetzte Flüssigkeitsoberfläche, so daß die x-Achse senkrecht auf ihr steht. Bezeichnen wir die Geschwindigkeitskomponenten eines Flüssigkeitsmoleküls mit u, v, w, so ergibt sich die Zahl dn der pro cm² und sec auf die Oberfläche treffenden Flüssigkeitsmoleküle, für die u zwischen u und $u + du$, v und w zwischen $-\infty$ und $+\infty$ liegt, nach der gleichen Überlegung wie oben zu:

$$dn = C e^{-\beta u^2} u\, du = \frac{C}{2} e^{-\beta u^2} du^2 \tag{4}$$

[1]) Bezeichnungen wie l. c.

und die Gesamtzahl n der auftreffenden Moleküle zu:

$$n = \frac{C}{2}\int_0^\infty e^{-\beta u^2}\, d u^2,$$

also:

$$\frac{dn}{n} = \frac{e^{-\beta u^2}\, d u^2}{\int_0^\infty e^{-\beta u^2}\, d u^2}. \tag{4a}$$

Wir nehmen an, daß von diesen Molekülen nur diejenigen in den Dampfraum gelangen, für die $u > u_0$ ist, wobei $\frac{1}{2} m u_0^2$ die Verdampfungswärme eines Moleküls ist. Die Gesamtzahl n' dieser Moleküle ist

$$n' = \frac{C}{2}\int_{u_0}^\infty e^{-\beta u^2}\, d u^2$$

und die Anzahl dn' derjenigen unter ihnen, für die u vor dem Verdampfen zwischen u und $u + du$ lag,

$$dn' = \frac{C}{2} e^{-\beta u^2}\, d u^2, \tag{5}$$

also:

$$\frac{dn'}{n'} = \frac{e^{-\beta u^2}\, d u^2}{\int_{u_0}^\infty e^{-\beta u^2}\, d u^2} = \frac{e^{-\beta (u^2 - u_0} \, d u^2}{\int_{u_0}^\infty e^{-\beta (u^2 - u_0^2)}\, d u^2} = \frac{e^{-\beta \xi^2}\, d \xi^2}{\int_0^\infty e^{-\beta \xi^2}\, d \xi^2}, \tag{5a}$$

falls wir zunächst Zähler und Nenner mit dem konstanten Faktor $e^{-\beta u_0^2}$ multiplizieren und dann $\xi^2 = u^2 - u_0^2$ als neue Variable einführen. Nun ist aber $\xi = \sqrt{u^2 - u_0^2}$ nichts anderes als die Geschwindigkeitskomponente eines Moleküls in der x-Richtung nach dem Durchtritt durch die Oberfläche, und der letzte Ausdruck in (5a) gibt uns den Bruchteil der von der Flüssigkeitsoberfläche ausgehenden Atome, für die ξ zwischen ξ und $\xi + d\xi$ liegt. Andererseits stimmt er vollständig überein mit (4a), d. h. die Geschwindigkeitsverteilung wird beim Durchgang durch die Oberfläche nicht geändert und ist die gleiche wie die der von einem Gasraum ausgehenden Moleküle. Die Verdampfungswärme bewirkt eben einerseits, daß nur die schnellsten Moleküle die Oberfläche passieren, andererseits, daß diese raschen Moleküle beim Passieren den größten Teil ihrer Geschwindigkeit abgeben, so daß im ganzen die Geschwindigkeitsverteilung erhalten bleibt.

Wieweit dieser Satz, der hier für einen speziellen einfachen Verdampfungsmechanismus abgeleitet wurde, allgemein gelten wird, dafür kann man durch Betrachtung des Gleichgewichtszustandes zwischen Dampf und Flüssigkeit einige Anhaltspunkte gewinnen.

Nimmt man an, daß alle aus dem Dampfraum auf die Flüssigkeitsoberfläche auftreffenden Moleküle dort verschluckt werden, so ergibt sich der obige Satz ohne weiteres als Bedingung des Gleichgewichts. Nun hat Knudsen experimentell gezeigt, daß diese Annahme nur für ganz reine Oberflächen zutrifft, während im allgemeinen ein beträchtlicher Teil der aus dem Dampfraum auf die Flüssigkeitsoberfläche auftreffenden Moleküle reflektiert wird. In diesem Falle wird der obige Satz nur dann gelten, wenn der Bruchteil der reflektierten Moleküle für alle Geschwindigkeiten der gleiche ist. Ob diese Voraussetzung zutrifft oder nicht, wird in jedem speziellen Falle experimentell zu untersuchen sein. Im allgemeinen wird man wohl

bequemer umgekehrt diese Frage durch Untersuchung der Geschwindigkeitsverteilung der von der Flüssigkeitsoberfläche ausgesandten Moleküle nach der l. c. beschriebenen Methode entscheiden. In dem l. c. untersuchten Falle des geschmolzenen Silbers zeigt die Übereinstimmung des unter der obigen Voraussetzung berechneten mittleren Geschwindigkeitswertes mit der experimentell gefundenen Zahl, daß diese Voraussetzung dort im groben zutrifft.

3. Schließlich seien noch die Resultate einiger Messungen der Molekulargeschwindigkeit wiedergegeben, die genau auf die l. c. beschriebene Art nur mit höheren Umdrehungsgeschwindigkeiten, und zwar 2400 und 2700 Touren pro Minute, statt wie l. c. 1500, ausgeführt wurden. Bei 2700 Touren ergab sich der Abstand der Mitten der beiden mit Rechts- und Linksrotation erzeugten Linien zu

1,26 mm [1]), bei 2400 Touren zu 1,12 mm, die daraus wie l. c. berechneten Geschwindigkeiten sind 675 m/sec und 643 m/sec, also etwas höher als die l. c. mit 1500 Touren gemessene Geschwindigkeit von 600 m/sec. Die Werte liegen zwischen dem l. c. berechneten Werte von 584 m/sec. und dem in Absatz 1 korrigierten Werte von 672 m/sec. Es sei aber nochmals darauf hingewiesen, daß wegen der Undefiniertheit des experimentell erhaltenen Geschwindigkeitsmittelwertes von vornherein nur eine ungefähre Übereinstimmung erwartet werden darf. Eine exakte Prüfung werden erst die Messungen der Geschwindigkeitsverteilung, d. h. des Intensitätsverlaufes in der verschobenen Linie und ihr Vergleich mit Formel (3) in Absatz 1 ermöglichen. Solche Messungen sind in Angriff genommen, aber noch nicht abgeschlossen.

Zusammenfassung. Es wird die Frage der Geschwindigkeitsverteilung der von einer Flüssigkeitsoberfläche ausgehenden Moleküle diskutiert. Ferner werden die Resultate einiger neuerer Messungen der mittleren Geschwindigkeit von Silberatomen mitgeteilt.

Frankfurt a. M., Institut für theoretische Physik, Sept. 1920.

---

[1]) Dieser Versuch ist in nebenstehender Abbildung wiedergegeben.

S18

S18. Otto Stern, Ein Weg zur experimentellen Prüfung der Richtungsquantelung im Magnetfeld. Z. Physik, 7, 249–253 (1921)

Ein Weg zur experimentellen Prüfung der Richtungsquantelung im Magnetfeld.

Von Otto Stern in Frankfurt a. Main.

Mit zwei Abbildungen. — (Eingegangen am 26. August 1921.)

H. Schmidt-Böcking, K. Reich, A. Templeton, W. Trageser, V. Vill (Hrsg.), *Otto Sterns Veröffentlichungen – Band 2*, DOI 10.1007/978-3-662-46962-0_13

Ein Weg zur experimentellen Prüfung der Richtungsquantelung im Magnetfeld.

Von **Otto Stern** in Frankfurt a. Main.

Mit zwei Abbildungen. — (Eingegangen am 26. August 1921.)

In der Quantentheorie des Magnetismus und des Zeemaneffektes wird angenommen, daß der Vektor des Impulsmomentes eines Atoms nur ganz bestimmte diskrete Winkel mit der Richtung der magnetischen Feldstärke $\mathfrak{H}$ bilden kann, derart, daß die Komponente des Impulsmomentes in Richtung von $\mathfrak{H}$ ein ganzzahliges Vielfaches von $h/2\pi$ ist[1]). Bringen wir also ein Gas aus Atomen, bei denen das gesamte Impulsmoment pro Atom — die vektorielle Summe der Impulsmomente sämtlicher Elektronen des Atoms — den Betrag $h/2\pi$ hat, in ein Magnetfeld, so sind nach dieser Theorie für jedes Atom nur zwei diskrete Lagen möglich, da die Komponente des Impulsmomentes in Richtung von $\mathfrak{H}$ nur die beiden Werte $\pm h/2\pi$ annehmen kann. Denken wir z. B. an einquantige Wasserstoffatome, so müssen die Ebenen der Elektronenbahnen sämtlich senkrecht auf $\mathfrak{H}$ stehen.

Hieran knüpft sich sofort folgender naheliegender Einwand. Wenn wir einen Lichtstrahl senkrecht zu $\mathfrak{H}$ in das Wasserstoffatomgas schicken, so wird der parallel zu $\mathfrak{H}$ schwingende elektrische Lichtvektor, der die Elektronen aus ihrer Bahnebene herauszieht, eine ganz andere Fortpflanzungsgeschwindigkeit haben als der senkrecht zu $\mathfrak{H}$ schwingende, der die Elektronen in ihrer Bahnebene verschiebt. Das Gas müßte also starke Doppelbrechung zeigen, und zwar müßte der Betrag der Doppelbrechung unabhängig sein von der Stärke des Magnetfeldes. Auch bei komplizierteren einquantigen, ja sogar mehrquantigen Atomen müßte, wie sich leicht übersehen läßt, ein solcher Effekt eintreten, und ebenso ändert die Berücksichtigung der Wechselwirkung der Atome bei nicht allzu dichten Gasen nichts Wesentliches. Ein derartiger Effekt ist aber bisher noch nie beobachtet worden, obwohl er bei den zahlreichen auf diesem Gebiete unternommenen Experimentaluntersuchungen zweifellos hätte gefunden werden müssen.

Nun hat die obige Überlegung allerdings zur Voraussetzung, daß man die Dispersion des Gases auf Grund der klassischen Theorie nach

1) Literatur s. A. Sommerfeld, Atombau und Spektrallinien, Braunschweig 1921.

der Debye-Sommerfeldschen Methode berechnen kann. Da man aber die Frequenz des einfallenden Lichtes weit entfernt von den Eigenfrequenzen der dispergierenden Atome wählen kann und es sich nur um die Größenordnung des Effektes handelt, so scheint diese Voraussetzung unbedenklich. Sicherheit hierüber kann aber erst eine rationelle Quantentheorie der Dispersion geben.

Eine weitere Schwierigkeit für die Quantenauffassung besteht, wie schon von verschiedenen Seiten bemerkt wurde, darin, daß man sich gar nicht vorstellen kann, wie die Atome des Gases, deren Impulsmomente ohne Magnetfeld alle möglichen Richtungen haben, es fertig bringen, wenn sie in ein Magnetfeld gebracht werden, sich in die vorgeschriebenen Richtungen einzustellen. Nach der klassischen Theorie ist auch etwas ganz anderes zu erwarten. Die Wirkung des Magnetfeldes besteht nach Larmor nur darin, daß alle Atome eine zusätzliche gleichförmige Rotation um die Richtung der magnetischen Feldstärke als Achse ausführen, so daß der Winkel, den die Richtung des Impulsmomentes mit $\mathfrak{H}$ bildet, für die verschiedenen Atome weiterhin alle möglichen Werte hat. Die Theorie des normalen Zeemaneffektes ergibt sich auch bei dieser Auffassung aus der Bedingung, daß sich die Komponente des Impulsmomentes in Richtung von $\mathfrak{H}$ nur um den Betrag $\frac{h}{2\pi}$ oder Null ändern darf.

Ob nun die quantentheoretische oder die klassische Auffassung zutrifft, läßt sich durch ein prinzipiell ganz einfaches Experiment entscheiden. Man braucht dazu nur die Ablenkung zu untersuchen, die ein Strahl von Atomen in einem geeigneten inhomogenen Magnetfeld erfährt [1]). Die Theorie des Versuchs ist kurz folgende:

Wir führen ein rechthändiges kartesisches Koordinatensystem ein (Fig. 1), dessen Nullpunkt sich im Schwerpunkt des betrachteten Atoms befindet und dessen z-Achse die Richtung der dort herrschenden Feldstärke $\mathfrak{H}$ hat. Ist $\mathfrak{m}$ der Vektor des magnetischen Momentes des Atoms, der mit dem Vektor $\mathfrak{J}$ seines Impulsmomentes durch die

[1]) Herr W. Gerlach und ich sind seit einiger Zeit mit der Ausführung dieses Versuches beschäftigt. Den Anlaß zur vorliegenden Veröffentlichung gibt die bevorstehende Publikation einer Arbeit der Herren Kallmann und Reiche über die Ablenkung von elektrischen Dipolmolekülen in einem inhomogenen elektrischen Feld. Wie ich aus den mir freundlichst übersandten Korrekturen ersehe, ergänzen sich unsere Überlegungen gerade gegenseitig, da die Herren Kallmann und Reiche ausschließlich den bei elektrischen Dipolmolekülen wohl meist realisierten Fall behandeln, daß der Vektor des elektrischen Momentes senkrecht auf dem des Impulsmomentes steht, während ich mich auf den beim magnetischen Atom realisierten Fall beschränkt habe, daß diese beiden Vektoren die gleiche Richtung haben.

Beziehung $\mathfrak{m} = \frac{1}{2} e/m\, \mathfrak{J}$ verbunden ist (e Ladung, m Masse des Elektrons), so ist die auf das Atom wirkende Kraft:

$$\mathfrak{K} = |\mathfrak{m}| \frac{\partial \mathfrak{H}}{\partial s},$$

wobei $\frac{\partial \mathfrak{H}}{\partial s}$ die Zunahme von $\mathfrak{H}$ pro Längeneinheit in Richtung von $\mathfrak{m}$ bedeutet. Wir können $\mathfrak{K}$ auch als folgende Vektorsumme schreiben:

$$\mathfrak{K} = \mathfrak{m}_x \frac{\partial \mathfrak{H}}{\partial x} + \mathfrak{m}_y \frac{\partial \mathfrak{H}}{\partial y} + \mathfrak{m}_z \frac{\partial \mathfrak{H}}{\partial z}.$$

Nun führt das Atom eine gleichförmige Rotation um die Feldrichtung, d. h. um die z-Achse aus[1]), wobei $\mathfrak{m}_z$ konstant bleibt, während der Mittelwert von $\mathfrak{m}_x$ und $\mathfrak{m}_y$ über einen vollen Umlauf Null wird. Mitteln wir also bei konstantem $\frac{\partial \mathfrak{H}}{\partial x}, \frac{\partial \mathfrak{H}}{\partial y}, \frac{\partial \mathfrak{H}}{\partial z}$ über eine gegen die Umlaufdauer (die z. B. für $\mathfrak{H} = 1000$ Gauß $7 \cdot 10^{-10}$ sec ist) große Zeit, so wird die mittlere auf das Atom wirkende Kraft:

$$\overline{\mathfrak{K}} = m_z \frac{\partial \mathfrak{H}}{\partial z}.$$

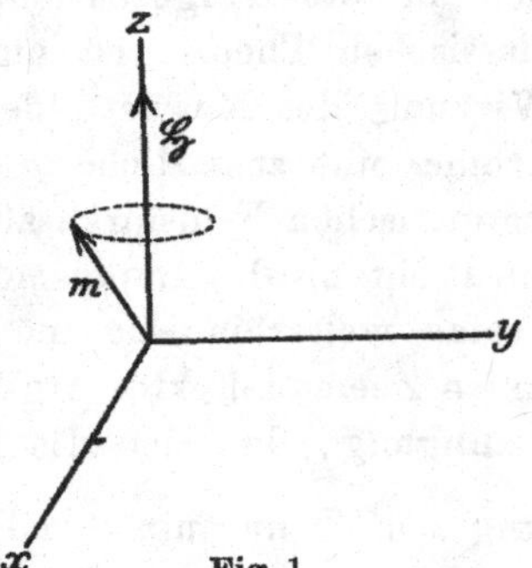

Fig. 1.

Für die auf das Atom wirkende Kraft ist also beim magnetischen Moment nur die Komponente in Richtung des Feldes selbst maßgebend, also gerade die Größe, die nach der Quantenauffassung nur diskrete Werte annehmen kann.

Das für die Ablenkungsversuche benutzte Feld sei nun derart gewählt, daß $\mathfrak{H}$ und $\frac{\partial \mathfrak{H}}{\partial z}$ die gleiche Richtung haben. Geben wir etwa dem Polschuh eines Elektromagneten die Form einer Schneide, so wird in der durch die Schneidenkante gehenden Symmetrieebene (Fig. 2, Querschnitt, a Schneide, b Atomstrahl, c Symmetrieebene) diese Forderung streng, in deren Nachbarschaft annähernd erfüllt sein. Wenn wir also einen Atomstrahl von möglichst kleinem (etwa kreisförmigem) Querschnitt, dessen Achse in der Symmetrieebene liegt, parallel zur Schneide recht nahe an ihr vorbeischicken, so werden die Atome in Richtung von $\mathfrak{H}$ bzw. $-\mathfrak{H}$ abgelenkt werden.

[1]) Die Inhomogenität des Feldes braucht hierbei nicht berücksichtigt zu werden, weil die prozentische Änderung von $\mathfrak{H}$ in Bereichen von atomaren Dimensionen außerordentlich klein ist. Für die resultierende Gesamtkraft kommt es dagegen auf den Absolutwert dieser Änderung an.

Der auf einer Auffangplatte von dem Atomstrahl ohne Magnetfeld erzeugte kreisförmige Fleck muß also im Magnetfeld verschoben bzw. auseinandergezogen werden. Nehmen wir an, daß $\frac{\partial \mathfrak{H}}{\partial z}$ über den ganzen Querschnitt des Strahls konstant gesetzt werden kann, und rechnen wir zunächst mit einer für alle Atome gleichen Geschwindigkeit, so wird die Kraft $\mathfrak{K}$ und die Ablenkung s für alle Atome mit gleichem $\mathfrak{m}_z$ die gleiche sein. Betrachten wir wie am Anfang einquantige Atome, für die $|\mathfrak{J}| = h/2\pi$ ist, so ist

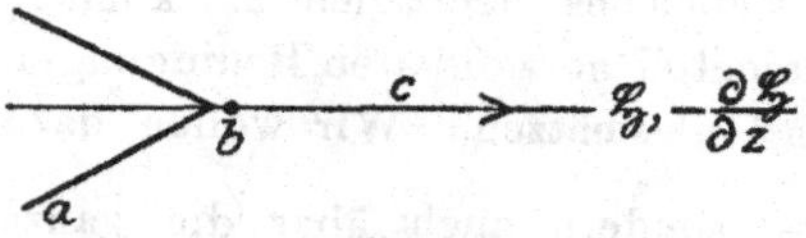

Fig. 2.

$$|\mathfrak{m}| = \tfrac{1}{2} \frac{e}{m} \frac{h}{2\pi}.$$

Nach der Quantentheorie kann $\mathfrak{J}_z$ nur $\pm h/2\pi$, also $\mathfrak{m}_z$ nur $\pm \frac{1}{2} \frac{e}{m} \frac{h}{2\pi}$ sein. In diesem Falle wird also der Fleck auf der Auffangplatte in zwei aufgespalten, deren jeder die gleiche Größe und die halbe Intensität wie der ursprüngliche Fleck hat. Für ein n-quantiges Atom müßten zweimal n (bei konstantem $\frac{\partial \mathfrak{H}}{\partial z}$ äquidistante) Flecke entstehen. Läßt man die Voraussetzung der für alle Atome gleichen Geschwindigkeit fallen, so führt die Berücksichtigung der Maxwellschen Geschwindigkeitsverteilung zu dem Resultat, daß die beiden Flecke breiter und verwaschener werden. Auf jeden Fall muß aber, falls nur die Ablenkung der Atome mit der wahrscheinlichsten Geschwindigkeit größer ist als der Radius des Atomstrahlquerschnittes, am Orte des ursprünglichen Fleckes ein Minimum entstehen. Genau das entgegengesetzte ergibt sich nach der Auffassung der klassischen Theorie. Hier kann $\mathfrak{m}_z$ beliebige Werte zwischen Null und dem quantentheoretischen Wert $|\mathfrak{m}| = \frac{1}{2} \frac{e}{m} \frac{h}{2\pi}$ annehmen. Bezeichnen wir den Winkel zwischen $\mathfrak{m}$ und $\mathfrak{H}$ mit ϑ, so ist $\mathfrak{m}_z = |\mathfrak{m}| \cos \vartheta$. Nun ist die Zahl der Atome, für die ϑ einen bestimmten Wert hat, proportional $\sin \vartheta$. Die Zahl dieser Atome hat also ein Maximum für $\vartheta = \pi/2$, d. h. $\mathfrak{m}_z = 0$ und die Ablenkung Null. Nach der klassischen Theorie kommen also für jede Geschwindigkeit alle möglichen Ablenkungen zwischen Null und der quantentheoretisch berechneten vor, und es ist für jede Geschwindigkeit die Zahl der Atome mit einer bestimmten Ablenkung um so größer, je kleiner die Ablenkung ist. Der Fleck auf der Auffangplatte wird im

Magnetfeld nur verbreitert, behält aber stets das Maximum der Intensität an der Stelle des ursprünglichen Fleckes. Somit ergibt der Versuch, falls seine Ausführung gelingt, eine eindeutige Entscheidung zwischen quantentheoretischer und klassischer Auffassung.

Um die Durchführbarkeit des Versuches beurteilen zu können, wollen wir noch die unter den experimentell herstellbaren Bedingungen zu erwartende Größe der Ablenkung abschätzen. Wir wollen dazu $\frac{\partial \mathfrak{H}}{\partial z}$ nicht nur über den Querschnitt, sondern auch über die ganze Länge l des Atomstrahles konstant setzen, was um so eher erlaubt sein wird, als sich leider zeigen wird, daß die Ablenkung sehr klein ist. Ferner setzen wir $|\mathfrak{m}_z| = \frac{1}{2}\frac{e}{m}\frac{h}{2\pi}$, d. h. wir berechnen die quantentheoretische Ablenkung, die uns, wie wir gesehen haben, gleichzeitig die maximale Ablenkung im klassischen Falle gibt. Dann ist die konstante, auf ein Atom während seiner Flugdauer wirkende Kraft $\mathfrak{K} = |\mathfrak{m}|\frac{\partial \mathfrak{H}}{\partial z}$ und, falls μ die Masse des Atoms ist, seine Beschleunigung:

$$g = \frac{\mathfrak{K}}{\mu} = \frac{|\mathfrak{m}|}{\mu}\frac{\partial \mathfrak{H}}{\partial z}.$$

Ist t die Flugdauer, v die Geschwindigkeit eines Atoms, so ist seine Ablenkung:

$$s = \frac{1}{2} g t^2 = \frac{1}{2} g \frac{l^2}{v^2} = \frac{1}{2}\frac{|\mathfrak{m}|}{\mu}\frac{\partial \mathfrak{H}}{\partial z}\frac{l^2}{v^2}.$$

Bezeichnen wir mit N die Zahl der Moleküle im Mol, mit $M = \mu N$ das Atomgewicht und mit $\mathrm{M} = |\mathfrak{m}| N = 5600$ CGS Einheiten das Bohrsche Magneton, so wird:

$$s = \frac{\mathrm{M}}{2 M v^2}\frac{\partial \mathfrak{H}}{\partial z} l^2.$$

Wählen wir jetzt für v^2 das mittlere Geschwindigkeitsquadrat, so wird $M v^2 = 3 R T$ (R Gaskonstante, T absolute Temperatur) und es ergibt sich schließlich:

$$s = \frac{\mathrm{M}}{6 R}\frac{\partial \mathfrak{H}}{\partial z}\frac{l^2}{T} = 1{,}12 \cdot 10^{-5}\frac{\partial \mathfrak{H}}{\partial z}\frac{l^2}{T}\,\mathrm{cm}.$$

Setzen wir z. B. $\frac{\partial \mathfrak{H}}{\partial z} = 10^4$ Gauß pro Zentimeter, $l = 3{,}3$ cm und $T = 1000^0$, so wird $s = 1{,}12 \cdot 10^{-3}$ cm, d. h. $\frac{1}{100}$ mm.

Frankfurt a. M., August 1921. Institut für theoretische Physik.

S19

S19. Walther Gerlach und Otto Stern, Der experimentelle Nachweis des magnetischen Moments des Silberatoms. Z. Physik, 8, 110–111 (1921)

Der experimentelle Nachweis des magnetischen Moments des Silberatoms.

Von **W. Gerlach** und **O. Stern** in Frankfurt a. M.

(Vorläufige Mitteilung.)

(Eingegangen am 18. November 1921.)

H. Schmidt-Böcking, K. Reich, A. Templeton, W. Trageser, V. Vill (Hrsg.), *Otto Sterns Veröffentlichungen – Band 2*, DOI 10.1007/978-3-662-46962-0_14

110

Der experimentelle Nachweis des magnetischen Moments des Silberatoms.

Von **W. Gerlach** und **O. Stern** in Frankfurt a. M.

(Vorläufige Mitteilung.)

(Eingegangen am 18. November 1921.)

Vor kurzem hat der eine von uns einen Weg zur experimentellen Prüfung der Richtungsquantelung aufgezeigt[1]). Die dort erwähnten experimentellen Untersuchungen müssen aus äußeren Gründen vorübergehend unterbrochen werden. Es sei uns daher gestattet, im folgenden kurz das bisher sichergestellte Ergebnis mitzuteilen, da es uns bereits von hinreichendem Interesse zu sein scheint.

Ein Silberatomstrahl von $^1/_{20}$ mm Durchmesser geht in hohem Vakuum (10^{-4} bis 10^{-5} mm Hg) hart an der Kante des schneidenförmigen Polschuhs eines Elektromagneten [Halbringelektromagnet nach du Bois[2])] vorbei. Der Strahl kommt aus einem kleinen ($^1/_2$ cm^3 Inhalt), elektrisch geheizten, stählernen Öfchen durch eine im Deckel befindliche, 1 mm^2 große, kreisförmige Öffnung. Der Ofen ist von einem wassergekühlten Mantel umgeben. Etwa 1 cm vom Ofenloch entfernt passiert er die erste kreisförmige Blende ($^1/_{20}$ mm Durchmesser) in einem Platinblech. 3 cm hinter dieser passiert er eine zweite, ebensolche Blende, die sich am vorderen Ende des Schneidenpols des Elektromagneten befindet. Er geht von hier ab längs der 3 cm langen Polschneide und trifft an ihrem anderen Ende auf ein Glasplättchen. Die dort niedergeschlagene Silberschicht ist auch bei achtstündiger Dauer des Versuchs weit unter der Grenze der Sichtbarkeit. Sie wird durch Niederschlagen von naszierendem Silber entwickelt, wobei die geometrische Form des ursprünglichen Niederschlags erhalten bleibt[3]).

---

1) O. Stern, ZS. f. Phys. **7**, 249. 1921. In dieser Arbeit befindet sich ein Irrtum auf S. 252 unten. Im klassischen Fall ergibt sich das Intensitätsmaximum an der Stelle des ursprünglichen Flecks nicht für jede einheitliche Geschwindigkeit, sondern erst durch Berücksichtigung der Maxwellschen Geschwindigkeitsverteilung. Eine einheitliche Geschwindigkeit ergibt einen Streifen konstanter Intensität. An den l. c. gefundenen Resultaten ändert sich hierdurch nichts. St.

2) Der Firma Hartmann und Braun schulden wir herzlichen Dank für die leihweise Überlassung des Elektromagneten.

3) Näheres über Entwicklungsmethodik usw. wird in einer späteren Notiz mitgeteilt werden.

Es wurden in abwechselnder Folge neun Versuche gemacht, fünf ohne Magnetfeld, vier mit Magnetfeld. Je ein Versuch ohne und mit Feld ergab gar keinen Niederschlag, einmal aus unbekannten Gründen (Hindernis im Strahlengang?), einmal wegen Verstopfung der vorderen Blende durch aus dem Öfchen herausgespritztes geschmolzenes Silber. Die übrigen vier Versuche ohne Feld ergaben einen der geometrischen Dimensionen der Anordnung entsprechenden runden Fleck von etwa $^1/_{10}$ mm Durchmesser. Die drei Versuche mit Magnetfeld ergaben einen in Richtung $\frac{\partial \mathfrak{H}}{\partial z}$[1] auseinandergezogener Fleck von $^1/_{10}$ mm Höhe und 0,25 bis 0,3 mm Länge. Intensitätsstruktur innerhalb dieses Bandes ist noch nicht mit Sicherheit zu erkennen. Der Betrag der beiderseitigen Verbreiterung entspricht ungefähr einem magnetischen Moment des Silberatoms von 1 bis 2 Bohrschen Magnetonen. Genauere Angaben sind vorläufig nicht möglich, einmal, weil es noch nicht gelungen ist, das $\frac{\partial \mathfrak{H}}{\partial z}$ so nahe der Schneide zu messen, zweitens, weil wir noch nicht wissen, welche Silberdicke durch die Entwicklung noch nachgewiesen wird. Nach unseren bisherigen Erfahrungen zweifeln wir nicht daran, durch Versuche mit Strahlen kleineren Durchmessers und eventuell einer verbesserten Entwicklungsmethodik die Entscheidung auch über die Richtungsquantelungen treffen zu können.

Das Ergebnis dieser Arbeit ist der Nachweis, daß das Silberatom ein magnetisches Moment hat.

Wir möchten auch an dieser Stelle der Firma Messer u. Co., Luftverflüssigungsanlagen, G. m. b. H. in Frankfurt a. M., unseren herzlichsten Dank aussprechen für die kostenlose Überlassung der großen Mengen flüssiger Luft.

Frankfurt a. M., 14. November 1921.

[1]) l. c., S. 251.

S20

S20. Walther Gerlach und Otto Stern, Der experimentelle Nachweis der Richtungsquantelung im Magnetfeld. Z. Physik, 9, 349–352 (1922)

Der experimentelle Nachweis der Richtungsquantelung im Magnetfeld.

Von **Walther Gerlach** in Frankfurt a. M. und **Otto Stern** in Rostock.

Mit sieben Abbildungen. (Eingegangen am 1. März 1922.)

H. Schmidt-Böcking, K. Reich, A. Templeton, W. Trageser, V. Vill (Hrsg.), *Otto Sterns Veröffentlichungen – Band 2*, DOI 10.1007/978-3-662-46962-0_15

Der experimentelle Nachweis der Richtungsquantelung im Magnetfeld.

Von **Walther Gerlach** in Frankfurt a. M. und **Otto Stern** in Rostock.

Mit sieben Abbildungen. (Eingegangen am 1. März 1922.)

Vor kurzem[1]) wurde in dieser Zeitschrift eine Möglichkeit angegeben, die Frage der Richtungsquantelung im Magnetfeld experimentell zu entscheiden. In einer zweiten Mitteilung[2]) wurde gezeigt, daß das normale Silberatom ein magnetisches Moment hat. Durch die Fortsetzung dieser Untersuchungen, über die wir uns im folgenden zu berichten erlauben, wurde die Richtungsquantelung im Magnetfeld als Tatsache erwiesen.

Versuchsanordnung. Methode und Apparatur waren im allgemeinen die gleichen wie bei unseren früheren Versuchen. Im einzelnen wurden jedoch wesentliche Verbesserungen[3]) vorgenommen, welche wir in Ergänzung unserer früheren Angaben hier mitteilen. Der Silberatomstrahl kommt aus einem elektrisch geheizten Öfchen aus Schamotte mit einem Stahleinsatz, in dessen Deckel zum Austritt des Silberstrahls eine 1 mm² große kreisförmige Öffnung sich befand. Der Abstand zwischen Ofenöffnung und erster Strahlenblende wurde auf 2,5 cm vergrößert, wodurch ein Verkleben der Öffnung durch gelegentlich aus dem Öfchen spritzende Silbertröpfchen wie auch ein zu schnelles Zuwachsen durch das Niederschlagen des Atomstrahls verhindert wurde. Diese erste Blende ist annähernd kreisförmig und hat eine Fläche von $3 \cdot 10^{-3}$ mm². 3,3 cm hinter dieser Lochblende passiert der Silberstrahl eine zweite spaltförmige Blende von 0,8 mm Länge und 0,03 bis 0,04 mm Breite. Beide Blenden sind aus Platinblech. Die Spaltblende sitzt am Anfang des Magnetfeldes. Die Öffnung der Spaltblende liegt unmittelbar über der Schneide S (vgl. hierzu Fig. 1) und ist zur ersten Lochblende und zur Ofenöffnung so justiert, daß der Silberstrahl parallel der 3,5 cm langen Schneide verläuft. Unmittelbar am Ende der Schneide trifft der Silberatomstrahl auf ein Glasplättchen, auf dem er sich niederschlägt.

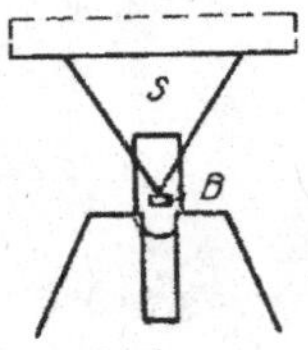

Fig. 1.

[1]) O. Stern, ZS. f. Phys. 7, 249, 1921.

[2]) W. Gerlach u. O. Stern, ebenda 8, 110, 1921.

[3]) Diese konnten in gemeinsamer Arbeit während der Weihnachtsferien ausgearbeitet und erprobt werden. Die endgültigen Versuche mußten infolge Wegganges des einen von uns (St.) von Frankfurt von dem anderen (G.) allein ausgeführt werden.

Die beiden Blenden, die beiden Magnetpole und das Glasplättchen, sitzen in einem Messinggehäuse von 1 cm Wandstärke starr miteinander verbunden, so daß ein Druck der Pole des Elektromagneten weder eine Deformation des Gehäuses noch eine Verschiebung der relativen Lage der Blenden, der Pole und des Plättchens verursachen kann.

Evakuiert wird wie bei den ersten Versuchen mit zwei Volmerschen Diffusionspumpen und Gaede-Hg-Pumpe als Vorpumpe. Bei dauerndem Pumpen und Kühlen mit fester Kohlensäure wurde ein Vakuum von etwa 10^{-5} mm Hg erreicht und dauernd gehalten.

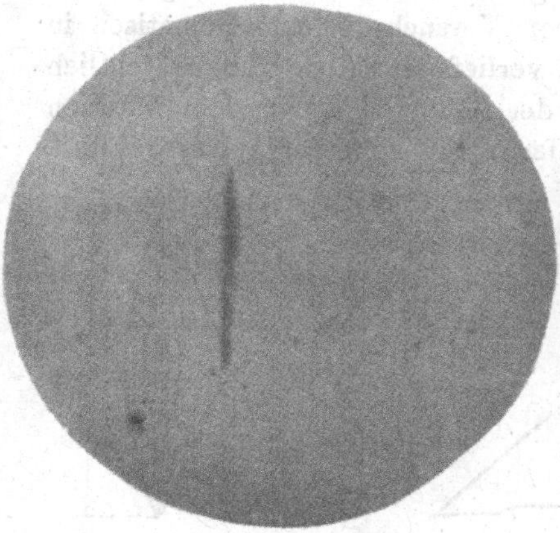

Fig. 2.

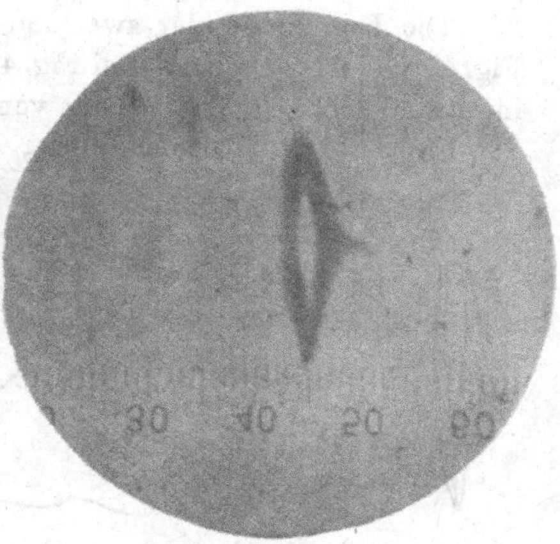

Fig. 3.

Die „Belichtungszeit“ wurde auf acht Stunden ohne Unterbrechung ausgedehnt. Aber auch nach achtstündiger Verdampfung war wegen der sehr engen Blenden und der großen Strahllänge der Niederschlag des Silbers auf der Auffangeplatte noch so dünn, daß er — wie früher mitgeteilt — entwickelt werden mußte.

Ergebnisse. Fig. 2 gibt zunächst eine Aufnahme mit $4^1/_2$stündiger Bestrahlungszeit ohne Magnetfeld; die Vergrößerung ist ziemlich genau 20fach. Die Ausmessung des Originals im Mikroskop mit Okularmikrometer ergab folgende Dimensionen: Länge 1,1 mm, Breite an der schmalsten Stelle 0,06 mm, an der breitesten Stelle 0,10 mm. Man sieht, daß der Spalt nicht ganz genau parallel ist. Es sei aber darauf hingewiesen, daß die Figur den Spalt selbst in 40facher Vergrößerung darstellt, da das „Silberbild“ des Spaltes schon doppelte Dimension hat; es ist schwierig, einen solchen Spalt in einer Fassung von wenigen Millimetern herzustellen.

Fig. 3 gibt eine Aufnahme bei achtstündiger Belichtungszeit mit Magnetfeld in 20facher Vergrößerung (20 Skt. des Skalenbildes = 1 mm). Es ist dies die am besten gelungene Aufnahme. Zwei andere Aufnahmen ergaben in allen wesentlichen Punkten das gleiche Ergebnis, jedoch nicht mit dieser vollkommenen Symmetrie. Es muß hier gesagt werden, daß eine sichere Justierung so kleiner Blenden auf optischem Wege sehr schwierig ist, daß zur Erzielung einer so vollkommen symmetrischen Aufnahme wie in Fig. 3 schon etwas Glück gehört; Falschstellungen einer Blende um wenige hundertstel Millimeter genügen schon, eine Aufnahme völlig zum Scheitern zu bringen.

Die Ergebnisse der zwei anderen Versuche seien schematisch in Fig. 4a und 4b gegeben. Bei Fig. 4a verlief der Silberstrahl absichtlich in etwas größerer Entfernung von der Schneide als in dem Versuch der Fig. 3. Die Spaltblende war hier nicht vollständig „ausgefüllt".

Fig. 4a.

Fig. 4b.

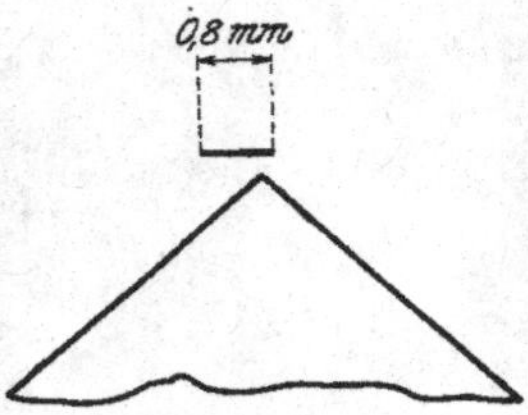

Fig. 4c.

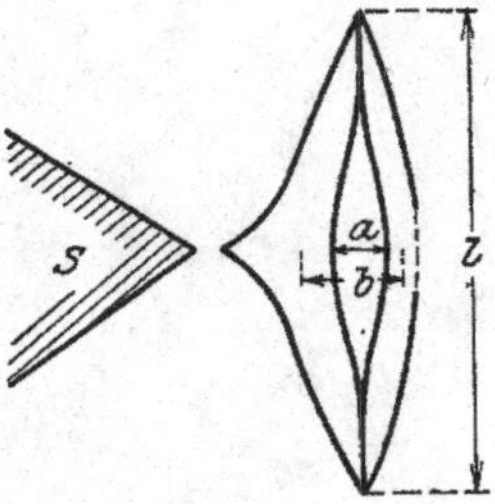

Fig. 5.

Bei Fig. 4b war auf derselben Platte ein Niederschlag eines Versuches ohne Feld und mit Feld; der Strahl ging sehr nahe an der Schneide vorbei, war aber in Richtung senkrecht zum Feld um etwa 0,3 mm verschoben (Fig. 4c). Bezüglich der Klarheit der Bilder, der vollständigen Aufspaltung und aller anderen Einzelheiten stehen aber auch diese Aufnahmen der in Fig. 3 wiedergegebenen in nichts nach.

Die Aufnahmen zeigen, daß der Silberatomstrahl im inhomogenen Magnetfeld in der Richtung der Inhomogenität in zwei Strahlen aufgespalten wird, deren einer zum Schneidenpol hingezogen, deren anderer vom Schneidenpol abgestoßen wird. Die Niederschläge zeigen folgende Einzelheiten (vgl. hierzu die schematische Fig. 5).

a) Die Dimensionen des Originals wurden im Mikroskop bestimmt: Länge l 1,1 mm, Breite a 0,11 mm, Breite b 0,20 mm.

b) Die Aufspaltung des Atomstrahles im Magnetfeld erfolgt in zwei diskrete Strahlen. Es sind keine unabgelenkten Atome nachweisbar.

c) Die Anziehung ist etwas stärker als die Abstoßung. Die angezogenen Atome kommen näher an den Pol und damit in Zonen größerer Inhomogenität, so daß die Ablenkung während des Vorbeifliegens immer größer wird. Fig. 3 und 4b zeigen die ganz beträchtlich erhöhte Ablenkung direkt an der Schneide des einen Magnetpoles. In unmittelbarer Nähe der Schneide wird die Anziehung sehr groß, so daß die zur Schneide zeigende scharf zugespitzte Ausbuchtung entsteht.

d) Die Breite der abgelenkten Streifen ist größer als die Breite des unabgelenkten Bildes. Letzteres ist einfach das auf das Glasplättchen von der Blende B_1 aus projizierte Bild der Spaltblende B_2. Der abgelenkte Streifen wird infolge der Geschwindigkeitsverteilung der Silberatome verbreitert.

e) Dieser Umstand verschärft den Nachweis dafür, daß unabgelenkte Atome nicht in merkbarer Menge vorhanden sind [vgl. b)]. Denn der Nachweis der auf kleiner Fläche zusammenfallenden unabgelenkten Atome ist viel empfindlicher als der auf breiterer Fläche auseinandergezogenen abgelenkten Atome. Die Stellung der magnetischen Achse senkrecht zur Feldrichtung scheint somit nicht vorhanden zu sein.

Wir erblicken in diesen Ergebnissen den direkten experimentellen Nachweis der Richtungsquantelung im Magnetfeld.

Eine ausführliche Darstellung der Versuche und Resultate unserer bisherigen kurzen Mitteilungen wird in den Annalen der Physik erscheinen, sobald wir auf Grund genauerer Ausmessungen der Inhomogenität des Magnetfeldes eine quantitative Angabe der Größe des Magnetons machen können.

Den für diese Versuche benötigten Elektromagneten beschafften wir mit Mitteln aus einer Stiftung des Kaiser Wilhelm-Instituts für Physik, dessen Direktor, Herrn A. Einstein, auch hier unser herzlichster Dank ausgesprochen werden soll. Ferner danken wir der Vereinigung von Freunden und Förderern der Universität Frankfurt a. M. ergebenst für die reichen Mittel, die sie uns so bereitwillig zur Weiterführung der Versuche zur Verfügung gestellt hat.

Frankfurt a. M. und Rostock i. M., im Februar 1922.

S21

S21. Walther Gerlach und Otto Stern, Das magnetische Moment des Silberatoms. Z. Physik, 9, 353–355 (1922)

Das magnetische Moment des Silberatoms.

Von **Walther Gerlach** in Frankfurt a. M. und **Otto Stern** in Rostock.

(Eingegangen am 1. April 1922.)

H. Schmidt-Böcking, K. Reich, A. Templeton, W. Trageser, V. Vill (Hrsg.), *Otto Sterns Veröffentlichungen – Band 2*, DOI 10.1007/978-3-662-46962-0_16

Das magnetische Moment des Silberatoms.

Von **Walther Gerlach** in Frankfurt a. M. und **Otto Stern** in Rostock.

(Eingegangen am 1. April 1922.)

In drei vorangegangenen kurzen Abhandlungen wurde 1. darauf hingewiesen, daß die Untersuchung der Ablenkung eines Molekularstrahles im Magnetfeld eine Prüfung der Richtungsquantelung ermöglicht [1]), 2. der Nachweis erbracht, daß das normale Silberatom im Gaszustand ein magnetisches Moment besitzt [2]), 3. der experimentelle Beweis der Richtungsquantelung im Magnetfeld [3]) mitgeteilt. Die folgende Notiz bringt die Messung des magnetischen Moments des Silberatoms.

Hierzu ist zweierlei nötig: Erstens muß der Abstand z des Atomstrahls von der Polschneide sowohl im unabgelenkten (Magnetfeld 0) wie im abgelenkten (Magnetfeld $\mathfrak{H}$) Zustand genau bekannt sein. Zweitens muß in den Entfernungen, in denen die abgelenkten Atome längs der Schneide vorbeilaufen, die Inhomogenität des Feldes in Richtung senkrecht zum Strahl $\left(\frac{\partial \mathfrak{H}}{\partial z}\text{, s. I}\right)$ gemessen werden.

Ersteres wurde durch weitere Verbesserungen an der Justierungsmethode sowie durch am Ende der Schneide angebrachte Marken aus Quarzfäden, welche im Silberniederschlag als „Schatten" zu sehen sind und Bezugspunkte für die Ausmessung geben, erreicht. Auch wurden noch engere Spaltblenden (als in III) verwendet, wodurch die Niederschläge schmaler wurden.

Die Inhomogenität des Magnetfeldes wurde über die ganze Feldbreite bestimmt aus Messungen von grad $\mathfrak{H}^2$ durch direkte Wägung der Abstoßungskraft auf einen sehr kleinen Probekörper aus Wismut von Punkt zu Punkt und der Messung der Feldstärke durch Widerstandsänderung eines dünnen parallel zur Schneide gespannten Wismutdrahtes. Die folgende Tabelle gibt die Inhomogenität in Gauß pro cm

z mm	$\frac{\partial \mathfrak{H}}{\partial z} \times 10^{-4}$
0,15	23,6
0,20	17,3
0,30	13,5
0,40	11,2

[1]) O. Stern, ZS. f. Phys. **7**, 249, 1921 (zitiert als I).
[2]) W. Gerlach und O. Stern, ebenda **8**, 110, 1921 (zitiert als II).
[3]) W. Gerlach und O. Stern, ebenda **9**, 349—352, 1922 (zitiert als III).

in der durch die Schneide gehenden Symmetrieebene als Funktion des Abstandes z von der Schneide.

Die in I angegebene Formel zur Berechnung der Ablenkung des Atomstrahls im Magnetfeld lautet

$$s = \frac{M}{6R} \cdot \frac{\partial \mathfrak{H}}{\partial z} \cdot \frac{l^2}{T},$$

M das Bohrsche Magneton, R Gaskonstante, T absolute Temperatur, l Schneidenlänge (vgl. I). Diese wurde modifiziert, indem erstens die Veränderlichkeit von $\frac{\partial \mathfrak{H}}{\partial z}$ längs der Bahn der abgelenkten Strahlen berücksichtigt wurde, und zweitens für die mittlere Temperaturgeschwindigkeit (Wurzel aus dem mittleren Geschwindigkeitsquadrat) der Silberatome nicht der in obiger Formel verwendete übliche Wert $v = \sqrt{\frac{3kT}{m}}$, sondern ein höherer benutzt wurde: da nämlich die Atome mit höherer Geschwindigkeit bevorzugt den Ofen verlassen, würde sich theoretisch die mittlere Geschwindigkeit im Strahl zu $v = \sqrt{\frac{4kT}{m}}$ berechnen[1]). Die direkten Messungen[2]) der Temperaturgeschwindigkeit von Silberatomen unter gleichen Bedingungen (Ausmessung der Mitte der abgelenkten Streifen) hatten ergeben, daß man in diesem Falle eine zwischen diesen beiden Werten liegende Geschwindigkeit mißt. Wir haben deshalb in obiger Formel statt des Nenners 6 nicht den theoretischen Maximalwert 8, sondern den mittleren Wert 7 gesetzt.

Zur Berechnung wurden nur die abgestoßenen Strahlen verwendet, weil für den angezogenen Strahl infolge der starken Verbreiterung und der hierdurch bedingten unregelmäßigen Form nahe der Schneide (s. Abbildung in III) weder die Größe der Ablenkung noch die Inhomogenität des Feldes in so großer Nähe der Schneide gemessen werden konnte.

Die Ausmessung und Berechnung von zwei Aufnahmen ergab:

Aufnahme	Entfernung des unabgelenkten Strahles von der Schneide	Mittlere Ablenkung des abgestoßenen Strahles	
		beob.	ber.
I	0,32 mm	$0{,}10_8$ mm	$0{,}11_1$ mm
II	0,21 „	0,15 „	$0{,}14_6$ „

[1]) O. Stern, ZS. f. Phys. **3**, 417, 1920.
[2]) O. Stern, ebenda **2**, 49, 1920; **3**, 417, 1920.

Die erste Aufnahme ist die bereits in der vorhergehenden Mitteilung (III) wiedergegebene. Auf die zweite Aufnahme legen wir größeres Gewicht, weil bei ihr durch die oben erwähnten Marken und die Art der Justierung die Parallelität von unabgelenktem Strahl und Schneide und seine Entfernung von der Schneide auf $^{1}/_{100}$ mm garantiert war. Trotzdem halten wir die Genauigkeit der Messungen für nicht so groß, wie sie aus dieser Übereinstimmung der beobachteten und unter Zugrundelegung des Bohrschen Magnetons von 5600 berechneten Ablenkung erscheinen könnte. Wir schätzen die Fehlergrenze auf etwa 10 Proz.

Aus den Messungen ergibt sich also, daß das magnetische Moment des normalen Silberatoms im Gaszustand ein Bohrsches Magneton ist.

Die Messungen wurden während der Osterferien im Frankfurter physikalischen Institut ausgeführt. Wir danken wiederholt der Vereinigung von Freunden und Förderern der Universität Frankfurt a. M. für die zur Verfügung gestellten Mittel, ferner Herrn E. Madelung für mehrfache wertvolle Ratschläge, besonders bei der Ausarbeitung der Justierungsmethode.

Frankfurt a. M., im März 1922.

S22

S22. Otto Stern, Über den experimentellen Nachweis der räumlichen Quantelung im elektrischen Feld. Physik. Z., 23, 476–481 (1922)

Otto Stern (Rostock), Über den experimentellen Nachweis der räumlichen Quantelung im elektrischen Feld.

H. Schmidt-Böcking, K. Reich, A. Templeton, W. Trageser, V. Vill (Hrsg.), *Otto Sterns Veröffentlichungen – Band 2*, DOI 10.1007/978-3-662-46962-0_17

Otto Stern (Rostock), Über den experimentellen Nachweis der räumlichen Quantelung im elektrischen Feld.

Vor kurzem haben Gerlach und ich[1]) einen direkten experimentellen Nachweis für das Vorhandensein der Richtungsquantelung im Magnetfelde erbracht. Wir ließen einen Strahl von Silberatomen durch ein inhomogenes Magnetfeld laufen und fanden, daß der Strahl in zwei diskrete Strahlen aufgespalten wurde, entsprechend den beiden diskreten Lagen, die allein nach der Quantentheorie für ein einquantiges Atom im Magnetfeld möglich sind.

Es liegt nahe, zu fragen, ob mit Hilfe eines analogen Versuches der Nachweis der räumlichen Quantelung im elektrischen Feld möglich ist.

Wir betrachten zunächst wieder Wasserstoffatome, und zwar in einem so starken elektrischen Feld, daß die Relativitätsabweichungen zu vernachlässigen sind. Wir machen den Feldvektor $\mathfrak{E}$ zur z-Achse eines kartesischen Koordinatensystems mit dem Kern als Nullpunkt. Die Bewegung des Elektrons läßt sich dann nach Bohr[2]) näherungsweise, wie folgt, beschreiben. Das Elektron bewegt sich in einer Ellipse um den Kern als Brennpunkt, deren große Achse die konstante Größe

$$2a = n_1^2 \frac{h^2}{2\pi^2 e^2 m}$$

(n_1 Hauptquantenzahl, e Ladung, m Masse des Elektrons, h Plancksche Konstante) wie ohne Feld beibehält. Dagegen ändern sich Lage sowie Exzentrität der Ellipsenbahn ständig, jedoch derart, daß der elektrische Schwerpunkt der Bahn ständig in einer auf $\mathfrak{E}$ senkrechten Ebene $z = d$ bleibt. Die potentielle Energie des Atoms ist während der Bewegung konstant gleich $ed\,|\mathfrak{E}|$. Man kann also für die Energieberechnung das Wasserstoffatom durch einen Dipol ersetzen, der dadurch entsteht, daß man das Elektron in den elektrischen Schwerpunkt seiner Bahn bringt. Das Moment m dieses Dipols ändert sich dann zwar während der Bewegung, aber seine Komponente $m_z = ed$ bleibt konstant. Ferner kann d und damit m_z nach der Quantentheorie nur diskrete Werte annehmen, nämlich d die Werte $\frac{k}{n}\frac{3}{2}a$, wobei k eine positive oder negative ganze Zahl einschließlich Null und $|k| < |n|$ ist, und daher $m_z = ed$ die $2n = 1$ diskreten von der Größe von $\mathfrak{E}$ unabhängigen Werte:

$$m_z = e\frac{k}{n_1}\frac{3}{2}a = kn_1\frac{3h^2}{8\pi^2 em}$$

$$(k = 0, \pm 1, \pm 2, \ldots \pm (n_1 - 1)).$$

Ist nun das Feld inhomogen, derart, daß $\frac{\partial \mathfrak{E}}{\partial z}$ einen endlichen Wert besitzt, so wirkt auf das Atom die Kraft $\mathfrak{K} = m_z \frac{\partial \mathfrak{E}}{\partial z}$. Schicken wir also einen Strahl von n_1-quantigen Wasserstoffatomen durch das Feld, so wird er in soviel diskrete Strahlen aufgespalten, als es diskrete Werte von $\mathfrak{K}$, d. h. von m_z gibt, also in $2n_1 - 1$ Strahlen. Z. B. gibt es für $n_1 = 1$ (Normalzustand) nur die Möglichkeit $k = 0$, $m_z = 0$, d. h. keine Ablenkung, für $n_1 = 2$ die drei Möglichkeiten $k = 0$, $k = +1$, $k = -1$, $m_z = 0$, $m_z = \pm \frac{3h^2}{4\pi^2 em}$, d. h. außer dem unabgelenkten zwei gleichviel nach entgegengesetzten Seiten abgelenkte Strahlen usw. Die Größe der Ablenkung ist recht beträchtlich, da

$$\frac{3h^2}{4\pi^2 em} = 7{,}5 \cdot 10^{-18} \text{ c.g.s.}$$

ist. Dieses atomare elektrische Moment ist somit fast 1000 mal so groß als das atomare magnetische Moment, und es ist bei gleicher Inhomogenität (Zahlenwert in c. g. s.) auch nahezu die tausendfache Ablenkung zu erwarten wie im magnetischen Fall. Leider dürften Versuche mit angeregten Wasserstoffatomen auf außerordentliche experimentelle Schwierigkeiten stoßen, und wir wollen deshalb dazu übergehen, nachzusehen, was für ein Effekt bei Alkaliatomen zu erwarten ist.

Ein Alkaliatom besteht aus dem Rumpf (Kern + Edelgaselektronenwolke) und dem Serienelektron. Wir idealisieren es nach Sommerfeld durch ein Wasserstoffatom, dessen Kern außer mit der Coulombschen noch mit einer kleinen Zusatzzentralkraft $\left(\text{etwa prop. } \frac{1}{r^4}\right)$ auf das Elektron wirkt. Dieses beschreibt dann eine Keplerellipse, die mit konstanter Geschwindigkeit in ihrer Bahnebene rotiert, d. h. die

1) Zeitschr. f. Phys. **7**, 249; **8**, 110, 1921; **9**, 349, 353, 1922.

2) Für diese sowie die folgenden Berufungen auf Bohr vgl. Kopenhag. Ak. 8, IV, 1, 1918; Zeitschr. f. Phys. **2**, 423, 1920; **9**, 1, 1922.

Bahnkurve des Elektrons ist die aus der Sommerfeldschen Feinstrukturtheorie bekannte Rosettenfigur.

Es ist leicht einzusehen, daß die potentielle Energie eines solchen Atoms im homogenen elektrischen Felde gleich Null ist. Denn jeder Lage der Keplerellipse, der irgendein Wert der potentiellen Energie zukommt, entspricht infolge der gleichförmigen Rotation der Ellipse eine entgegengesetzte Lage, in der die potentielle Energie den gleichen absoluten Betrag, aber das entgegengesetzte Vorzeichen hat. Wir haben bei dieser Überlegung von dem allgemeinen Satze der Bohrschen Störungstheorie Gebrauch gemacht, daß man zur Berechnung der potentiellen Energie in erster Näherung die feldlose (ungestörte) Bewegung des Elektrons zugrunde legen darf. Ebenso sieht man ein, daß die mittlere ponderomotorische Kraft, die im inhomogenen Feld auf das Atom wirkt, gleich Null ist, weil sich infolge der Rotation der Ellipse auch hier immer je zwei entgegengesetzte Lagen entsprechen, in denen die Kraft auf das Atom, den gleichen Betrag aber das entgegengesetzte Vorzeichen besitzt.

Dagegen wird die potentielle Energie des Atoms im inhomogenen Feld von Null verschieden sein, denn zwei entgegengesetzten Lagen der Keplerellipse entspricht jetzt nicht mehr der gleiche Absolutwert der potentiellen Energie, weil ja infolge der Inhomogenität des Feldes die Feldstärke in den beiden Lagen verschieden ist. Und ebenso wird die ponderomotorische Kraft auf das Atom von Null verschieden, wenn die Größe der Inhomogenität sich mit dem Orte ändert, d. h. wenn auch der zweite Differentialquotient der Feldstärke nach dem Orte einen endlichen Wert besitzt.

Man kann diesen Sachverhalt auch anders so ausdrücken. Während sich das Wasserstoffatom, wie wir oben sahen, durch einen Dipol ersetzen läßt, der dadurch entsteht, daß man das Elektron in den elektrischen Schwerpunkt der Keplerellipse setzt, läßt sich das Alkaliatom durch einen Quadrupol ersetzen, der durch die Rotation obigen Dipols entsteht, d. h. dadurch, daß man die Ladung des Elektrons gleichmäßig auf den Kreis verteilt, den der elektrische Schwerpunkt der Ellipse bei ihrer Rotation beschreibt. Ein Dipol (Wasserstoffatom) besitzt potentielle Energie im homogenen Feld, eine ponderomotorische Kraft wirkt auf ihn im inhomogenen Feld erster Ordnung, ein Quadrupol (Alkaliatom) besitzt keine potentielle Energie im homogenen Feld, wohl aber eine solche im inhomogenen Feld erster Ordnung, eine ponderomotorische Kraft wirkt auf ihn im inhomogenen Feld zweiter Ordnung. Ebenso wie auf den Dipol im homogenen Feld wirkt auf den Quadrupol im inhomogenen Feld erster Ordnung ein Drehmoment.

Um nun unsere Aufgabe zu lösen, die Wirkung eines inhomogenen elektrischen Feldes auf einen Strahl von Alkaliatomen zu berechnen, müssen wir zunächst feststellen, in welche diskreten Lagen sich die Atome nach der Quantentheorie in diesem Felde einstellen. Da wir hierzu auch die Energie der Atome in diesen Lagen berechnen müssen, erhalten wir damit gleichzeitig die Theorie der Beeinflussung der Spektrallinien dieser Atome durch ein inhomogenes elektrisches Feld, die Theorie des inhomogenen Starkeffekts, wie ich kurz sagen will.

Der inhomogene Starkeffekt.

Ist E die Energie des Atoms in irgendeinem bestimmten Quantenzustand ohne Feld und $E + \Delta E$ seine Energie in demselben Quantenzustand mit Feld für eine der quantentheoretisch erlaubten Lagen, so ist nach der Bohrschen Frequenzbedingung $\Delta\nu = \frac{\Delta E}{h}$ die durch das Feld bewirkte Frequenzänderung des zu dem betreffenden Quantenzustand gehörigen Linienterms des Atoms. Die Berechnung von ΔE gestaltet sich mit Hilfe der Bohrschen Störungstheorie sehr einfach. Wir berechnen zunächst den Mittelwert $\overline{\psi}$ der potentiellen Energie unseres idealisierten Alkaliatoms für eine beliebige Lage, wobei wir mit Bohr für die Koordinaten des Elektrons die Werte bei der ungestörten Bewegung einsetzen. Wir benutzen ein kartesisches Koordinatensystem ξ, η, ζ mit dem Kern des Atoms als Nullpunkt, dessen ξ, η-Ebene mit der Bahnebene des Elektrons zusammenfällt. Da das Feld inhomogen ist, wird das elektrostatische Potential Φ eine Funktion zweiten Grades der Koordinaten sein. Wir schreiben:

$$\left.\begin{aligned}\Phi = \Phi_0 + \alpha_1\xi + \alpha_2\eta + \alpha_3\zeta + \tfrac{1}{2}\alpha_{11}\xi^2 \\ + \tfrac{1}{2}\alpha_{22}\eta^2 + \tfrac{1}{2}\alpha_{33}\zeta^2 + \alpha_{12}\xi\eta \\ + \alpha_{13}\xi\zeta + \alpha_{23}\eta\zeta,\end{aligned}\right\} \quad (1)$$

wobei

$$\alpha_{11} = \frac{\partial^2\Phi}{\partial\xi^2} = -\frac{\partial\mathfrak{E}_\xi}{\partial\xi}, \ldots$$

und

$$\alpha_{11} + \alpha_{22} + \alpha_{33} = -\operatorname{div}\mathfrak{E} = 0$$

ist. Sind ξ, η die Koordinaten des Elektrons zu einer bestimmten Zeit t, so ist die potentielle Energie des Atoms

$$\psi = -e\Phi(\xi, \eta) \quad \text{und} \quad \overline{\psi} = \int \psi\, dt,$$

wobei das Integral über einen vollen Umlauf des Elektrons in der Rosettenbahn zu erstrecken ist. Indem wir zunächst Polarkoordinaten und dann in der üblichen Weise die exzentrische Anomalie als Integrationsvariable einführen, erhalten wir durch eine elementare Rechnung:

$$\left.\begin{aligned}\overline{\psi} &= -e\left(\tfrac{1}{2}\alpha_{11}+\tfrac{1}{2}\alpha_{22}\right)\tfrac{1}{2}a^2\left(1+\tfrac{3}{2}\varepsilon^2\right)\\ &= -e\frac{a^2}{4}\left(1+\tfrac{3}{2}\varepsilon^2\right)\frac{\partial \mathfrak{E}_\zeta}{\partial \zeta},\end{aligned}\right\}\quad(2)$$

worin a die halbe große Achse und ε die Exzentrizität der Bahnellipse ist. Für ein homogenes Feld ist $\frac{\partial \mathfrak{E}_\zeta}{\partial \zeta} = 0$, also auch $\overline{\psi} = 0$, wie oben behauptet. Nach Bohr ist nun $\Delta E = \psi$ in den quantentheoretisch ausgezeichneten Lagen des Atoms. Diese Lagen finden wir durch folgende Überlegung.

Wir führen ein zweites kartesisches Koordinatensystem (x, y, z) ein, dessen Nullpunkt ebenfalls mit dem Atomkern zusammenfällt. Dieses Koordinatensystem drehen wir, was immer möglich ist, so, daß nur die drei Größen $\frac{\partial \mathfrak{E}_x}{\partial x}$, $\frac{\partial \mathfrak{E}_y}{\partial y}$, $\frac{\partial \mathfrak{E}_z}{\partial z}$ von Null verschiedene Werte haben, während alle gemischten Differentialquotienten $\frac{\partial \mathfrak{E}_x}{\partial y}, \ldots$ gleich Null sind. Wir wollen nun, um zu einfachen Formeln zu gelangen, im folgenden voraussetzen, daß das Feld Rotationssymmetrie besitzt. Die Theorie ist zwar auch ohne diese Einschränkung ohne prinzipielle Schwierigkeiten durchführbar, führt jedoch zu sehr unübersichtlichen Formeln, während es uns zunächst nur darauf ankommt, das Wesentliche der Erscheinung klar hervortreten zu lassen[1]). Wir machen die Symmetrieachse zur z-Achse und setzen

$$\frac{\partial \mathfrak{E}_x}{\partial x} = \frac{\partial \mathfrak{E}_y}{\partial y} = -\frac{1}{2}\frac{\partial \mathfrak{E}_z}{\partial z}$$

(letzteres wegen $\operatorname{div}\mathfrak{E} = 0$). Ist ϑ der Winkel zwischen der z- und der ζ-Achse, d. h. also zwischen der Symmetrieachse des Feldes und der Richtung des Drehimpulsvektors, so ist:

$$\left.\begin{aligned}&\frac{\partial \mathfrak{E}_\zeta}{\partial \zeta} = \frac{\partial \mathfrak{E}_z}{\partial z}\,\frac{3\cos^2\vartheta - 1}{2}\\ &\text{und}\\ &\overline{\psi} = -e\frac{a^2}{4}\left(1+\tfrac{3}{2}\varepsilon^2\right)\frac{\partial \mathfrak{E}_z}{\partial z}\,\tfrac{1}{2}\left(3\cos^2\vartheta - 1\right).\end{aligned}\right\}\quad(3)$$

Während der Bewegung des Atoms im Felde bleibt $\overline{\psi}$, a und ε, also auch ϑ konstant, d. h. die Bewegung besteht in einer gleichförmigen Rotation der ζ- um die z-Achse.

Die quantentheoretisch erlaubten Lagen des Atoms, d. h. Werte von ϑ, sind nun in unserem Falle einfach durch die Bedingung bestimmt, daß die Komponente des Impulsmomentes des Atoms in Richtung der Symmetrieachse des Feldes ebenfalls ein ganzzahliges Vielfaches von $\frac{h}{2\pi}$ sein muß. Für diese diskreten Werte von ϑ ist $\overline{\psi} = \Delta E$, und $\Delta\nu = \frac{\Delta E}{h}$ ist die durch das Feld erzeugte Frequenzänderung des Linienterms. Bezeichnen wir jetzt mit n_1 die für die Gliednummer des Terms maßgebende Hauptquantenzahl des Serienelektrons, mit n_2 die die Serienzugehörigkeit bestimmende Quantenzahl seines Impulsmomentes und mit n_3 die Komponente von n_2 in Richtung der Symmetrieachse, so ist

$$a = \frac{n_1^2 h^2}{4\pi^2 e^2 m} = n_1^2 a_0^2$$

(a_0 Radius des Wasserstoffatoms im Normalzustand)

$$\varepsilon^2 = 1 - \frac{n_2^2}{n_1^2} \quad \text{und} \quad \cos\vartheta = \frac{n_2}{n_3}.$$

Damit wird

$$\left.\begin{aligned}\Delta E = h\,\Delta\nu = -\frac{e a_0^2}{8} n_1^4\left(\tfrac{5}{2} - \tfrac{3}{2}\frac{n_2^2}{n_1^2}\right)\\ \left(3\frac{n_3^2}{n_1^2} - 1\right)\frac{\partial \mathfrak{E}_z}{\partial z}.\end{aligned}\right\}\quad(4)$$

Indem wir für n_3 der Reihe nach alle ganzen Zahlen $(n_3 \leqq n_2)$ einsetzen, erhalten wir alle Komponenten, in die der feldfreie Term aufgespalten wird. Ihre Zahl ist, da $n_3 = 0$ nach Bohr ausgeschlossen ist, gleich n_2, d. h. für den s-Term 1, für den p-Term 2 usw. Sie sind, falls $n_2 > 1$, teils nach Rot, teils nach Violett hin verschoben und wechseln ihr Vorzeichen mit $\frac{\partial \mathfrak{E}_z}{\partial z}$. Bei Berechnung der Linien selbst aus den Termen ist zu berücksichtigen, daß sich n_3 nach dem Auswahlprinzip nur um 0, ± 1 ändern darf. Die absolute Größe der Aufspaltung ist leider sehr klein, z. B. ist $\Delta\nu$ für den experimentell wohl gut erreichbaren Betrag von $\frac{\partial \mathfrak{E}_z}{\partial z} = 10^6$ (in c. g. s.-Einh.) und $n_1 = 3$, $n_2 = 1$, $n_3 = 1$ etwa 10^8, d. h. für eine Linie mit der Wellenlänge $\lambda = 5000$ Å.-E. ist $\Delta\lambda$ etwa 0,001 Å.-E. Sie nimmt jedoch mit wachsender Gliednummer sehr stark zu, da sie prop. n_1^4 ist. Übrigens soll noch ausdrücklich darauf hingewiesen werden, daß unsere Formeln wegen

1) Auch der Spezialfall

$$\frac{\partial \mathfrak{E}_x}{\partial x} = 0, \quad \frac{\partial \mathfrak{E}_y}{\partial y} = -\frac{\partial \mathfrak{E}_z}{\partial z}$$

ist noch bequem zu behandeln und soll wegen seiner praktischen Wichtigkeit (Zylinderkondensator) in einer folgenden Notiz mitgeteilt werden.

der starken Idealisierung des bei ihrer Ableitung benutzten Alkaliatommodells zahlenmäßig natürlich nur die Größenordnung des Effektes geben werden. Will man für einen bestimmten Term die Größe des zu erwartenden Effektes abschätzen, so geht man am besten von Formel (3) statt (4) aus, z. B. derart, daß man zwar (4) benutzt, aber für n_1 nicht die von Bohr gegebenen Werte nimmt, sondern für alle Alkaliatome im Normalzustand $n_1 = 2$ setzt, was eine bessere Näherung für die Dimensionen der Bahnellipse gibt. Versuche, den Effekt zu messen, sind im hiesigen Institut in Angriff genommen.

Der anomale Effekt.

Wir haben bisher angenommen, daß im ungestörten Atom die Bahnebene des Serienelektrons ihre Lage im Raum nicht ändert. Das wird aber nur für die invariable Ebene des gesamten Atoms gelten. Wenn nun auch der Rumpf des Atoms einen resultierenden Drehimpuls besitzt, so werden im allgemeinen beide Drehimpulsvektoren, der des Rumpfes und der des Serienelektrons, ständig ihre Richtung und Größe ändern, und nur ihre geometrische Summe, der Gesamtdrehimpuls, wird eine unveränderliche Richtung und Größe haben. Für die weiteren Überlegungen nehmen wir mit Bohr an, daß sowohl das Impulsmoment des Serienelektrons wie das des Rumpfes ihre Größe während der Bewegung nicht ändern und beide ganze Vielfache von $\frac{h}{2\pi}$ sind. Die Bewegung des Drehimpulsvektors des Serienelektrons besteht dann in einer gleichförmigen Rotation um den Gesamtdrehimpulsvektor als Achse, wobei der Winkel γ zwischen beiden Vektoren konstant bleibt. γ kann nur diskrete Werte γ_i annehmen, die dadurch bestimmt sind, daß auch der Gesamtdrehimpuls ein ganzes Vielfaches von $\frac{h}{2\pi}$ sein muß. Jedem Werte γ_i entspricht eine Feinstrukturkomponente. Berechnen wir jetzt wieder $\overline{\psi}$, so können wir den Beitrag des Rumpfes vernachlässigen, weil seine potentielle Energie im Feld wegen seiner kleinen Dimensionen und hohen Symmetrie sehr klein sein wird. Wir können also wie oben rechnen und müssen nur berücksichtigen, daß jetzt die Bahnebene (ξ, η-Ebene) gleichförmig um die Richtung (ζ') des Gesamtdrehimpulsvektors rotiert. Eine einfache Mittelung ergibt:

$$\overline{\psi} = -e\frac{a^2}{4}\left(1 + \tfrac{3}{2}\varepsilon^2\right)\left(3\cos^2\gamma - 1\right)\tfrac{1}{2}\frac{\partial \mathfrak{E}_{\zeta'}}{\partial \zeta'}. \qquad (5)$$

Ist ϑ' der Winkel zwischen der ζ'- und der z-Richtung (Symmetrieachse des Feldes), n_i die Quantenzahl des Gesamtdrehimpulses und n_3' die Komponente von n_i in der z-Richtung, so ist wie oben:

$$\frac{\partial \mathfrak{E}_{\zeta'}}{\partial \zeta'} = \frac{\partial \mathfrak{E}_z}{\partial z}\,\frac{3\cos^2\vartheta' - 1}{2} \quad \text{und} \quad \cos\vartheta' = \frac{n_3'}{n_i},$$

also:

$$\left.\begin{aligned} \Delta E = h\Delta\nu = -\frac{e a_0^2}{16} n_1^4\left(\tfrac{5}{2} - \tfrac{3}{2}\frac{n_2^2}{n_1^3}\right) \\ \left(3\cos^2\gamma_i - 1\right)\left(3\frac{n_3'^2}{n_i^2} - 1\right)\frac{\partial \mathfrak{E}_z}{\partial z}, \end{aligned}\right\} \qquad (6)$$

wobei wieder $n_3' \leqq n_i$ außer Null ist. Es wird also jede der durch ein bestimmtes γ_i bzw. n_i charakterisierten Feinstrukturkomponenten in n_i Terme aufgespalten. Der Betrag der Aufspaltung unterscheidet sich nur durch den Faktor $\frac{1}{2}(3\cos^2\gamma_i - 1)$ von dem durch (3) bzw. (4) gegebenen.

Voraussetzung für die eben durchgeführte Rechnung ist, daß man die Wirkung des äußeren Feldes als kleine Störung auffassen kann, d. h. daß die Aufspaltung durch das Feld klein gegen den Abstand der Feinstrukturkomponenten ist. Umgekehrt gilt unsere erste Rechnung, bei der wir die drehende Wirkung des Rumpfes vernachlässigten, für den entgegengesetzten Grenzfall, daß die Aufspaltung durch das Feld groß gegen den Abstand der Feinstrukturkomponenten ist. Wir haben also hier eine vollständige Analogie zum Zeemaneffekt: Bei starken Feldern (1. Rechnung) den normalen inhomogenen Starkeffekt, bei dem die Feinstruktur keine Rolle mehr spielt und die Zahl der Aufspaltungsterme gleich der Drehimpulsquantenzahl des Serienelektrons ist, bei schwachen Feldern (2. Rechnung) den anomalen inhomogenen Starkeffekt, bei dem jede einzelne Feinstrukturkomponente in soviel Terme aufgespalten wird, als die zu der betreffenden Komponente gehörige Drehimpulsquantenzahl des gesamten Atoms beträgt, und der Faktor $\frac{1}{2}(3\cos^2\gamma_i - 1)$ der „Rungesche Nenner" ist. Nur daß zum Unterschied vom Zeemaneffekt sich hier der anomale Effekt ganz von selbst ergibt, während die Theorie des anomalen Zeemaneffekts bekanntlich auf die größten Schwierigkeiten stößt.

Wir haben hier den anomalen Effekt durch die Annahme erhalten, daß der Rumpf Drehimpuls, aber keine potentielle Energie im Felde besitzt. Nach Bohrs Ansicht ist der anomale Zeemaneffekt in gleicher Weise zu deuten, nämlich durch die Hypothese, daß der Rumpf trotz seines Drehimpulses „magnetisch tot" ist. Die auf Grund dieser Hypothese ganz wie oben durchgeführte Rechnung ergibt zwar einen anomalen Zeemaneffekt, aber mit falschem Rungeschen Nenner. Das kann, die Richtigkeit der

Bohrschen Rechenmethode vorausgesetzt, zwei Gründe haben. Einerseits kann das benutzte Atommodell falsch sein und muß durch ein anderes ersetzt werden, wie es z. B. Heisenberg[1]) versucht, andererseits kann die Hypothese über die Wirkung des Feldes auf das Atom unrichtig sein. Beim inhomogenen Starkeffekt fällt die Unsicherheit in diesem zweiten Punkt weg; denn es kann wohl kaum daran gezweifelt werden, daß das Coulombsche Gesetz auch im Quantengebiet richtig bleibt. Wenn es also gelingen würde, den inhomogenen Starkeffekt zu messen, so könnte man daraus eindeutige Schlüsse über das Atommodell, speziell die Drehimpulse von Rumpf und Serienelektron ziehen, und die Kenntnis des Atommodells würde es dann erlauben, aus dem anomalen Zeemaneffekt zu schließen, inwieweit das Atom etwa „magnetisch tot" ist. Wegen der außerordentlichen prinzipiellen Wichtigkeit dieser Fragen scheint es mir, daß es trotz der zweifellos nicht geringen experimentellen Schwierigkeiten lohnen würde, den Versuch zu machen, diesen anomalen inhomogenen Starkeffekt zu messen.

Linienverbreiterung, Feinstruktur.

Es sei jetzt noch kurz auf die Bedeutung des inhomogenen Starkeffekts für die Theorie der Linienverbreiterung hingewiesen. Der von Stark zuerst ausgesprochene, von Debye und Holtsmark quantitativ ausgeführte Gedanke, daß die Linienverbreiterung im wesentlichen von dem Starkeffekt herrührt, den die elektrischen Felder der Nachbarmoleküle an dem leuchtenden oder absorbierenden Atom hervorrufen, war bisher nur für die wasserstoffähnlichen Atome (Wasserstoff und ionisiertes Helium) durchführbar. Denn nur diese zeigen, wie die Erfahrung in Übereinstimmung mit der Theorie lehrt, überhaupt den gewöhnlichen (linearen) Starkeffekt im homogenen Feld, die übrigen Atome dagegen nicht. Letztere zeigen nur einen dem Quadrat der Feldstärke proportionalen Effekt[2]), der nicht zur Deutung der Linienverbreiterung dienen kann, weil er eine einseitige Verbreiterung nach Rot ergibt. Es ist deshalb schon mehrfach die Ansicht geäußert worden, daß es die große Inhomogenität der von Molekülen herrührenden elektrischen Felder ist, die an wasserstoffunähnlichen Atomen Starkeffekt und Linienverbreiterung erzeugt. Die oben entwickelte Theorie des inhomogenen Starkeffekts gibt die Grundlage für die quantitative Ausführung dieses Gedankens. Ich muß mich hier damit begnügen, auf folgende Punkte aufmerksam zu machen, wobei ich mich für den experimentellen Befund auf die Untersuchungen von Füchtbauer und seinen Mitarbeitern stütze[1]). Da die Frequenzänderung $\Delta\nu$ nach Formel (3) bzw. (4) proportional der ersten Potenz der Inhomogenität ist, d. h. vom Vorzeichen von $\frac{\partial \mathfrak{E}_\zeta}{\partial \zeta}$ bzw. $\frac{\partial \mathfrak{E}_{\zeta'}}{\partial \zeta'}$ abhängt, ergibt sich, wie es die Erfahrung verlangt, eine Verbreiterung sowohl nach Rot wie nach Violett. Dagegen gibt der inhomogene Starkeffekt nicht die experimentell gefundene Druckabhängigkeit der Verbreiterung. Denn da, wenn wir mit r die Entfernung des Aufpunktes vom Molekülmittelpunkt bezeichnen, bei Dipolmolekülen $\frac{\partial \mathfrak{E}}{\partial r} \sim r^{-4}$, bei Quadrupolmolekülen $\sim r^{-5}$ ist, müßte aus dimensionellen Gründen die Halbwertsbreite der verbreiterten Linie proportional der $^4/_3$ten bzw. $^5/_3$ten Potenz des Druckes des verbreiternden Gases sein, während Füchtbauer und Joos durchweg Proportionalität mit der ersten Potenz des Druckes finden[2]), wie es die alte Lorentzsche Theorie verlangt. Die Größenordnung der Verbreiterung, die sich aus den bekannten Quadrupolmomenten der Moleküle ergibt, läßt sich ohne eingehendere Rechnung nur ganz roh abschätzen, liegt aber immerhin in der richtigen Gegend. Im ganzen scheint es mir sicher, daß der inhomogene Starkeffekt beim Zustandekommen der Linienverbreiterung wesentlich mitwirkt. Zur weiteren Klärung scheinen mir Versuche bei geringen Drucken erforderlich.

Sodann möchte ich noch bemerken, daß sich die Feinstruktur, nach den oben erwähnten Bohrschen Ansichten über ihr Zustandekommen, auch als inhomogener Starkeffekt auffassen läßt, den der Atomrumpf am Serienelektron hervorbringt. Idealisiert man den Rumpf durch einen symmetrischen Quadrupol mit dem Moment μ, so ergibt die Rechnung bei Benutzung der oben eingeführten Bezeichnungen:

$$\overline{\psi} = -\frac{e\mu}{a^3}\,\frac{(\frac{1}{2}-\frac{3}{4}\sin^2\gamma)}{(1-\varepsilon^2)^{3/2}},$$

$$\Delta E = h\Delta\nu = -\frac{e\mu}{a_0^3}\,\frac{(\frac{1}{2}-\frac{3}{4}\sin^2\gamma_i)}{n_1^3\,n_2^3}.$$

Die Abhängigkeit von den Quantenzahlen der

1) Zeitschr. f. Phys. 8, 273, 1922.

2) Dieser Effekt rührt von der Polarisierbarkeit der Atome her. Seine Theorie ist kürzlich von R. Becker (Zeitschr. f. Phys. 9, 322, 1922) ausgeführt worden.

1) Vgl. besonders Füchtbauer und Joos, diese Zeitschr. 23, 73, 1922.

2) Nach neueren über einen weiteren Druckbereich erstreckten Versuchen von Füchtbauer und Dinkelacker auch bei CO_2 (freundliche persönliche Mitteilung von Herrn Füchtbauer).

Gliednummer (n_1) und der Serie (n_2) ist die gleiche wie in der von Heisenberg (l. c.) unter der Annahme des magnetischen Ursprungs der Feinstruktur abgeleiteten Formel.

Molekularstrahlen.

Wir kehren schließlich zu unserem Ausgangspunkt zurück und beantworten die Frage, ob auch die Richtungsquantelung im elektrischen Feld durch Molekularstrahlversuche nachweisbar ist. Dazu berechnen wir die ponderomotorische Kraft $\mathfrak{K}$, die im inhomogenen Feld zweiter Ordnung auf ein Alkaliatom wirkt. Es ist:

$$\mathfrak{K} = - \operatorname{grad} \overline{\psi},$$

wobei für $\overline{\psi}$ der Ausdruck aus Formel (5) einzusetzen ist. Da die Symmetrieachse unseres Atomquadrupols gleichförmig um die z-Achse rotiert, wird aus Symmetriegründen $\mathfrak{K}_x = \mathfrak{K}_y = 0$ und

$$\mathfrak{K}_z = -\frac{e a_0^2}{16} n_1^4 \left(\frac{5}{2} - \frac{3}{2} \frac{u_2^2}{n_1^2} \right) (3 \cos^2 \gamma_i - 1) \left(3 \frac{n_3'^2}{n_i^2} - 1 \right) \frac{\partial^2 \mathfrak{E}_z}{\partial z^2}.$$

Jedem Quantenzustand entspricht also, wie ja auch ohne Rechnung einleuchtend, eine ganz bestimmte diskrete Kraft, und der Molekularstrahl wird in der z-Richtung in so viel Strahlen zerspalten, als verschiedene Quantenzustände in ihm vorkommen. Die Größe der Ablenkung, die sich aus obiger Formel errechnet, ist zwar recht klein, müßte aber unter geeigneten Versuchsbedingungen noch gut meßbar sein. Solche Versuche sind seit einem halben Jahr im Gange, haben aber infolge ungünstiger äußerer Umstände noch zu keinem Resultat geführt.

Zusammenfassung.

Es wird auf Grund der Bohrschen Arbeiten die Theorie des inhomogenen Starkeffekts entwickelt und betont, welche Bedeutung Messungen des anomalen Effekts für die Deutung des anomalen Zeemaneffekts haben würden. Es wird auf die Beziehungen zur Theorie der Linienverbreiterung und der Feinstruktur hingewiesen. Es wird die Theorie von Molekularstrahlversuchen an Wasserstoff- und Alkaliatomen im elektrischen Feld gegeben.

S23

S23. Immanuel Estermann und Otto Stern, Über die Sichtbarmachung dünner Silberschichten auf Glas. Z. Physik. Chem., 106, 399–402 (1923)

Über die Sichtbarmachung dünner Silberschichten auf Glas.

Von

J. Estermann und O. Stern.

(Mit 1 Figur im Text.)

(Eingegangen am 28. 7. 23.)

H. Schmidt-Böcking, K. Reich, A. Templeton, W. Trageser, V. Vill (Hrsg.), *Otto Sterns Veröffentlichungen – Band 2*, DOI 10.1007/978-3-662-46962-0_18

Über die Sichtbarmachung dünner Silberschichten auf Glas.

Von

J. Estermann und O. Stern.

(Mit 1 Figur im Text.)

(Eingegangen am 28. 7. 23.)

In mehreren früheren Arbeiten haben Gerlach und Stern[1]) sehr dünne unsichtbare Silberschichten auf Glas durch physikalische Entwicklung sichtbar gemacht. In der folgenden Arbeit wird über einige Versuche berichtet, in denen die kleinste Dicke der auf diese Weise noch nachweisbaren Silberschichten bestimmt und einige damit zusammenhängende Fragen untersucht wurden.

Methode und Versuchsergebnisse.

Die Silberniederschläge wurden mit Hilfe der von Stern[2]) in seinen ersten Arbeiten benutzten Molekularstrahlmethode hergestellt. Als Quelle diente ein versilberter Platindraht, der beim Glühen Silberatomstrahlen aussendet, die durch Blenden begrenzt und auf Glasplättchen aufgefangen wurden. Es handelte sich nun darum, Silberschichten von verschiedenen, genau bekannten Dicken zu erzeugen. Dies wurde dadurch erreicht, dass sehr kleine Blenden verwendet wurden, so dass wie bei einer Lochkamera ein Bild des Drahtes auf der Glasplatte entstand. Die Dicke des Niederschlags hängt dann von der Dicke der Versilberung und von der Grösse der Blende ab. Der Draht war etwa 2 cm lang und 0·3 mm dick; die Dicke der elektrolytisch hergestellten Versilberung wurde nach dem Faradayschen Gesetz berechnet und

[1]) Zeitschr. f. Physik 8, 110 (1921); 9, 349 und 353 (1922).

[2]) Zeitschr. f. Physik 2, 49 (1920).

schwankte zwischen 2 und $4 \cdot 10^{-4}$ cm. Der Abstand der Blende von der Auffangplatte betrug 1 cm, der des Drahtes von der Blende, der übrigens für die Berechnung nicht in Frage kommt, $1^1/_2$ cm. Die Blenden waren feine, mit einer Nadel in Platinblech von 0·01 mm Dicke gestochene Löcher, ihre Durchmesser variierten zwischen 5 und $17{\cdot}4 \cdot 10^{-3}$ cm. Zur eigentlichen Messung diente nur die kleinste Blende, die anderen dienten nur zur Kontrolle. Die Dicke des Niederschlags berechnet sich dann für die Mitte des Bildes, wo sie ihren grössten Wert hat, nach der Formel

$$d = d_0 \cdot \frac{\varrho^2}{r^2}$$

wobei d_0 die Dicke der Silberschicht auf dem Draht, ϱ den Radius der Blenden und r den Abstand derselben von der Auffangplatte bedeutet. Voraussetzung für die Gültigkeit dieser Formel ist, dass die Blendenöffnung klein gegen den Drahtdurchmesser ist, dass für die Ausstrahlung das Cosinusgesetz gilt, dass keine Reflexion der Silberatome am Glas stattfindet, dass die freie Weglänge so gross ist, dass keine Zusammenstösse vorkommen und dass alles Silber vom Draht verdampft. Die erste Bedingung war bei unseren Versuchen mit genügender Genauigkeit erfüllt; das Zutreffen von 2 und 3 ist von Knudsen[1]) nachgewiesen worden, die vierte war ebenfalls erfüllt, da unser Vakuum etwa 10^{-4} mm betrug[2]). Schliesslich zeigte der Augenschein, dass auch die letzte Bedingung in der Mitte des Drahtes, auf die es bei

[1]) Ann. d. Physik **48**, 1113 (1915); **50**, 472 (1916).

[2]) Anmerkung. Bei den ersten Versuchen waren die Blenden gross gegen den Drahtdurchmesser (Blenden 1 mm, Draht 0·2 mm Durchmesser) und die Intensität wurde durch Entfernung und Neigung der Auffangplatte variiert. Dann ist

$$d = d_0 \cdot \frac{\varrho}{R} \cdot \frac{2}{\pi} \left[\frac{\vartheta}{2} + \frac{1}{4} \sin 2\vartheta \right]_{-\vartheta_1}^{\vartheta_2} \cdot \sin \chi,$$

wobei d, d_0 und ϱ die oben angegebene Bedeutung haben, während die Bedeutung der anderen Grössen aus der Figur ersichtlich ist.

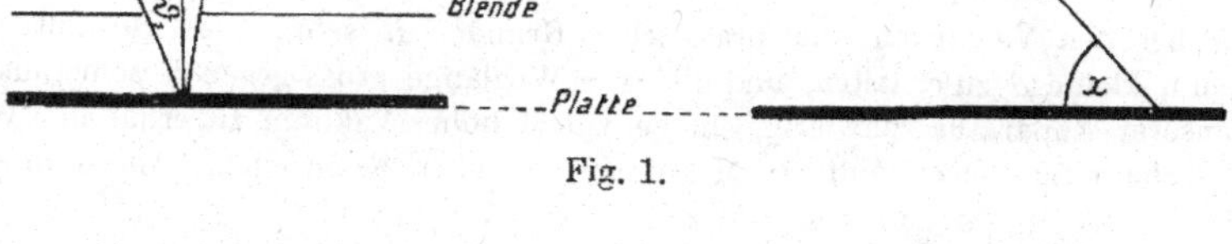

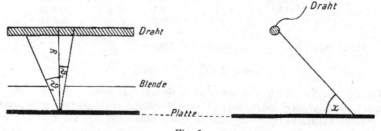

Fig. 1.

unseren Versuchen nur ankam, erfüllt war. Die Plättchen wurden vor den Versuchen sorgfältig mit Chromsäure oder 2 % Flusssäure gereinigt, mit destilliertem Wasser abgespült und durch Betupfen mit Filtrierpapier getrocknet.

Die Entwicklung geschah in der Weise, dass die exponierten Glasplättchen in eine mit etwas Gummi arabicum versetzte 1—2 % Hydrochinonlösung gelegt wurden, der dann einige Tropfen einer 1 %igen Silbernitratlösung zugesetzt wurden. Nach einigen Minuten erscheinen dann die Bilder in der Reihenfolge ihrer Intensitäten. Unter sonst gleichen Umständen ist also die Entwicklungsdauer um so länger, je dünner die Schicht ist, doch blieben Versuche, die Schichtdicke durch die Entwicklungsdauer zu messen, ohne rechten Erfolg, da die Entwicklungsdauer von einer Reihe schwer kontrollierbarer Umstände, wie Reinheitsgrad des Hydrochinons und des Gummis, Alter der Lösung usw. abhängt.

Die Bilder zeigen tatsächlich die nach den geometrischen Verhältnissen zu erwartende Form.

Die Versuchsresultate sind in nachstehender Tabelle wiedergegeben. Die Zahlen bedeuten die berechneten Intensitäten; die eingeklammerten Zahlen beziehen sich auf die bei der Entwicklung nicht herausgekommenen Bilder.

Tabelle.

Blendendurchmesser		$8{\cdot}9 \cdot 10^{-3}$	$17{\cdot}4 \cdot 10^{-3}$	$9{\cdot}9 \cdot 10^{-3}$	$5{\cdot}0 \cdot 10^{-3}$	$9{\cdot}2 \cdot 10^{-3}$	cm
Versuch Nr.	d_0	$d \cdot 10^8$	$d \cdot 10^8$	$d \cdot 10^8$	$d \cdot 10^8$	$d \cdot 10^8$	cm
1	$4 \cdot 10^{-4}$	0·792	3·024	0·992	0·250	0·848	
2	$4 \cdot 10^{-4}$	0·792	3·024	0·992	0·250	0·848	
3	$2 \cdot 10^{-4}$	0·396	1·512	0·496	(0·135)	0·424	
4	$2 \cdot 10^{-4}$	0·396	1·512	0·496	(0·135)	0·424	
5	$2 \cdot 10^{-4}$	0·396	1·512	0·496	(0·135)	0·424	
6	$3 \cdot 10^{-4}$	0·594	2·268	0·744	(0·188)	0·636	
7	$3 \cdot 10^{-4}$	0·594	2·268	0·744	(0·188)	0·636	
8	$3 \cdot 10^{-4}$	0·594	2·268	0·744	(0·188)	0·636	

Für kleine $\vartheta_0 = \vartheta_1 + \vartheta_2$ geht die Formel über in

$$d = d_0 \cdot \frac{\varrho}{R} \cdot \frac{2}{\pi} \vartheta_0 \sin \chi .$$

Da bei den Versuchen aus praktischen Gründen R sehr gross gewählt werden musste, um kleine d zu erhalten, und die freie Weglänge gross gegen R sein muss, war es bei unserer Apparatur schwierig, ein genügend hohes Vakuum zu erhalten. Wir benutzten deshalb für die endgültigen Messungen die oben beschriebene Anordnung.

Die Grenze der auf diese Weise noch sichtbar zu machenden Schichtdicken liegt also etwa bei $2 \cdot 10^{-9}$ cm (die Dicke einer atomaren Schicht würde etwa $2{,}6 \cdot 10^{-8}$ cm betragen). Die Grenze der ohne Entwicklung sichtbaren Schichten liegt bei etwa $5{,}1 \cdot 10^{-8}$ cm.

Zur Kontrolle wurden noch einige Messungen ohne Blenden ausgeführt, bei denen Schablonen auf die Glasplättchen aufgelegt und die Intensität durch die Entfernung der Plättchen vom Draht und durch ihren Neigungswinkel variiert wurde (siehe Formel in der Anmerkung). Auch hierbei ergab sich als Grenze der noch entwickelbaren Schichten eine Dicke von etwa $2 \cdot 10^{-9}$ cm.

Schliesslich wurden auf Vorschlag von Herrn Volmer noch einige Versuche mit einer etwas anderen Entwicklungsmethode nach Langmuir ausgeführt. Es wurden nämlich die exponierten Plättchen in Cadmiumdampf gehängt, der sich dann vorzugsweise auf den mit Silber bedeckten Stellen niederschlägt. Diese Methode gestattet vielleicht noch dünnere Schichten nachzuweisen als die nasse Entwicklungsmethode, ist aber in der Handhabung nicht so bequem, weil bei etwas zu langer Entwicklung der Cadmiumdampf sich auch an den unbedeckten Stellen niederschlägt.

Ferner wurden noch einige Versuche mit Kupferschichten ausgeführt, die sich in der gleichen Weise mit Silberlösung und mit Cadmiumdampf entwickeln liessen; die Grenze der Entwickelbarkeit wurde bei ihnen ebenfalls bei einer Dicke von etwa $2 \cdot 10^{-9}$ cm gefunden.

Die Versuche wurden im Sommersemester 1922 in der Abteilung für theoretische Physik des Rostocker Physikalischen Instituts ausgeführt.

Hamburg, Institut für physik. Chemie der Universität.
Juli 1923.

S24

S24. Otto Stern, Über das Gleichgewicht zwischen Materie und Strahlung. Z. Elektrochem., 31, 448–449 (1925)

Herr Otto Stern-Hamburg:

ÜBER DAS GLEICHGEWICHT ZWISCHEN MATERIE UND STRAHLUNG.

H. Schmidt-Böcking, K. Reich, A. Templeton, W. Trageser, V. Vill (Hrsg.), *Otto Sterns Veröffentlichungen – Band 2*, DOI 10.1007/978-3-662-46962-0_19

Herr Otto Stern-Hamburg:

ÜBER DAS GLEICHGEWICHT ZWISCHEN MATERIE UND STRAHLUNG.

Nach der Relativitätstheorie sind Masse und Energie äquivalent und durch die fundamentale Gleichung $U = mc^2$ verknüpft. U Energie, m Masse, c Lichtgeschwidigkeit.) Diese Beziehung führt sofort zu der Frage, ob es Vorgänge gibt, bei denen materielle Masse (Atome, Elektronen) in elektromagnetische Strahlung übergeht und umgekehrt. Tatsächlich ist die Existenz solcher Vorgänge schon mehrfach angenommen worden. So z. B. in der neueren Theorie der Sterne, in der die ungeheuere von einem Stern im Laufe seiner Entwicklung ausgestrahlte Energiemenge kaum durch eine andere Hypothese beschafft werden kann, als die, daß die Materie des Sterns selbst sich „zerstrahlt". Umgekehrt hat Nernst einmal, um die Welt vorm Wärmetode zu retten, die Hypothese aufgestellt, daß aus der Weltraumstrahlung — der er Nullpunktsenergie zuschreibt — spontan Atome von hoher Ordnungszahl entstehen.

Ich habe nun einmal nachgesehen, was sich ergibt, wenn man den Prozeß der Umwandlung von Materie in Strahlung als reversibel annimmt und die Gesetze der Thermodynamik auf ihn anwendet. Dann wird ein Gefäß mit schwarzer Strahlung nur dann im Gleichgewicht sein, wenn sich gleichzeitig eine bestimmte Zahl von Atomen darin befindet. Ferner ist durch Anwendung des Le Chatelierschen Prinzips leicht zu sehen, daß die Zahl der Atome mit wachsender Temperatur steigen wird. Denn wenn ich das Gefäß mit einem Stempel versehe und adiabatisch komprimiere, so wird durch Umwandlung von Strahlungsenergie in Atome das Ansteigen von Druck und Temperatur verlangsamt. Um nun das Gleichgewicht nicht nur bezüglich seiner Temperaturabhängigkeit, sondern vollständig zu berechnen, benötigen wir entweder ein spezielles Modell des Vorgangs oder den dritten Wärmesatz. Nur der zweite Weg ist zur Zeit möglich und führt zu folgendem Resultat.

Wir haben in einem Wärmebade von der Temperatur T ein Gefäß, in dem sich schwarze Strahlung im Gleichgewicht mit Atomen von der Masse m befindet. Die Wand des Gefäßes sei an einer Stelle für Strahlung durchlässig, für Atome undurchlässig. Durch diese semipermeable Wand grenzt das erste Gefäß an ein mit einem Stempel versehenes zweites Gefäß, in dem sich nur schwarze Strahlung von der Temperatur T befindet. An einer anderen Stelle sei die Wand des ersten Gefäßes für Strahlung undurchlässig, aber für Atome durchlässig[1]). Durch diese semipermeable Wand steht das erste Gefäß mit einem dritten in Verbindung, das keine Strahlung, sondern nur Atome, von der gleichen Konzentration und Temperatur wie im ersten Gefäß, enthält und ebenfalls mit einem Stempel versehen ist. Wir schieben nun unendlich langsam den Stempel des Gasgefäßes hinein, den des Strahlungsgefäßes heraus, so daß in reversibler Weise ein Atom in Strahlung umgewandelt wird. Die dem System dabei zugeführte Wärmemenge dQ ist gleich der Energiezunahme dU plus der vom System geleisteten Arbeit dA. Es ist $dU = 0$. Die vom Gasstempel geleistete Arbeit ist $-kT$. Die vom Strahlungsstempel geleistete Arbeit ist ebenfalls leicht zu berechnen. Durch die Umwandlung des Atoms entsteht eine Strahlungsmenge von der Energie $U = mc^2 + \frac{3}{2}kT = uv$, falls u die Strahlungsdichte, v das Volumen der entstehenden Strahlung bedeutet ($k = \frac{R}{N}$ Boltzmannsche Konstante). Auf dem Strahlungsstempel lastet der Druck $p = \frac{u}{3}$, die von ihm geleistete Arbeit ist also $pv = \frac{uv}{3} = \frac{U}{3}$. Die gesamte dem System bei diesem reversiblen Prozeß zugeführte Wärmemenge dQ ist also $\frac{U}{3} - kT$, und die Entropiezunahme $dS = \frac{Q}{T} = \frac{U}{3T} - k$. Andererseits ist dS gleich der Entropie der entstandenen Strahlung, vom Betrage $\frac{4U}{3T}$, minus der Entropie des verschwundenen Atoms vom Betrage

$$k \ln V + k \ln \frac{(2\pi m k T)^{\frac{3}{2}}}{N h^3} + \frac{5}{2} k$$[1]). (Nernstscher Wärmesatz.) Durch Gleichsetzen dieser beiden Ausdrücke für dS ergibt sich die Gleichung:

$$\frac{U}{3T} - k = \frac{4U}{3T} - k \ln V - k \ln \frac{(2\pi m k T)^{\frac{3}{2}}}{N h^3} - \frac{5}{2} k$$

oder

$$\ln \frac{V}{N} = \frac{U}{kT} - \frac{3}{2} + \ln \frac{h^3}{(2\pi m k T)^{\frac{3}{2}}}$$

Andererseits ist $U = mc^2 + \frac{3}{2}kT$, also

$$\frac{N}{V} = \frac{(2\pi m k T)^{\frac{3}{2}}}{h^3} e^{-\frac{mc^2}{kT}} = n$$

der Zahl der Atome im cm^3 im Gleichgewicht mit schwarzer Strahlung von der Temperatur T.

Würde man statt des oben verwendeten Wertes der Entropie eines einatomigen Gases den neuerdings empfohlenen[2]) um $k \ln N!$ größeren benutzen, so würde n um den Faktor $\sqrt[N]{N!}$ größer werden.

---

[1]) Die Hypothese einer solchen Wand ist nicht so schlimm, wie sie im ersten Augenblick aussieht. Sie bedeutet in Wirklichkeit nur, daß die Entropieen von Materie und Strahlung sich additiv verhalten.

[1]) V Volumen eines Mols der Atome.

[2]) Ehrenfest und Trkal, Ann. d. Physik (4) 25, 626 (1921). S. a. Schrödinger, Ph.Z. 25, 41 (1924).

wobei N jetzt die Gesamtzahl der vorhandenen Atome wäre.

Setzt man für m die Masse des Elektrons, so ergibt sich aus der Formel, daß sich im Gleichgewicht bei 100 Millionen Grad etwa ein Elektron im cm^3, bei 500 Millionen Grad etwa ein Mnl Elekronen in cm^3 befinden sollte. Diese Temperaturen sind bedeutend höher als die für das Innere der Sterne nach Eddington berechneten, die nur einige Millionen Grad betragen.

Für Wasserstoffkerne würden die entsprechenden Temperaturen noch fast 2000 mal so hoch sein. Danach müßten also außerordentlich viel mehr Elektronen als Protonen auf der Welt sein. Um dieser Konsequenz zu entgehen, müßte man annehmen, daß immer nur ein Elektron und ein Proton zusammen entstehen können, oder daß aus der Strahlung direkt nur Teilchen kleinerer Masse entstehen, die sich dann erst zu Elektronen und Protonen zusammenballen. Dadurch würden auch die oben berechneten Temperaturen herabgedrückt werden.

Beide Hypothesen sind nicht schön. Doch sehe ich keine Möglichkeit, an der Ableitung der obigen Formel etwas zu ändern.

DISKUSSION.

Herr Lorenz, Frankfurt a. M.: Ich freue mich sehr, feststellen zu können, daß das genau die Zahl ist, die ich mit Landeck ausgerechnet habe. Es ist die Kalorienzahl, die notwendig ist, um ein Dipol von seiner Spiegelebene abzureißen.

Herren G. Bredig und L. Teichmann:

KRITISCHE KONSTANTEN UND DAMPFDRUCKE DES CYANWASSERSTOFFS.

Über die Sättigungsdampfdrucke sowie über die kritischen Daten des Cyanwasserstoffs lagen genügende Angaben bisher nicht vor. Dies dürfte weniger seinen Grund in der Giftigkeit und Schwierigkeit der Reindarstellnng des Cyanwasserstoffs haben, als in der Neigung desselben, sich zu polymerisieren oder zu zersetzen. Bei Gelegenheit anderer Arbeiten trat jedoch für uns das Bedürfnis auf, die Dampfdruckkurve und die kritischen Konstanten dieses technisch und wissenschaftlich in vieler Hinsicht interessanten Stoffes zu kennen. Wir haben es daher unternommen, eigene Messungen anzustellen[1]).

Darstellung des flüssigen Cyanwasserstoffs.

Unter Benutzung älterer Erfahrungen[2]), insbesondere von Gattermann und Ziegler, haben wir den Cyanwasserstoff nach verschiedenen Methoden aus Cyankalium oder Ferrocyankalium durch Einwirkung von wäßriger Schwefelsäure bei einem Drucke von ca. 300 mm Hg dargestellt. Das entwickelte Gas wurde bei 40 bis 50° C über $CaCl_2$ und P_2O_5 getrocknet und in einer Kältemischung verflüssigt. Der so hergestellte flüssige Cyanwasserstoff war bereits sehr rein. Zur weiteren Reinigung wurde er noch einer mehrmaligen fraktionierten Destillation über Phosphorpentoxyd bei etwa 500 mm Quecksilberdruck unterworfen. Die bei 21° C und ca. 500 mm Hg übergehende Fraktion wurde nach der vierten Destillation in gut ausgedämpften Vakuumröhren aus Jenaer-Glas eingeschmolzen und bei den nachstehenden Versuchen verwendet. Diese wurden stets mit Präparaten ausgeführt, die auf verschiedenen Wegen gewonnen waren und nach erfolgter fraktionierter Destillation auch bei längerem Aufbewahren ohne Stabilisator nicht durch Trübung oder Ausflockung die Anwesenheit von Zersetzungsprodukten hatten erkennen lassen. Mit solchen Präparaten wurden gut übereinstimmende Messungen erhalten.

Kritische Dichte und kritische Temperatur.

Die kritische Temperatur sowie die kritische Dichte und die bei benachbarten Temperaturen auftretenden Gleichgewichtsdichten von Flüssigkeit und Dampf wurden mit geprüften Thermometern nach der bekannten Methode von Centnerszwer[1]) in Röhren von ausgemessenem Inhalt mit eingewogenen Stoffmengen bei verschiedenem Füllungsgrad bestimmt. Wesentlich für das Gelingen der Messungen war die Verwendung nichtalkalischer Gläser, da gewöhnliches Glas bei höheren Temperaturen Polymerisation und Verharzung bewirkte. Erst durch die Verwendung von Jenaer Geräteglas G, insbesondere G 59 oder von Jenaer V-Glas (für Verbrennungsröhren) konnten wir diese Störung ausschließen. Der Temperaturgang in der Nähe der gesuchten Temperatur wurde zu höchstens ungefähr 0,1° pro Minute gewählt, andernfalls rückten Siede- und Tau-Punkte auseinander. Wie man aus Tabelle 1 ersieht, stimmen ϑ_1 und ϑ_2 in der Nähe des kritischen Punktes auf ca. 0,1° überein. Es wurden verschiedene Präparate des Cyanwasserstoffs mit übereinstimmenden Ergebnissen benutzt. 19 Versuche dienten zur Aufstel-

---

[1]) Ausführlicheres vgl. die demnächst erscheinende Dissertation von L. Teichmann, Karlsruhe.

[2]) Gattermann, A. 357, 318 (1907); Wade und Panting, Soc. 73, 255 (1898); Claisen, B. 16, 309 (1883); Ziegler, B. 54, 110 (1921); G. Harker, Soc. Chem. Ind. 40, 182 (1923); Foord Bichovsky, J. Ind. Eng. Chem. 17, 56 (1925); Lewcock, Pharm. Journ. 47, 50 (1918); Saunders und Garnet, Journ. Chem. Soc. London, 125, 1634 (1924).

[1]) M. Centnerszwer, Ph. Ch. 49, 199 (1904); Ostwald-Luther, Hand- u. Hilfsbuch, 3. Aufl. 1910, S. 225.

S25

S25. Otto Stern, Zur Theorie der elektrolytischen Doppelschicht. Z. Elektrochem., 30, 508–516 (1924)

Herr Otto Stern-Hamburg:

ZUR THEORIE DER ELEKTROLYTISCHEN DOPPELSCHICHT.

H. Schmidt-Böcking, K. Reich, A. Templeton, W. Trageser, V. Vill (Hrsg.), *Otto Sterns Veröffentlichungen – Band 2*, DOI 10.1007/978-3-662-46962-0_20

Herr Paneth-Berlin: Duane und Wendt haben zwar eine Kontraktion festgestellt, aber sie selber bezeichnen die Deutung dieser Erscheinung als unklar; die Kontraktion war nämlich stärker, als man erwarten konnte, und daher lag der Verdacht nahe, daß es sich hauptsächlich um eine Reaktion zwischen dem aktivierten Wasserstoff mit dem Quecksilber (oder mit einer Verunreinigung des Quecksilbers oder der Glaswand) handelte. Ebenso hatten analoge Versuche von Lind nur vorläufigen Charakter. Spätere Messungen von Wendt und Landauer über die Kontraktion bei elektrischen Entladungen in Wasserstoff gaben auch unerwartet starke Effekte, doch neigen diese Autoren der Ansicht zu, daß es sich hier tatsächlich um die gesuchte Erscheinung handelte; eine Berechnung der Formel aus der Größe der Kontraktion war aber auch hier nicht möglich.

Herr Fajans-München: Die Aktivierung durch α-Strahlen ist aber wohl als erwiesen anzusehen?

Herr Paneth-Berlin: Gewiß! Die Versuche von Duane und Wendt sind sogar besonders beweisend, weil sie auf die Reinigung des Wasserstoffs größte Sorgfalt verwendet haben und weil bei der Aktivierung durch α-Strahlen die Versuchsbedingungen übersichtlicher sind als z. B. bei elektrischen Entladungen.

Herr Otto Stern-Hamburg:

ZUR THEORIE DER ELEKTROLYTISCHEN DOPPELSCHICHT.

Einleitung.

Taucht man ein Ag-Blech in eine 0,1 n-$AgNO_3$-Lösung, so lädt sich das Blech positiv gegen die Lösung. Nach Nernst geschieht dies dadurch, daß sich so lange Silberionen aus der Lösung auf dem Blech niederschlagen und dieses positiv, die Lösung negativ aufladen, bis die dadurch entstehenden elektrostatischen Kräfte eine weitere Aufladung des Bleches verhindern. Die positiven Ladungen des Silbers sitzen in der Oberfläche des Bleches, die negativen Ladungen (NO_3') der Lösung ebenfalls in ihrer Oberfläche. An der Grenzfläche Blech—Lösung entsteht so eine elektrische Doppelschicht. Das Blech sowohl wie die Lösung sind Leiter, in ihrem Innern ist das elektrische Potential konstant; die ganze Potentialdifferenz zwischen Blech und Lösung liegt in der Doppelschicht an der Grenzfläche. Analoges gilt für jede Grenzfläche einer Elektrolytlösung. Wir bezeichnen die elektrische Doppelschicht an einer solchen Grenzfläche kurz als „elektrolytische Doppelschicht".

Es entstehen die Fragen:

1. Wieviel $Ag^{\cdot}$ schlagen sich nieder, bis das Gleichgewicht erreicht ist, d. h. welchen Betrag hat die Ladung der Doppelschicht? Können wir diese Frage beantworten, so haben wir die Theorie der Polarisationskapazität und der Elektrocapillarkurve.

2. Wie ist die Struktur der Doppelschicht, insbesondere wie weit reicht sie in die Lösung? Die Antwort auf diese Frage wird uns gestatten, eine Theorie der elektrokinetischen Erscheinungen (Endosmose, Kataphorese usw.) aufzustellen.

Für die Beantwortung beider Fragen macht es einen wesentlichen Unterschied, ob man als auf die Ionen wirkende Kräfte nur die von ihren Ladungen und der Potentialdifferenz herrührenden Kräfte ansetzt, oder besondere Grenzflächenkräfte, d. h. die spezifische Adsorption der Ionen an der Grenzfläche berücksichtigt. Im folgenden sollen unter I und II die beiden bisher aufgestellten Theorien, ohne Berücksichtigung der Adsorption, unter III—V die neue Theorie, ohne und mit Berücksichtigung der Adsorption, behandelt werden[1]).

Der Einfachheit halber wird stets nur der Fall einer ebenen Grenzfläche und eines ein-einwertigen Elektrolyten zugrunde gelegt, die Verallgemeinerung auf den Fall beliebig vieler Ionenarten von beliebiger Wertigkeit bietet keinerlei Schwierigkeiten. Um uns kürzer ausdrücken zu können, werden wir im folgenden stets das Metall als positiv, die Lösung als negativ geladen betrachten, doch gelten natürlich alle Überlegungen genau so für den umgekehrten Fall.

I. Die Theorie des molekularen Kondensators.

Die einfachste Theorie, die sich an die ursprüngliche Helmholtzsche anschließt, ist die, daß die gesamte Ladung der Lösung in Gestalt eines Überschusses der negativen Ionen in der der Metalloberfläche direkt anliegenden molekularen Schicht liegt. Im oben betrachteten Falle Ag/0,1 n-$AgNO_3$ würde also der den niedergeschlagenen Ag äquivalente in der Lösung zurückgebliebene Überschuß an NO_3' direkt an der Metalloberfläche anliegen. Diese Doppelschicht wird dann idealisierend, indem man die auf den einzelnen Ionen sitzenden diskreten Ladungen zu einer homogenen flächenhaften Ladungsverteilung verstreicht, durch einen Plattenkondensator ersetzt, dessen positive Belegung die Oberfläche des Silbers bildet, während die negative Belegung auf einer dazu parallelen Ebene in der Lösung im Abstande δ sitzt. Dabei ist δ der mittlere Abstand der Ionenmittelpunkte, oder besser gesagt, der elektrischen Schwerpunkte der Ionen von der Metalloberfläche; δ ist etwa gleich dem Ionenradius. Wir werden im folgenden annehmen, daß δ für die positiven und die negativen Ionen gleich ist, resp. mit einem mittleren Ionenradius rechnen.

[1]) Den Anlaß zu vorliegender Arbeit gaben die grundlegenden Veröffentlichungen von Debye über die Theorie der Elektrolyte.

Ist ferner d die Dielektrizitätskonstante des zwischen den Belegungen des Kondensatos befindlichen Mediums (d ist also etwa gleich der Dielektrizitätskonstante der Ionen), ψ_0 die gesamte Potentialdifferenz zwischen dem Innern der Lösung und dem Innern des Metalls und η_0 die Ladung pro Flächeneinheit, so ist nach der bekannten Formel für die Kapazität eines Plattenkondensators

$$\eta_0 = \frac{d}{4\pi\delta}\psi_0 \ldots\ldots \quad (1a)$$

Die direkten Messungen von η_0 an Quecksilberelektroden mit Hilfe der Elektrocapillarkurve ergeben die Kapazität pro cm² $K = \frac{d}{4\pi\delta}$ des Doppelschichtkondensators zu etwa 24 Mikrofarad. Das ergibt $\frac{\delta}{d} \sim 0{,}33 \cdot 10^{-8}$ cm, ein durchaus plausibler Wert. Fig. 1 zeigt Potentialverlauf und Ladungs-

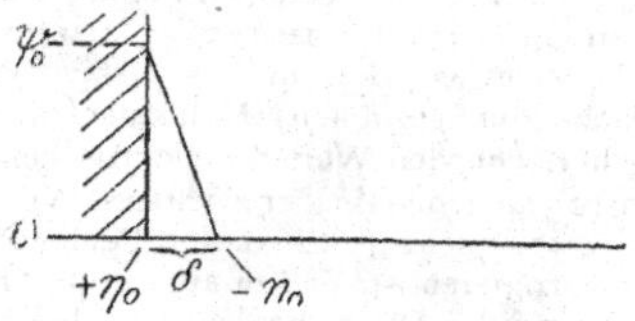

Fig. 1.

verteilung in der Doppelschicht. Hier und in den folgenden Figuren 2—5 bedeutet die schraffierte Fläche das Metall, die unschraffierte die Lösung. Abszisse ist der Abstand von der Grenzfläche Metall/Lösung, Ordinate das elektrische Potential ψ.

II. Die Theorie der diffusen Doppelschicht.

Diese von Gouy[1]) und Chapman[2]) entwickelte Theorie beruht auf der Überlegung, daß die Verteilung der Ionen in der Lösung in der Nähe der Metalloberfläche durch zwei einander widerstrebende Einflüsse bestimmt wird. Während die molekulare Wärmebewegung die Ionen stets gleichmäßig zu verteilen strebt, derart, daß sich in jedem Volumelement der Lösung im Mittel gleichviel positive und negative Ionen befinden, bewirken die von der — wieder als positiv geladen angenommenen — Metalloberfläche ausgehenden elektrostatischen Kräfte, nämlich Anziehung der negativen, Abstoßung der positiven Ionen, daß die in der Nähe der Grenzfläche gelegenen Volumelemente einen Überschuß an negativen Ionen enthalten. Das Gleichgewicht, das sich unter dem Einfluß dieses Gegeneinanderwirkens von Wärmebewegung und elektrischen Kräften herstellt, wird ganz analog dem atmosphärischen Gleichgewicht sein, das sich in einem Gas unter dem Einfluß der Schwerkraft einstellt. Der Überschuß an negativen Ionen wird unmittelbar an der Metalloberfläche (am Boden!) am größten sein und nach dem Innern der Lösung zu nach einem der barometrischen Höhenformel entsprechenden Gesetz abnehmen. Dieses Gesetz erhalten Gouy und Chapman dadurch, daß sie die Konzentration der positiven und negativen Ionen an jeder Stelle der Lösung aus dem dort herrschenden elektrischen Potential ψ mit Hilfe des Boltzmannschen e-Satzes berechnen und zur Berechnung von ψ die auf den einzelnen Ionen sitzenden diskreten Ladungen durch eine kontinuierliche räumliche Ladungsverteilung ersetzen. Die Dichte der negativen Elektrizität an jeder Stelle wird gleich dem Überschuß pro Kubikzentimeter der auf den negativen über die auf den positiven Ionen sitzenden Ladungen gesetzt. Man erhält so (siehe Anhang) für die in einer auf der Grenzfläche senkrechten Säule von 1 cm² Querschnitt enthaltene Menge negativer Elektrizität $-\eta_0$, die dem Betrage nach gleich der in 1 qcm der Metalloberfläche sitzenden Menge positiver Elektrizität $+\eta_0$ ist, die Formel:

$$\eta_0 = \sqrt{\frac{DRT}{2\pi}} C \left(e^{\frac{F\psi_0}{2RT}} - e^{-\frac{F\psi_0}{2RT}} \right), \quad (2a)$$

wobei D die Dielektrizitätskonstante des Wassers R die universelle Gaskonstante, T die absolute Temperatur, C die Konzentration des Salzes in Mol pro Kubikzentimeter, F die Ladung eines Grammäquivalents und ψ_0 wieder die gesamte Potentialdifferenz zwischen dem Innern der Lösung und Innern des Metalls ist. Potentialverlauf und Ladungsverteilung s. Fig. 2 (Erläuterung bei Fig. 1). Die

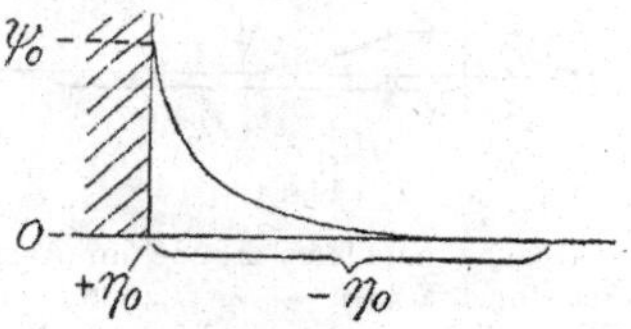

Fig. 2.

Ableitung setzt voraus, daß die Konzentration der Ionen auch unmittelbar an der Grenzfläche so klein bleibt, daß für den osmotischen Druck noch die Gasgesetze gelten. Das bedeutet, daß z. B. bei einer 1n-Lösung die Formel allerhöchstens bis zu Potentialdifferenzen von $^1/_{10}$ Volt anwendbar ist. Durch diese Beschränkung wird ihre praktische Brauchbarkeit fast illusorisch. Aber selbst in diesem beschränkten Bereich ist sie mit den Messungen unvereinbar, denn sie gibt eine viel zu große Kapazität (etwa 240 Mikrofarad).

Es ist leicht zu sehen, woher diese Diskrepanz rührt. Die große Kapazität bedeutet, daß die auf den negativen Ionen sitzenden Ladungen sehr nahe

[1]) C. r. **149**, 654 (1909); Ann. d. Ph. (9) **7**, 129 (1917).
[2]) Phil. Mag. **25**, 475 (1913); s. a. K. F. Herzfeld, Ph. Z. **21**, 28 (1920).

an die positiv geladene Metalloberfläche heranrücken, und zwar, wie eine leichte Rechnung zeigt, die meisten viel näher als auf einen Abstand von 10^{-8} cm. Das ist aber offenbar unmöglich, da 10^{-8} cm die Größenordnung des Ionenradius ist[1]). Außerdem darf man bei diesem Abstand natürlich nicht mehr mit der Dielektrizitätskonstante des Wassers D rechnen, sondern eher mit der der Ionen d, was ebenfalls eine Verkleinerung der Kapazität bedingt. Bei Berücksichtigung dieser Umstände kommt man, wie mir scheint, zwanglos zu folgender Theorie.

III. Die Adsorptionstheorie der elektrolytischen Doppelschicht.

Wäre die Temperatur so tief, daß wir die Wirkung der Wärmebewegung vernachlässigen könnten, so würde die Helmholtzsche Theorie zu Recht bestehen. Sämtliche überschüssigen negativen Ionen würden an der Grenzfläche sitzen. Steigern wir jetzt die Temperatur, so wird sich ein Teil von ihnen infolge der molekularen Wärmebewegung von der Grenzfläche losreißen und entsprechend den Gesetzen der diffusen Doppelschicht in der Lösung verteilen. Dementsprechend idealisieren wir die gesamte Doppelschicht folgendermaßen: Die positive Belegung sitzt flächenhaft mit überall gleicher Dichte verteilt in der Metalloberfläche, Ladung $+\eta_0$ pro cm^2. Die entsprechende negative Ladung der Lösung sitzt zum Teil ebenfalls als homogene flächenhafte Belegung auf einer

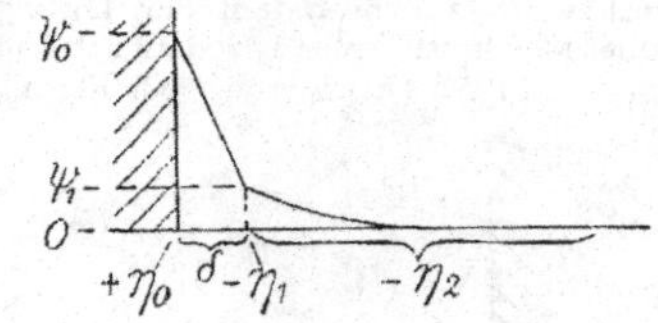

Fig. 3.

zur Grenzfläche parallelen Ebene im Abstande δ (mittlerer Ionenradius), $-\eta_1$ Ladung pro cm^2, Potential ψ_1. Der Rest sitzt diffus als kontinuierliche räumliche Ladung in der Lösung mit nach dem Innern der Lösung zu asymptotisch bis auf Null abnehmender Dichte, $-\eta_2$ gesamte in einer Säule vom Querschnitt ein cm^2 enthaltene Ladung, Potential im Innern der Lösung Null. Es ist $\eta_0 = \eta_1 + \eta_2$. Potentialverlauf und Ladungsverteilung s. Fig. 3 (Erläuterung bei Fig. 1).

Dieses Bild[2]) trägt zugleich der Erfahrung Rechnung, daß einerseits die direkten Messungen der Doppelschichtkapazität für die Helmholtzsche Theorie sprechen, während andererseits die Existenz der elektrokinetischen Erscheinungen zeigt, daß ein Teil der negativen Belegung gegen die Grenzfläche verschiebbar ist.

Das eigentliche Problem besteht nun darin, festzustellen, wie sich die negative Ladung auf diese beiden Belegungen, die flächenhafte des molekularen Kondensators und die räumliche der diffusen Doppelschicht, verteilt, wie groß η_1, ψ_1 und auch η_0 sind.

Wir können zunächst sofort zwei Beziehungen hinschreiben, die unsern Formeln (1a) und (2a) entsprechen, nämlich:

$$\eta_0 = \frac{d}{4\pi\delta}(\psi_0 - \psi_1) \quad . \quad . \quad . \quad . \quad . \quad . \quad . \quad (1)$$

$$\eta_2 = \sqrt{\frac{DRT}{2\pi}\frac{c}{15}}\left(e^{\frac{F\psi_1}{2RT}} - e^{\frac{F\psi_1}{2RT}}\right) . \quad . \quad (2)$$

Dabei ist $c = 18\,C$ die Konzentration in Molenbrüchen (Molekulargewicht des Wassers gleich 18 gesetzt). Wir machen hier einen Fehler, indem wir in beiden Gleichungen dasselbe ψ_1 setzen. Denn in (1) bedeutet ψ_1 den in der ersten (von der Grenzfläche aus gezählten) Molekularschicht der Lösung herrschenden Wert des elektrischen Potentials, in (2) aber den in der zweiten. Wir werden später (S. 513) sehen, wie dieser Fehler nötigenfalls zu korrigieren ist, daß er aber in den meisten Fällen klein ist. Diese beiden Gleichungen bestimmen aber ψ_1 noch nicht. Wir können ψ_1 im Gegenteil noch beliebig wählen, dann geben uns (1) und (2) die zugehörigen Werte von η_0 und η_2 und damit $\eta_1 = \eta_0 - \eta_2$.

Es muß also noch eine dritte Beziehung zwischen diesen Größen bestehen. Diese erhalten wir, wenn wir bedenken, daß η_1 durch die Kräfte bestimmt ist, die die Ionen an der Grenzfläche festhalten. Es ist, wenn wir mit $\varepsilon = \frac{F}{N}$ die Ladung eines einzelnen Ions und mit n_+ resp. n_- die Zahl der an der Grenzfläche adsorbierten positiven resp. negativen Ionen pro cm^2 bezeichnen,

$$\eta_1 = \varepsilon(n_- - n_+).$$

n_+ und n_- sind aber nach dem Boltzmannschen e-Satz bestimmt durch die Arbeit $\varphi = \varphi_+ + \varepsilon\psi_1$ resp. $\varphi_- - \varepsilon\psi_1$, die nötig ist, um ein positives resp. negatives Ion an die Grenzfläche heranzubringen. Dabei ist φ_+ resp. φ_- das gewöhnliche von den Molekularkräften herrührende spezifische Adsorptionspotential, das für $\psi_1 = 0$ allein vorhanden ist. Wir nehmen idealisierend an, daß φ_+ und φ_- nur für die erste der Metalloberfläche anliegende Molekularschicht von Null verschieden sind. Die Aufgabe, die Anzahl der Ionen pro cm^2 Grenzfläche aus φ zu berechnen, ist dann genau die gleiche, wie sie durch die (Langmuirsche) Adsorptionstheorie gelöst wird. Wir gewinnen die Lösung auf folgendem Wege. Wir betrachten ganz allgemein das Adsorptionsgleichgewicht, das sich an der Grenzfläche einer Lösung einstellt. Es sei

[1]) Gouy hat dies bereits bemerkt, jedoch ohne die Theorie verbessern zu können.

[2]) Wie sich bei einem Gespräch herausstellte, waren auch die Herren M. Volmer und Cassel unabhängig zu diesem Bilde der Doppelschicht gelangt.

φ die Arbeit, die erforderlich ist, um ein Molekül des gelösten Stoffes aus dem Innern der Lösung in die Grenzfläche zu bringen. Ferner sei im Gleichgewicht n_1 die Zahl der adsorbierten Moleküle pro cm² Grenzfläche, n_2 die Zahl der gelösten Moleküle pro cm³. z_1 resp. z_2 sei die Anzahl gelöster Moleküle, die maximal auf 1 cm² Grenzfläche resp. in 1 cm³ Lösung Platz haben. Wir greifen ein Molekül des gelösten Stoffes heraus und verfolgen es lange Zeit auf seinem Wege. Es wird sich den Bruchteil w_1 dieser Zeit an der Grenzfläche, den Bruchteil w_2 in der Lösung aufhalten. Wäre $\varphi = 0$, so würde $w_1 : w_2$ sich einfach wie die Zahlen der noch freien Plätze in Grenzfläche und Lösung verhalten, d. h. es würde

$$\frac{w_1}{w_2} = \frac{z_1 - n_1}{z_2 - n_2}$$

sein. Ist φ nicht gleich Null, so ist dieser Ausdruck nach Boltzmann noch mit dem Faktor $e^{-\frac{\varphi}{kT}}$ $\left(k \text{ ist die Boltzmannsche Konstante } \frac{R}{N}\right)$ zu multiplizieren. Also

$$\frac{w_1}{w_2} = \frac{z_1 - n_1}{z_2 - n_2} e^{-\frac{\varphi}{kT}} = \frac{n_1}{n_2},$$

denn da $\frac{w_1}{w_2}$ für alle Moleküle den gleichen Zahlenwert hat, so ist, wenn wir nicht ein Molekül eine lange Zeit hindurch, sondern alle Moleküle in einem bestimmten Moment betrachten, $\frac{n_1}{n_2} = \frac{w_1}{w_2}$. Ist die Lösung verdünnt, so können wir n_2 gegen z_2 vernachlässigen. Lösen wir die Gleichung, nachdem wir $z_2 - n_2$ durch z_2 ersetzt haben, nach n_1 auf, so ergibt sich:

$$n_1 = \frac{z_1}{1 + \frac{z_2}{n_2} e^{\frac{\varphi}{kT}}}.$$

Nun ist $\frac{n_2}{z_2} \sim c$, dem Molenbruch des gelösten Stoffes. Der Proportionalitätsfaktor wird von der Größenordnung 1 sein. Wir setzen ihn im folgenden gleich 1, seine Beibehaltung würde nichts Wesentliches an unsern Formeln ändern. Wir ersetzen also $\frac{z_2}{n_2}$ durch $\frac{1}{c}$. Für ein positives resp. negatives Ion ist $\varphi = \varphi_+ + \varepsilon\psi_1$ resp. $\varphi_- - \varepsilon\psi_1$. Damit erhalten wir

$$n_+ = \frac{z_1}{1 + \frac{1}{c} e^{\frac{\varphi_+ + \varepsilon\psi_1}{kT}}}, \qquad n_- = \frac{z_1}{1 + \frac{1}{c} e^{\frac{\varphi_- - \varepsilon\psi_1}{kT}}}$$

$$\eta_1 = \varepsilon(n_- - n_+)$$

$$= \varepsilon z_1 \left(\frac{1}{1 + \frac{1}{c} e^{\frac{\varphi_- - \varepsilon\psi_1}{kT}}} - \frac{1}{1 + \frac{1}{c} e^{\frac{\varphi_+ + \varepsilon\psi_1}{kT}}} \right).$$

Dabei ist z_1 für beide Ionenarten als gleich angenommen.

Nun muß aber noch auf einen Punkt etwas näher eingegangen werden. Wir haben so getan, als ob beide Ionenarten unabhängig voneinander absorbiert würden, d. h. als ob die positiven Ionen den negativen keine freien Plätze an der Oberfläche wegnehmen würden und umgekehrt. Das wird, falls es sich um die Absorption an einem heteropolaren Stoff, etwa an Glas, handelt, berechtigt sein. Dagegen wird es für den Fall einer Metalloberfläche nicht zutreffen. Würden immer gleichviel positive und negative Ionen adsorbiert werden (was in Wirklichkeit nicht möglich ist, weil dann $\eta_1 = 0$ wäre), so müßte man die 1 im Nenner der Adsorptionsformel durch 2 ersetzen. Richtig wird ein Wert zwischen 1 und 2 sein. Nun ist es, falls nur wenig Ionen adsorbiert sind, gleichgültig, ob ich 1 oder 2 setze, da beides dann gegen den zweiten Summanden zu vernachlässigen ist. Wenn aber viel Ionen adsorbiert sind, werden n_+ und n_- nicht sehr verschieden sein können, weil sonst die η_1 und damit ψ_0 extrem groß werden würden. Wir werden also keinen großen Fehler machen, wenn wir bei einer Metalloberfläche den Wert 2 schreiben.

Führen wir schließlich noch statt der molekularen Größen die molaren ein und bezeichnen mit Z die Anzahl Mole eines Ions, die maximal an 1 cm² Grenzfläche adsorbiert werden kann, mit Φ_+ resp. Φ_- die Adsorptionspotentiale pro Mol, so erhalten wir unsere dritte Beziehung zwischen η_1 und ψ_1 in der Form:

$$\eta_1 = FZ \left(\frac{1}{2 + \frac{1}{c} e^{\frac{\Phi_- - F\psi_1}{RT}}} - \frac{1}{2 + \frac{1}{c} e^{\frac{\Phi_+ + F\psi_1}{RT}}} \right). \quad (3)$$

Falls es sich um die Grenzfläche eines heteropolaren Stoffes handelt, ist die 2 im Nenner durch 1 zu ersetzen. Da diese Formel resp. ihr physikalischer Inhalt das eigentlich Charakteristische für die hier entwickelte Theorie ist, möchte ich sie als Adsorptionstheorie der elektrolytischen Doppelschicht bezeichnen.

Wenn wir noch die Beziehung:

$$\eta_0 = \eta_1 + \eta_2 \quad \ldots\ldots \quad (4)$$

hinzunehmen, haben wir jetzt die 4 Gleichungen (1), (2), (3a) und (4) zur Bestimmung der 4 Unbekannten ψ_1, η_0, η_1 und η_2.

IV. Die Kapazität der elektrolytischen Doppelschicht.

a) Ohne Berücksichtigung der spezifischen Adsorption.

Wir behandeln zunächst das Problem der Kapazität der Doppelschicht, wenn keine spezifische Adsorption da ist, d. h. wir setzen $\Phi_- = \Phi_+ = 0$. Formel (3) wird dann:

$$\eta_1 = FZ\left(\frac{1}{2+\frac{1}{c}e^{-\frac{F\psi}{RT}}} - \frac{1}{2+\frac{1}{c}e^{\frac{F\psi}{RT}}}\right) \quad \ldots (3a)$$

Als bekannt sind dann anzusehen: ψ_0, die thermodynamisch festgelegte Potentialdifferenz zwischen dem Innern der Lösung und dem Innern des Metalls, ferner die Kapazität des molekularen Kondensators $\frac{d}{4\pi\delta}$ und schließlich Z. Die beiden letzten Größen sind allerdings in Wirklichkeit nur ihrer Größenordnung nach bekannt, ihr genauer Wert ist aus den Messungen zu entnehmen.

Zur Berechnung von ψ_1 setzt man die durch (1), (2) und (3a) gegebenen Werte von η_0, η_2 und η_1 in Gleichung (4) ein und erhält so eine Gleichung für ψ_1, die wir als Grundgleichung (5a) bezeichnen wollen. Einsetzen des aus dieser Gleichung errechneten Wertes für ψ_1 in (1) ergibt η_0 und damit die gesamte Kapazität der Doppelschicht $K = \frac{\eta_0}{\psi_0}$. Die Grundgleichung lautet:

$$\left.\begin{aligned} &\underbrace{\frac{d}{4\pi\delta}(\psi_0 - \psi_1)}_{\eta_0} = \\ &= \underbrace{FZ\left(\frac{1}{2+\frac{1}{c}e^{-\frac{F\psi_1}{RT}}} - \frac{1}{2+\frac{1}{c}e^{\frac{F\psi_1}{RT}}}\right)}_{\eta_1} + \\ &+ \underbrace{\sqrt{\frac{DRT}{2\pi}\frac{c}{18}}\left(e^{\frac{F\psi_1}{2RT}} - e^{-\frac{F\psi_1}{2RT}}\right)}_{\eta_2} \end{aligned}\right\} (5a)$$

Beachten wir zunächst die Abhängigkeit von der Konzentration c. η_2 ist proportional $\sqrt{c}$, η_1 bei kleiner Konzentration proportional c. Mit abnehmender Konzentration wird also η_1 gegen η_2 verschwinden, der diffuse Teil der Belegung wird immer mehr gegen den elektrisch adsorbierten Teil überwiegen. Gleichzeitig wird η_2 selbst immer kleiner werden, also auch $\psi_0 - \psi_1$, und der Wert von ψ_1 wird sich immer mehr ψ_0 nähern. Bei unendlicher Verdünnung gilt streng die Theorie der diffusen Doppelschicht. Umgekehrt wird bei wachsenden Konzentrationen — allerdings nur bis zu einer gewissen Grenze, weil die Aufnahmefähigkeit der adsorbierten Schicht begrenzt ist — η_1 gegen η_2 wachsen und $\psi_0 - \psi_1$ immer größer, also ψ_1 immer kleiner werden. Dieser Sachverhalt ist auch der Grund dafür, daß Formel (2) für die diffuse Schicht hier bis zu großen Werten von ψ_0 und c anwendbar bleibt, während wir in Absatz II festgestellt hatten, daß die entsprechende Formel (2a) wegen ihres beschränkten Gültigkeitsbereiches praktisch fast wertlos ist. Denn damit die bei ihrer Ableitung zugrunde gelegten Gesetze der verdünnten Lösungen gültig bleiben, darf die Konzentration eines Ions an keiner Stelle größer als höchstens von der Größenordnung 10^{-3} Mol pro cm³ werden. Nun ist der Maximalwert der Konzentration eines Ions in II. $Ce^{\pm\frac{F\psi_0}{RT}}$, hier dagegen $\frac{c}{18}e^{\pm\frac{F\psi_1}{RT}}$ (wobei $C = \frac{c}{18}$ die Konzentration im Innern der Lösung ist). Wie wir aber eben gesehen haben, ist bei großen Werten von c der Wert von ψ_1 sehr klein und nur bei sehr kleinen c-Werten ψ_1 groß, so daß bei den normalerweise vorkommenden ψ_0-Werten von der Größenordnung 1 V unsere Formel 2 von sehr kleinen Konzentrationen bis zu solchen von über 1 Mol pro Liter anwendbar bleibt und erst bei noch höheren Konzentrationen durch Formel (2') des Anhangs zu ersetzen ist.

Bei der Verwertung der Grundformel zu zahlenmäßigen Rechnungen ist es bequemer, nicht den zu einem bestimmten Wert von ψ_0 gehörigen Wert von ψ_1 auszurechnen, sondern umgekehrt von einem bestimmten Wert von ψ_1 resp. $\frac{F\psi_1}{RT}$ auszugehen und den dazu gehörigen Wert von ψ_0 auszurechnen. Außerdem kann man durch geeignete Näherungsberechnungen die Grundformel oft stark vereinfachen. So kann man für kleine Werte von c und ψ_1 in der Formel für η_1 die 2 im Nenner vernachlässigen — was physikalisch bedeutet, daß man das gegenseitige Platzwegnehmen der elektrisch adsorbierten Ionen nicht berücksichtigt. Man erhält dann

$$\eta_1 = FZc\left(e^{\frac{F\psi_1}{RT}} - e^{-\frac{F\psi_1}{RT}}\right).$$

Z. B. für eine $^1/_2$ n-Lösung und $\psi_1 = {}^1/_{40}$ V ist $c = 9\cdot 10^{-3}$ und $\frac{F\psi_1}{RT} = 1$; der Fehler der vereinfachten Formel beträgt in diesem Falle 5%. Ist ferner ψ_1 so klein (unter $^1/_{100}$ V), daß $\frac{F\psi_1}{RT}$ klein gegen 1 ist, so kann man die e-Potenzen entwickeln und mit dem ersten Gliede abbrechen. Dann erhält die Grundformel die Gestalt:

$$\frac{d}{4\pi\delta}(\psi_0 - \psi_1) = \left(2FZc + \sqrt{\frac{DRT}{2\pi}\frac{c}{18}}\right)\frac{F\psi_1}{RT},$$

ist also eine einfache lineare Gleichung für ψ_1.

Um einen Überblick über die zu erwartenden Werte von ψ_1 und $K = \frac{\eta_0}{\psi_0}$ zu geben, seien einige Zahlenbeispiele angeführt. Wir müssen zu diesem Zwecke für $K_0 = \frac{d}{4\pi\delta}$ und Z bestimmte Zahlenwerte annehmen. Die Größe von K_0 kennen wir für die Elektrode Hg/1 n-KNO_3, aq recht genau aus den Messungen von Krüger und Krumreich[1]). Sie

[1]) Z. El. Ch. 19, 617 (1913).

finden, daß die Elektrocapillarkurve in diesem Falle recht genau eine Parabel ist. Das bedeutet, daß die Kapazität K der Doppelschicht unabhängig vom Potential ψ_0 ist. Also ist hier $K = K_0$, was auch, wie die folgenden Rechnungen zeigen, nach unserer Theorie zu erwarten ist. Krüger gibt für K_0 den Wert 27 Mikrofarad $= 2{,}43 \cdot 10^7$ cm. Wir werden sehen, daß bei einer 1 n-Lösung der gefundene Wert von K noch 5 bis 6% kleiner ist, also K_0, und setzen rund $K_0 = 2{,}6 \cdot 10^7$ cm. Den Wert von Z können wir nur der Größenordnung nach schätzen, doch kommt es glücklicherweise, wie wir weiter unten sehen werden, hier auf eine Zehnerpotenz gar nicht an. Wir setzen Z gleich der Zahl der Mole, die in der Seitenfläche eines 1 cm-Würfels Wasser enthalten sind, d. h. $Z = 1{,}7 \cdot 10^{-9}$ Mol/cm². Mit diesen Werten wird unsre vereinfachte Grundgleichung:

$$2{,}5 \cdot 10^7 (\psi_0 - \psi_1) =$$
$$= (9{,}82 \cdot 10^5 c + 1{,}322 \cdot 10^5 \sqrt{c})\, 1{,}188 \cdot 10^4 \varphi_1$$

oder:

$$\frac{\psi_0}{\psi_1} = 1 + 4{,}66 \cdot 10^2 c + 0{,}624 \cdot 10^2 \sqrt{c}.$$

Aus zusammengehörigen Werten von ψ_1 und ψ_0 ergibt sich ohne weiteres $K = \frac{\eta_0}{\psi_0}$. Denn es ist

$$K_0(\psi_0 - \psi_1) = \eta_0, \quad \text{also} \quad K = \frac{\eta_0}{\psi_0} = K_0\left(1 - \frac{\psi_1}{\psi_0}\right).$$

K ist also um $100 \frac{\psi_1}{\psi_0}$% kleiner als K_0. Die Tab. 1 ist mit den obigen Werten von K_0 und Z für eine 1 n- und eine $^1/_{100}$ n-Lösung berechnet.

Tabelle 1.

ψ_1	ψ_0	$100\,\frac{\psi_1}{\psi_0}$	$\frac{\eta_1}{\eta_2}$	Konz.
sehr klein	sehr klein	6,4	1,07	1 n
0,05	1,06	4,5	1,22	
sehr klein	sehr klein	56	0,108	$^1/_{100}$ n
0,1	0,302	33	0,37	
0,15	0,914	16,4	0,87	

Tabelle 2.

ψ_1	φ_0	$100\,\frac{\varphi_1}{\varphi_0}$	$\frac{\eta_1}{\eta_2}$	Konz.
sehr klein	sehr klein	12,4	0	1 n
0,08	1,05	7,7	0	
sehr klein	sehr klein	59	0	$^1/_{100}$ n
0,11	0,291	38	0	
0,18	0,924	19,5	0	

Bei der 1 n-Lösung ist, wie oben behauptet, K nahezu konstant (von $\psi_0 = 0$ bis $\psi_0 = 1$ V) und um 6,4 bis 4,5% kleiner als K_0. Dagegen variiert bei der $^1/_{100}$ n-Lösung K schon beträchtlich mit ψ_0 und ist für kleine Potentialdifferenzen noch nicht halb so groß wie K_0. Die Elektrocapillarkurve wird also flacher verlaufen und keine Parabel mehr sein. Die letzte Spalte gibt an, wieviel von der in der Flüssigkeit liegenden negativen Ladung als Belegung des molekularen Kondensators gebunden ist und wieviel diffus verteilt ist. $\frac{\eta_1}{\eta_2} = 1$ bedeutet, daß beide Anteile gleich sind. Bei der 1 n-Lösung überwiegt der erste Teil etwas, bei der $^1/_{100}$ n-Lösung der diffuse Anteil, doch sieht man, wie bei wachsender Potentialdifferenz der letztere immer mehr zurücktritt.

Wir haben nun für den eben behandelten Fall (reine elektrische Adsorption, $\Phi_- = \Phi_+ = 0$) die Möglichkeit, den oben erwähnten Fehler abzuschätzen, den wir dadurch begangen haben, daß wir das elektrische Potential in der ersten und zweiten Molekülschicht gleichgesetzt haben, d. h. in Gleichung (2) denselben Wert von ψ_1 eingesetzt haben wie in Gleichung (1) und (3). Wir können diesen Fall nämlich ohne diesen Fehler und einfacher so idealisieren, daß wir auch die erste Molekülschicht mit zur diffusen Schicht zählen, d. h. $\eta_1 = 0$ setzen. Tabelle 2 gibt die unter dieser Annahme berechneten Werte. Die Abweichungen gegen Tabelle 1 sind nicht groß. Damit ist gleichzeitig auch unsere Behauptung bewiesen, daß es auf den genauen Wert von Z nicht ankommt, denn aus $Z = 0$ folgt ebenfalls $\eta_1 = 0$ und die Werte von Tabelle 2. Es wäre schließlich auch nicht schwierig, den obigen Fehler dadurch zu beseitigen, daß man in der Gleichung (2) für die diffuse Schicht statt ψ_1 den Wert ψ_2 des Potentials in der zweiten Molekülschicht einführt und unser Gleichungssystem durch eine weitere Gleichung $\eta_2 = K'(\psi_1 - \psi_2)$ ergänzt, wobei K' die Kapazität des Kondensators zwischen erster und zweiter Molekülschicht ist. Da der Fehler aber nicht sehr ins Gewicht fällt, ist hiervon zunächst abgesehen worden, um soweit als möglich zu vereinfachen.

Es könnte als recht paradoxes Resultat erscheinen, daß z. B. bei einer 1 n-Lösung bei einer Potentialdifferenz von 1 V die Kapazität der Doppelschicht nur um 7,7% kleiner ist als die der reinen molekularen Doppelschicht, obwohl die ganze negative Ladung diffus verteilt ist. Das Resultat wird aber physikalisch sofort verständlich, wenn man bedenkt, daß die diffuse Schicht ja erst im Abstand δ (mittlerer Ionenradius) von der Grenzfläche beginnt und der Dichteabfall in ihr bei hohen Konzentrationen und Potentialdifferenzen sehr steil ist, so daß die ganze negative Ladung in der Nähe der Ebene, in der sie beim molekularen Kondensator liegt, zusammengedrängt ist.

b) Berücksichtigung der spezifischen Adsorption.

Unsere Grundgleichung lautet, falls Φ_- und Φ_+ nicht Null gesetzt werden, folgendermaßen:

$$\left.\begin{aligned}&\underbrace{K_0(\psi_0-\psi_1)}_{\eta_0}=\\ &=FZ\underbrace{\left(\frac{1}{2+\frac{1}{c}\cdot e^{\frac{\Phi_- - F\psi_1}{RT}}}-\frac{1}{2+\frac{1}{c}e^{\frac{\Phi_+ + F\psi_1}{RT}}}\right)}_{\eta_1}+\\ &+\underbrace{\sqrt{\frac{DRT}{2\pi 18}c}\left(e^{\frac{F\psi_1}{2RT}}-e^{-\frac{F\psi_1}{2RT}}\right)}_{\eta_2}\end{aligned}\right\}(5)$$

Wir wollen nun einige Folgerungen aus dieser durch die Berücksichtigung der spezifischen Adsorption ergänzten Theorie für die Gestalt der Elektrocapillarkurve ziehen.

Ist zunächst $\Phi_1 = \Phi_2$, so bleibt die Elektrocapillarkurve symmetrisch, und ihr Maximum ($\eta_0 = 0$) liegt beim absoluten Nullpunkt des Potentials ($\psi_0 = 0$)[1]. Ist $\Phi_1 = \Phi_2$ positiv, werden also die Ionen durch die spezifischen Adsorptionskräfte aus der Grenzfläche herausgetrieben, so wird gegenüber dem in III. behandelten Falle $\Phi_+ = \Phi_- = 0$ der Wert von η_1 und damit die Kapazität selbst verkleinert. Ist $\Phi_1 = \Phi_2$ negativ, werden also die Ionen in der Grenzfläche angereichert, so wird umgekehrt η_1 größer als in III. und die Werte der Kapazität zeigen kleinere Abweichungen von dem Maximalwert K_0 als in III.

Ist $\Phi_+ \neq \Phi_-$, werden also die Ionen verschieden stark adsorbiert, so wird die Elektrocapillarkurve unsymmetrisch. Das Maximum ($\eta_0 = 0$) entspricht nicht dem absoluten Nullpunkt des Potentials ($\psi_0 = 0$), sondern es gelten beim Maximum ($\eta_0 = 0$) wegen

$$K_0(\psi_0-\psi_1)=\eta_0=\eta_1+\eta_2=0$$

die Beziehungen:

$$\psi_0=\psi_1, \qquad \eta_1=-\eta_2.$$

Der Potentialabfall im molekularen Kondensator ist Null, die ganze Potentialdifferenz φ_0 liegt in der diffusen Schicht. Die Ladung der positiven Belegung des molekularen Kondensators ist Null, die Ladung der negativen umgekehrt gleich der in der diffusen Schicht enthaltenen Ladung (s. Fig. 4).

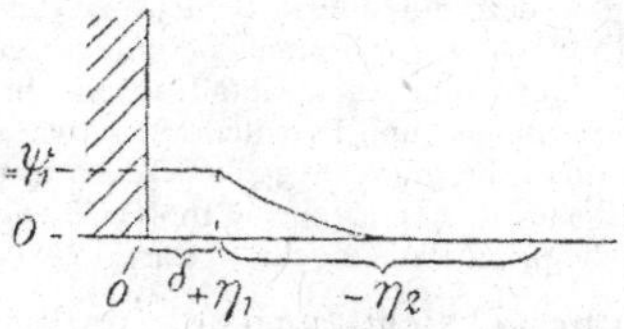

Fig. 4.

[1]) Dagegen wird natürlich der Wert der Oberflächenspannung im Maximum, d. h. die Höhe der Elektrocapillarkurve, von der Adsorbierbarkeit des Salzes abhängen.

Aus dem Verlauf der Elektrocapillarkurve sollte man Φ_+ und Φ_- berechnen können. Da aber für die Unsymmetrie der Kurve auch die Verschiedenheit des Ionenradius δ und vor allem der Dielektrizitätskonstanten d der positiven und negativen Ionen eine wesentliche Rolle spielt, während hier δ und d für beide Ionen gleich gesetzt würde, soll hierauf in einer späteren Arbeit eingegangen werden. Es sei nur kurz darauf hingewiesen, daß die von Gouy (l. c.) gefundene Tatsache, daß die Kapazität im allgemeinen von dem positiven Ast der Elektrocapillarkurve, wo mehr negative Ionen adsorbiert werden, zum negativen Ast hin, wo mehr positive Ionen adserbiert werden, stetig abnimmt, offenbar daher rührt, daß die Elektronen in den negativ geladenen Ionen leichter verschieblich sind als in den positiv geladenen und somit die Abnahme der Kapazität durch die Abnahme von d verursacht wird.

Schließlich sei noch bemerkt, daß es, falls die beiden Ionenarten sehr verschieden stark adsorbiert werden, es leicht vorkommen kann, daß ψ_0 und ψ_1 verschiedenes Vorzeichen haben (s. Fig. 5).

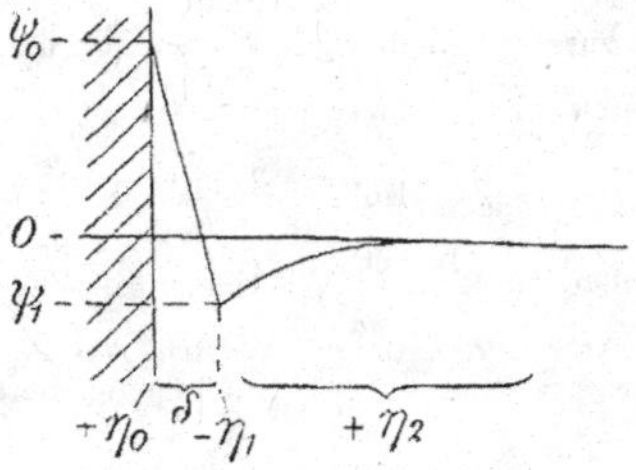

Fig. 5.

V. Elektrokinetisches Potential (ζ-Potential von Freundlich).

Bewegt sich die Lösung relativ zur Grenzfläche, so werden die der Grenzfläche direkt benachbarten Molekülschichten an ihr festhaften und die Bewegung der Lösung nicht mitmachen. Der Wert des Potentials auf der Ebene, welche die bewegten von den festhaftenden Schichten trennt, ist das elektrokinetische ζ-Potential. Da mindestens die erste der Grenzfläche anliegende Molekülschicht an ihr festhaftet, ist ψ_1 mindestens so groß wie ζ. Möglicherweise ist ψ_1 größer als ζ, wenn nämlich mehrere Schichten festhaften. Nun handelt es sich bei den elektrokinetischen Erscheinungen stets um extrem verdünnte Lösungen (Mikromol bis Millimol pro Liter), bei denen sich ψ auf einer Strecke von 10^{-8} cm noch nicht sehr stark ändert. Für diesen Fall werden wir also keinen großen Fehler begehen, wenn wir das ζ-Potential einfach mit ψ_1 identifizieren, was im folgenden stets geschehen soll.

Unsere Grundgleichung gibt uns dann den Absolutwert ψ_1 für alle (nicht zu hohen) Konzentrationen. Ist c unendlich klein, so wird auch hier $\eta_1 = 0$, $\eta_2 = 0$ und $\psi_1 = \psi_0$. Solch hohe Verdünnungen sind aber praktisch kaum erreichbar. In Wirklichkeit sind die meisten Messungen bei Konzentrationen ausgeführt, bei denen $\eta_2 \ll \eta_1$, d. h. die Ladung der Lösung zum größten Teil in der Adsorptionsschicht sitzt. Kann man η_2 neben η_1 vernachlässigen, so hat man für ψ_1 die Gleichung: $K_0(\psi_0 - \psi_1) =$

$$= FZ\left(\frac{1}{1+\frac{1}{c}e^{\frac{\Phi_- - F\psi_1}{RT}}} - \frac{1}{1+\frac{1}{c}e^{\frac{\Phi_+ + F\psi_1}{RT}}}\right).$$

Diese Gleichung ist in c quadratisch, es wird also die Kurve für ψ_1 als Funktion von c aufgetragen ein Maximum oder Minimum zeigen. Das ist auch tatsächlich in vielen Fällen beobachtet worden. Auflösung der Gleichung nach c ergibt für den Wert der Konzentration, bei dem ψ_1 ein Extremum ist,

$$c_m = e^{\frac{\Phi_1 + \Phi_2}{2RT}} = e^{-\frac{Q}{2RT}},$$

falls wir mit Q die Adsorptionswärme von einem Mol Salz bezeichnen. Direkte Messungen von Q würden also eine gute Prüfung der Theorie gestatten. Aber auch der Extremwert von ψ_1 hat eine einfache physikalische Bedeutung. Würde $F\psi_1$ den Wert $\frac{1}{2}(\Phi_- - \Phi_+)$ annehmen, so würde die rechte Seite der Gleichung Null werden, weil

$$\Phi_- - F\psi_1 = \Phi_+ + F\psi_1 = \tfrac{1}{2}(\Phi_+ - \Phi_-) = F\overline{\psi}_1$$

und infolgedessen die Ladung $\eta_0 = \eta_1 = 0$ werden würde. ψ_1 kann also den Wert $\overline{\psi}_1$ nicht annehmen. Andererseits kann ψ_1, falls $|\Phi_- - \Phi_+|$ groß ist, nicht sehr verschieden von $\overline{\psi}_1$ sein, weil die Ladung sonst zu groß werden würde, wie zahlenmäßige Überschlagsrechnungen zeigen. Es liegt also, schon um die Gleichung symmetrischer zu machen, nahe, $\psi_1 = \overline{\psi}_1 + \psi_1'$ zu setzen. Tun wir dies und nehmen wir ferner $\frac{F\psi_1'}{RT} \ll 1$ an, so daß wir die e-Potenzen entwickeln und mit dem linearen Gliede abbrechen können, so nimmt unsere Gleichung nach einfacher Umformung die Gestalt an:

$$\psi_1' = \left(2 + \frac{c}{c_m} + \frac{c_m}{c}\right)\frac{RTK_0}{2Z_0F^2}(\psi_0 - \psi_1).$$

Mit den oben benutzten Zahlenwerten wird

$$\frac{RTK_0}{2Z_0F^2} = 2{,}2 \cdot 10^{-3} = K.$$

Ferner ist beim Maximum $c = c_m$, also

$$\psi_1' = 4 \cdot 2{,}2 \cdot 10^{-3}(\psi_0 - \psi_1) = 8{,}8 \cdot 10^{-3}(\psi_0 - \psi_1).$$

Da $(\psi_0 - \psi_1)$ höchstens etwa 1 V ist, ist beim Maximum ψ_1' höchstens einige Millivolt, d. h. $\psi_1 = \overline{\psi}_1 + \psi_1'$ nahezu $\overline{\psi}_1$. Wir haben so die Möglichkeit, aus den Werten der Konzentration und des ζ-Potentials beim Maximum, die Adsorptionspotentiale Φ_+ und Φ_- einzeln zu berechnen, nach den Formeln:

$$\Phi_- + \Phi_+ = 2RT\ln c_m$$
$$\Phi_- - \Phi_+ = 2F(\psi_1)_m \sim 2F\overline{\psi}_1.$$

Die an Glascapillaren mit verschiedenen Salzen gemessenen Werte liegen um einige Zehntel Millimol im Liter für c_m (d. h. c_m einige 10^{-6}) und um einige Hundertstel Volt für $\overline{\psi}_1$. Daraus folgen Adsorptionspotentiale von 10000 bis 15000 cal pro Äquivalent.

Ob die ζ-c-Kurve ein Maximum oder Minimum hat, hängt vom Vorzeichen von $(\psi_0 - \overline{\psi}_1)$ ab. Denn es ist beim Extremum:

$$\frac{d^2\psi_1}{dc^2} = (\psi_0 - \overline{\psi}_1)\frac{2K}{\left(\frac{c}{c_m}\right)^3}\frac{1}{1+4K},$$

wobei wieder $\overline{\psi}_1$ für $(\psi_1)_m$ gesetzt ist. Ist also z. B. ψ_0 negativ, wie bei Glas, so ist, falls $|\overline{\psi}_2| < |\psi_0|$ ist, $(\psi_0 - \overline{\psi}_2)$ und $\frac{d^2\psi_2}{dc^2}$ ebenfalls negativ und die ζ-c-Kurve besitzt ein Maximum. Erst wenn $|\overline{\psi}_1| > |\psi_0|$ und $\overline{\psi}_1$ ebenfalls negativ ist, d. h. die negativen Ionen sehr viel stärker adsorbiert werden als die positiven, wird $(\psi_0 - \overline{\psi}_1)$ positiv und die ζ-c-Kurve zeigt ein Minimum.

Es sei noch besonders darauf hingewiesen, daß die Vorzeichen des thermodynamischen Potentials ψ_0 und des ζ-Potentials ψ_1 voneinander unabhängig sind, was bereits Freundlich stets hervorgehoben und auch qualitativ in ähnlicher Weise wie oben gedeutet hat.

Für eine Berechnung des Kurvenverlaufs in größerer Entfernung vom Maximum muß man natürlich auf die Grundgleichung zurückgreifen und darf dann im allgemeinen auch η_2 nicht mehr vernachlässigen.

Schluß und Zusammenfassung.

Es ist im vorstehenden versucht worden, Klarheit über die Konstitution der elektrolytischen Doppelschicht zu gewinnen. Es wurde angenommen, daß die Doppelschicht idealisierend durch einen Kondensator ersetzt werden kann, dessen eine in der Oberfläche des festen Stoffes liegende Belegung durch eine flächenhaft und homogen verteilte Ladung gebildet wird, während die andere in der Lösung liegende Belegung durch eine homogene flächenhafte Ladung und daran anschließend eine räumliche Ladung mit nach dem Innern der Lösung zu abnehmender Dichte gebildet wird. Auf Grund dieses Bildes wurde die Grundgleichung (5) abgeleitet, welche die Theorien der Polarisationskapazität, der Elektrocapillarkurve und des elektrokinetischen Potentials einheitlich zusammenfassen soll. Es ist klar, daß dieses Ziel nur durch starke Idealisierung und Vereinfachung erreicht werden konnte. Es wurde nur ein binäres einwertiges Salz behandelt, es wurden Radius δ, Dielektrizitätskonstante d und Zahl z der verfügbaren Plätze pro cm^2 Grenzfläche für beide Ionen gleichgesetzt, es wurde das elektrische Potential ψ_1 in der ersten und zweiten Molekülschicht gleich gesetzt, es wurde angenommen, daß die spezifischen Adsorptionskräfte nur über eine Molekülschicht reichen und, was nicht besonders betont wurde, das Adsorptionspotential Φ von der Zahl der adsorbierten Ionen unabhängig ist. Es scheint mir aber einerseits, daß es jetzt leicht sein wird, allen diesen Vernachlässigungen auf dem hier eingeschlagenen Wege Rechnung zu tragen und die Theorie zu verbessern und zu verallgemeinern. Und es scheint mir andererseits, daß die Theorie schon in ihrer jetzigen primitiven Form dem bisher bekannten Tatsachenkomplex in großen Zügen richtig wiedergibt. Sie deutet vor allem die Tatsachen, daß

1. die Polarisationskapazität nahezu gleich der Kapazität des molekularen Kondensators ist, obwohl der überwiegende Teil der Ladung der Lösung diffus verteilt ist,

2. das elektrokinetische Potential viel kleiner ist als das Nernstsche thermodynamische Potential und sogar entgegengesetztes Vorzeichen haben kann, und

3. gibt die Theorie die Möglichkeit, näherungsweise auch quantitativ, die Abhängigkeit der Gestalt der Elektrocapillarkurve und des elektrokinetischen Potentials von der Konzentration des Salzes und den Adsorptionspotentialen der beiden Ionen zu überschauen, und umgekehrt aus den Messungen die ungefähre Größe der Adsorptionspotentiale zu berechnen.

Anhang.

Formel (2a) läßt sich kurz folgendermaßen ableiten:

Wir legen in die als eben vorausgesetzte Grenzfläche Metall = Lösung die x-y-Ebene eines kartesischen Koordinatensystems, dessen positive z-Achse in die Lösung zeigt. Das Potential ψ und die Dichte ϱ der positiven Elektrizität hängen dann nur von der z-Koordinate ab. Sie sind verbunden durch die Gleichung:

$$\Delta\psi = \frac{d^2\psi}{dz^2} = -\frac{4\pi}{D}\varrho \quad . \; . \; . \; . \; (6)$$

Für $z = \infty$ ist $\psi = 0$, $\frac{d\psi}{dz} = 0$, $\varrho = 0$, für $z = 0$ ist $\psi = \psi_0$, $\frac{d\psi}{dz} = -\frac{4\pi}{D}\eta_0$, falls η_0 wieder die Flächendichte der Elektrizität an der Grenzfläche ist (zu derselben Gleichung gelangt man, wenn man die in einer zur z-Achse parallelen Säule vom Querschnitt Eins enthaltene Elektrizitätsmenge

$$-\eta_0 = \int_0^\infty \varrho \, dz$$

mit Hilfe von Gleichung (6) ausrechnet).

Um $\frac{d\psi}{dz}$ zu erhalten, multiplizieren wir (6) auf beiden Seiten mit $\frac{d\psi}{dz}dz$ und integrieren von $z = 0$ bis $z = \infty$. Dies ergibt:

$$\frac{1}{2}\left(\frac{d\psi}{dz}\right)^2\Bigg|_0^\infty = -\frac{4\pi}{D}\int_{\psi_0}^{0}\varrho\, d\psi,$$

$$\left(\frac{d\psi}{dz}\right)_0 = \sqrt{\frac{8\pi}{D}\int_{\psi_0}^{0}\varrho\, d\psi}.$$

Also:

$$\eta_0 = -\frac{D}{4\pi}\left(\frac{d\psi}{dz}\right)_0 = -\sqrt{\frac{D}{2\pi}\int_{\psi_0}^{0}\varrho\, d\psi}.$$

Bezeichnen wir mit C_+ resp. C_- die Konzentration der positiven resp. negativen Ionen in Mol pro Volumeinheit, so ist für $z = \infty$: $C_+ = C_- = C_\infty$, für beliebiges z nach Boltzmann:

$$C_+ = C_\infty e^{-\frac{F\psi}{RT}}, \qquad C_- = C_\infty e^{+\frac{F\psi}{RT}},$$

$$\varrho = F(C_+ - C_-) = FC_\infty\left(e^{-\frac{F\psi}{RT}} - e^{\frac{F\psi}{RT}}\right).$$

Eingesetzt in obigen Ausdruck für η_0 und ausintegriert ergibt nach einfacher Umformung (2a).

Wie man sicht, ist $\int \varrho\, d\psi$ nur dann einfach auszuwerten, wenn ϱ eine Funktion von ψ allein ist und nicht noch explizit von z abhängt. Das ist wohl der Grund dafür, weshalb es bisher noch nicht gelungen, die spez. Adsorption der Ionen in der Theorie zu berücksichtigen, während die oben ausgeführte Theorie diese Schwierigkeit durch idealisierende Annahmen umgeht.

Dagegen ist es leicht, statt der Gasgesetze für den osmotischen Druck die Gesetze der idealen konzentrierten Lösungen (gefärbte Moleküle!) einzuführen. Unter dieser Annahme ergibt sich

$$\eta_0 = \sqrt{\frac{DRT}{2\pi 18}}\sqrt{\ln\left[1 + \frac{c}{(1+c)^2}\left(e^{\frac{F\psi_0}{2RT}} - e^{-\frac{F\psi_0}{2RT}}\right)^2\right]}, \quad (2')$$

welche Formel, falls der zweite Summand in der eckigen Klammer klein gegen 1 ist, in (2a) übergeht.

(Eingegangen: 21. August 1924.)

S26

S26. Walther Gerlach und Otto Stern, Über die Richtungsquantelung im Magnetfeld. Ann. Physik, 74, 673–699 (1924)

1924. № 16.

ANNALEN DER PHYSIK.

VIERTE FOLGE. BAND 74.

1. *Über die Richtungsquantelung im Magnetfeld*[1]; *von Walther Gerlach und Otto Stern.*

(Hierzu Tafel III.)

H. Schmidt-Böcking, K. Reich, A. Templeton, W. Trageser, V. Vill (Hrsg.), *Otto Sterns Veröffentlichungen – Band 2*, DOI 10.1007/978-3-662-46962-0_21

1924. № 16.

ANNALEN DER PHYSIK.

VIERTE FOLGE. BAND 74.

1. *Über die Richtungsquantelung im Magnetfeld*[1];

von Walther Gerlach und Otto Stern.

(Hierzu Tafel III.)

Im Laufe des vorletzten Jahres haben wir eine Reihe von kurzen Mitteilungen über unsere Versuche veröffentlicht[2], welche sich mit dem experimentellen Nachweis der Richtungsquantelung im magnetischen Feld befaßten. Im folgenden sollen diese Versuche in erweiterter Form mitgeteilt werden.

§ 1. Theorie des Versuchs.

Nach der Quantentheorie[3] kann der Drehimpuls eines Atoms im Magnetfeld nicht beliebige Richtungen haben, sondern nur solche, bei denen seine Komponente in Richtung der magnetischen Feldstärke ein ganzes Vielfaches von $h/2\pi$ ist. Zum Beispiel verlaufen nach dieser Theorie bei einquantigen Wasserstoffatomen, deren Gesamtimpuls $h/2\pi$ ist, die Elektronenbahnen sämtlich in Ebenen senkrecht zur magnetischen Feldstärke. Allgemein sind bei Atomen, deren Gesamtimpuls $n\frac{h}{2\pi}$ ist, nur $2n$ diskrete Lagen möglich, wenn der Wert $O\frac{h}{2\pi}$, d. h. Lage des Drehimpulsvektors senkrecht zur magnetischen Feldstärke, wie Bohr annimmt, ausgeschlossen ist.

1) Die Untersuchung wurde ausgeführt mit Mitteln, welche die Vereinigung von Freunden und Förderern der Universität Frankfurt, sowie das Kaiser Wilhelm-Institut für Physik zur Verfügung gestellt haben.

2) O. Stern, Ztschr. f. Phys. 7. S. 249 (i. f. I.); W. Gerlach u. O. Stern, Ztschr. f. Phys. 8. S. 110 (II.) 9. S. 349 (III.) 9. S. 353 (IV.) 1922.

3) A. Sommerfeld u. P. Debye, Näheres und Literatur vgl. A. Sommerfeld, Atombau und Spektrallinien.

Diese Theorie bezeichnet man kurz als „*Richtungsquantelung im Magnetfeld*".

Diese Theorie ist eine konsequente Folgerung aus den Grundannahmen der Quantentheorie, und sie gibt auch eine einfache Deutung für den normalen Zeemaneffekt. Gegen sie bestanden jedoch eine Reihe schwerwiegender Einwände, so besonders die fehlende Doppelbrechung von Gasen im Magnetfeld[1]) und die Schwierigkeit, sich von dem Vorgang der Einstellung überhaupt irgendein Bild zu machen.[2]) Es schien uns deshalb wünschenswert, durch einen möglichst direkten Versuch zu entscheiden, ob das Impulsmoment der Atome wirklich nur die quantentheoretischen Lagen einnimmt oder ob alle möglichen Lagen mit nahezu gleicher Wahrscheinlichkeit vorkommen, wie es nach der klassischen Theorie zu erwarten ist. Eine Möglichkeit für diese Entscheidung bietet die Untersuchung der Ablenkung eines Atomstrahls in einem inhomogenen Magnetfeld.

Es ist nämlich das magnetische Moment eines Atoms seinem Impulsmoment proportional:

$$\mathfrak{m} = \tfrac{1}{2}\frac{e}{c\,m}\cdot\mathfrak{J}$$

($\mathfrak{m}$ der Vektor des magnetischen Moments, e/m die spezifische Ladung des Elektrons, c Lichtgeschwindigkeit, $\mathfrak{J}$ Impulsvektor). Also sind nach der Quantentheorie bei einem einquantigen Atom auch nur 2 Lagen des Vektors des magnetischen Moments (des „Atommagneten") im Felde möglich; die parallele und die antiparallele Lage, wobei sich die eine Hälfte der Atome in der einen, die andere Hälfte in der anderen entgegengesetzten Lage einstellt.[3]) Die Kraft, welche dann auf einen Atommagneten wirkt, ist

$$|\mathfrak{m}| \times \frac{\partial \mathfrak{H}}{\partial s},$$

1) a. a. O. I. Wir haben uns später durch besondere Versuche an Na-Dampf nochmals überzeugt, daß die Doppelbrechung tatsächlich nicht vorhanden ist. Vgl. hierzu auch W. Schütz, Frankfurter Diss. 1923.

2) A. Einstein u. P. Ehrenfest, Ztschr. f. Phys. **11**. S. 31. 1922. Hier wurden diese Schwierigkeiten nach Veröffentlichung unserer inzwischen ausgeführten Versuche ausführlich diskutiert.

3) Der den Paramagnetismus bedingende Überschuß der parallelen über die antiparallelen Atommagnete ist so klein, daß er bei unseren Versuchen nicht nachweisbar wäre.

wenn $\partial \mathfrak{H} / \partial s$ die Zunahme von $\mathfrak{H}$ ist, wenn man um die Längeneinheit in Richtung des Feldes $\mathfrak{H}$ selbst fortschreitet.

Um recht einfache Verhältnisse zu haben, denken wir uns ein Magnetfeld, in dem die Feldstärke $\mathfrak{H}$ an allen Punkten die gleiche Richtung hat und ebenso $\partial \mathfrak{H} / \partial s$, das überdies noch die gleiche Richtung wie das Feld $\mathfrak{H}$ haben soll. Ein solches Feld ist in endlichen Dimensionen wegen der Divergenzbedingung streng nicht herstellbar, doch wird es mit großer Annäherung an dem schneidenförmigen Polschuh eines Elektromagneten realisiert sein. Schickt man nun einen Atomstrahl von sehr kleinem Querschnitt längs der Schneide, so wird die Hälfte der Atommagnete von der Schneide angezogen, die andere Hälfte von ihr abgestoßen werden. Der Atomstrahl wird also in zwei diskrete Strahlen aufgespalten werden. Man kann dies dadurch nachweisen, daß man eine Auffangeplatte senkrecht zur Strahlenrichtung in den Weg des Atomstrahls stellt, auf der die Atome beim Auftreffen haften bleiben. Dadurch entsteht auf der Platte ein Bild des Strahlenquerschnitts, also etwa ohne Feld ein Kreis, der durch das Feld in zwei Kreise aufgespalten wird. Hierbei ist vorausgesetzt, daß alle Atome des Strahls die gleiche Geschwindigkeit haben. Die Ablenkung ist dann ebenfalls für alle Atome, abgesehen vom Vorzeichen, die gleiche, weil die Kraft $|\mathfrak{m}| \frac{\partial \mathfrak{H}}{\partial s}$ für alle Atome die gleiche ist. Bei einem realisierbaren Atomstrahl aber, in dem alle möglichen Geschwindigkeiten nach dem Maxwellschen Verteilungsgesetz vorkommen, wird ohne Feld der Querschnitt ebenfalls ein Kreis sein, während sich mit Feld die Kreise aller möglichen Geschwindigkeiten derart überlagern, daß außer der Ablenkung auch noch eine Verbreiterung der Kreise eintritt. Das folgende Schema demonstriert diese Verhältnisse:

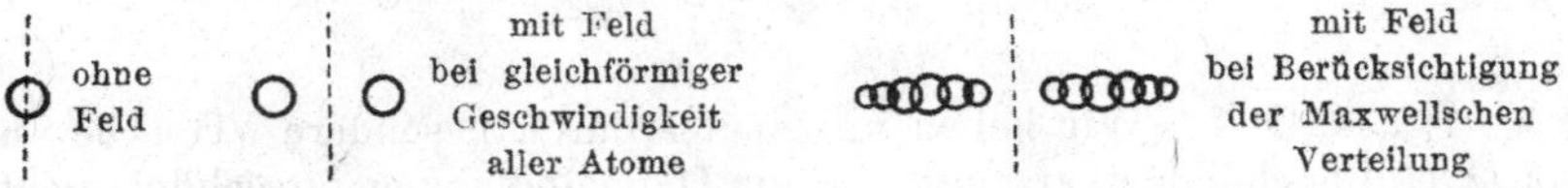

Im Falle von *mehr als einquantigen Atomen* sowohl wie auch im klassischen Fall sind noch andere Stellungen des Atommagneten als die parallele und antiparallele zur Feldrichtung möglich. Bildet in diesem Fall das magnetische Moment mit der Feldrichtung den Winkel α, so behält dieser

Winkel dauernd seinen Betrag, da nach dem bekannten Satz von Larmor die Bewegung der Atommagneten einfach in einer gleichförmigen Präzession des Atoms um die Richtung der magnetischen Feldstärke als Achse besteht. Es bleibt also auch die Komponente $\mathfrak{m}_s$ des magnetischen Moments in Richtung der Feldstärke konstant. Man sieht durch Symmetrieüberlegung leicht[1]), daß auch in diesem Fall für die ponderomotorische Kraft nur die Inhomogenität $\partial \mathfrak{H}/\partial s$ in Richtung der Feldstärke maßgeblich ist.

Bei *n-quantigen Atomen* entsprechen den $2n$ möglichen diskreten Lagen des Drehimpulsvektors des Atoms im Magnetfeld $2n$ diskrete Werte von $|\mathfrak{m}_s|$, der Strahl wird also nach der gleichen Überlegung wie oben in $2n$ diskrete Strahlen aufgespalten.

Im *klassischen Fall* kann $|\mathfrak{m}_s|$ jeden beliebigen Wert kontinuierlich zwischen 0 und $\mathfrak{m}$ annehmen.

$$\mathfrak{m}_s = |\mathfrak{m}| \cos \alpha,$$

und ebenso kann die auf ein Atom wirkende Kraft

$$\mathfrak{K} = \mathfrak{m}_s \frac{\partial \mathfrak{H}}{\partial s} = |\mathfrak{m}| \frac{\partial \mathfrak{H}}{\partial s} \cos \alpha$$

kontinuierlich jeden Wert zwischen 0 und $|\mathfrak{m}| \frac{\partial \mathfrak{H}}{\partial s}$ annehmen. Um in diesem Falle das zu erwartende Aussehen des aufgefangenen Bildes im Magnetfeld beurteilen zu können, müssen wir wissen, wie groß für jede Ablenkung s die „Dichte“ dn/ds, d. h. die Zahl dn der Atome ist, die eine Ablenkung zwischen s und $s + ds$ erleiden. Da $s \sim \mathfrak{K}$ und $\mathfrak{K} \sim \cos \alpha$ ist, so ist $ds \sim \sin \alpha \, d\alpha$. Andererseits ist dn ebenfalls $\sim \sin \alpha \, d\alpha$, also dn/ds konstant. Ein Strahl mit einem Querschnitt von der Form eines Rechtecks, dessen eine zu $\mathfrak{H}$ parallele Seite unendlich schmal ist, würde also im Felde, falls alle Atome die gleiche Geschwindigkeit hätten, als Bild ein Rechteck von überall gleicher Intensität ergeben, dessen zu $\mathfrak{H}$ parallele Kante gleich dem doppelten Betrage der maximalen Ablenkung für die betreffende Geschwindigkeit wäre. Bei Maxwellscher Geschwindigkeitsverteilung der Atome entsteht durch Überlagerung ein Band, das an der Stelle des unabgelenkten Strahls ein Intensitätsmaximum aufweist, da dort alle Geschwindigkeiten zur Intensität beitragen. *Die Quantentheorie ergibt*

1) a. a.O. I.

ein Intensitätsminimum, die klassische Theorie ein Intensitätsmaximum an der Durchstoßstelle des unabgelenkten Strahls. Die Durchführung des Versuches ergibt also die Entscheidung zwischen beiden Theorien.[1])

§ 2. **Die Apparatur.**

Fig. 1 gibt zunächst einen schematischen Überblick über die ganze Versuchsanordnung. In dem Öfchen *O*, welches im Kühler *K* sitzt, wird mit Hilfe der elektrisch geheizten Platinwick-

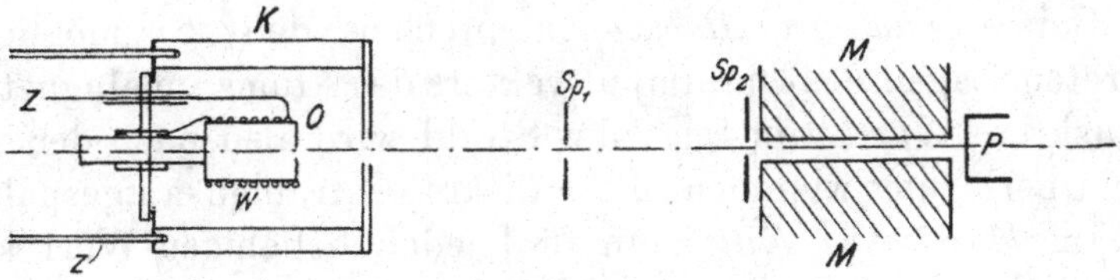

Fig. 1.

lung *W* (Stromzuführungen *Z Z*) das Metall, dessen Atome untersucht werden sollen, geschmolzen. Der aus dem Ofen und dem Kühlerdeckel austretende Atomstrahl wird durch die Blendenspalte Sp_1 Sp_2 begrenzt, läuft durch das Magnetfeld zwischen den Polschuhen *M* und wird von der Platte *P* aufgefangen; die ganze Anordnung sitzt in einem evakuiertem Gefäß. Es sollen zunächst alle Einzelteile der Versuchsanordnungen besprochen werden, die für die bis jetzt abgeschlossenen Versuche mit Silberatomstrahlen benutzt wurden.

Zwei verschiedene Konstruktionen von Öfchen haben sich als brauchbar erwiesen.

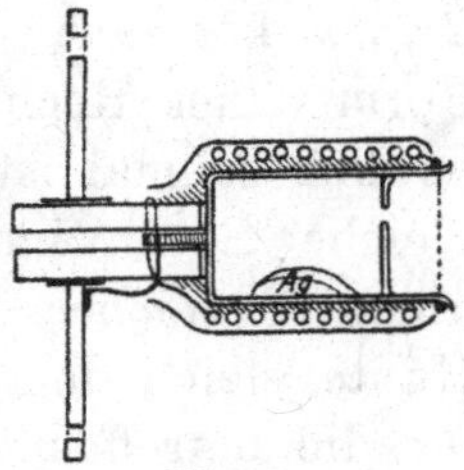

Fig. 2.

a) *Das Eisenöfchen.* Aus reinstem Eisen wird ein einseitig offenes *Röhrchen* gedreht (Fig. 2), mit den Dimensionen: Länge 10 mm, Durchmesser 4 mm, Wandstärke 0,2 mm. An der Außenseite des Bodens blieb ein Dorn stehen. Das Röhrchen erhält einen Deckel aus $^1/_{10}$ mm starkem Eisenblech, welcher etwa 2 mm versenkt eingesetzt

1) Nach den neueren Theorien des anomalen Zeemaneffektes müßte diese einfache Theorie zwar modifiziert werden, doch wird am wesentlichen — der Möglichkeit des Nachweises der diskreten Lagen im Magnetfeld nach der Quantentheorie — nichts geändert. Vgl. hierzu S. 690, § 6.

wird. In ihm sitzt exzentrisch ein Loch von 1 mm Durchmesser zum Austritt des Atomstrahls. Mit dem einige Millimeter langen Dorn wird das Eisengefäß in einer starkwandigen Quarzkapillare gehalten, eingekittet mit einem Brei aus Quarzpulver, Magnesia usta, Kaolin und einer Spur Wasserglas. Durch das Loch im Deckel werden einige Zehntel Gramm Silber — reinstes Silber von der Gold- und Silberscheideanstalt oder von W. C. Heraeus — in kleinen Stückchen in das Innere eingebracht. Zur *Heizung* wird um das Eisenröhrchen eine enggelegte Spirale von schwach gewalztem Platindraht ($^1/_2$—$^3/_4$ m 0,3 mm Durchmesser) gewickelt. Zur Isolation von dem Eisen bedeckt man dieses zuerst mit einer dünnen Schicht aus dem obengenannten Brei und reinster Asbestfaser (für Goochtiegel von Kahlbaum) und brennt diese mit dem Bunsenbrenner langsam hart. Der Zwischenraum zwischen den Wicklungen wird mit trockener Magnesia usta fest ausgefüllt und dann mit sehr verdünntem Wasserglas getränkt. Wenn alles trocken ist, wird um die Wicklung eine Schicht von Asbestfaser und dem genannten Brei aufgelegt. Diese äußere Isolation muß öfters erneuert werden, weil sie bei der hohen Temperatur im Vakuum verdampft. Zur Stromzuführung zur Platinspirale ist deren eines Ende an dem Eisenöfchen metallisch festgebunden; das andere Ende führt zu dem *Kühler*, in welchen das ganze Öfchen eingesetzt wird. Dieser Kühler besteht aus zwei umeinandergelöteten Messingrohren mit Zuleitungen zum Wasserzu- und -abfluß. Auf der einen Querseite des Kühlers wird eine Messingbrücke aufgeschraubt, in welcher mittels eines angelöteten Röhrchens das Öfchen an der Quarzkapillare gehalten wird. Die Schrauben sind so eingerichtet, daß die Lage des Öfchens im Kühler beliebig gewählt werden kann. Die andere Querseite des Kühlers ist mit einem Deckel verschlossen, welcher ein 1 mm-Loch hat zum Austritt des Atomstrahls.

b) *Das Öfchen aus Chamotte.* Bei sehr hoher Temperatur des Öfchens und langer Versuchsdauer verdampft so viel der Isolierschichten, daß häufiger Kurzschluß zwischen Eisen und Platinwicklung vorkommt. Deshalb wurde eine andere Konstruktion ausgearbeitet, welche zwar Nachteile wegen der nicht so gleichmäßigen Durchheizung hat, aber weit über 300 Heizstunden ohne Unglücksfall aushielt. Ein beiderseits offenes dünnwandiges Röhrchen aus Marquardtscher Masse (Fig. 3), Länge 15 mm, Durchmesser 7 mm, trug die Platinheizwicklung. Als Boden wird ein gerade passendes, rund zugeblasenes Quarzröhrchen eingesetzt; darüber kommt ein einseitig geschlossenes Eisenröhrchen, ähnlich dem unter a) beschriebenen, so daß seine offene Seite auf den Quarzrohreinsatz zu liegen kommt. Das geschlossene Ende dient nun als Deckel und hat eine Öffnung von 1 mm Durchmesser. Man bringt in das Innere des Eisenröhrchens Silber und erhitzt dieses so stark, daß das geschmolzene Silber in den Zwischenraum zwischen Marquardtröhrchen, Quarzröhrchen und Eiseneinsatz fließt. Hierdurch wird automatisch alles fest verkittet und gedichtet, da das Silber da erstarrt, wo die Temperatur infolge der Wärmeableitungen nicht mehr über den Schmelzpunkt des Silbers steigt. Das Öfchen wird im Kühler in gleicher Weise wie unter a) beschrieben, gehalten. Die Stromzuführung erfolgt auf der einen Seite wieder über den Kühler, auf der anderen Seite durch ein isoliert durch die Brücke am Kühler geführte Zuleitung. Das in den Ofen führende Quarzröhrchen bietet den Vorteil, die Ofentemperatur optisch zu bestimmen.

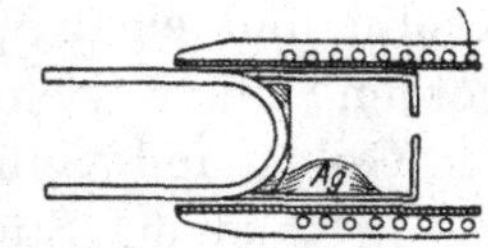

Fig. 3.

Zur Heizung des Öfchens wird eine kleine Akkumulatorenbatterie verwendet (4—5 Amp. Stromstärke). Die Umgebung des Öfchens mit einem Kühler erwies sich als notwendig; ohne ihn geben die Glasapparatur, besonders die fettgedichteten Schliffe und die Kittstellen, durch die Erwärmung infolge der Strahlung des Öfchens dauernd Gas ab, wodurch die Erreichung des erforderlichen hohen Vakuums sehr erschwert wird. Auch ist es vorteilhaft, daß die von dem Öfchen wegverdampfende Isoliermasse am Kühler niedergeschlagen und festgehalten wird. Bemerkt sei noch, daß die Innenseite des Kühlerdeckels mit einem Glimmerplättchen bedeckt wurde, weil es gelegentlich vorkam, daß sich eine Silberbrücke zwischen Öfchen, Stromzuführung und Kühler bildete, welche dann die Heizwicklung kurzschloß.

Der Kühler wurde mit weißem Siegellack in einen Glasschliff (Fig. 4) eingekittet, welcher weitere Ansätze zu folgenden Zwecken hatte: durch R_1, mit einem Glasplättchen verschlossen, wird zur optischen Temperaturbestimmung das Innere des Öfchens anvisiert; durch R_2 ist die eine Stromzuführung zur Heizwicklung des Öfchens geführt; R_3 führt zur Pumpe; R_4 führt zu dem die Blenden und die Magnetpole tragenden Teil.

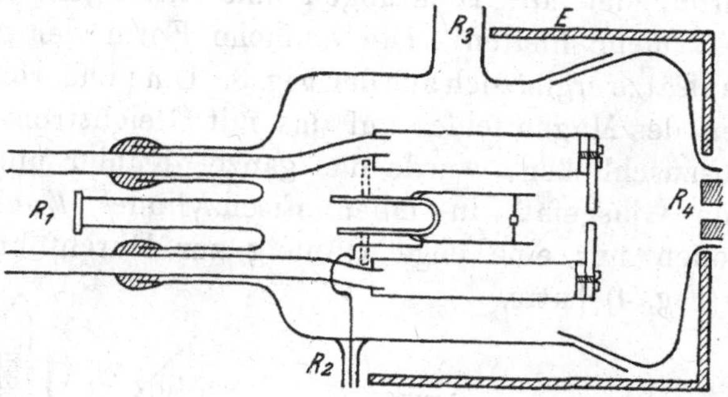

Fig. 4.

Von dem Ofenraum vollständig getrennt war der eigentliche Versuchsraum, in welchem der Atomstrahl, durch Blenden begrenzt, durch das Magnetfeld lief. Die einzige Verbindung der beiden Räume bestand in einem engen Spalt. Dieses ist zweckmäßig, weil der eigentliche Versuchsraum durch eine besondere Pumpe so auf höherem Vakuum gehalten werden konnte, als der Ofenraum. In ihm ist wegen des Öfchens ein allzu hohes Vakuum auch bei dauerndem Pumpen nicht zu erhalten und auch nicht nötig, weil ja die Atomstrahlen in ihm nur etwa 2—3 cm frei zu laufen haben, während sie im Versuchsraum 3 – 4 mal so lange Strecken ungestört fliegen müssen. So wurde jeder der beiden Räume mit je einer Volmerschen Diffusionspumpe evakuiert und mit einem mit flüssiger Luft gekühlten Gefäß verbunden.

Die den Atomstrahl begrenzenden *Blenden* waren teils in Platinblech eingestochene Löcher, teils mit verschieblichen Backen hergestellte Spaltblenden. Über ihre Befestigung ist weiter unten zu sprechen.

Zur *Erzeugung eines inhomogenen Magnetfeldes*, das auf einer Strahllänge von einigen Zentimetern gleichförmig war, wurden nach Vorversuchen als Polschuhformen Schneide gegen Spalt als günstig befunden, Querschnitt vgl. Fig. 5. Die Polschuhe wurden aus gutem weichen Eisen hergestellt und sorgfältig geschliffen. Sie wurden an wassergekühlte Polschuhe eines Magneten von Hartmann und Braun (nach Du Bois, kleines Modell) angesetzt. Die Wasserkühlung war erforderlich, weil der Magnet bei Dauerbelastung mit nur 3 Amp. so warm wurde, daß die Dichtungen und Kittungen der Apparatur nicht mehr hielten. Die einfache Form der gekühlten Polschuhaufsätze ergibt sich aus der Fig. 6. Um ponderometrische Wirkungen des Magnetfeldes auf das mit Gleichstrom geheizte Öfchen auszuschließen, wurde das ganze, Kühler und Öfchen enthaltende Glasgefäß in einen Eisenzylinder E eingesetzt, dessen Boden nur eine enge Öffnung zur Durchführung von Rohr R_4 (Fig. 4) hatte.

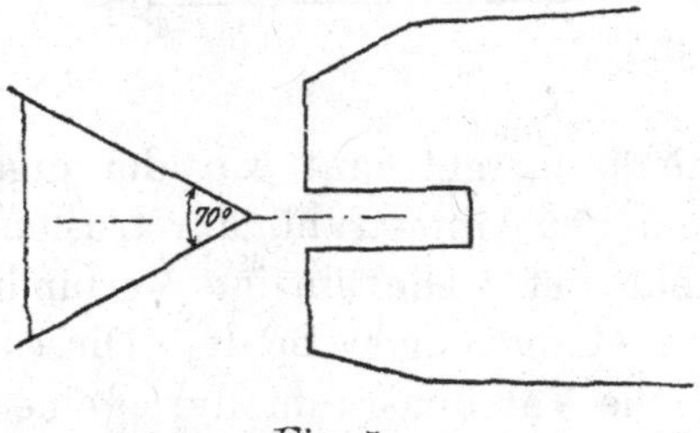

Fig. 5.

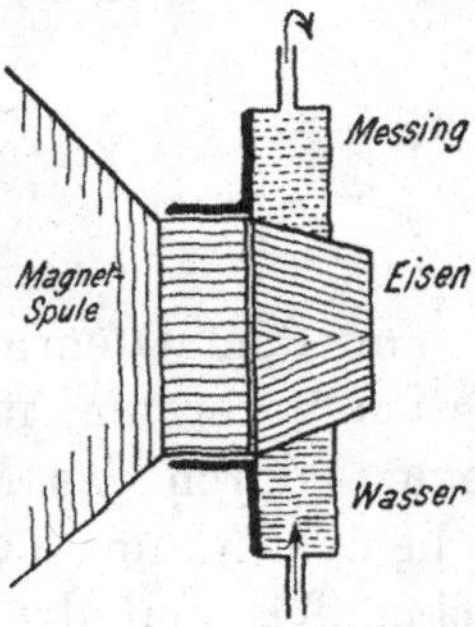

Fig. 6.

Drei verschiedene Anordnungen wurden verwandt, um den Atomstrahl durch das Magnetfeld zu führen; sie unterscheiden sich durch die Art, wie die Polschuhe und die Blenden mit dem Ofenraum und dem Versuchsraum verbunden waren.

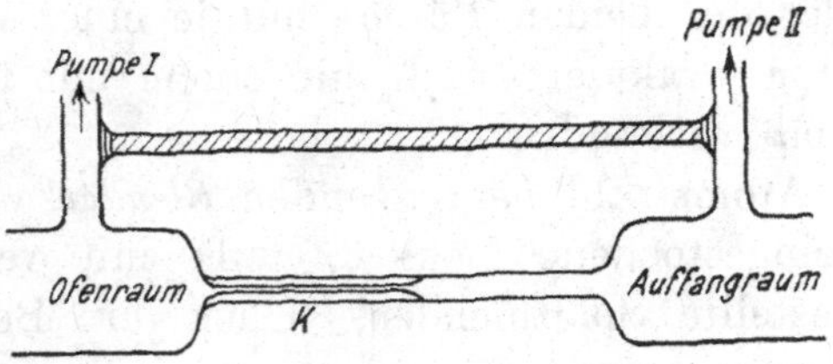

Fig. 7.

a) Bei der ersten Anordnung (Fig. 7) wurden statt besonderer Blenden eine 3 cm lange Kapillare K von $^1/_{20}$ mm lichter Weite an den Ofenraum angeschmolzen. Diese lief in ein dünnwandiges Glasröhrchen von 3 cm Länge und etwa 2 mm äußeren Durchmesser über. Auf der einen Seite setzte sich an dieses Mittelstück der Ofen- und Kühlerraum, auf der anderen Seite ein erweitertes Rohr zur Aufnahme des Plättchens an. Die Kapillare blendete von den nach allen Richtungen aus dem Öfchen herausfliegenden Silberatomen einen geradlinigen *Strahl* aus, der auf dem Glasplättchen einen kreisförmigen Niederschlag von $^1/_{10}$ mm Durchmesser gab; das 3 cm lange dünnwandige Glasröhrchen sollte zwischen die Polschuhe des Magneten gesetzt werden. Hierbei ergaben sich aber Schwierigkeiten, indem einmal der Strahl nicht genügend nahe an die Schneide herangebracht werden konnte, sodann die Lage des Strahls parallel zum Schneidenpol und symmetrisch zu dem gegenüberliegenden Spalt des zweiten Pols sich nicht hinreichend sicher einstellen ließ.

Wir gingen deshalb dazu über, die beiden Polschuhe, Schneide und Spalt mit in das Vakuum hineinzunehmen.

b) Bei der aus diesen Gründen gebauten zweiten Anordnung (Fig. 8) bestand das Mittelstück der Apparatur, also der zwischen Ofenraum und Auffangeplättchen *liegende Teil*, der die Blende und den im Magnetfeld befindlichen Teil der Atomstrahlbahn enthält, aus einem Messingrohr *M* (die Fig. 8 zeigt den Querschnitt), an welches die beiden Endgefäße angekittet wurden. In dieses Messingrohr waren Schneide- und Spaltpolschuh so mittels Silberlot eingelötet, daß die geschliffenen äußeren Flächen der Polschuhe ganz genau parallel waren. Dieser Teil wurde zwischen die Polschuhe des Elektromagneten fest eingeklemmt. Schneide und Spalt hatten eine Länge von 3 cm. Der Abstand von der Schneide bis zur oberen Ebene des Spaltpolschuhs war 1 mm. An dem einen Ende der Schneide war eine Lochblende *Sp* angebracht, in fester Verbindung mit der Schneide; ihr Durchmesser lag zwischen $^1/_{10}$ und $^1/_{20}$ mm. 3 cm von dieser Blende, an dem zum Ofenraum zu gelegenen Ende des Messingröhrchens, war ein eng durchbohrter Messingstopfen (vgl. in Fig. 4 bei R_4) eingesetzt, der an seiner Außenfläche eine Blende gleicher Größe wie die obengenannte trug. Das Glasplättchen zum Auffangen des Atomstrahls wurde mit einem Halter an das der Ofenseite abgelegene Ende der Schneide

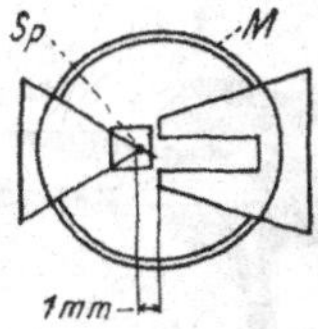

Fig. 8.

gebracht. Mit dieser Anordnung gelang es, gute Molekularstrahlen zu erhalten. *War das Magnetfeld erregt, so ließ sich eine starke beiderseitige Verbreiterung des Niederschlags mit Sicherheit nachweisen.* Dagegen war die Entscheidung nicht zu treffen, ob die Wirkung des Magnetfelds nur in einer Verbreiterung oder in einer Aufspaltung des Atomstrahls bestand, jedoch zeigte sich in der Mitte des verbreiterten Niederschlags auf einer Aufnahme ein deutliches Minimum.

Um zur Entscheidung zu gelangen, mußten noch kleinere Strahldimensionen verwendet werden. Da sich aber gezeigt hatte, daß die im Magnetfeld auf die eingelöteten Eisenpolschuhe wirkenden starken Kräfte zu einer kleinen Deformation des Gehäuses und damit zu einer Zerstörung der Justierung des Molekularstahls Anlaß geben, da ferner die Justierung der Blenden sehr mühsam war, wurde ein neuer Apparat konstruiert, welcher ein starres Messinggehäuse hatte und bei dem außerdem die Schneide leicht zugänglich war.

Fig. 9.

c) Bei dieser dritten Anordnung, von der Fig. 9 eine Photographie zeigt, bestand das Mittelstück aus einem 1 cm starken Messingring von ~ 6 cm Durchmesser und ~ 3 cm Höhe. Dieser Ring war einseitig durch einen Messingboden von 1 ccm Wanddicke zugelötet, in welchen der Spaltpolschuh so eingelötet war, daß die obere Ebene des Spaltes in der Mitte des Ringes lag und die äußere Grundfläche des Polschuhs außen über den Messingboden einige Millimeter herausstand. Der Schneidenpol saß auf einem sorgfältig eben geschliffenem Eisendeckel, welcher auf den anderen, gleichfalls geschliffenen Rand des Messingringes gut vakuumdicht paßte. Durch Anschläge und Schrauben war bewirkt, daß beim Aufsetzen des Deckels mit der Schneide diese genau dem Spalt gegenüber und in 1 mm Entfernung ihm exakt parallel lief. In Verlängerung der durch den Spalt vorgezeichneten Richtung des Atomstrahls waren an den Messingring zwei Messingrohre angelötet, an welche Ofen- und Plättchenraum [wie bei Anordnung b)] angekittet wurden. Zur besseren Dichtung wurde über den Planschliff Messingring-Eisendeckel, welcher mit zähem Gummifett gedichtet wurde, ein festpassender Dichtungsring geschoben.

Die eine Blende, welche nun nach Art von Spektrometerspalten ausgeführt wurde, mit Backen und Schlitten von nur 2×3 mm Größe, wurde an dem Kopf der Schneide angeschraubt und ließ sich, da die Schneide aus dem Apparat herausnehmbar war, leicht in gewünschter Höhe über der Schneide justieren. An das Ende der Schneide wurden 2 Quarzfäden nach Art der Fig. 10 aufgekittet, deren Schnittpunkt in gemessener Entfernung über der Schneide lag. Über ihre Bedeutung als Marken für die Justierung und Ausmessung ist später zu sprechen. Nun wurden Schneide und Spaltblende in das Messinggehäuse eingesetzt und in das nach dem Ofenraum führende Ansatzrohr eine weitere gleichfalls aus Backen und Schlitten bestehende Spaltblende eingesetzt. Sie unterschied sich von der Schneidenblende dadurch, daß sowohl ihre Breite als auch ihre Länge einstellbar war; sie wurde so benutzt, daß ihre Länge nur etwa 2—3 mal größer als ihre Breite war, während die Schneidenblende beliebig lang sein konnte.

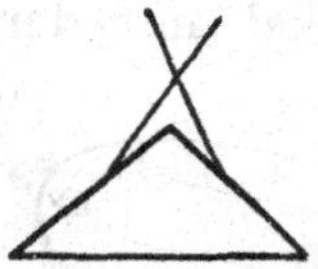

Fig. 10.

Als Auffangeplättchen dienten kleine, etwa 3×3 qmm große Glasplättchen, welche an einem Halter bis dicht an das Ende des Schneidenpols hereingeführt waren, so daß die Atome unmittelbar nach Verlassen des Feldes niedergeschlagen wurden. Die Glasplättchen mußten mit größter Sorgfalt gereinigt werden, da sonst die „Entwicklung“ des Niederschlags nicht möglich war (vgl. § 4).

§ 3. Justierung der Apparatur.

Öffnung des Ofens (Fig. 1), Loch im Kühlerdeckel, die Blenden Sp_1 und Sp_2 müssen in einer geraden Linie liegen, welche genau parallel zum schneidenförmigen Polschuh und in genau bekannter Entfernung von ihm verläuft.

Diese Justierung erfolgte optisch; die Blenden wurden so

eingesetzt, daß ein Lichtstrahl, dessen Verlauf durch die beiden Blenden Sp_1 und Sp_2 gegeben ist, genau in der Mitte durch das Loch im Kühlerdeckel ging, auf dem Kühlerdeckel senkrecht stand und der Schneide parallel lief. Letzteres wird so justiert, daß an dem Ende der Schneide, an welches nachher die Auffangeplatte zu liegen kommt, eine Hilfsblende eingesetzt wird, deren Öffnung in der gleichen Höhe über der Schneide liegt wie die Schneidenblende Sp_2.

Die Anordnung *c* wurde später auf Anraten von Hrn. Madelung auch auf andere Weise justiert. Schlitten und Support einer großen Präzisionsdrehbank wurden sorgfältig geschliffen, so daß letzterer auf wenige μ genau sich verschob. Ein kurzbrennweitiges Fernrohr mit Okularskala wird am Schlitten der Bank fest montiert. Der Eisendeckel mit der Schneide und den Quarzfäden (Fig. 9a) wird am Support angebracht, so daß die Schneide *auf wenige μ genau parallel* zur Schlittenführung der Drehbank steht. Man bestimmt zuerst die Entfernung des Schnittpunktes der Quarzfäden von der Schneide. Sodann schiebt man den Support weiter, bis der Schneidespalt Sp_2 scharf erscheint, und stellt dessen Entfernung von der Schneide ein. Nun wird das Messinggehäuse auf den Deckel aufgeschraubt und der Support weiter geschoben, bis der erste Spalt Sp_1 im Fernrohr scharf erscheint. Seine Lage wird so lange verändert, bis er an der gleichen Stelle der Okularskala liegt, wie vorher der Spalt Sp_2. Nun wird der Schliff mit dem Kühler aufgesetzt, der Support wieder verschoben, bis das Loch im Deckel des Kühlers eingestellt ist; der Deckel wird so festgeschraubt, daß die Mitte des Kühlerloches wieder an die gleiche Stelle der Okularskala zu liegen kommt. Nun wird der Schliff noch einmal abgenommen, das Öfchen in den Kühler gebracht und seine Öffnung mit einer Leere auf die Öffnung im Kühlerdeckel justiert. Damit ist die optische Justierung beendet. Die gefetteten Schliffe sind mit wenig Fett zu dichten, eine Verschiebung derselben bei dem Evakuieren trat dann nicht ein; dies wurde besonders geprüft, indem man während des Auspumpens einen Lichtstrahl durch die ganze Apparatur hindurch beobachtete. Die letzte

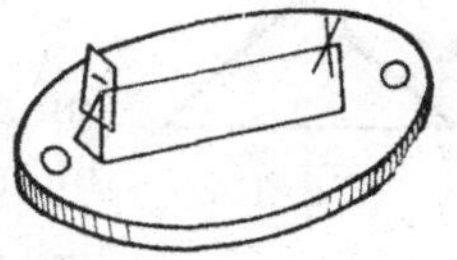

Fig. 9a.

Justierung erfolgt mit Hilfe der Molekularstrahlen selbst. Die mehrfach erwähnten Quarzfäden erzeugen nämlich in dem Niederschlag des Atomstrahls einen „Schatten". Da sowohl die Entfernung der am Anfang der Schneide sitzenden Blende, als auch der Abstand des Schnittpunktes des Quarzfadenkreuzes vom Ende der Schneide genau ausmeßbar ist, ergibt sich aus einer ganz einfachen geometrischen Überlegung die Bahn des Molekularstrahls längs der Schneide, wenn der Abstand seines Niederschlags von dem Schatten des Schnittpunktes auf den Plättchen ausgemessen wird. Nach dieser Methode ist der letzte Versuch justiert; man erkennt auf Fig. 15 deutlich den Schatten des Quarzfadenkreuzes.

Wenn die Apparatur fertig justiert war, wurde sie zwischen die Polschuhe des Elektromagneten geklemmt und an die Pumpen angeblasen. Die übrigen zum Versuch gehörenden Anordnungen bieten nichts Bemerkenswertes: ein Stromkreis zur Heizung des Öfchens, Wasserkühlung durch Kühler und Magnetpolschuhe, Magnetstromkreis, Geißlerröhre zur Prüfung des Vakuums, und zwar je eine am Ofenraum und am Auffangeraum.

§ 4. Die Entwicklung des Niederschlages.

Schon die ersten Vorversuche hatten ergeben, daß selbst bei vollständiger Justierung des Strahlenganges auf die Mitte der Ofenöffnung die Menge des zum Auffangeplättchen gelangenden Metalls so klein ist, daß der Niederschlag mit optischer Methode nicht erkennbar ist. Da in Anbetracht der Kleinheit des zu erwartenden Effektes im magnetischen Feld sehr enge Spaltblenden benutzt werden mußten, so hing die Möglichkeit der Ausführung des ganzen Versuchs ab von der Frage, ob es gelingt, sehr dünne Metallschichten von einer mittleren Dicke von weniger als einer Atomschicht zu verdicken. Denn lange Versuchsdauern waren von vornherein ausgeschlossen, weil dabei der dem Ofen nächstliegende Spalt durch die viel größere Strahldichte an dieser Stelle zuwachsen würde.

Es gelang, die Silberniederschläge mit der Methode der physikalischen Entwicklung zu verdicken, wobei — wie Vorversuche ergeben hatten — die geometrische Form der Niederschläge erhalten bleibt. Dies zeigt sich auch in unseren Aufnahmen Fig. 15, wo der Schatten des Quarzfadenkreuzes die geometrisch zu erwartende Ausdehnung hat.

Das Plättchen, auf welchem die Atome aufgefangen werden sollen, muß mit größter Sorgfalt gereinigt sein, vor allem von Spuren von Fett und Metall frei sein. Ist es mit dem Niederschlag bedeckt, so wird es in den Entwickler gebracht. Dieser bestand aus etwa 10 ccm $^1/_2$—1 prozentiger, nicht zu frischer Hydrochinonlösung, der reichlich Gummiarabicum zugesetzt ist. Nachdem das Plättchen von dieser Lösung gut überspült ist, werden einige Kubikzentimenter 1 prozentiger $AgNO_3$-Lösung zugesetzt. In diesem Entwickler wird das Plättchen unter dauerndem Schaukeln so lange belassen, bis entweder das Bild erscheint, oder bis eine merkliche Trübung des Entwicklers durch ausfallendes Silber eintritt. Dann wird sofort durch Spülen mit destilliertem Wasser die Entwicklung unterbrochen. Man muß sorgfältig vermeiden, daß Spuren des Silberschlammes sich auf dem Plättchen niederschlagen, weil diese jede weitere Entwicklung verderben. Ist nach der ersten Entwicklung noch kein Bild erschienen, so wird in neuer Lösung nach gleicher Art verfahren; und dies kann so lange fortgesetzt werden, bis sich auf dem Plättchen ein allgemeiner grauer Schleier ausbildet. Ist das Bild auch jetzt noch nicht zu sehen, so sind weitere Bemühungen zwecklos. Meist wurde 2—5 mal entwickelt.

Nähere Angaben über diese und andere Entwicklungsmethoden sind aus der Arbeit von Estermann und Stern[1]) zu ersehen.

§ 5. Ausführung des Versuchs.

Zum Beginn des Versuchs wurde unter langsamen Anheizen des Öfchens die Apparatur mit Gaede-Quecksilberpumpe als Vorpumpe und zwei parallel geschalteten Volmerschen *K*-Pumpen evakuiert. Die Isolation des Öfchens gibt viel Gas und Feuchtigkeit ab. Erst wenn letztere vollständig abgepumpt war, wurden die Kühlgefäße zwischen Pumpen und Apparatur mit flüssiger Luft beschickt. Die Kontrolle des Vakuums erfolgte mittels Geißlerröhren, deren je eine mit dem Ofenraum und dem Versuchsraum verbunden war. Ersteres

1) J. Estermann u. O. Stern, Ztsch. f. physik. Chem. **106**. S. 399. 1923.

war während des Versuchs dauernd vollständig entladungsfrei bei 8 cm Parallelfunkenstrecke, während das an dem Ofenraum hängende Geißlerrohr gelegentliches schwaches Aufleuchten zeigte. Zur Erreichung dieses Zustandes waren mindestens 3 Stunden erforderlich. Hieran schloß sich sofort der Versuch, indem man nun je nach der Weite der Blenden 4 bis 10 Stunden Silber verdampfen ließ, wobei Temperatur des Öfchens, Vakuum und — bei Versuchen mit Feld — die Konstanz des Magnetstromes dauernd kontrolliert wurden. Nach Beendigung des Versuchs wird der das Auffangeplättchen enthaltende Teil geöffnet, dieses herausgenommen, die Orientierung des Plättchens zu den Polen angezeichnet und der noch unsichtbare Niederschlag entwickelt (vgl. § 4).

Von den sehr vielen angefangenen Versuchen kam nur ein kleiner Teil zu Ende, und auch von diesen führte nicht jeder zu einem brauchbaren Molekularstrahlniederschlag. Bei den unvermeidlichen zahlreichen Lötstellen, Kittungen und Fettdichtungen kommen leicht minimale Undichtigkeiten vor; andere Gefahren liegen in dem Silberöfchen. Es kommt vor, daß die Öffnung des Öfchens sich zusetzt; um dies zu vermeiden, war der Deckel einige Millimeter vertieft in das Öfchen eingesetzt und das Loch, wie oben angeführt, exzentrisch eingebohrt, und zwar oberhalb der Mitte. Ferner kristallisiert die erste enge Spaltblende immer mehr zu, so daß die Intensität des Strahls während des Versuchs in unkontrollierbarer Weise abnimmt, so daß mit „Unterbelichtung“ immer zu rechnen ist. Noch längere Versuchsdauern haben aber gerade wegen des Zuwachsens der Blende keinen Zweck. Schließlich ist die optische Justierung des Strahlenganges nicht mit voller Sicherheit auszuführen, so daß Unsymmetrien des Strahlenganges vorhanden sind, durch welche entweder nicht die volle Öffnung des Strahlers ausgenutzt wird, oder wenn z. B. der Strahl nicht genau parallel zur Schneide verläuft, der Niederschlag zur quantitativen Verwertung unbrauchbar ist. Die letzten Schwierigkeiten liegen in der Entwicklung, wie im § 4 ausgeführt ist.

Wenn ein Versuch geglückt ist, wird bei der Entwicklung so verfahren, daß die Entwicklung sofort unterbrochen wird, sobald das Bild erscheint. Das Plättchen wird in destilliertem Wasser abgewaschen und unter einem Tropfen Wasser —

damit sich kein Staub auf ihm niedersetzt — mikrophotographiert. Sodann wird die Entwicklung fortgesetzt, nach kurzer Zeit wieder unterbrochen, in gleicher Weise eine Mikrophotographie hergestellt usf., bis ein allgemeiner Entwicklungsschleier auf dem Plättchen gerade einsetzt. Nach Abspülen und Trocknen wird das Plättchen dann zur Aufbewahrung in Kanadabalsam eingebettet. Die mehrfachen photographischen Aufnahmen haben den Zweck, etwaige Einzelheiten, Unsymmetrien der Intensität der Niederschläge o. dgl., die mit verstärkter Entwicklung verschwinden, festzuhalten; die möglichst starke Entwicklung ist erforderlich, um auch schwach belegte Teile erkennbar zu machen, so z. B. besonders zur Entscheidung der Frage, ob im Magnetfeld auch unabgelenkte Atome vorhanden sind. Es sei aber gleich bemerkt, daß sich in keinem Fall irgendeine Änderung in der Form des Niederschlags mit wachsender Entwicklungszeit ergeben hat. Dies sollen die Reproduktionen eines Versuches in Fig. 11[1]) zeigen. Die erste Aufnahme (40fache Vergrößerung des Originals) wurde sofort nach Erscheinen des Bildes gemacht, als der Niederschlag noch keine Spur von metallischem Glanz hatte; die zweite Aufnahme bei Beginn der metallischen Reflexion und schließlich die dritte nach viermaliger Entwicklung; jetzt erkennt man am Original deutlich den Silberglanz.

§ 6. **Die Versuchsergebnisse und Folgerungen daraus.**

Wir besprechen die Versuchsergebnisse an Hand der Mikrophotographien auf Taf. III. Fig. 12a und b sind Zeichnungen zweier Niederschläge, die mit der Apparatur b) S. 682 gewonnen wurden, und zwar a ohne, b mit Magnetfeld. Man sieht hier bereits deutlich die oben erwähnte Verbreiterung: Der Silberniederschlag ohne Feld ist annähernd kreisrund mit 0,13 mm Durchmesser, der mit Feld erhaltene Niederschlag hat die gleiche Ausdehnung von 0,13 mm senkrecht zum Feld, ist dagegen in Richtung $\partial\mathfrak{H}/\partial s$ auf $\sim$0,20 mm verbreitert mit unscharfer Begrenzung der Ränder.

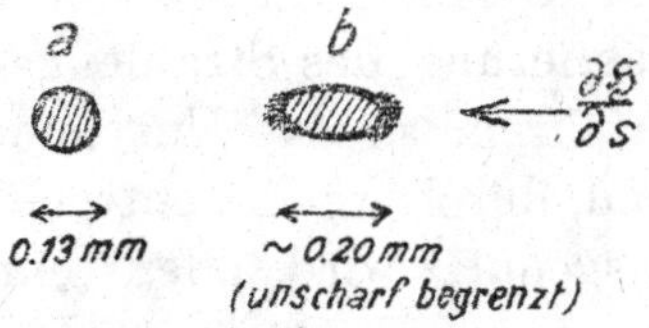

Fig. 12a u. b.

1) Die Figg. 11a–c, 13, 14, 15a–c u. 16a, b befinden sich auf Taf. III.

Mit der dritten Apparatur und spaltförmiger Blende Sp_2 wurden die Aufnahmen Figg. 11, 13—14 erhalten, und zwar zunächst

Fig. 13 ohne Magnetfeld,

Fig. 14 ohne Änderung der Justierung mit Magnetfeld.

Mit einer neuen Anordnung, aber im Prinzip gleicher Apparatur, jedoch mit wesentlich längerer Spaltblende Sp_2 und sehr guter Justierung, erhielten wir mit Magnetfeld den Niederschlag der Fig. 15, der in verschiedenen Entwicklungsstufen gegeben ist. Man erkennt hier deutlich die „Schatten" der gekreuzten Quarzfäden. Woher der gesprenkelte Niederschlag kommt, ist nicht ganz klar. Vielleicht war das Glasplättchen nicht hinreichend sauber oder glatt. Fig. 16a und b zeigen nochmals die beiden Aufnahmen in schwächerer Vergrößerung.

Die Aufnahmen zeigen, daß die experimentellen Ergebnisse in völliger Übereinstimmung stehen mit den vom Standpunkt der Quantentheorie aus zu erwartenden. Insbesondere ist kein Anzeichen dafür vorhanden, daß im magnetischen Feld noch unabgelenkte Atome vorhanden sind. Der Nachweis hierfür ist sehr scharf, weil im unabgelenkten Strahl die Bilder aller Geschwindigkeiten zusammenfallen und deshalb auch ein kleiner Prozentsatz von unabgelenkten Atomen durch die Entwicklung nachweisbar gewesen wäre. Ferner haben der zur Schneide angezogene und der abgestoßene Strahl keine merkbare Intensitätsdifferenz; *bei der Entwicklung erscheinen beide zur gleichen Zeit.*

Die unsymmetrische Form der Niederschläge ist durch die zur Schneide hier zunehmende Stärke der Inhomogenität bedingt. Wie man aus der Spitze der Fig. 14 u. 16a, welche auf die Schneide zu gerichtet ist, sieht, kommen die langsamen angezogenen Atome bei großer Nähe des Strahls an der Schneide bis zu dieser selbst hin. Es sei noch auf die durch die Geschwindigkeitsverteilung der Atome bedingte größere Breite des abgelenkten Strahls im Vergleich zu der Breite des nicht abgelenkten hingewiesen.

Abgesehen von jeder Theorie können wir also als reines Ergebnis des Experimentes feststellen, daß, soweit die Genauigkeit unserer Versuche reicht, Silberatome im Magnetfeld nur *zwei diskrete* Werte der Komponente des magnetischen Moments in Richtung der Feldstärke haben, beide von gleichem Absolutwert und je die Hälfte der Atome mit positivem und negativem Vorzeichen.

§ 7. **Die Ausmessung des inhomogenen Magnetfeldes.**

Für eine quantitative Verwertung der Versuchsergebnisse ist nach § 1 die Kenntnis der Inhomogenität des Magnetfeldes in Richtung der Kraftlinien erforderlich. Dieselbe wurde ermittelt aus gesonderten Messungen von $\mathfrak{H}\frac{\partial \mathfrak{H}}{\partial s}$ und von $\mathfrak{H}$.

Zur Messung von grad $\mathfrak{H}^2$ wurde die Abstoßung benutzt, welche ein diamagnetischer Probekörper im inhomogenen Felde erfährt. Die Eigenart der Polschuhanordnung und das Bedürfnis, die Inhomogenität an jeder Stelle des Feldes zwischen den nur wenig über 1 mm voneinander entfernten Polschuhen von $^1/_{10}$ zu $^1/_{10}$ mm kennen zu müssen, führte zu folgender Methode (Fig. 17): Der Probekörper *P* besteht aus einem sehr reinen Wismutdraht von $^1/_{10}$ mm Durchmesser und 3 mm Länge.[1]) Er ist mit einer Spur Schellack an einem eben noch stabilen Quarzfaden befestigt, welcher selbst an einem V-förmig gebogenen Quarzstäbchengerüst hängt. Dieses ist an einem dünnen, runden geraden Glasstäbchen (~ 0,3 mm Φ) angekittet, welches in zwei kreisförmigen Ösen aus Silberdraht frei beweglich aufgehängt ist. Es trägt außerdem einen Spiegel *S* und ein Gegengewicht *G*, ferner bei *M* ein zur Zeichenebene senkrechtes Querstäbchen zum Anhängen von Gewichten (vgl. unten).

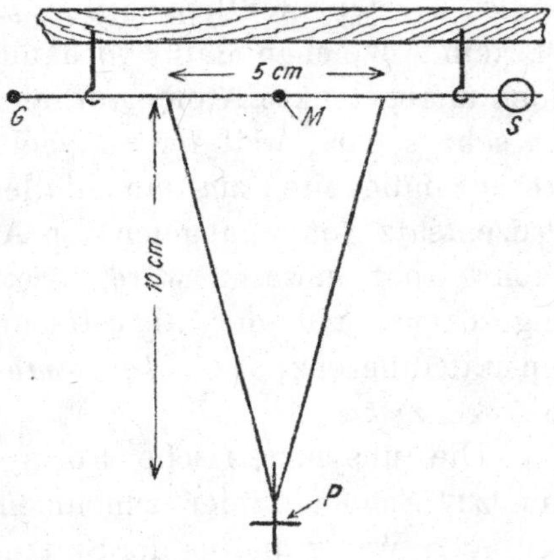

Fig. 17.

Der Probekörper *P* muß parallel zur Schneide stehen, er soll in verschiedene ausmeßbare Entfernungen von der Schneide

1) Es wurden Probekörper verschiedener Dicke und Länge benutzt. Wir geben oben nur das System an, mit welchen die definitiven Messungen ausgeführt wurden.

gebracht werden können und entweder genau in der durch die Schneide gehenden Symmetrielinie des Magnetfeldes oder in meßbaren Abständen darunter oder darüber liegen. Da das Feld außerdem längs der ganzen Schneide ausgemessen werden soll, so muß das System so aufgehängt sein, daß es in fünf verschiedenen Richtungen justiert werden kann, nämlich: *Verschiebung* längs der Schneide, in der Höhe und in der Richtung der Kraftlinien, und *Drehung* zur Parallelrichtung mit der Schneide in der horizontalen (Kraftlinien-)Ebene und in der zum Feld vertikalen Ebene. Die dritte und letzte Drehungsmöglichkeit des Systems, die um eine parallel zur Schneide verlaufenden Achse, wird zur Messung verwendet, indem das ganze Apparätchen (Fig. 17) so gehalten ist, daß SMG parallel zur Schneide verläuft.

Zur Ausführung dieser fünf Verschiebungen bzw. Drehungen ist das System mit dem oberen festen, die Silberschlingen tragenden Haltestab an einem Schmidt-Haenschschen Kristallgoniometertisch so gehalten, daß der Stab in die Tischachse kommt, welche horizontal gelegt ist; dieser Drehtisch hat selbst zwei aufeinander senkrechte Schlitten und ist noch an einem weiteren, die dritte Verschiebung ermöglichenden Schlitten gehalten. Die Justierung und ihre Prüfung, sowie die Entfernung des Systems von der Schneide wird mit zwei Mikroskopen mit Okularmikrometer ausgeführt. In Fig. 18 ist SS die Längsseite der Schneide, P das System der magnetischen Wage. M_1 visiert SS und P über ein total reflektierendes Prisma an, während M_2 die Lage des Systems relativ zur Symmetrieebene des Feldes, welche in Fig. 18 durch SS senkrecht zur Zeichenebene verläuft.

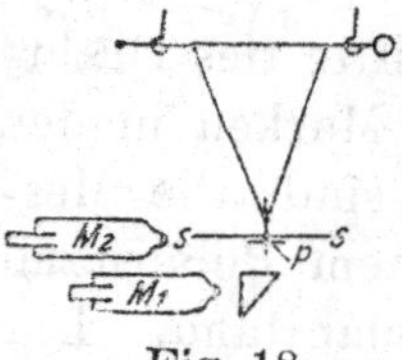

Fig. 18.

Zunächst wurde festgestellt, daß die Aufhängung ohne Wismutstäbchen P, jedoch schon mit dem zur Ankittung desselben zu verwendenden Schellack keine ponderomotorische Kraft im Magnetfeld erfuhr. Sodann wurde das Stäbchen P an die Wage angekittet und zwischen die Pole gebracht, sodaß ohne Feld das ganze System senkrecht und frei hing. Bei Erregung des Feldes wird P von der Schneide S abgestoßen, Fig. 19; P schlägt an dem der Schneide gegenüberliegenden

Pol an. Nun wird mit Hilfe des Schlittens die Aufhängung des Systems in Richtung des Pfeils so weit verschoben, daß P freilag zwischen den Polen, wobei natürlich gleichzeitig mit einem der beiden anderen Schlitten das ganze System gesenkt wurde, so daß P in der gewünschten Ebene des Feldes blieb. Die Neigung, welche das System erfährt, wenn es nun in verschiedene Entfernungen von S gebracht wird, wird mit Spiegel, vertikaler Skala und Fernrohr abgelesen. Die Kraft nimmt mit Annäherung an die Schneide sehr stark zu; wird die Neigung des Spiegels zu groß, so wird auf den Arm M bei K ein Gewicht aufgelegt und hierdurch eine teilweise Kompensation der Abstoßung erreicht. Man gewinnt hiermit gleichzeitig die absolute Eichung der Wage in Dyn, da alle in Betracht kommenden Hebelarme gemessen werden können, nämlich der Hebelarm $M_0 K$ der Kraft K und der Hebelarm $M_0 P$ der magnetischen Kraft $\mathfrak{H} \frac{d \mathfrak{H}}{d s}$. Die Suszeptibilität des Wismut wurde dem Landolt-Börnstein entnommen. Die folgende Fig. 20 gibt einen Teil der Messungen. Ordinate ist $\mathfrak{H} \frac{\partial \mathfrak{H}}{\partial s}$ in relativem Maße, Abszisse der Abstand der Mitte des Drähtchens P von der Schneide. Die verschiedenen Marken in der Kurve haben folgende Bedeutung: Zunächst sind alle Messungen, bis auf die mit ⊡ bezeichneten bei einem Polabstand von 1,5—2 mm gemacht, die ⊡ bei 1,0 mm Polabstand. Der Abstand bei den Versuchen, die zur Berechnung nachher herangezogen werden, lag zwischen 1,0 und 1,5 mm.

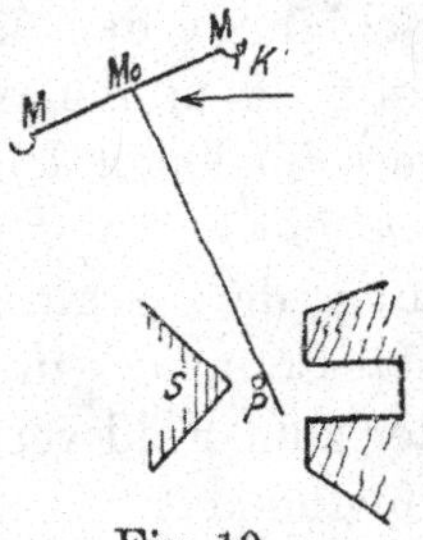

Fig. 19.

Die zweite Kurve Fig. 21 zeigt den Verlauf von grad $\mathfrak{H}^2$ in der Symmetrieebene (+ + +), und 1 mm und 2 mm oberhalb (oder unterhalb) der Symmetrieebene. In den beiden letzten Fällen gab es bei Abständen unter 0,17 bzw. 0,27 mm keine stabile Lage mehr.

Die Messung des Feldes $\mathfrak{H}$ erfolgte durch Bestimmung der Widerstandsänderung eines 2 cm langen, gerade gespannten Wismutdrahtes von 0,1 mm Durchmesser ($w_0 = 2{,}35\ \Omega$), welcher mit derselben Justierungsvorrichtung wie die magnetische Wage an jede gewünschte Stelle des Feldes gebracht werden konnte.

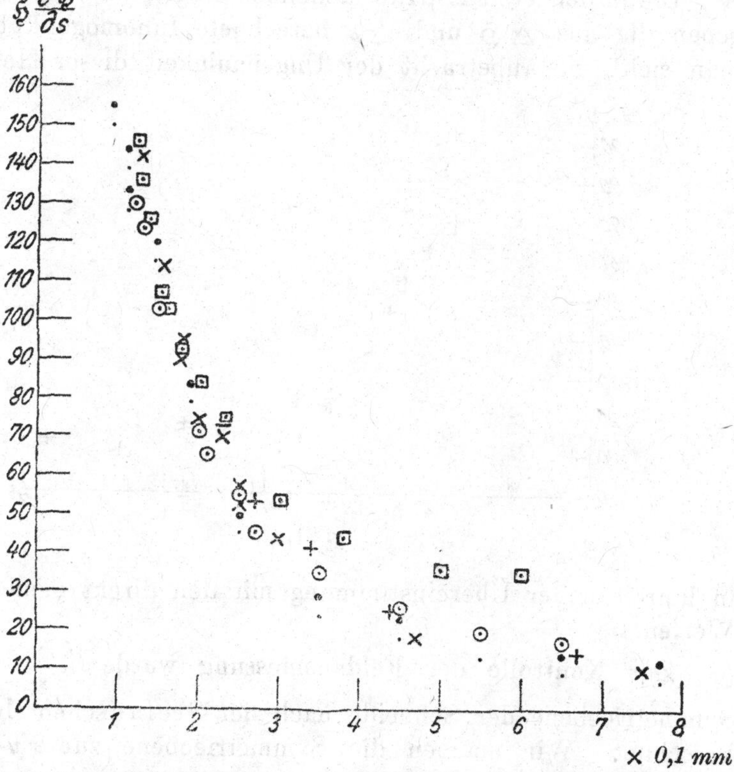

• • • Messungen in der Symmetrieebene ganz am Ende der Schneide
× × × Messungen in der Symmetrieebene in der Mitte der Schneide
o o o Messungen in der Symmetrieebene zwischen Mitte und Ende der Schneide

} teils am gleichen Tage teils an verschiedenen Tagen

+ + + Messungen in der Symmetrieebene wie o o o nach ganz neuer Justierung mit neuem System.

Fig. 20.

Die Kombination beider Messungen ergibt die Inhomogenität als Funktion des Abstandes s ($s = 0$ ist die Schneide).

s mm	$\mathfrak{H}\frac{\partial \mathfrak{H}}{\partial s}$	$\mathfrak{H} \times 10^{-3}$	$\frac{\partial \mathfrak{H}}{\partial s} \times 10^{-4}$	$\left(\frac{\partial \mathfrak{H}}{\partial s} \times 10^{-4}\right)$
0,15	4,13	17,5	23,6	
0,20	3,00	16,5	18,2	(20,0)
0,30	2,04	15,0	13,6	(15,0)
0,40	1,57	14,0	11,2	(10,0)
0,60	0,93	12,8	7,6	(6,0)

Die in der letzten Spalte stehenden eingeklammerten Werte geben die aus $\triangle \mathfrak{H}$ und $\triangle s$ berechnete Inhomogenität, wie man sieht, in Anbetracht der Ungenauigkeit dieser Methode,

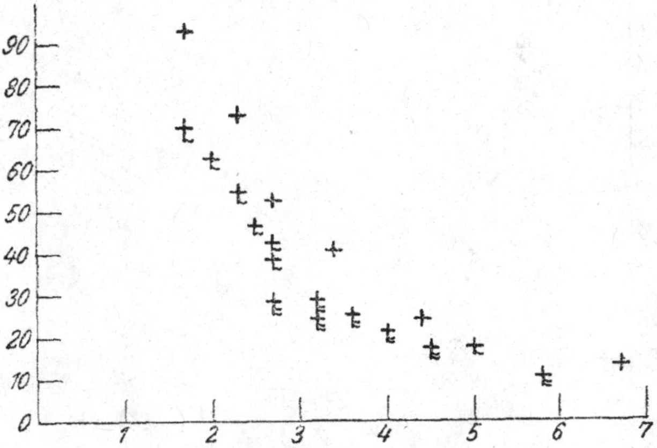

Fig. 21,

in hinreichender Übereinstimmung mit den direkt gemessenen Werten.

Zur Kontrolle der Feldausmessung wurde $\frac{\partial \mathfrak{H}}{\partial s}$ in der Symmetrieebene der Schneide nach der Stefanschen Methode berechnet. Wir machen die Symmetrieebene zur xy-Ebene eines Cartesischen Koordinatensystems und die unendlich lange Schneidenkante zur y-Achse (vgl. Fig. 22). Wir nehmen an, daß die Schneide bis zur Sättigung magnetisiert ist und daß die Magnetisierung überall die Richtung der x-Achse hat. Das magnetische Moment der Volumeinheit sei $\mu_0 = \sim 1725$ *CGS*. Ist γ der halbe Schneidenwinkel, so ist die Dichte des freien Magnetismus an der Oberfläche der Schneide $\mu_0 \sin \gamma$. Ein der y-Achse paralleller Streifen der Oberfläche von der Breite ds erzeugt also in der Entfernung r eine Feldstärke

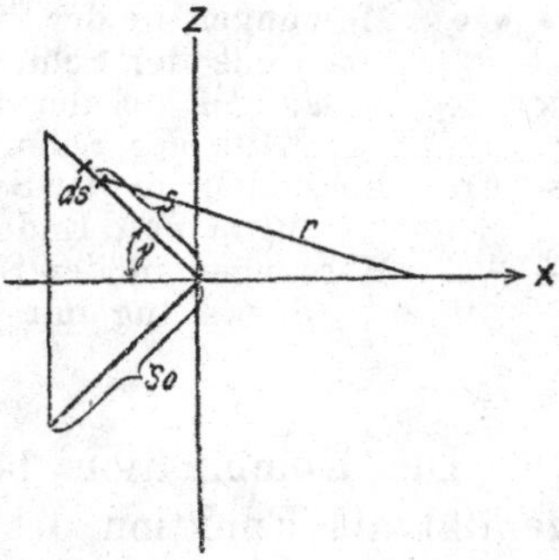

Fig. 22.

$$d\mathfrak{H} = \frac{2 \mu_0 \sin \gamma \, ds}{r}.$$

Die x-Komponente ist für irgendeinen Punkt der Symmetrieebene

$$d\mathfrak{H}_x = \frac{2\mu_0 \sin\gamma\, d s}{r} \cdot \frac{x + s\cos\gamma}{r}$$

und die x-Komponente der gesamten Feldstärke in diesem Punkte ist

$$\mathfrak{H}_x = 4\mu_0 \int_0^{s_0} \frac{\sin\gamma\,(x + s\cos\gamma)}{r^2}\, d s$$

$$r^2 = (x + s\cos\gamma)^2 + (s\sin\gamma)^2$$

$$\mathfrak{H}_x = 2\mu_0 \sin\gamma\cos\gamma \Big\{ \ln\Big[1 + 2\frac{s_0}{x}\cos\gamma + \frac{s_0^2}{x^2}\Big] + 2\,\mathrm{tg}\,\gamma \Big[\mathrm{arctg}\Big(\mathrm{cotg}\,\gamma + \frac{s_0}{x\sin\gamma}\Big) - \mathrm{arctg}\,\mathrm{ctg}\,\gamma\Big]\Big\}.$$

Für so kleine Entfernungen von der Schneidenkante, daß $\frac{s_0}{x}$ sehr groß wird, wird

$$\mathfrak{H}_x = 4\mu_0 \sin\gamma\cos\gamma \ln\frac{s_0}{x},$$

also

$$\frac{\partial\mathfrak{H}_x}{\partial x} = -4\mu_0 \sin\gamma\cos\gamma\,\frac{1}{x}$$

$\frac{\partial\mathfrak{H}_x}{\partial x}$ wird ein Maximum für $\gamma = \frac{\pi}{4}$, d. h. wenn der Schneidenwinkel ein rechter ist. In diesem Falle wird

$$\frac{\partial\mathfrak{H}_x}{\partial x} = -\frac{2\mu_0}{x} = -\frac{3450}{x}\ \text{Gauss cm}^{-1}.$$

Die folgende Tabelle vergleicht die so berechneten mit den gemessenen Werten

$$\frac{\partial\mathfrak{H}}{\partial x} \times 10^{-4}.$$

x	$\frac{\partial\mathfrak{H}}{\partial x}$ beob.	$\frac{\partial\mathfrak{H}}{\partial x}$ ber.
0,1	—	34,5
0,15	23,6	23,0
0,20	18,2	17,2
0,30	13,6	11,5
0,40	11,2	8,6

Die Berücksichtigung der Wirkung des anderen spaltförmigen Poles, die hier bei größerem x die Übereinstimmung zwischen den beobachteten und berechneten Werten verschlechtert, verbessert die Übereinstimmung und verringert die Änderung des Gradienten mit x. Die Berücksichtigung dieser Variabilität des Feldgradienten wird im folgenden Kapitel bei der Berechnung der Ablenkung der Atome behandelt.

§ 7a. **Korrektion für die Variabilität der Inhomogenität.**

Da die Inhomogenität des Magnetfeldes sich mit dem Abstand von der Schneide ändert, kommen die Atome, auch wenn der Strahl genau parallel zur Schneide justiert ist, infolge ihrer Ablenkung im Laufe der Bahn in Regionen verschieden großer Inhomogenität. Da die Ablenkung sehr klein, etwa $^1/_{10}$ mm ist und der Strahl in solcher Entfernung ($^2/_{10}$—$^3/_{10}$ mm) von der Schneide verläuft, in der die Inhomogenität nicht sehr stark variiert, ist diese Korrektion nur klein; wenigstens beim abgestoßenen Strahl. Trotzdem muß zur quantitativen Berechnung des magnetischen Momentes dieser Einfluß berücksichtigt werden. Dies geschah in der Weise, daß die Änderung der Inhomogenität bei der kleinen Verlagerung der Atomstrahlbahn als lineare Funktion der Entfernungsänderung von der Schneide angesetzt wurde, d. h.

$$\frac{\partial \mathfrak{H}}{\partial x} = \left(\frac{\partial \mathfrak{H}}{\partial s}\right)_0 + \frac{s}{s_l}\left[\left(\frac{\partial \mathfrak{H}}{\partial s}\right)_l - \left(\frac{\partial \mathfrak{H}}{\partial s}\right)_0\right].$$

Hierin bedeutet s die Ablenkung des Strahles im Magnetfeld senkrecht zur Strahlrichtung, die also eine Funktion des Weges l im Magnetfeld ist.

$\left(\frac{\partial \mathfrak{H}}{\partial s}\right)_0$ ist die Inhomogenität an Stelle des unverlagerten Strahles, d. h. beim Magnetversuch am Anfang des Strahles ($l = 0$) beim Eintritt ins Magnetfeld, $\left(\frac{\partial \mathfrak{H}}{\partial s}\right)_l$ die Inhomogenität an der Stelle l.

Die Beschleunigung $\frac{d^2 s}{d t^2}$ der Atome ist dann ebenfalls eine lineare Funktion von s

$$\frac{d^2 s}{d t^2} = a + b s,$$

wobei $a = \frac{\mathsf{M}}{M}\left(\frac{\partial \mathfrak{H}}{\partial s}\right)_0$ (M das magnetische Moment pro Mol.; Bohrsches Magneton pro Mol.)

$b = \frac{\mathsf{M}}{M}\left[\left(\frac{\partial \mathfrak{H}}{\partial s}\right)_l - \left(\frac{\partial \mathfrak{H}}{\partial s}\right)_0\right]\frac{1}{s_l}$ (M das Atomgewicht).

Daraus ergibt sich

$$s = \frac{1}{2} a t^2 + \frac{1}{24} b a t^4 + \ldots$$

Also:

$$s = \frac{1}{2} a t^2 \left(1 + \frac{1}{12} b t^2\right)$$

$$= \frac{1}{2} \frac{\mathsf{M}}{M} \left(\frac{\partial \mathfrak{H}}{\partial s}\right)_0 t^2 \left[1 + \frac{1}{12} \frac{\left(\frac{\partial \mathfrak{H}}{\partial s}\right)_l - \left(\frac{\partial \mathfrak{H}}{\partial s}\right)_0}{\left(\frac{\partial \mathfrak{H}}{\partial s}\right)_0 \cdot s_l} \frac{\mathsf{M}}{M} t^2\right].$$

§ 8. Berechnung des Magnetons.

Die Berechnung des magnetischen Momentes des Silberatoms wurde in folgender Weise vorgenommen: für den betreffenden Versuch wurden der Abstand des Strahles von der Schneide bestimmt und die dazu gehörigen Werte von $\frac{\partial \mathfrak{H}}{\partial s}$ aus den Messungen § 7 ermittelt. Ferner wurde die Ablenkung s so bestimmt, daß die Verlagerung der *Mitte* des Strahles unter dem Einfluß des Magnetfeldes ausgemessen wurde. Die Zeit t, welche der Atomstrahl zum Durchlaufen des Magnetfeldes braucht, ergibt sich aus der Länge des Feldes und der Geschwindigkeit der Atome.

Da nach § 1 sich im abgelenkten Atomstrahl die Bilder für verschiedene Geschwindigkeiten überlagern, ist es unsicher, welcher mittlere Geschwindigkeitswert der Mitte des abgelenkten Strahles zuzuordnen ist. Wir glauben diese Schwierigkeit dadurch überwunden zu haben, daß wir für die Geschwindigkeit denjenigen Wert einsetzten, welcher sich aus den direkten Messungen dieser Geschwindigkeit unter ganz analogen Bedingungen — Ablenkung durch Corioliskraft und Ausmessung der Mitte des abgelenkten Streifens — ergab.[1]) Dieser Wert lag etwa in der Mitte zwischen

$$\sqrt{\frac{3RT}{M}} \quad \text{und} \quad \sqrt{\frac{4RT}{M}}.$$

Für die Berechnung wurde also der Wert $\sqrt{\frac{3{,}5\,RT}{M}}$ eingesetzt.

Die Temperatur des verdampfenden Silbers betrug, wie

1) O. Stern, Zeitschr. f. Phys. **2.** S. 49. 1920; **3.** S. 417. 1920.

nachträglich durch Thermoelementmessung unter den gleichen Bedingungen wie bei den Versuchen festgestellt wurde, rund 1050^0 C mit einem maximalen Fehler infolge von Temperaturschwankungen während der langen Versuchsdauer von 30^0.

Schließlich wurde für das magnetische Moment ein Bohrsches Magneton (pro Mol.) = 5600 CGS angenommen. Aus diesen Daten wurde aus der oben (S. 698) abgeleiteten Formel die theoretisch zu erwartende Ablenkung berechnet. Es wurden nur die abgestoßenen Strahlen zur Berechnung verwendet, weil bei den angezogenen Strahlen infolge der unregelmäßigen Verbreiterung, wie sie besonders deutlich aus Fig. 14 ersichtlich ist, die Mitte der Ablenkung nicht mit der genügenden Sicherheit festzustellen war. Eine Korrektion wegen der diamagnetischen Abstoßung ist nicht erforderlich, da dieselbe auch im ungünstigsten Fall mehrere tausendmal kleiner als die beobachtete Abstoßung ist. Die Ausmessung und Berechnung von den Aufnahmen Nr. 14 und Nr. 15 führte zu den Werten der folgenden Tabelle:

Nr. der Aufnahme	Entfernung des unabgelenkten Strahles von der Schneide	Mittlere Ablenkung des abgestoßenen Strahles	
		berechnet	beobachtet
15	0,32 mm	$0{,}10_1$ mm	$0{,}10_3$ mm
14	0,21 mm	$0{,}14_6$ mm	0,15 mm

Die Genauigkeit der Messungen schätzen wir auf 10 Proz. Innerhalb dieser Fehlergrenzen zeigen also die Versuche, daß das Silberatom im Normalzustand ein Bohrsches Magneton hat.

§ 9. Ergebnis.

Die im vorstehenden mitgeteilten Versuche erbringen

1. den experimentellen Nachweis der Debye-Sommerfeldschen magnetischen Richtungsquantelung
2. die experimentelle Bestimmung des Bohrschen Magnetons.

Schließlich möchten wir dem Institutsmechanikermeister Hrn. Adolf Schmidt für seine unermüdliche und verständnisvolle Hilfe unseren aufrichtigen Dank sagen.

Frankfurt a. M. und Hamburg, 1923.

(Eingegangen 26. März 1924.)

S27

S27. Otto Stern, Transformation of atoms into radiation. Transactions of the Faraday Society, 21, 477–478 (1926)

TRANSFORMATION OF ATOMS INTO RADIATION.

By Professor Otto Stern (Hamburg).

Translated by H. Borns.

H. Schmidt-Böcking, K. Reich, A. Templeton, W. Trageser, V. Vill (Hrsg.), *Otto Sterns Veröffentlichungen – Band 2*, DOI 10.1007/978-3-662-46962-0_22

TRANSFORMATION OF ATOMS INTO RADIATION.

By Professor Otto Stern (Hamburg).

Translated by H. Borns.

The stellar theory of Eddington leads to the conclusion that a star loses a considerable portion of its mass during its evolution by radiation, *i.e.*, that matter is transformed into radiation and is "radiated away." Acceptance of this hypothesis implies that we concede the existence of the inverse process, the transformation of radiation into matter. On that view a hollow radiating space would only then be in equilibrium when it contains a definite quantity of matter such that the portion of matter radiated away in unit time is equal to the amount of matter being formed from radiation. It is tempting to assume that cosmic space is in this state of equilibrium.

I made an attempt recently[1] to calculate this equilibrium theoretically. I had recourse to semi-permeable membranes; that appeared too bold a step to some of my colleagues. To-day I shall therefore endeavour to dispense with semi-permeable walls in my deductions. I substitute the assumption that the energy and the entropy of a hollow space, which contains black radiation and an ideal gas in equilibrium, represent the sum of the values that these quantities would possess if gas and radiation were each alone present.

The following symbols are used:—

U total energy, S total entropy, V volume of the hollow space.
m mass, u_g energy, s_g entropy of a gas atom.
u_s energy, s_s entropy of a cm.³ of black radiation.
k Boltzmann's constant, h Planck's constant.
T absolute temperature.
n number of gas atoms, c velocity of light.

$$u_g = \frac{3}{2}kT + u_0,\quad s_g = kl\, V/n + \frac{3}{2}\,.\, klT + s_0,$$

where u_0 and s_0 are the constants for zero values.

p_g gas pressure, p_s radiation pressure.

Our assumption is then:

$$U = nu_g + Vu_s;\ S = ns_g + Vs_s.$$

The Gibbs' condition of equilibrium is that the entropy is a maximum for constant energy and constant volume, *i.e.*, when a gas atom is formed

[1] Paper read before the Bunsen Gesellschaft this year, to be published in the *Zeits. f. Elektrochemie.*

from radiation (or *vice versa*) the entropy change involved must be—

$$\delta S = 0,$$

provided that at the same time,

$$\delta U = 0 \text{ and } \delta V = 0.$$

Hence

$$\delta U = u_g + n\delta u_g + V\delta u_s = 0$$
$$\delta S = s_g + n\delta s_g + V\delta s_g = 0.$$

Since $\delta u_s = T\delta s_s$, we have—

$$\delta U - T\delta S = u_g - Ts_g + n(\delta u_g - T\delta s_g) = 0.$$

Since further $\delta u_g = \frac{3}{2} k\delta T$ and $\delta s_g = -\frac{k}{n} + \frac{3}{2}\frac{k}{T}\delta T$,

and therefore $\delta u_g - T\delta s_g = kT/n$, the equilibrium condition is—

$$u_g - Ts_g + kT = 0.$$

The corresponding radiation expression being—

$$u_s - Ts_s + p_s = u_s - T\frac{4}{3}\frac{u_s}{T} + \frac{u_s}{3} = 0,$$

the above condition of equilibrium may directly be deduced from the postulate that, at equilibrium, the "thermodynamic potentials" of gas and radiation must be equal to one another. If we desire to substitute the values for u_g and s_g into this equation, we have to express u_0 and s_0 in such a way that the zero level, to which energy and entropy are referred, is the same for gas and radiation. The resulting value for the energy is simply $u_0 = mc^2$.[1] In case of the entropy we take $s_0 = \frac{5}{2}k + kl(2\pi mk)^{\frac{3}{2}}/h^3$,[2] the accepted value for the entropy constant of an ideal gas. In the deduction of this value the zero condition assumed is that of the solid substance at $T = 0$. When we introduce this value of s_0 we assert at the same time that within the range $T = 0$ the transformation of solid matter into radiation takes place without any change of entropy, *i.e.*, we presume the validity of Nernst's theorem also for this case. On this supposition our condition of equilibrium yields after substitution of the values deduced for u_g and s_g and for u_0 and s_0, for the number of atom per cm.³ the value—

$$n/V = e^{\frac{s_0}{k} - \frac{5}{2}} Te^{-\frac{u_0}{kT}} = (2\pi mT)\, e^{-\frac{mc^2}{kT}} / h^3.$$

As regards electrons of mass m, one cm.³ would then contain one electron at a temperature of 100 million degrees, and one molecule of electrons at 500 million degrees. I have discussed the difficulties resulting as to the high temperatures and especially as to the electronic neutrality of the universe in the discourse mentioned (*loc. cit.*). I will not discuss this point further on the present occasion, since I have not yet found any really satisfactory way out of this difficulty.

But I should like to point out that my deduction is, owing to my stipulations respecting S and U, valid only as long as the density of the gas is low. Under other conditions the mutual reaction between matter and radiation (the dielectric constant) would have to be taken into consideration.

[1] If any zero energy is to be ascribed to the radiation (Nernst) this mc^2 should be diminished by the value of this transformed energy at absolute zero. This would lower the temperatures calculated below.

[2] Eventually $+ kln$ (see Bunsen Ges. paper *loc. cit.*).

S28

S28. Otto Stern, Zur Methode der Molekularstrahlen I. Z. Physik, 39, 751–763 (1926)

[Untersuchungen zur Molekularstrahlmethode aus dem Institut für physikalische Chemie der Hamburgischen Universität [1]). Nr. 1.]

Zur Methode der Molekularstrahlen. I.

Von Otto Stern in Hamburg.

H. Schmidt-Böcking, K. Reich, A. Templeton, W. Trageser, V. Vill (Hrsg.), *Otto Sterns Veröffentlichungen – Band 2*, DOI 10.1007/978-3-662-46962-0_23

[Untersuchungen zur Molekularstrahlmethode aus dem Institut für physikalische Chemie der Hamburgischen Universität[1]. Nr. 1.]

Zur Methode der Molekularstrahlen. I.

Von **Otto Stern** in Hamburg.

Mit 1 Abbildung. (Eingegangen am 8. September 1926.)

Durch geeignete Maßnahmen (schmaler Ofenspalt, Multiplikator) kann die Intensität der Strahlen und die Empfindlichkeit der Methode wesentlich gesteigert werden, so daß sie zur Bearbeitung einer Reihe von Problemen besonders geeignet sein sollte.

In den letzten Jahren sind im Hamburger Physikalisch-chemischen Institut eine Reihe von Untersuchungen an Molekularstrahlen[2] ausgeführt worden, über die jetzt in mehreren kurzen Mitteilungen berichtet werden wird. Das allgemeine Ziel dieser Arbeiten soll in der vorliegenden ersten Mitteilung erläutert werden.

Dieses Ziel war die Ausarbeitung der Methode als solcher und insbesondere der Nachweis, daß die Molekularstrahlmethode so empfindlich gemacht werden kann, daß sie in vielen Fällen Effekte zu messen und Probleme anzugreifen erlaubt, die den bisher bekannten experimentellen Methoden unzugänglich sind.

Ich denke dabei in erster Linie an die optische Methode, mit der ja die Molekularstrahlmethode am nächsten verwandt ist. Denn betrachten wir etwa den Fall der Wirkung eines äußeren Feldes auf ein Molekül, so mißt die optische Methode die Zusatzenergie ψ des Moleküls im Felde, die Molekularstrahlmethode mißt die auf das Molekül wirkende Kraft grad ψ [z. B. mißt der Zeemaneffekt die Energie $(\mathfrak{m}\mathfrak{H})$ des Moleküls mit dem Moment $\mathfrak{m}$ im homogenen Magnetfeld $\mathfrak{H}$, die Ablenkung des Molekularstrahls die Kraft grad $(\mathfrak{m}\mathfrak{H})$[3] auf das Molekül im inhomogenen Felde]. Der Hauptvorzug der Molekularstrahlmethode vor der optischen ist ja zweifellos der, daß sie direkt die Eigenschaften eines bestimmten Zustandes mißt, während die optische Methode nur Energiedifferenzen zweier verschiedener Zustände mißt. Doch scheint mir die größere Empfindlichkeit ein weiterer wesentlicher Vorzug zu sein[4], der in den bisherigen Arbeiten noch nicht zur Geltung gekommen ist.

---

1) Abgekürzt U. z. M.

2) Atomstrahlen inbegriffen; Atome sind einatomige Moleküle.

3) Bei konstantem $\mathfrak{m}$.

4) Natürlich zeigt die Molekularstrahlmethode in anderen Punkten wieder wesentliche Nachteile gegenüber der optischen Methode (sie mißt nicht die innere Energie des Atoms, ist schlecht auf angeregte Atome anwendbar usw.).

Bedingungen für die Empfindlichkeit der Methode. Die Frage ist: Wovon hängt die Empfindlichkeit ab, und wie kann sie möglichst groß gemacht werden? Zur Beantwortung vergegenwärtigen wir uns kurz das Prinzip der Methode.

Aus einem mit Gas oder Dampf gefüllten Gefäß (Ofen) strömen die Moleküle durch eine feine Öffnung (Ofenloch) ins Vakuum aus. Dort breiten sie sich geradlinig aus. Das Ofenloch strahlt also wie eine Lichtquelle. Durch eine Blende wird ein feiner Strahl von Molekülen herausgeblendet, dessen Querschnitt nach den Gesetzen der geometrischen Optik durch die Dimensionen von Ofenloch und Blende (Abbildespalt) bestimmt

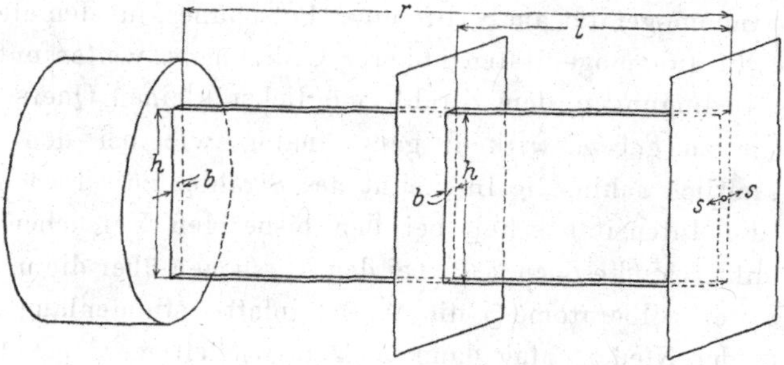

Fig. 1.

ist. Der Strahl trifft schließlich auf eine Auffangfläche, auf der die Moleküle kondensiert werden und ein Bild vom Querschnitt des Strahles erzeugen. Wirkt nun (s. Fig. 1) auf der Strecke l zwischen Blende und Auffangplatte auf die Moleküle (Masse m, Geschwindigkeit v) die konstante Kraft K senkrecht zur Strahlrichtung, so erleiden die Moleküle eine Ablenkung und das Bild auf der Platte verschiebt sich um den Betrag

$$s = \frac{1}{2} g t^2 = \frac{1}{2} \cdot \frac{K l^2}{m v^2}. \tag{1}$$

Nehmen wir wieder den Fall der magnetischen Ablenkung als Beispiel, so ist $K = \left(\mathfrak{m} \frac{\partial \mathfrak{H}}{\partial s}\right) \frac{\partial \mathfrak{H}}{\partial s}$, Inhomogenität in Richtung s (s. Fig. 1).

Um die größtmögliche Empfindlichkeit zu erreichen. müssen wir

1. den Strahl möglichst schmal machen, denn je schmaler er ist, eine um so kleinere Ablenkung s können wir messen. Sodann müssen wir s so groß wie möglich machen, d. h.

2. den Weg l im Felde möglichst groß machen, denn $s \sim l^2$;
3. die Kraft K möglichst groß machen, denn $s \sim K$.

Die letzte Bedingung kommt auf die Forderung hinaus, dem Strahle einen möglichst kleinen Querschnitt zu geben. Denn starke Inhomogenitäten lassen sich nur in kleinen Räumen erzeugen. Z. B. ist im magnetischen Falle $\frac{\partial \mathfrak{H}}{\partial s}$ an der Schneide eines Polschuhes umgekehrt proportional dem Abstand a von der Schneide. Man kann also K sehr groß machen, wenn man sehr nahe an die Schneide herangeht, d. h. a sehr klein macht. Diese starke Inhomogenität herrscht aber nur in einem Raume, dessen Querschnitt von der Größenordnung a^2 ist. Analoges gilt für die Inhomogenität am Spalte eines Polschuhes, für den elektrischen Fall sowie für Inhomogenitäten höherer Ordnung [s. weiter unten][1]).

Diese Bedingungen, dem Strahle möglichst kleinen Querschnitt und große Länge zu geben, wirken, ganz analog wie bei den optischen Strahlen, sämtlich dahin, die Intensität des Strahles zu schwächen. Nun war aber die Intensität schon bei den bisherigen Versuchen ein sehr wunder Punkt. Mußte doch z. B. bei den Versuchen über die magnetische Ablenkung der Silberatome[2]) die Auffangplatte stundenlang bestrahlt werden und der Niederschlag dann noch entwickelt werden. Es kommt also alles darauf an, ob es möglich ist, die Intensität genügend zu steigern. Daß diese Möglichkeit bestehen muß, darauf weisen schon die Versuche über die Geschwindigkeitsmessung der Silberatome[3]) hin, bei denen durch eine Belichtung von einigen Sekunden ohne Entwicklung sichtbare Striche erzeugt wurden.

Die Intensität. Bei der Geschwindigkeitsmessung diente ein versilberter Platindraht als Strahlenquelle und wurde durch einen ihm parallelen Spalt abgebildet. Der Nachteil dieser Anordnung besteht darin, daß man, um ein schmales Strahlenbündel zu erhalten, den Platindraht genügend dünn wählen muß, so daß die gesamte verdampfte Silbermenge nur klein ist. Ersetzen wir aber den Platindraht durch die als schmalen Spalt ausgebildete Ofenöffnung, so sollte man mit dieser Anordnung sehr hohe Intensitäten erzielen können. Und zwar wird die Intensität überhaupt unabhängig davon sein, wie schmal man

---

[1]) Es ist übrigens leichter, hohe Inhomogenitäten als hohe Feldstärken herzustellen, ein Umstand, der ebenfalls einen Vorteil für die Molekularstrahlmethode gegenüber der optischen Methode bedingt.

[2]) ZS. f. Phys. **7**, 249, 1921; **8**, 110, 1921; **9**, 349, 1922; **9**, 353, 1922.

[3]) Ebenda **2**, 49, 1920.

die Spalte und damit den auf der Platte erzeugten Strich macht. Um dies einzusehen und gleichzeitig den Absolutbetrag der so erreichbaren Intensitäten abzuschätzen, genügen einige ganz elementare Überlegungen.

Ist q die pro Sekunde zum Ofenspalt herausströmende Menge der Substanz und würde sich diese Menge gleichmäßig auf eine Halbkugel (mit dem Ofenspalt als Zentrum) vom Radius r verteilen, so wäre die Intensität J, d. h. die pro Sekunde auf dem Quadratzentimeter niedergeschlagene Menge, für jeden Punkt der Halbkugel $\frac{q}{2\pi r^2}$. Infolge des für die molekulare Strömung geltenden Kosinusgesetzes wird die Intensität an der dem Ofenspalt gegenüberliegenden Stelle der Halbkugel größer, nämlich $J = \frac{q}{\pi r^2}$. Ist der Abbildespalt ebenso breit wie der Ofenspalt, so ist dies zugleich (für den „Kernschatten") die Intensität in dem auf einer im Abstand r befindlichen Auffangplatte entstehenden Strich (s. auch Fig. 1). Nun ist q proportional der Fläche f des Ofenspaltes und dem Drucke p im Innern des Ofens, $q \sim p \cdot f$. Man wird also p möglichst groß machen. Die obere Grenze für p gibt die Bedingung der molekularen Strömung, daß die dem Drucke p entsprechende freie Weglänge der Moleküle von der Größenordnung der Breite des Ofenspaltes sein muß. Verkleinere ich nun z. B. die Breite des Ofenspaltes (und des Abbildespaltes) auf die Hälfte, so mache ich zwar auch seine Fläche f halb so groß, dafür kann ich aber auch p doppelt so groß nehmen, d. h. das Produkt $p \cdot f \sim q$ und damit die Intensität $J = \frac{q}{\pi r^2}$ bleibt ungeändert. Man kann also bei dieser Anordnung den Strahl beliebig schmal machen, ohne seine Intensität zu verringern[1]). Auch im optischen Falle werden ja die Intensitätsverhältnisse besonders günstig, wenn man die Lichtquelle selbst als ersten Spalt benutzt. Bei den Molekularstrahlen ist aber der durch diese Anordnung erreichte Vorteil viel größer, weil hier die maximal erreichbare „Flächenhelligkeit" des Ofenspaltes gerade umgekehrt proportional zu seiner Breite ist. Die von Gerlach und mir benutzte Anordnung ist wegen des großen kreisförmigen Ofenloches, von dem nur ein kleiner Teil abgebildet wird, sehr ungünstig; sie wurde damals aus technischen Gründen gewählt.

---

[1]) Dabei ist allerdings der Umstand vernachlässigt, daß bei sehr schmalen Spalten die freie Weglänge dadurch verkleinert wird, daß schon kleinere Winkelablenkungen als Zusammenstöße zu zählen sind (s. weiter unten, Problem 3). Infolge des sehr raschen Abfalles der Molekularkräfte mit der Entfernung ist aber der hierdurch begangene Fehler sehr klein.

Wir wollen noch die so erreichbaren Intensitäten abschätzen. Bei molekularer Strömung [1]) ist (p in Millimeter Hg):

$$q = \frac{5{,}83 \cdot 10^{-2}}{\sqrt{MT}} \cdot p \cdot f \ \text{Mol/sec} \quad \text{und} \quad J = \frac{q}{\pi r^2} \ \text{Mol/cm}^2\,\text{sec}.$$

Nehmen wir z. B. den Ofenspalt $^1/_{10}$ mm breit, so ist nach einer bekannten Faustregel der Druck p, dem eine freie Weglänge von $^1/_{10}$ mm entspricht, etwa gleich $^1/_{10}$ mm Hg. Der Spalt sei 1 cm lang, dann ist $f = 10^{-2}\,\text{cm}^2$. Für M und T setzen wir die Werte von Silber ($M = 108$, $T = 1300$) mit $r = 10$ cm. Mit diesen Zahlen wird $J = 4{,}95 \cdot 10^{-10}\,\text{Mol/cm}^2\,\text{sec}$. Nun enthält eine einfach molekulare Schicht etwa $\frac{1}{(3 \cdot 10^{-8})^2 \cdot 6 \cdot 10^{23}}$ $= 18{,}3 \cdot 10^{-10}$ Mol pro Quadratzentimeter, wird also bei obiger Intensität der Bestrahlung in weniger als vier Sekunden erzeugt. Da eine Schicht von 2 bis 3 Atomen Dicke bereits sichtbar ist [2]), so sollte unter diesen Bedingungen nach etwa 10 Sekunden bereits ein ohne Entwicklung sichtbarer Strich entstehen. Diese Zeit bleibt die gleiche, wenn wir den Strich beliebig schmal machen. Die Intensität hängt nur von der Länge h des Ofenspaltes ab. Und zwar ist nach Obigem $pf = pbh = 10^{-3}\,h$, also

$$J = \frac{1{,}85 \cdot 10^{-5}}{\sqrt{MT}} \cdot \frac{h}{r^2} \sim \frac{h}{r^2} \ \text{Mol/cm}^2\,\text{sec}. \tag{2}$$

Da man, ohne die Intensität zu ändern, den Strahl beliebig schmal machen kann, so sollten nach dieser Überlegung prinzipiell beliebig kleine Ablenkungen meßbar sein. Da man aber praktisch mit der Spaltbreite kaum unter einige μ heruntergehen kann, muß man sehen, die Ablenkung s möglichst groß zu machen.

Wie hängt nun s von den Dimensionen des Strahles ab? Zunächst ist $s \sim r^2$. Ferner wird, wie auf S. 753 bemerkt, die Inhomogenität und damit s um so größer, je kleiner der Querschnitt des Strahls, d. h. je kleiner h ist. In den einfachsten Fällen ist die Kraft und damit $s \sim \frac{1}{h}$. Zum Beispiel ist im Falle der magnetischen Ablenkung, falls die Inhomogenität durch die Furche eines Polschuhes von der Breite a erzeugt wird, die Größe der Inhomogenität $\sim 1/a$. Andererseits kann man die Höhe h des Strahles nicht größer als a machen, weil die Inhomogenität nur in der

---

[1]) M. Knudsen, Ann d. Phys. **28**, 999, 1909.

[2]) I. Estermann und O. Stern, ZS. f. phys. Chem. **106**, 399, 1923.

unmittelbaren Nähe der Furche einen merklichen Wert hat, d. h. $a \cong h$. Es ist also die Kraft $\sim \frac{1}{h}$ und $s \sim \frac{r^2}{h}$, d. h. die maximal erreichbare Ablenkung $s_m \sim \frac{1}{J_m}$, falls J_m die kleinste noch nachweisbare Intensität ist. Die gleiche Beziehung gilt, wie in einer der folgenden Arbeiten gezeigt werden soll, für den Fall der elektrischen Ablenkung von Dipolmolekülen (wegen der oberen Grenze für die erreichbare Feldstärke $\mathfrak{E}$). In komplizierteren Fällen sind die obigen Überlegungen ebenfalls ohne Schwierigkeiten durchzuführen (z. B. wird im Falle natürlicher Quadrupole $s_m \sim \frac{1}{J_m h}$, d. h. es ist vorteilhaft, die Anordnung möglichst klein zu machen).

Als zahlenmäßiges Beispiel betrachten wir wieder die magnetische Ablenkung. Verwendet man einen Polschuh mit einer Furche von der Breite h, der eine Schneide im Abstand h gegenübersteht, so ist nahe an der Furche die magnetische Inhomogenität $\frac{\partial \mathfrak{H}}{\partial s} = \frac{\varkappa}{h} \cong \frac{10^4}{h}$ Gauß/cm. Ist $l = \frac{r}{2}$ die Weglänge im Felde, so ist für die wahrscheinlichste Geschwindigkeit die Ablenkung

$$s = \frac{\mathrm{M}}{4\,R\,T}\left(\frac{\partial \mathfrak{H}}{\partial s}\right) l^2 = \frac{\mathrm{M}\varkappa}{16\,R\,T} \cdot \frac{r^2}{h} = \frac{0{,}042}{T}\,\frac{r^2}{h}\,\mathrm{cm}, \tag{3}$$

falls für M der Wert des Bohrschen Magnetons gesetzt wird. Da die Temperatur T, bei der die zu untersuchende Substanz den passenden Dampfdruck hat, eine Materialkonstante ist, so hängt die Größe der Ablenkung s nur davon ab, wie groß man r^2/h machen kann, und das wieder davon, wie klein man die nachweisbare Intensität J_m machen kann. Muß z. B. J_m so groß sein, daß in 10 Sekunden eine einfachmolekulare Schicht entsteht, d. h. $J_m = 1{,}83 \,.\, 10^{-10}$ Mol/cm² sec (s. oben), so muß man nach Formel (2):

$$\frac{r^2}{h} = \frac{1{,}85 \,.\, 10^{-10}}{\sqrt{MT}} \cdot \frac{1}{J_m} = \frac{10^5}{\sqrt{MT}}$$

machen. Damit wird

$$s_m = \frac{0{,}42}{T} \cdot \frac{10^5}{\sqrt{MT}} = \frac{4{,}3 \,.\, 10^2}{M^{1/2}\,T^{3/2}}\,\mathrm{cm}.$$

Für Silber z. B. ($M = 108$, $T = 1300$) ist $M^{1/2}\,T^{3/2} = 4{,}8 \,.\, 10^5$, also $s = 8{,}73 \,.\, 10^{-3}$ cm. Genügt es zum Nachweis, daß in 100 Sekunden eine einfachmolekulare Schicht entsteht, d. h. kann man J_m zehnmal so klein nehmen, so kann man r^2/h und damit s_m zehnmal so groß machen.

Um die Ablenkung s_m bequem nachweisen zu können, muß sie größer als die Breite b des Strahles bzw. der verwendeten Spalte sein. Da b praktisch kaum kleiner als einige μ gemacht werden kann, so ist damit bei gegebener Minimalintensität J_m eine Grenze für die Nachweisbarkeit kleiner Ablenkungen gegeben.

Multiplikator. Durch einen Kunstgriff ist es aber möglich, diese Grenze noch beträchtlich hinauszuschieben. Dieser Kunstgriff soll ebenfalls am Beispiel der magnetischen Ablenkung, bei der die Inhomogenität an der Furche eines Polschuhes erzeugt wird, klargelegt werden.

Wenn wir eine gewisse Minimalintensität J_m zugrunde legen, so möge in dem betreffenden Falle die aus J_m folgende maximale Ablenkung s_m sich zu klein ergeben, z. B. $^1/_{100}$ der kleinsten herstellbaren Spaltbreite sein. Wir machen jetzt die Furche so lang und so schmal, daß r^2/h und damit s_m hundertmal so groß wird. Dann wird die Intensität nur den hundertsten Teil der notwendigen Minimalintensität J_m betragen. Wir erhöhen nun die Intensität dadurch wieder auf den erforderlichen Betrag, daß wir 100 gleiche Furchen nebeneinander auf dem Polschuh anbringen, die alle auf denselben Punkt der Auffangfläche hinweisen, so daß ihre Aufspaltungsbilder aufeinanderfallen.

Führt man die Rechnung über die erreichbare Ablenkung s_m beim Multiplikator analog wie oben durch, so findet man die maximale Strahllänge r_m zu:

$$r_m = \frac{1{,}85 \,.\, 10^{-5}}{\sqrt{M\,T}} \cdot \frac{h}{r} \cdot \frac{1}{J_m} \text{ cm}$$

und

$$s_m = \frac{M\varkappa}{12\,R} \cdot \left(\frac{1{,}85 \,.\, 10^{-5}}{J_m}\right)^2 \cdot \frac{1}{M\,T^2} \cdot \left(\frac{h}{r}\right)^2 \frac{1}{a_m},$$

wobei a_m die kleinste praktisch erzielbare Furchenbreite ist ($a_m \geqq b$). Die zahlenmäßige Ausrechnung ergibt unter Berücksichtigung der praktisch herstellbaren Dimensionen (z. B. $\frac{h}{r} = \frac{1}{10}$, $a_m = 0{,}01$ mm), daß mindestens magnetische Momente von der Größenordnung 10^{-5} Bohrsche Magnetonen noch nachweisbar sein sollten. Das Multiplikatorprinzip ist natürlich genau so bei der elektrischen Ablenkung usw. anwendbar.

Das Resultat dieser theoretischen Untersuchung über die Molekularstrahlmethode ist also:

Die Empfindlichkeit der Methode hängt im wesentlichen von der noch nachweisbaren Minimalintensität J_m ab $\left(s_m \sim \frac{1}{J_m}\right.$; bei Multiplikator $\left. s_m \sim \frac{1}{J_m^2}\right)$.

Selbst bei ungünstigen Annahmen über J_m (in 10 Sekunden einfachmolekulare Schicht) ist aber bei geeigneter Anordnung (Ofenloch als schmaler Spalt, Multiplikator) die Empfindlichkeit viel größer als die der optischen Methode.

Es sei noch darauf hingewiesen, daß für genauere Messungen von s dieses viel größer (mindestens zehnmal so groß) als die Spaltbreite b sein muß, und daß dann die Intensität im abgelenkten Strahle viel kleiner wird, als oben berechnet. Da aber bei dem oben zugrunde gelegten Werte von J_m bereits nach weniger als 1 Minute ein sichtbarer Strich entstehen würde, so würde selbst eine Verminderung der Intensität auf den hundertsten Teil erst eine Belichtungsdauer von 100 Minuten ergeben, falls alle auftreffenden Moleküle kondensiert werden.

Das Auffangen des Strahles. Wegen der fundamentalen Bedeutung, die nach obigem die noch nachweisbare Minimalintensität hat, sei noch kurz auf die Methoden des Nachweises eingegangen.

1. Kondensation der auftreffenden Moleküle auf einer Auffangfläche. Diese Methode wurde bisher bei fast allen Untersuchungen benutzt und wurde auch den oben durchgeführten Überlegungen zugrunde gelegt. Bei den Beispielen wurde J_m so bemessen, daß der unabgelenkte Strahl bereits nach etwa 1 Minute einen sichtbaren Strich ergibt. Durch Anwendung einer Entwicklungsmethode, wie sie Gerlach und ich beim Silber anwandten, läßt sich der Wert von J_m noch wesentlich herunterdrücken. Noch allgemeiner anwendbar und empfindlicher dürfte die von Langmuir zuerst angewandte Methode der Dampfentwicklung sein[1]), mit der er noch Schichten von $^1/_{1000}$ Moleküldicke sichtbar machen konnte. Hier steckt also noch eine große Reserve für die Molekularstrahlmethode, die einerseits eine noch viel größere Empfindlichkeit zu erreichen gestattet, andererseits in Fällen, wo eine Steigerung der Empfindlichkeit kein Interesse mehr hat, für eine Vereinfachung der Apparatur ausgenutzt werden kann. Der Hauptnachteil der Kondensationsmethode besteht darin, daß sie zurzeit noch keine quantitativen Intensitätsmessungen gestattet.

---

[1]) Proc. Nat. Acad. Soc. **3**, 141, 1914; siehe auch Dushman, Hochvakuumtechnik, S. 267 und I. Estermann und O. Stern, l. c.

2. Die auftreffenden Moleküle verursachen eine chemische Reaktion auf der Auffangplatte. Diese Methode wurde bei einer im hiesigen Institut an Wasserstoffatomstrahlen ausgeführten Arbeit benutzt. Die Auffangfläche bestand aus Wolfram- oder Molybdänoxyd, das durch die auftreffenden Atome reduziert wurde [1]). Die Methode der chemischen Reaktion sollte ebenfalls sehr empfindlich gemacht werden können, falls es gelingt, die auftreffenden Atome katalytisch wirken zu lassen.

3. Nachweis durch Wärmewirkung der auftreffenden Atome. Während diese Wirkung im allgemeinen viel zu klein ist, um selbst durch ein empfindliches Thermoelement nachweisbar zu sein, sollte diese Methode für H-Atome brauchbar sein, da beim Zusammentreten zu molekularem H_2 eine starke Wärmeentwicklung stattfindet. Ein Thermoelement dürfte hier selbst für geringe Intensitäten noch ein brauchbarer Auffänger sein.

4. Für Gase kann man als Auffänger den Spalt eines im übrigen geschlossenen Gefäßes verwenden, auf den der Molekularstrahl auftrifft. Man mißt dann den Druck, der sich in dem Gefäß einstellt. Dieser Druck ist, sobald sich der stationäre Zustand eingestellt hat, dadurch bestimmt, daß ebensoviel Gas durch den Spalt ausströmt als durch den Molekularstrahl hereinkommt. Sind f_1 bzw. f_2 die Flächen der Spalte des Ofens bzw. des Auffanggefäßes und p_1 bzw. p_2 die Drucke im Ofen bzw. im Auffanggefäß, so ist die pro Sekunde einströmende Menge: konst $\cdot \frac{p_1 f_1}{\pi r^2} \cdot f_2$, die ausströmende: konst $p_2 f_2$. Gleichsetzen ergibt den Druck im Auffanggefäß $p_2 = p_1 \frac{f_1}{\pi r^2}$. Zahlenbeispiel: $p_1 = 1$ mm; $f_1 = 1 \,.\, 10^{-3}\,\mathrm{cm}^2$; $r = 10$ cm; $p_2 = 3{,}18 \,.\, 10^{-6}$ mm, also ein durchaus meßbarer Druck. Verwendet man statt eines Auffangespaltes n gleiche hintereinandergesetzte Spalte, so wird der Druck n-mal so groß. Diese Methode sollte auch für quantitative Intensitätsmessungen brauchbar sein [2]).

Probleme. Zum Schluß seien noch einige Probleme aufgezählt, zu deren Behandlung die Molekularstrahlmethode besonders geeignet sein dürfte.

1. Die Messung der magnetischen Momente der Moleküle.

a) Elektronenmomente von der Größenordnung eines Bohrschen Magnetons.

[1]) R. W. Wood, Phil. Mag. (6) **42**, 729, 1921; **44**, 538, 1922.

[2]) Inzwischen angewendet von Th. H. Johnson (Phys. Rev. **27**, 519, 1926), der jedoch mit Dampfstrahlen gearbeitet hat.

Die von Gerlach und mir angewandte Apparatur[1]) kann nach den obigen Darlegungen durch Ausbildung des Ofenloches zu einem schmalen Spalte wesentlich verbessert werden, worüber in einer der folgenden Arbeiten berichtet werden wird. Ferner wird zurzeit im hiesigen Institut versucht, die Messungen mit Molekularstrahlen von nahezu einheitlicher Geschwindigkeit auszuführen. Hierzu dient ein „Monochromator", der aus zwei auf einer rasch rotierenden Achse sitzenden gleichen Zahnrädern besteht, so daß bei geeigneter Versetzung der beiden Zahnräder gegeneinander nur Moleküle eines bestimmten Geschwindigkeitsintervalls hindurchgelassen werden. Da die Intensitätsschwächung hierbei der Breite dieses Intervalls proportional ist, so folgt, daß auch der Grad der erzielbaren „Monochromatisierung" von der Größe der erreichbaren Intensität abhängt.

b) Kernmomente von der Größenordnung $^1/_{2000}$ Bohrsches Magneton. Ein Atomkern sollte, falls er rotierende Protonen (H-Kerne) enthält, ein Impulsmoment von der Größenordnung $h/2\pi$ [2]) und ein magnetisches Moment von der Größenordnung $\frac{1}{2}\cdot\frac{e}{m_H c}\cdot\frac{h}{2\pi}$ haben, wobei m_H die Masse des Wasserstoffkerns ist. Dieses magnetische Moment, das also $^1/_{1845}$ des Bohrschen Magnetons ist (d. h. 3 CGS pro Mol), bezeichnen wir als Kernmagneton. Von dieser Größenordnung wird auch das von der Wärmerotation der H-Kerne in Wasserstoff enthaltenden Molekülen herrührende magnetische Moment sein. Schließlich sollte auch das Proton selbst, falls es ein eigenes magnetisches Moment besitzt, wie man es neuerdings für das Elektron annimmt, ein Kernmagneton haben. Momente von dieser Kleinheit würden sowohl durch die optische Methode — der Zeemaneffekt würde bei 20000 Gauß etwa $^1/_{10\,000}$ Å im Sichtbaren betragen — als auch durch Messung der Suszeptibilität — die proportional dem Quadrat des Momentes ist — nur sehr schwer nachweisbar sein, müßten dagegen der Molekularstrahlmethode, wie oben gezeigt, durchaus zugänglich sein. Daß dies wirklich der Fall ist, wird in den beiden folgenden Arbeiten gezeigt.

c) Bei der außerordentlichen Empfindlichkeit der Molekularstrahlmethode scheint es nicht aussichtslos, auf diesem Wege auch nach induzierten Momenten oder Momenten höherer Ordnung zu suchen [3]).

---

[1]) l. c. Mehrere apparative Verbesserungen s. W. Gerlach, Ann. d. Phys. **76**, 163, 1925.

[2]) W. Lenz, Münch. Akad. 1918, S. 355; O. Stern und M. Volmer, Ann. d. Phys. **59**, 1919.

[3]) Das diamagnetische Moment eines Atoms ist bei 20000 Gauß von der Größenordnung 0,1 — 1 CGS pro Mol.

2. Die Messung der elektrischen Momente der Moleküle.

a) Natürliche Dipolmomente.

Strahlen von Dipolmolekülen (HCl, KJ usw.) werden im inhomogenen elektrischen Felde abgelenkt [1]). Allerdings besteht ein wesentlicher Unterschied gegenüber dem magnetischen Falle darin, daß infolge der Wärmerotation im allgemeinen solche zwei Lagen des Moleküls, bei denen das Dipolmoment die gleiche Richtung, aber entgegengesetztes Vorzeichen hat, gleich lange bestehen, so daß im ganzen nur ein Quadrupolmoment übrigbleibt [2]). Durch ein elektrisches Feld wird aber die Rotationsbewegung deformiert, so daß ein der Feldstärke proportionales Dipolmoment entsteht und der Strahl im inhomogenen Felde abgelenkt wird. Bei Molekülen mit großem Trägheitsmoment und bei hoher Temperatur (z. B. KJ) gibt die Messung direkt das natürliche Dipolmoment, bei kleinem Trägheitsmoment und bei tiefer Temperatur (z. B. HCl) ist noch die Kenntnis des Trägheitsmoments (z. B. aus dem Bandenspektrum) erforderlich. Im ersten Falle ist die Messung im hiesigen Institut bereits durchgeführt worden, der zweite Fall verspricht besonders interessante Resultate, weil hier die Aufspaltung der Strahlen für die einzelnen Quantenzustände möglich sein sollte. Der Hauptvorteil der Molekularstrahlmethode besteht auch hier wieder in ihrer Empfindlichkeit, da der entsprechende Starkeffekt wegen seiner Kleinheit schwer meßbar sein dürfte.

b) Momente höherer Ordnung (spezifische Quadrupolmomente).

Man hat bisher stets nur das Verhalten von Molekülen in homogenen Feldern untersucht (Zeemaneffekt, Starkeffekt), wobei Quadrupolmomente keinen Effekt geben. Das hat zwei Gründe. Erstens sind die Effekte im inhomogenen Felde sehr klein, zweitens sind starke Inhomogenitäten nur in sehr kleinem Bereich herstellbar. Beide Punkte bedingen große Schwierigkeiten für die Anwendung der optischen Methode, während die Molekularstrahlmethode diesem Problem viel besser angepaßt erscheint [3]).

3. Die Ausmessung des Kraftfeldes der Moleküle.

Die in der kinetischen Gastheorie meist benutzte Idealisierung der Moleküle als elastische Kugeln versagt, sobald es sich um sehr kleine Ablenkungen beim Zusammenstoß zweier Moleküle handelt. Denn solch

[1]) A. Kallmann und F. Reiche, ZS. f. Phys. **6**, 352, 1921.

[2]) Namentlich bei mehratomigen Molekülen wird wohl auch der Fall vorkommen, daß trotz der Wärmerotation ein Dipolmoment übrigbleibt.

[3]) Vgl. auch O. Stern, Phys. ZS. **23**, 476, 1922.

kleine Ablenkungen finden auch statt, falls zwei Moleküle in einer gegen ihren Durchmesser großen Entfernung aneinander vorbeifliegen. Die Winkelablenkung dabei ist näherungsweise proportional der potentiellen Energie der Wechselwirkung der beiden Moleküle im Perihel. Da nun die Molekularstrahlmethode sehr kleine Winkelablenkungen ($< 10^4$) zu messen gestattet, so kann man durch Streuung eines Molekularstrahls durch ein verdünntes Gas diese potentielle Energie als Funktion der Entfernung messen, d. h. man kann das Kraftfeld des Moleküls direkt ausmessen. Versuche im hiesigen Institut haben die prinzipielle Brauchbarkeit dieser Methode ergeben.

4. Probleme prinzipieller Natur.

Schon die oben besprochenen Messungen würden gleichzeitig für die Beantwortung mancher prinzipieller, von der Theorie aufgeworfener Fragen geeignet sein, z. B. der Frage nach der Energie und dem Impuls des untersten Rotationsquantenzustandes, der Frage nach der Natur der Molekularkräfte usw. In den folgenden Arbeiten wird hierauf noch näher eingegangen werden. Hier sollen nur noch zwei Probleme prinzipieller Natur erwähnt werden, bei denen erst die Eigenart der Molekularstrahlmethode, besonders ihre große Empfindlichkeit, die Möglichkeit einer experimentellen Bearbeitung zu geben scheint.

a) Der Einsteinsche Strahlungsrückstoß.

Nach Einstein soll ein Atom bei der Emission eines Lichtquants $h\nu$ einen Rückstoß erfahren derart, daß die Impulsänderung $m \,.\, \Delta v$ des Atoms gleich $h\nu/c$ ist (Entsprechendes gilt natürlich für die Absorption). Die Geschwindigkeitsänderung $\Delta v = \frac{h\nu}{mc}$ des Atoms beträgt für sichtbares Licht nur einige cm/sec (z. B. für Na und D-Linie 2,93 cm/sec). Das Verhältnis zu der 10^4 bis 10^5 m/sec betragenden Temperaturgeschwindigkeit ist also höchstens 10^{-4}. Da aber Winkelablenkungen von 10^{-4} bei einem Molekularstrahl von z. B. $^1/_{100}$ mm Breite und 10 cm Länge noch meßbar sind, liegt die Möglichkeit vor, bei seitlicher Beleuchtung eines solchen Strahles den Einsteinschen Rückstoß nachzuweisen.

b) Die De Broglie-Wellen.

Eine Frage von größter prinzipieller Bedeutung ist die nach der realen Existenz der De Broglie-Wellen, d. h. die Frage, ob an Molekularstrahlen, analog wie bei den Lichtstrahlen, Beugungs- bzw. Interferenzerscheinungen zu beobachten sind. Leider erreichen die nach De Broglie errechneten Wellenlängen $\left(\lambda = \frac{h}{m v}\right)$ selbst unter den günstigsten Bedingungen (kleine Masse, tiefe Temperatur) kaum 1 Å. Trotzdem erscheint die Möglichkeit für das Experiment, derartige Erscheinungen an Molekularstrahlen nachzuweisen, nicht ausgeschlossen. Diesbezügliche hier ausgeführte Versuche haben bisher noch kein Resultat ergeben.

Solcherart lassen sich noch zahlreiche mit Molekularstrahlen angreifbare Probleme angeben, wie etwa die Messung der Lebensdauer angeregter Zustände, oder die Untersuchung der optischen Eigenschaften eines einzelnen von magnetisch oder elektrisch aufgespaltenen Strahlen, und noch viele andere.

Schluß. Der Zweck der vorliegenden Arbeit war es, darauf hinzuweisen, daß die Molekularstrahlmethode bei geeigneter Durchbildung den bisher benutzten experimentellen Methoden, speziell der optischen, in manchen Punkten überlegen ist und zur Behandlung vieler Probleme besonders geeignet sein sollte. Den Beweis hierfür muß die wirkliche experimentelle Durcharbeitung der Methode nach den hier angedeuteten Gesichtspunkten erbringen. Einen ersten vorläufigen Versuch in dieser Richtung stellen die folgenden Arbeiten dar.

S29

S29. Friedrich Knauer und Otto Stern, Zur Methode der Molekularstrahlen II. Z. Physik, 39, 764–779 (1926)

[**Untersuchungen zur Molekularstrahlmethode aus dem Institut für physikalische Chemie an der Hamburgischen Universität**[1]). **Nr. 2.**]

Zur Methode der Molekularstrahlen. II.

Von F. Knauer und O. Stern in Hamburg.

Mit 7 Abbildungen. (Eingegangen am 8. September 1926.)

H. Schmidt-Böcking, K. Reich, A. Templeton, W. Trageser, V. Vill (Hrsg.), *Otto Sterns Veröffentlichungen – Band 2*, DOI 10.1007/978-3-662-46962-0_24

[Untersuchungen zur Molekularstrahlmethode aus dem Institut für physikalische Chemie an der Hamburgischen Universität[1]). Nr. 2.]

Zur Methode der Molekularstrahlen. II.

Von **F. Knauer** und **O. Stern** in Hamburg.

Mit 7 Abbildungen. (Eingegangen am 8. September 1926.)

Es werden Apparate zur Erzeugung sehr feiner Molekularstrahlen mit hoher Intensität beschrieben und die dabei einzuhaltenden Bedingungen näher untersucht.

In der vorhergehenden Arbeit[2]) wurde darauf hingewiesen, daß es bei geeigneten Versuchsbedingungen möglich sein müßte, sehr schmale Molekularstrahlen mit hoher Intensität zu erzeugen. In dieser Arbeit werden Versuchsanordnungen zur Erzeugung solcher Molekularstrahlen beschrieben und die Bedingungen untersucht, die bei der experimentellen Realisierung dieser Strahlen eine Rolle spielen.

Die wesentlichsten Bestandteile unseres Molekularstrahlenapparates sind der Ofen und die Ofenöffnung, die Abbildeöffnung und der Auffangschirm. Aus der Ofenöffnung treten die Moleküle in einem weiten Büschel in das Vakuum ein, wo sie, falls keine Zusammenstöße stattfinden, geradlinige Bahnen beschreiben (abgesehen vom Einfluß der Schwerkraft, der bei unseren Versuchen zwar nicht störte, aber bei geeigneter Anordnung schon meßbar sein müßte). Die Abbildeöffnung blendet aus dem weiten Büschel ein enges, fast paralleles Bündel heraus. Auf der Auffangfläche werden die Moleküle des Strahls kondensiert und nach genügend langer Einwirkung entsteht ein sichtbarer Niederschlag.

Bei einwandfreier Strahlbildung breiten sich die Molekularstrahlen ebenso aus wie die Lichtstrahlen beim Schattenwurf. Der spezifischen Helligkeit der Lichtquelle entspricht die Anzahl der Moleküle, die in einer Sekunde durch 1 cm^2 der Ofenöffnung austreten. Für die Intensität an jedem Punkte der Auffangfläche ist der räumliche Winkel maßgebend, unter dem die Ofenöffnung von dem fraglichen Punkte aus erscheint bzw. der von der Blende freigelassen wird. In großer Entfernung nimmt die Intensität mit $1/r^2$ ab. Die Form des Niederschlages findet man durch geometrische Projektion der Abbildeöffnung vom Ofenloch aus auf die Auffangfläche. Nur ein geringer Teil der ganzen

[1]) Abgekürzt U. z. M.

[2]) U. z. M. Nr. 1, ZS. f. Phys. **39**, 751, 1926.

Ofenstrahlung wird vom Abbildespalt hindurchgelassen. Die nicht durchgelassene Strahlung wirkt wie bei optischen Apparaten als störende Streustrahlung. Sie wird an gekühlten Flächen kondensiert.

Zu den Fragen der Intensität und Empfindlichkeit wurde in der ersten Arbeit dargelegt, daß man zweckmäßiger an Stelle von runden Öffnungen Spalte anzuwenden hat, und daß die Spalte zur Erzielung großer Empfindlichkeit möglichst schmal gemacht werden müssen. Der Niederschlag bekommt dann die Form eines Striches. Die Intensität der Strahlung wird durch enge Spalte nicht vermindert, weil man in demselben Verhältnis, wie man die Spalte enger macht, den Dampfdruck größer nehmen kann; d. h. die Verkleinerung der Ofenspaltfläche wird durch Vergrößerung der „spezifischen Helligkeit" ausgeglichen.

Beschreibung der Apparate. Um zu zeigen, wie der Ofen, die Heizung usw. ausgeführt waren und wie die Spalte parallel gerichtet wurden, wollen wir zwei von unseren Apparaten, mit denen wir gute Molekularstrahlen bekommen haben, an Hand von Zeichnungen näher beschreiben.

Die Konstruktion eines Apparates im einzelnen hängt im wesentlichen davon ab, welches Verfahren zum Justieren der Spalte angewendet werden soll. Das Justieren ist eine der größten Schwierigkeiten bei der Molekularstrahlmethode. Vor allen Dingen hat sich gezeigt, daß eine dauernd zuverlässige Justierung nur möglich ist, wenn die beiden Spalte durch Metallstangen solide miteinander verbunden sind. Da die Spalte beim Versuch verschiedene Temperaturen haben, kamen wir dazu, die Verbindung aus schlecht wärmeleitendem Material, Konstantan, herzustellen.

Apparat 1. Frühere Versuche hatten gezeigt, daß eine genügend genaue Justierung enger Spalte mit optischen Mitteln nicht möglich ist. Darum wollten wir hier eine mechanische Methode ausprobieren und dabei von dem Umstande Gebrauch machen, daß man sehr genau ebene Flächen in ziemlicher Größe, optisch plane Glasplatten, herstellen kann. Relativ zu einer solchen Platte sollte die Justierung vorgenommen werden.

Der Apparat war so ausgeführt, daß er in der durch die beiden Spalte bestimmten Ebene auseinandergenommen werden konnte (Fig. 1). Die Spaltbacken der einen Apparathälfte waren je an größeren Metallstücken O_1 und A_1 angeschraubt, die ihrerseits durch zwei Konstantanstangen k (je 5 : 1 mm Querschnitt) miteinander verbunden waren. Diese Apparathälfte wurde auf eine optisch ebene Glasplatte G gelegt und die Spaltbacken in einer solchen Stellung festgeschraubt, daß jede mit der ganzen Länge ihrer scharfen Kante die Glasplatte berührte. Mit einer Lupe konnte man leicht Abweichungen von $^1/_{100}$ mm erkennen. Die zweite Spaltbacke (Fig. 2) des Abbildespaltes war an einem Metallstück A_2, von der gleichen Form wie A_1 (bis auf die Flächen zum Anlöten der Konstantanstangen) befestigt. Das Stück A_2 wurde auf A_1 aufgelegt und durch einen Konusring fest mit A_1 verbunden. Die Spaltbacke $A\,S_2$

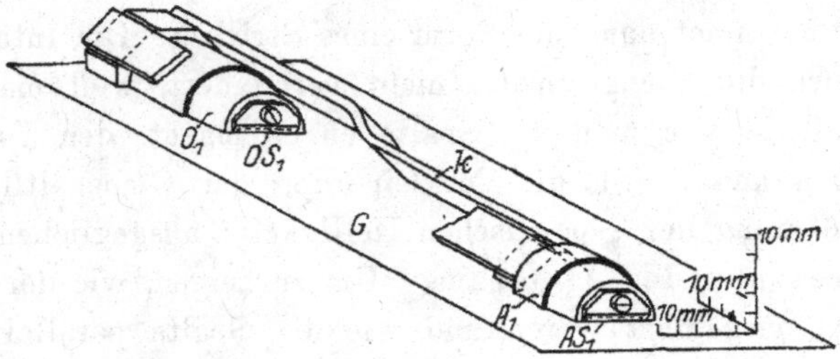

Fig. 1.

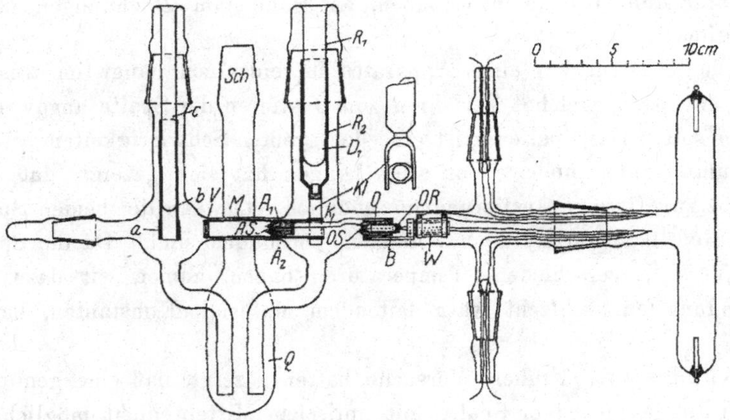

Fig. 2.

wurde relativ zu $A\,S_1$ justiert, indem sie bis auf einen der Spaltbreite entsprechenden Abstand, der durch ein eingelegtes Platinblech gewährleistet wurde, herangeschoben und festgeschraubt wurde. Nach dem Herausziehen des Platinbleches wurde die Parallelität und Breite des Spaltes mit einem Mikroskop kontrolliert. In derselben Weise wurde der Ofenspalt durch ein O_1 gleiches Stück O_2, auf dem die zweite Spaltbacke befestigt war, vervollständigt.

Der Hohlraum zwischen O_1 und O_2 wurde nach hinten durch das Röhrchen R, das mit einigen Zehntel Gramm der zu verdampfenden Substanz beschickt wurde, abgeschlossen, so daß die Dampfmoleküle nur durch den Ofenspalt entweichen konnten. Am Boden des Röhrchens *O R* waren als Thermoelement ein Kupfer- und ein Konstantandraht angelötet.

Die zum Heizen des Ofens erforderliche Wärme wurde in einem elektrischen Heizkörper *W* erzeugt und durch Wärmeleitung über die Brücke *B* (2 × 6 mm Querschnitt) und über den Konusring, der die beiden Ofenhälften zusammenhielt, dem vorderen Teile des Ofens zugeführt. Dadurch bekommt der Ofenspalt die höchste Temperatur des ganzen Ofens und wächst nicht zu.

Den Widerstand des Heizkörpers bildete eine dünne Platinschicht, die in bekannter Weise nach Kundt auf einem Felsenglasröhrchen [1]) von 13 mm Durchmesser und 20 mm Länge eingebrannt war. Durch mehrmaliges Platinieren und verschieden starkes Brennen konnten wir der Schicht einen passenden Widerstand von einigen Ohm geben. Die Enden des Röhrchens, auf denen die Schellen für die Stromzuführung auflagen, wurden mit einem dickeren Überzug versehen. Die Temperatur des Ofens ließ sich innerhalb gewisser Grenzen durch Regelung der Heizleistung beliebig einstellen, da durch die Konstantanstangen gleichzeitig Wärme abgeführt wurde. Wir arbeiteten z. B. bei Wasser mit Temperaturen von 0 bis — 30°, bei Quecksilber von 80 bis 140°. Wegen des Fehlens jeglichen Isoliermaterials beeinträchtigte der Heizkörper das Vakuum nur sehr wenig. Die Zuführung der Drähte für die Heizung und das Thermoelement ist aus Fig. 2 ersichtlich.

Die bisher beschriebenen Teile waren, so weit nichts anderes bemerkt ist, aus Phosphorbronze hergestellt, weil sie gegen Quecksilber unempfindlich sein sollten. Bei den folgenden Teilen kam es nicht so darauf an, für sie wurde deshalb das leichter zu bearbeitende Messing verwendet.

Der Raum der Auffangfläche (Fig. 2) wird gegen den Ofenraum durch das Rohr *M* abgedichtet. Es paßt genau auf den Träger des Abbildespaltes und liegt auch an der Glaswand auf einer langen Strecke eng an. Es ist mit dem flüssige Luft enthaltenden Dewargefäß D_1 durch das Rohr R_2 und die Klammer *Kl* wärmeleitend verbunden, die federnd eine ovale Verdickung umspannt, und nimmt nahezu die Temperatur der flüssigen Luft an. Alle Moleküle der Streustrahlung, die in den schmalen Raum zwischen *M* und der Glaswand eindringen, werden sehr bald an dem gekühlten Rohr *M* kondensiert.

---

[1]) Von Schott u. Gen., Jena.

Die Ausführung des Dewargefäßes bedarf einer näheren Beschreibung. R_1 war ein Rohr aus Felsenglas, in das die flüssige Luft eingefüllt wurde. Die Außenseite des Rohres wurde platiniert und galvanisch einige Zehntel Millimeter stark verkupfert. Die Kupferschicht wurde rund abgedreht und auf sie das Messingrohr R_2 aufgepaßt, welches unten die erwähnte elastische Klammer *Kl* trug. Bei den ersten Ausführungen wurde einfach ein Metallrohr auf ein Glasrohr möglichst fest aufgepaßt. Dabei zeigte sich aber, daß der Wärmeübergang schlecht war. Die Ursache dafür war nicht die schlechte Wärmeleitfähigkeit des Glases, denn die wärmeübertragende Glasschicht hatte eine so geringe Dicke und einen so großen Querschnitt, daß die Temperaturdifferenz zwischen Innen- und Außenfläche des Glasrohres nur wenige Grad betragen konnte. Die Ursache war vielmehr der große Übergangswiderstand zwischen Glas und Metall, weil innige Berührung nur in wenigen Punkten besteht. Die galvanisch aufgebrachte Schicht dagegen schließt sich allen Unebenheiten des Glases an. Diese Konstruktion erwies sich nach von Herrn Leu ausgeführten Temperaturbestimmungen als die zuverlässigste Art der Kälteübertragung auf die Metallteile des Apparates. Die sich von selbst ergebende große gekühlte Fläche bewirkt eine ausreichende Beseitigung der Streustrahlung im Ofenraum.

Die Ausführung der Auffangfläche geht ebenfalls aus Fig. 2 hervor. *a*, die eigentliche Auffangfläche aus Silber, ist an dem Messingrohr *b* angelötet, welches auf dem unten zugeschmolzenen Glasrohr *c* fest aufsitzt. *a* wurde analog wie das Rohr R_2 gekühlt. Das Glasrohr brauchte hier nicht verkupfert zu werden, weil nur sehr geringe Wärmemengen übertragen werden. Die Silberfläche wurde sorgfältig poliert und dreimal in absolutem Alkohol ausgekocht. Der Alkohol wurde mit destilliertem Wasser verdrängt und das destillierte Wasser mit einem nicht fasernden Leinenläppchen abgetrocknet. Die Wand des Glasapparates war schräg vor der Auffangfläche gleichmäßig aufgeblasen, so daß man das Entstehen der Striche mit einem schwach vergrößernden Mikroskop verfolgen konnte. Während des Evakuierens mußte die Auffangfläche durch einen in das Glasrohr *c* eingeführten elektrischen Heizkörper auf mindestens 100° erwärmt werden, um Einwirkungen der von den Pumpen kommenden Quecksilberdämpfe zu verhindern.

Während bei den Versuchen von Gerlach und Stern[1]) Ofenraum und Auffangraum je durch eine besondere Pumpe evakuiert wurden,

---

[1]) ZS. f. Phys. **9**, 349, 1922; Ann. d. Phys. **74**, 673, 1924.

haben wir die beiden Räume in der aus der Fig. 2 ersichtlichen Weise durch Glasleitungen miteinander verbunden, und durch den zur Pumpe führenden Schliff *Sch* gemeinsam ausgepumpt. Das Gefäß Q wurde in ein Dewargefäß mit flüssiger Luft getaucht, um 1. die Quecksilberdämpfe der Pumpe abzufangen und 2. der Streustrahlung den Weg von dem Ofenraum in den Abbilderaum zu sperren.

Mit diesem Apparat wurden die unten beschriebenen Versuche an Quecksilber ausgeführt. Es zeigten sich aber bei den Versuchen mehrere Mängel an dem Apparat. Man konnte die beiden Backen eines Spaltes nicht genügend genau in eine Ebene bringen. Die Spalte ließen sich schlecht enger als $^2/_{100}$ mm einstellen. Die Justierung des Apparates mußte bei Zimmertemperatur erfolgen, während bei dem Versuch der Abbildespalt fast bis zur Temperatur der flüssigen Luft abgekühlt, der Ofenspalt aber auf über 100^0 erwärmt wurde. Dabei schien eine gegenseitige Lagenänderung nicht unmöglich zu sein.

Apparat 2. Um diese Fehler zu vermeiden, wurde ein Apparat gebaut, der mit Hilfe der Molekularstrahlen selbst justiert werden konnte. Die Anordnung geht aus Fig. 3 hervor. Ofen und Abbildespalt befanden

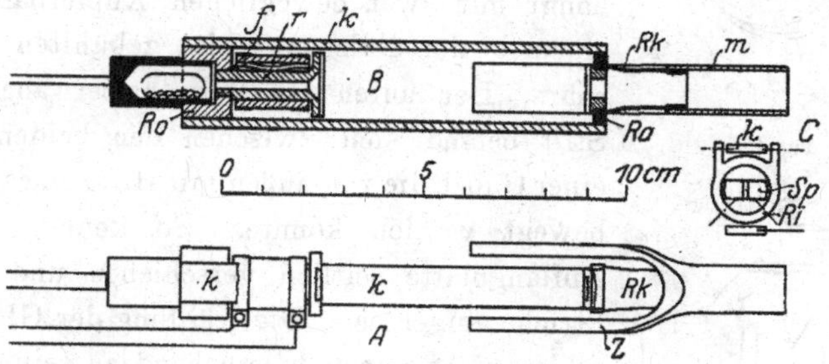

Fig. 3.

sich je an einem massiven Metallteil und die Spaltbacken waren in Schwalbenschwanzführungen verschiebbar. Die Spalte ließen sich bis auf 5 μ Breite einstellen. Die feste Verbindung zwischen Ofen und Abbildespalt wurde wieder durch zwei diesmal etwas stärkere Konstantanstangen (2 $\times$ 10 mm Querschnitt) hergestellt, die an zwei ringförmigen Stücken *Ro* und *Ra* angelötet waren. In den Ring *Ro* war das Röhrchen *r* eingeschraubt, welches vorn den Ofenspalt trug. Über *r* wurde der Heizwiderstand geschoben. Eine Metallfeder *f* sorgte für Anliegen und Wärmekontakt. Heizwiderstand und Verdampfungsraum nebst Thermoelement waren im übrigen genau so ausgeführt wie bei dem ersten Apparat. Der Abbildespalt war mittels einer zylindrischen Führung in den Ring *Ra* stramm eingepaßt und konnte mit der in Fig. 3c dargestellten Vorrichtung um kleine Winkel verdreht und festgestellt werden. Die strichpunktierten Linien deuten Schrauben an. Mit den beiden in den Ring *Ri* eingesetzten Schrauben wurde *Ri* an dem Träger des Abbildespaltes festgeschraubt. Die beiden Schrauben in den Fortsätzen gestatteten, da sie auf den Konstantanschienen auflagen, das Verdrehen und Feststellen des Abbildespaltes. An den Ring *Ra* war das Konstantanrohr *Rk* angelötet, auf welches das Messingrohr *M* mit der Zange *Z* aufgeschoben wurde. *M* schloß in derselben Weise wie bei dem anderen Apparat den Ofenraum für die Streustrahlung von dem Abbilderaum ab. *Z* wurde in die elastische Klammer am Dewargefäß geschoben und vermittelte die Kältezufuhr. Die Glasapparatur und alles übrige war wie bei dem ersten Apparat ausgeführt, nur die Auffangvorrichtung war geändert. Als Auffangfläche diente ein chemisch versilbertes Glasscheibchen von 2 cm Durchmesser, welches von einer Metallklammer gehalten wurde (Fig. 4). Die Klammer hängt mit zwei beweglichen Kupferbändern an einem in der üblichen Weise gekühlten Messingrohr. Der unten am Metallhalter angebrachte Stift befand sich zwischen den beiden Zinken einer Gabel, die von außen mit Hilfe eines Schliffes bewegt werden konnte. So konnte man die Auffangplatte seitlich verschieben und mehrere Striche aufnehmen. Die Kühlung der Glasscheibe schien nicht immer ausreichend zu sein.

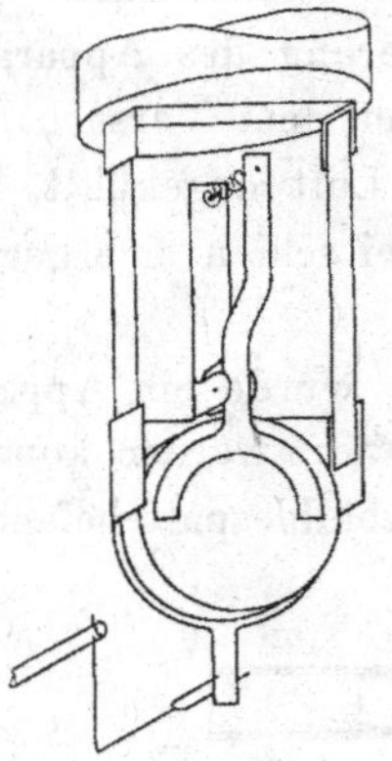

Fig. 4.

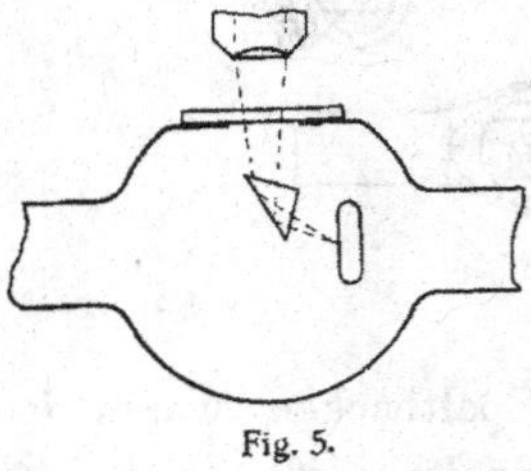

Fig. 5.

Als Material für die Auffangfläche haben wir stets Silber benutzt, entweder massiv oder in Form eines chemisch oder durch Kathodenzerstäubung erzeugten Niederschlages auf Glas. Wir hatten nämlich durch einen Vorversuch, bei dem die Auffangfläche aus Streifen von Silber, Kupfer, Messing, Zink und Platin zusammengesetzt war, gefunden, daß die Striche am besten auf Silber sichtbar sind und sich auch am besten verstärken lassen.

Um die Ausbildung der Niederschläge während des Entstehens verfolgen zu können, haben wir die in Fig. 5 skizzierte optische Einrichtung benutzt. Der Glasapparat besitzt eine Öffnung, welche durch eine mit steifem Hahnfett aufgekittete Spiegelscheibe verschlossen ist. Außen vor der Öffnung steht ein Mikroskop. Durch ein innen angebrachtes total reflektierendes Prisma wird der Strahlengang umgelenkt, so daß man die Platte beobachten kann.

Die Spalte wurde zunächst nur roh justiert, indem man durch den breitgestellten Abbildespalt nach dem engen Ofenspalt blickte und die Spalte nach Augenmaß parallel richtete. Dann wurde auch der Abbildespalt eng gestellt und die Mitte des Ofenspaltes durch ein eingelegtes Platinblech verstopft, so daß nur die Enden des Spaltes strahlen konnten. Macht man jetzt einen Molekularstrahlversuch, so entwirft jedes Ende des Ofenspaltes auf der Auffangfläche ein Bild des Abbildespaltes. Sind die beiden Spalte parallel, so überdecken sich die Bilder. Sind sie nicht parallel, so fallen sie nebeneinander. Aus dem Abstand kann man die Abweichung von der parallelen Lage bestimmen und durch Drehen des Abbildespaltes um diesen Betrag beseitigen. Durch einen weiteren Versuch kann man die Justierung kontrollieren. Auf diese Art konnten wir den Apparat unter denselben Temperaturverhältnissen justieren, wie sie beim Versuch herrschten. Die Justierung mit den Molekularstrahlen hat sich als durchaus zuverlässig erwiesen. Sie wurde leider durch keinerlei Beugungserscheinungen gestört.

Beobachtungen. Der Zweck der Arbeit, nämlich festzustellen, ob die Bedingungen verwirklicht werden können, unter denen man feine Strahlen mit großer Intensität erhält, ist mit den oben beschriebenen Anordnungen erreicht worden. Bei allen Versuchen erschienen den geometrischen Abmessungen der Spalte entsprechende Striche nach wenigen Sekunden auf der Auffangplatte. Die Erscheinungszeit stimmte größenordnungsmäßig mit der theoretisch aus dem Dampfdruck und den Spaltabmessungen berechneten überein, falls man voraussetzt, daß einwandfreie Strahlbildung vorliegt und daß Schichten von wenigen Molekülen Dicke bereits sichtbar sind. Z. B. war bei einem Versuch mit Quecksilber der Ofenspalt 6 mm lang und 0,015 mm breit, seine Fläche war also $9 \cdot 10^{-4}\,\mathrm{cm}^2$. Der Dampfdruck betrug 1 mm Quecksilbersäule. Unter Voraussetzung molekularer Strömung[1]) treten dann in 1 Sek. $4{,}12 \cdot 10^{-2}$ g Quecksilber durch $1\,\mathrm{cm}^2$ aus, aus dem Ofenspalt also $3{,}71 \cdot 10^{-5}$ g. Von dieser Quecksilbermenge trifft auf $1\,\mathrm{cm}^2$ der 12 cm entfernten Auffangfläche senkrecht vor dem Spalt der πr^2-te Teil, also $8{,}2 \cdot 10^{-8}$ g. $1\,\mathrm{cm}^2$ einer monomolekularen Schicht enthält $39{,}5 \cdot 10^{-8}$ g, also entsteht, wenn alle Moleküle kleben bleiben, eine monomolekulare Schicht in 4,8 Sek.

1) M. Knudsen, Ann. d. Phys. **28**, 999, 1909.

Wir beobachteten das Erscheinen des Striches nach etwa 20 Sek. Dann wären etwa vier Molekülschichten entstanden. Bei anderen Versuchen mit Quecksilber waren schon zwei Molekülschichten sichtbar. Niederschläge von Wasser erschienen erst bei etwa 15 Molekülschichten. Die errechneten Schichtendicken stellen obere Grenzwerte dar und in Wirklichkeit enthielten die Schichten sicher weniger Moleküle Erstens nämlich ergab sich die gesamte verdampfte Substanzmenge beim Zurückwiegen meist zu klein, was wahrscheinlich davon herrührt, daß der Ofenspalt kanalförmig ist und größeren Strömungswiderstand als ein idealer Spalt besitzt. Auch könnten die Unsauberkeit der Quecksilberoberfläche und die Unsicherheit der Temperaturmessung eine Rolle spielen. Zweitens ist die Voraussetzung, daß alle Moleküle kleben bleiben, nie streng erfüllt, weil stets ein Teil der Moleküle wieder verdampft oder abrutscht.

Es sollten nun auch die einzuhaltenden Bedingungen bezüglich Vakuum, Dampfdruck, Spaltbreiten usw. möglichst quantitativ festgestellt werden. Eine theoretische Vorausberechnung ist hier nicht möglich, weil uns die Grundlagen für eine solche Rechnung zunächst noch fehlen. Abgesehen davon, daß die gaskinetisch ermittelten Werte der mittleren freien Weglänge noch sehr ungenau sind, ist die in der Gastheorie übliche Idealisierung der Moleküle als elastische Kugeln für uns nur beschränkt brauchbar (vgl. die erste Arbeit). Ferner sind auch die Vorgänge auf der Auffangfläche noch sehr ungeklärt[1]), z. B. der Einfluß des Rutschens und Wiederverdampfens der Moleküle, wie auch die Frage, wie die Sichtbarkeit eines Niederschlages von seiner Dicke und Struktur abhängt.

Aber auch eine experimentelle Trennung der verschiedenen Einflüsse, die bei einem Molekularstrahlversuch ins Spiel kommen, war in dieser Arbeit noch nicht möglich. Besonders erschwert wird diese Trennung dadurch, daß man einen Zustand der Auffangfläche niemals genau reproduzieren kann, da die Vorgänge offenbar schon von kleinen Verunreinigungen stark beeinflußt werden können. Wir haben uns damit begnügt, uns in großen Zügen ein Bild von der Bedeutung der verschiedenen Faktoren zu machen, um Anhaltspunkte für die praktische Ausführung von Molekularstrahlapparaten zu bekommen.

Zunächst haben wir untersucht, ob das Vakuum für einwandfreie Strahlbildung genügte, und ob die Streustrahlung in ausreichendem Maße beseitigt war. Das war unter der Voraussetzung möglich, daß bei gleichen

---

[1]) Literatur bei Estermann, ZS. f. Elektroch. **31**, 441, 1925.

Verhältnissen der Auffangfläche und bei gleichen Strichbreiten derselben Erscheinungszeit des Niederschlages auch dieselbe Intensität der Strahlung entspricht. Diese Voraussetzung ist während der Dauer eines Versuchs im allgemeinen praktisch erfüllt. Außerdem wissen wir, daß der Niederschlag bei größerer Intensität schneller erscheint als bei kleinerer Intensität. Wie mangelhaftes Vakuum wirken muß, ist ohne weiteres klar ein Teil der Strahlmoleküle stößt mit den Gasmolekülen zusammen und wird aus seiner Bahn abgelenkt. Die Intensität des Strahles ist kleiner als bei gutem Vakuum, der Strich erscheint erst später. Bei besser werdendem Vakuum muß die Erscheinungszeit immer mehr abnehmen und schließlich asymptotisch ein Minimum erreichen. Wir fanden, daß bei 12 cm langen und 0,02 mm breiten Strahlen mit einem Druck von etwa $5 \cdot 10^{-6}$ mm Quecksilbersäule die Erscheinungszeit ihr Minimum, die Intensität ihr Maximum sicher erreicht hatte. Bei 10^{-4} mm Druck war die Intensität auf etwa $^1/_8$ gesunken. (Auf die Intensitätsmesssung wird später eingegangen.) Diese Intensitätsschwächung liefert einen über doppelt so großen Wert für die Atomdurchmesser wie das Wärmeleitvermögen und die innere Reibung der Gase. Das zeigt deutlich, daß die gaskinetischen Atomdurchmesser für Molekularstrahlversuche nicht maßgebend sind. Um Energie und Impuls in solchen Beträgen, wie sie bei der Wärmeleitung und inneren Reibung eine Rolle spielen, auszutauschen, müssen die Moleküle sich einander viel näher kommen, als um sich ein wenig aus ihrer Bahn abzulenken. Eine Verbreiterung der Striche, die bei kleinem Gasdruck und kleinen Ablenkungen zu erwarten wäre, entzog sich der Beobachtung.

Daß bei einem Gasdruck von $5 \cdot 10^{-6}$ mm Quecksilbersäule die Strahlung nicht mehr wesentlich gestört wird, geht noch aus zwei weiteren Beobachtungen hervor, nämlich erstens daraus, daß man theoretisch keine kürzere Erscheinungszeit erwarten kann (siehe oben), und zweitens daraus, daß bei einer Vergrößerung der Entfernung zwischen Ofenspalt und Auffangfläche die Intensität umgekehrt mit dem Quadrat der Entfernung abnimmt. Dies wurde durch einen besonderen Versuch bewiesen, bei dem zwei Auffangflächen im Abstande von 12 und 18 cm vom Ofen benutzt wurden.

Es ist nicht schwer, ein Vakuum von der verlangten Güte zu erzeugen, wenn man aus allen Teilen des Apparates durch Erwärmen die adsorbierten Gase austreiben kann. Das war aber bei unseren Molekularstrahlapparaten nicht möglich. Um die Gasabgabe zu verringern, haben wir die Metallteile so weit als möglich mit flüssiger Luft gekühlt.

Viel störender als die Gasabgabe der Metallteile war die Streustrahlung. Sie wird beim Auftreffen auf nicht gekühlte Flächen reflektiert und erzeugt, wenn sie nicht beseitigt wird, in dem Raume zwischen Ofen- und Abbildespalt eine Gasdichte, die jede Strahlbildung auf eine längere Entfernung unterbindet. Durch die Kühlung wird gleichzeitig die Streustrahlung beseitigt, wozu große gekühlte Oberflächen erforderlich sind. Wenn man annimmt, daß auf der gekühlten Fläche alle auftreffenden Moleküle kleben bleiben, so verhalten sich die Partialdrucke der verdampfenden Substanz im Ofen und im Raume vor dem Ofen umgekehrt wie die Ofenöffnung und die gekühlte Fläche. Nach dieser Überlegung mußten wir 50 bis 100 cm^2 gekühlte Fläche haben, eine Flächengröße, die sich bei der Ausführung von selbst ergab. Auf die Beseitigung der Streustrahlung muß man bei leicht verdampfenden Stoffen, wie Hg, H_2O, sehr achten. Höher siedende und dementsprechend leichter kondensierbare Stoffe (Ag, Cu, K, Na) bleiben schon an der auf Zimmertemperatur befindlichen Glaswand schnell genug haften.

Um prüfen zu können, ob die Streustrahlung genügend beseitigt war, befand sich an einem Glasapparat in der Nähe des Ofenspaltes ein Ansatz, der in flüssige Luft getaucht werden konnte, und dann als zusätzliche kalte Fangfläche für die Streustrahlung diente. Die Erscheinungszeit war die gleiche bei gekühltem und nicht gekühltem Ansatz. Die Streustrahlung war also durch die schon vorher vorhandene gekühlte Oberfläche des Apparates und des Dewargefäßes D_1 praktisch vollkommen beseitigt.

Zur Bestimmung des Vakuums waren die Angaben des Geislerrohres bei unseren Strahlen nicht mehr zuverlässig genug. Zur Kontrolle wurde deshalb ein Mac Leod angebracht.

Nachdem wir uns überzeugt hatten, daß das Vakuum unseren Anforderungen genügte, konnten wir versuchen, den Einfluß der Spaltbreiten und des Dampfdruckes auf die Intensität und der Beschaffenheit der Auffangfläche auf die Sichtbarkeit des Niederschlages zu ermitteln. Eine experimentelle Trennung der verschiedenen Einflüsse war, wie schon gesagt, nicht möglich. Deshalb wollen wir nur zeigen, daß unsere Versuche mit den theoretischen Vorstellungen in Einklang stehen.

Was zunächst den Austritt des Dampfes aus dem Ofenspalt anbetrifft, so ist nach der kinetischen Gastheorie vollkommen klar, was man zu erwarten hat, wenn die mittlere freie Weglänge groß ist gegenüber der Breite des Ofenspaltes, wenn also der Druck genügend niedrig ist. Dann haben wir molekulare Strömung. Die Anzahl der austretenden Moleküle, also die Intensität der Strahlenquelle, ist dem Dampfdruck im Ofen proportional (wenn wir den Druck im Außenraum gleich Null setzen). Unter der Voraussetzung, deren Gültigkeitsbereich später diskutiert wird, daß alle auftreffenden Moleküle auf der Auffangfläche kondensiert werden und der Niederschlag immer bei derselben Schichtdicke sichtbar wird, muß der Strich bei dem doppelten Dampfdruck nach der halben Zeit erscheinen, und das Produkt aus Dampfdruck und Erscheinungszeit muß konstant sein. Das haben auch einige Versuche mit niedrigem Dampfdruck ergeben. Weiter unten wird ein solcher Versuch näher besprochen.

Um die Intensität der Strahlung zu erhöhen, wird man den Druck möglichst hoch machen. Man kommt dann aber in ein Gebiet, wo das Ausströmen nicht mehr rein molekular vor sich geht. Läßt man den Druck immer höher, d. h. die mittlere freie Weglänge immer kleiner werden, so wird ein immer beträchtlicherer Teil der Moleküle im Ofenspalt selbst und dicht davor noch zusammenstoßen. Die Folge davon ist, daß sie sich vor dem Ofenspalt stauen und eine „Wolke“ bilden. Die strahlende Fläche der Wolke ist natürlich größer als die Fläche des Ofenspaltes. Da die Anzahl der austretenden Moleküle sogar etwas kleiner ist als ohne Wolke, muß die spezifische Helligkeit der Wolke kleiner sein als die spezifische Helligkeit des Ofenspaltes. Wir haben also, wenn der Druck einen gewissen Wert überschreitet, eine Verbreiterung des Striches und ein schwächeres Anwachsen oder sogar eine Abnahme der Intensität zu erwarten. Das Produkt aus Dampfdruck und Erscheinungszeit kann nicht mehr konstant bleiben, sondern muß mit wachsendem Drucke zunehmen.

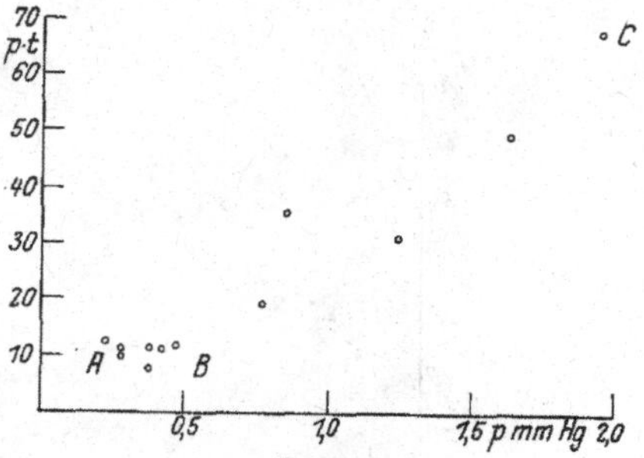

Fig. 6.

Diese Vorgänge kann man an dem in Fig. 6 wiedergegebenen Versuch mit Wasser verfolgen. In dem Bereich von A bis B ist das Produkt aus Druck und Erscheinungszeit konstant. Hier herrscht also die molekulare Strömung. Im Bereich von B bis C nimmt das Produkt $p.t$ zu, hier bildet sich die Wolke immer stärker aus. Bei dem Drucke von 0,5 mm Hg in B hat die Strahlung bei 0,022 mm Ofenspaltbreite die größte Intensität. Die mittlere freie Weglänge der Moleküle im Ofen ist bei diesem Drucke etwa 0,06 mm. Die Erscheinungszeit sollte im

Optimum unabhängig von der Breite des Ofenspaltes sein. Wir fanden bei Wasser folgende Zahlen:

Ofenspaltbreite in Millimeter . .	0,01	0,022	0,05
Abbildespalt in Millimeter . . .	0,05	0,05	0,05
Druck p in Millimeter Hg . . .	1,5	1,24—0,47	0,7—0,6
Erscheinungszeit t in Sekunden .	30	25	35

Diese Beobachtungen und insbesondere der in Fig. 6 wiedergegebene Versuch lehren, da die Erscheinungszeit umgekehrt proportional der Intensität ist, daß unsere Voraussetzung erfüllt war, das heißt also, daß alle auftreffenden Moleküle kondensiert werden. Bei genügend tiefer Temperatur wird das stets der Fall sein[1]). Wir können aber nicht wissen,

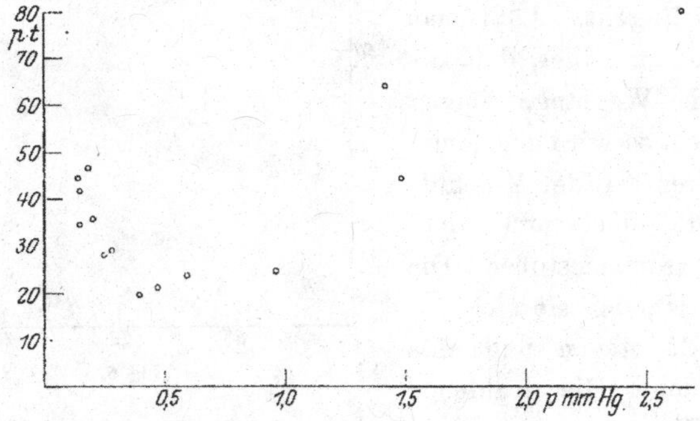

Fig. 7.

ob bei der von uns benutzten Temperatur der flüssigen Luft auch bei anderen Intensitäten und Strichbreiten die Voraussetzung erfüllt ist[2]). Dagegen können wir sagen, in welcher Richtung Abweichungen zu erwarten sind. Je kleiner nämlich die Intensität bzw. die Strichbreite wird, um so größer wird der Anteil der wegverdampfenden bzw. abrutschenden Moleküle sein. Also ist bei kleineren Intensitäten und Strichbreiten eine Vergrößerung der Erscheinungszeit zu erwarten. Bei abnehmender Intensität, d. h. abnehmendem Drucke sollte das Produkt $p.t$ nicht konstant bleiben, sondern wieder größer werden. Das haben wir tatsächlich in einer Reihe von Fällen beobachtet. Ein Beispiel dieser Art zeigt der Versuch mit Quecksilber in Fig. 7. Das Produkt $p.t$ steigt zu beiden Seiten eines Minimums an. Der Bereich mit konstantem $p.t$ ist nicht sehr ausgeprägt. Jedoch hat $p.t$ im Minimum den für diese Stelle aus anderen Versuchen zu erwartenden Absolutwert.

[1]) M. Knudsen. Ann. d. Phys. **50**, 472, 1916.

[2]) Siehe I. Estermann, l. c.

Einen Einfluß des Abbildespaltes auf die Intensität sollte man erst erwarten, wenn der Abbildespalt so schmal ist, daß er, vom Auffangschirm aus gesehen, einen Teil des Ofenspaltes verdeckt. Wir haben jedoch schon eine Intensitätsabnahme beobachtet, wenn der Abbildespalt noch doppelt so breit war, als sich nach dieser Überlegung ergibt. Das ist wahrscheinlich auf das bei schmalen Strichen stärker bemerkbare Rutschen der Moleküle zurückzuführen. Es müssen aber auch andere Einflüsse vorhanden sein, da wir den Effekt auch schon bei breiten Strichen beobachtet haben. Eine schwache Wolke vor dem Ofenspalt würde in demselben Sinne wirken. Außerdem fallen Justierungsfehler um so mehr ins Gewicht, je enger die Spalte sind. Ein physiologischer Effekt kommt wohl nicht in Frage, weil die Striche eine deutlich erkennbare und meßbare Breite hatten. Praktisch haben wir jedenfalls stets gefunden, daß es günstig ist, den Abbildespalt breiter als den Ofenspalt zu machen.

Bei der Beurteilung der Ergebnisse muß man außer der allgemeinen Unsicherheit infolge des großen Einflusses kleiner Verunreinigungen noch berücksichtigen, daß die Erscheinungszeit nicht sehr genau meßbar ist. Wie schnell der Strich sichtbar wird, hängt von der Adaption des Auges und der Aufmerksamkeit des Beobachters ab; von dem Vermögen, geringe Helligkeitsunterschiede wahrzunehmen, das bei demselben Beobachter zeitlich veränderlich und bei mehreren Beobachtern verschieden ist; und von der Größe der Austrittspupille des Mikroskops. Bei kleinerer Austrittspupille fällt die Erscheinungszeit größer aus. Wir schätzen den Fehler im allgemeinen auf 10 Proz., nur unter ungünstigen Umständen auf mehr.

Das Aussehen der Striche ist bei allen Stoffen (Hg, Cd, Zn, K, Na, H_2O usw.) das gleiche. Beim Erscheinen sind sie hellbraun und werden bei längerer Bestrahlung immer dunkler bis schwarz. Schließlich geht das Schwarz in einen bläulichen, metallisch glänzenden Farbton über. Oft kann man an demselben Striche die verschiedenen Farben nebeneinander beobachten, wenn etwa der Kernschatten metallisch, der Halbschatten dagegen noch hell- bis dunkelbraun aussieht.

Bei den Versuchen von Gerlach und Stern (l. c.) spielte die Entwicklung der unsichtbaren Niederschläge immer eine große Rolle. Für unsere hier beschriebenen Versuche hatte sie keine große Bedeutung, weil unsere Striche schon ohne Entwicklung nach kurzer Zeit deutlich sichtbar waren. Da aber das Entwickeln für die Molekularstrahlmethode als Mittel zur Vergrößerung der Empfindlichkeit außerordentlich wichtig ist, haben wir fast an jedem Versuch einen Verstärkungs- und Entwicklungsversuch angeschlossen, um Erfahrungen zu sammeln.

Da wir unsere Versuche mit Quecksilber und Wasser machten, konnten wir die bestrahlte Fläche nicht herausnehmen und naß entwickeln. Wir ließen deshalb zur Entwicklung bzw. Verstärkung Dämpfe ein[1]), die sich an der gekühlten Auffangfläche kondensieren konnten. Zu dem Zwecke nahmen wir einfach von dem Gefäße Q die flüssige Luft fort. Dadurch erwärmt sich das Gefäß langsam, und die darin niedergeschlagenen Substanzen, wie Wasser, Quecksilber usw. konnten ebenso wie die Quecksilberdämpfe von der Pumpe auf die Auffangfläche wirken. Die Dämpfe schlagen sich an den bestrahlten Stellen, wo die aufgestrahlten Teilchen als Kondensationskerne wirken, leichter nieder als an den nicht bestrahlten Stellen. Der Erfolg ist, daß schon sichtbare Striche verstärkt werden und noch nicht sichtbare Striche sichtbar werden können.

Beim Anfang der Verstärkung ändert sich das Aussehen der Striche etwa so wie bei längerer Bestrahlung, d. h. sie werden dunkler. Bei weiterer Entwicklung werden die Niederschläge undeutlich, verschwinden und erscheinen bald hell auf dunklem Grunde wieder, also negativ. Dieser Umkehrungsvorgang kann sich mehrere Male wiederholen, wobei leuchtende Farbenerscheinungen auftreten. Allmählich färbt sich die ganze Fläche immer dunkler bis tiefschwarz, und die Striche verschwinden. Die beste Verstärkung war meistens im zweiten negativen Stadium erreicht. Oft sind die Striche auch, nachdem die Auffangfläche sich so weit erwärmt hat, daß der Quecksilberniederschlag schmilzt, noch einmal gut zu sehen, allerdings meistens mit einer sehr groben Struktur. Man kann die Verstärkung jederzeit durch Kühlen des Gefäßes Q unterbrechen und nachher weiter verstärken. In gewissen Stadien wird durch die Farbengegensätze das Photographieren sehr erleichtert.

In derselben Weise wurden auch unsichtbare Striche entwickelt, so daß wir Striche mit wesentlich kürzerer Bestrahlungszeit sichtbar machen konnten.

Die Verstärkung und Entwicklung kann bei allen Substanzen in derselben Weise vorgenommen werden. Der Erfolg ist nicht bei jedem Versuch sicher. Bisweilen gelingt die Verstärkung besonders gut, ein andermal versagt sie aus nicht ersichtlichen Gründen vollständig (vermutlich wegen Verunreinigungen). Während wir zunächst glaubten, daß

---

[1]) Langmuir, Proc. Nat. Akad. Sc. **3**, 141, 1917; siehe auch Dushman, Hochvakuumtechnik, S. 267; Estermann und Stern, ZS. f. phys. Chem. **106**, 399, 1923.

alle diese Erscheinungen durch Einwirkungen des Quecksilber- und Wasserdampfes allein verursacht würden, zeigte sich im Verlauf der Versuche, daß wahrscheinlich auch andere Verunreinigungen dabei eine Rolle spielen.

Auch eine Sensibilisierung der Auffangfläche ist möglich. Zu dem Zwecke wurde zuerst etwas Quecksilberdampf eingelassen und danach bestrahlt. Die Erscheinungszeit der Niederschläge wurde dadurch merklich verkürzt. Vermutlich verhindern die schon vorhandenen Moleküle das Weiterrutschen und Wiederverdampfen der auftreffenden Moleküle.

Da die Entwicklung usw. für diese Versuche nicht wesentlich war, haben wir uns mit dieser primitiven Methode begnügt. Durch genaue Bemessung des Dampfdruckes, Regelung der Temperatur der Auffangfläche und vor allen Dingen sorgfältigeres Fernhalten von Verunreinigungen läßt sich die Entwicklung usw. sicher noch viel wirksamer gestalten.

Zusammenfassung. Mit den oben beschriebenen Apparaten wurde die bei Anwendung langer, schmaler Spalte theoretisch zu erwartende hohe Intensität erreicht. Wesentliche Punkte dabei sind:

1. Genaue Justierung. Sie wird durch starre Metallverbindung der Spalte und Parallelstellen mit Hilfe von Molekularstrahlen erreicht.

2. Ausreichende Beseitigung der Streustrahlung durch große gekühlte Flächen.

3. Beobachtung der Niederschlagsbilder im Vakuum.

Bei diesen Versuchsbedingungen ist es möglich, mit Strahlen bis zu 20 cm Länge und $^1/_{100}$ mm Breite nach etwa 10 Sekunden ohne Entwicklung sichtbare Striche zu erhalten.

Die Untersuchungen wurden mit Unterstützung der Notgemeinschaft der deutschen Wissenschaft und des Elektrophysik-Ausschusses ausgeführt, denen wir unseren besten Dank aussprechen.

Personenregister

H. Schmidt-Böcking, K. Reich, A. Templeton, W. Trageser, V. Vill (Hrsg.), *Otto Sterns Veröffentlichungen – Band 2*, DOI 10.1007/978-3-662-46962-0

Printed in the United States
By Bookmasters